U0913330

“十四五”国家重点出版物
出版规划项目

固体废物处理与资源化技术进展丛书

Biological Treatment and
Valorization of Food Waste

厨余垃圾
生物处理及高值化利用

鲁嘉欣　刘晶昊　李京霖　等 编著

化学工业出版社
·北京·

内容简介

本书以厨余垃圾的生物处理及高值化利用为主线，系统介绍了厨余垃圾的定义、来源、环境影响，以及现有的处理方法和技术挑战，全面探讨了厨余垃圾管理政策、规范与体系的重要性；详细分析了厨余垃圾的收集、储运及预处理技术，并深入解析了昆虫消纳技术的原理、优势、挑战和应对策略；介绍了利用厨余垃圾制备生物基塑料和生物燃料的种类、转化技术、应用前景和市场潜力。另外，书中阐述了生物增值产品的提取与应用、厨余垃圾生物处理污染物控制技术、精细化管理及平台建设的策略与挑战，并探讨了这些技术与其他环境技术的整合方法。最后，通过典型工程应用案例深入分析了厨余垃圾的生物处理及高值化利用技术的实践应用与效果。

本书具有明确的研究方向和实践应用价值，可供从事厨余垃圾处理、资源化利用及污染控制等工作的工程技术人员、科研人员和管理人员参考，也可供高等学校环境科学与工程、市政工程、生态工程、生物工程及相关专业师生参阅。

图书在版编目（CIP）数据

厨余垃圾生物处理及高值化利用 / 鲁嘉欣等编著. 北京 : 化学工业出版社, 2025. 7. -- (固体废物处理与资源化技术进展丛书). -- ISBN 978-7-122-48777-3

Ⅰ. X705

中国国家版本馆 CIP 数据核字第 2025PV8212 号

责任编辑：刘　婧　刘兴春
文字编辑：刘　莎　师明远
责任校对：王　静
装帧设计：王晓宇

出版发行：化学工业出版社
(北京市东城区青年湖南街 13 号 邮政编码 100011)
印　　装：北京盛通数码印刷有限公司
787mm × 1092mm　1/16　印张 19½　彩插 2　字数 442 千字
2025 年 12 月北京第 1 版第 1 次印刷

购书咨询：010-64518888
售后服务：010-64518899
网　　址：http://www.cip.com.cn
凡购买本书，如有缺损质量问题，本社销售中心负责调换。

定　　价：158.00 元
版权所有　违者必究

“固体废物处理与资源化技术进展丛书”
编委会

主　　任：戴晓虎

副 主 任：赵由才　王凯军　任连海　岳东北

其他委员（按姓氏笔画排序）：

王　琪　王兴润　王艳明　闫大海　宇　鹏　苏红玉

李秀金　吴　剑　邹德勋　张　辰　陆文静　岳钦艳

周　涛　袁月祥　钱光人　徐　亚　郭　强　曹伟华

鲁嘉欣　楼紫阳　颜湘华

《厨余垃圾生物处理及高值化利用》
编著者

鲁嘉欣　刘晶昊　李京霖　任连海　王　攀　邱一展

张露茜　毛宇轩　刘枢冕　朱志远

前言

随着全球气候变化问题日益严峻，低碳经济已成为全球各国应对环境挑战的核心战略之一。厨余垃圾的处理和资源化利用，尤其是实现厨余垃圾的无害化、减量化和高值化，已成为当前环境治理的重要任务。传统的垃圾处理方式，如填埋和焚烧，虽能在短期内缓解垃圾积存问题，却也带来了大气污染、水体污染以及资源浪费等一系列负面效应。尤其在温室气体排放和生态系统压力不断加剧的背景下，单一的垃圾处理方式已经无法满足环境保护和资源回收的双重需求。因此，厨余垃圾的资源化和高值化利用成为实现碳中和目标和低碳发展的关键环节。

本书以厨余垃圾的生物处理和高值化利用为主线，深入探讨了当前厨余垃圾处理的多维度解决方案，并从技术原理、管理模式、应用案例和前沿研究等方面展开分析。本书详细介绍了厨余垃圾的来源、生成量及其环境影响，提出了通过生物处理技术提升资源化效益与环境效益的具体路径。特别地，本书聚焦于昆虫消纳技术、厨余垃圾转化为生物基塑料和生物燃料的创新技术，并探讨了这些技术在减少环境污染、促进资源回收方面的应用前景与可行性；详细介绍了不同昆虫种类（如黑水虻、家蝇等）的生物处理机制和优势，并讨论了昆虫消纳技术面临的挑战与应对策略。昆虫不仅能有效分解厨余垃圾，还能将厨余垃圾转化为多种有价值的副产品（如有机肥料、生物柴油等），这使得昆虫消纳技术成为一种可持续的垃圾处理技术。厨余垃圾中的有机成分通过生物降解转化为高附加值的产品，这一过程不仅能减少环境污染，还能为相关产业提供新的原材料。本书深入探讨了如何将厨余垃圾转化为生物基塑料和生物燃料，不仅介绍了相关的生产工艺和技术应用，还评估了生物基塑料和生物燃料的市场前景与可行性。紧接着，深入探讨了厨余垃圾转化过程中产生的生物增值产品，如有机肥料、微生物油脂、生物气体等的提取与应用。这些增值产品不仅能够促进农业生产，还可用于能源转化，展现了厨余垃圾资源化的多重经济效益和环境效益。随着技术的发展，厨余垃圾的生物处理并不局限于单纯的资源回收，而是向精细化管理和系统化平台建设发展。本书还通过分析多个典型工程案例，结合实际应用，探讨了不同技术在实际操作中的表现与挑战。通过理论与实践的结合，本书可为从事环境保护、资源回收、生态工程以及生物技术等领域的研究人员、工程师、政策制定者提供理论支持与实践指导。我们期望本书能为推动厨余垃圾资源化利用技术的发展，助力实现碳中和和低碳社会的目标贡献力量。

本书由鲁嘉欣、刘晶昊、李京霖等编著，其中鲁嘉欣负责第 1~9 章的编著，刘晶昊参与编著第 7、8 章并负责相关内容的撰写与审查，李京霖对第 6、9 章进行了内容的撰写与审查。

本书文字校对工作由邱一展、张露茜、毛宇轩、刘枢冕、朱志远共同完成。王攀教授为本书提供了重要的理论支持和技术修正。本书在编写过程中引用了部分文献，在此对作者一并表示感谢。本书的编著得到了北京工商大学固体废物资源化团队，“盐碱地”排阻控成套系统技术与装备研发及示范项目（ZDZX2024-51）和北京工商大学新进教师资助计划项目（RFYS2025）的大力支持，在此表示感谢。

特别感谢任连海教授在本书出版过程中给予的悉心指导和无私帮助。

编著者

2025 年 3 月于北京

目录

第 1 章 绪论 1

第 2 章 厨余垃圾的收集、储运及预处理 26

第 3 章 昆虫消纳技术 67

第1章 绪论

▶ 厨余垃圾的定义
▶ 厨余垃圾的生成与来源
▶ 厨余垃圾的环境影响
▶ 处理现状与技术挑战
▶ 厨余垃圾管理体系、政策与规范

1.1 厨余垃圾的定义

根据《生活垃圾分类标志》（GB/T 19095—2019），生活垃圾被分为可回收物、有害垃圾、厨余垃圾和其他垃圾四大类。2013～2021 年我国生活垃圾清运量变化如图 1-1 所示。

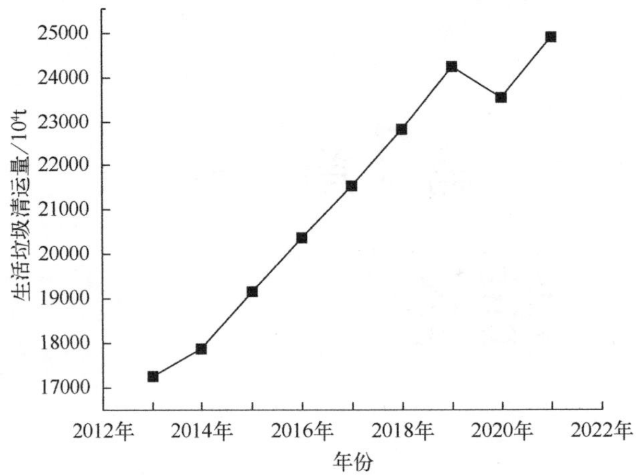

图 1-1　2013～2021 年中国生活垃圾清运量

厨余垃圾是指易腐性垃圾，包括家庭中产生的菜叶、瓜果皮核、剩菜剩饭、废弃食物等，以及餐饮行业、机关、学校、企业食堂等单位在食品加工和供餐过程中产生的食物残渣、废弃食用油脂、食品加工废料等。此外，农贸市场、批发市场等场所产生的蔬菜瓜果垃圾、腐肉、肉碎骨、水产品、畜禽内脏等也属于厨余垃圾。

1.2 厨余垃圾的生成与来源

1.2.1 厨余垃圾的产生量和构成特点

1.2.1.1 厨余垃圾的产生量

从全球范围来看，联合国粮食及农业组织（FAO）的数据显示，全球每年约有 1/3 的食物被浪费，约为 13×10^8t。值得关注的是，经济学人智库通过粮食可持续发展指数（FSI）进行的研究表明，2017 年澳大利亚人均食物浪费量最高，达到了 361kg。其他国家如瑞典（200kg）、美国（287kg）、俄罗斯（56kg）、中国（44kg）和印度（51kg）等，也都有较高的人均食物浪费量。

图 1-2 的数据显示，欧洲和北美洲的人均粮食浪费量为 280～300kg/a，而撒哈拉以南非洲和南亚/东南亚的这一数据为 120～170kg/a。欧洲和北美洲每年人均消费供给的可食用部分为 900kg，而撒哈拉以南非洲和南亚/东南亚仅为 460kg。就食物浪费而言，欧洲和北美洲消费者的人均浪费量为 95～115kg/a，而撒哈拉以南非洲和南亚/东南亚则仅为 6～11kg/a。

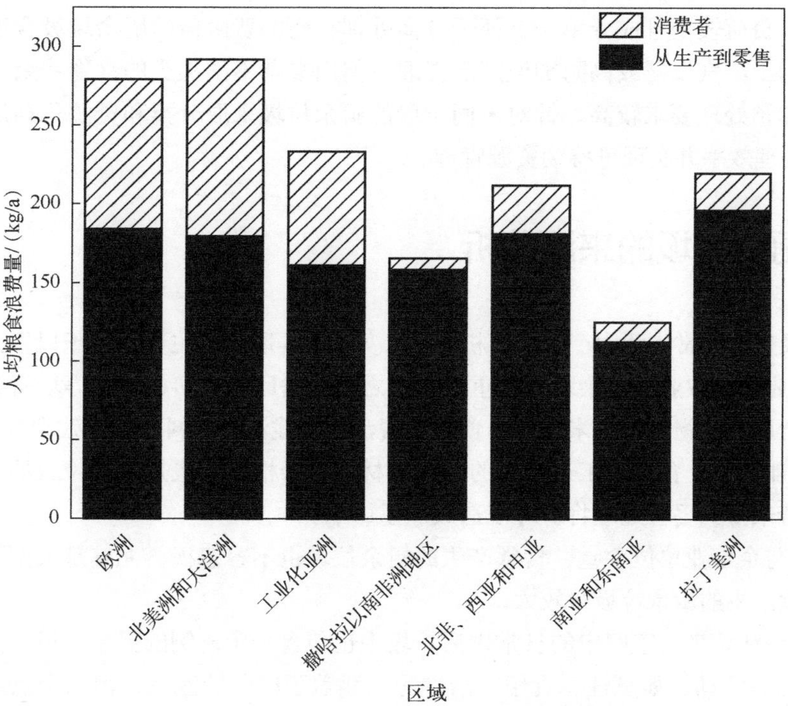

图 1-2　不同区域消费阶段人均粮食浪费量

工业化国家与发展中国家的粮食损失具有相似的比例，但发生的阶段不同。在发展中国家，超过 40%的粮食损失发生在收获后和加工阶段，而在工业化国家 40%以上的损失则发生在零售和消费者阶段。尤其是在工业化国家，消费者层面的食物浪费量（约 2.22×10^8t）几乎与撒哈拉以南非洲地区的粮食净生产总量（2.3×10^8t）持平，这反映了消费端造成的巨大全球食物浪费。

1.2.1.2　厨余垃圾的构成特点

生产阶段和消费阶段产生的厨余垃圾在成分比例和特性上存在显著差异，反映了食物链中不同环节的资源流失模式。生产阶段的厨余垃圾主要来自农业生产、收获及食品加工过程的副产品和残留物：水果和蔬菜废物占比最高，约为 48%，包括外壳、果皮及不符合规格的部分；谷物废物占 14%，如加工中产生的麸皮和残渣；根茎类废物约占 26%，如马铃薯、红薯的残余部分；乳制品废物占 6%，如乳清；肉类和鱼类废物占 4%，如碎肉和鱼骨；油脂废物占 2%，多来源于植物油提取和加工。而消费阶段的厨余垃圾主要来自家庭、餐馆等终端环节，成分因饮食习惯多样而复杂：谷物废物占比最高，约为 52%，如餐后剩余的米饭、面条；水果和蔬菜废物占 21%，多为削皮、腐败部分；根茎类废物占 6%，如烹饪未食用部分；肉类和鱼类废物占 7%，包括剩余肉块和骨刺；乳制品废物占 12%，如剩余奶制品；油脂废物占 2%，如餐后废弃食用油。生产阶段的厨余垃圾富含纤维素、淀粉和蛋白质，适合堆肥和生物转化，污染负荷较低且成分单一，便于分离处理；而消费阶段的厨余垃圾含油脂和蛋白质较高，适合用于沼气发酵或高附加值产品提取，但因混杂不同种类的食物残余，处理难度更大，对分选和预处理要求较高。针对不同阶段的厨余垃圾采取分类和资源化利用策略，有助于提升垃圾处理效率并实现可持续资源管理。

1.2.2 厨余垃圾的来源分析

厨余垃圾是在日常生活中产生的有机废物，如图 1-3 所示，主要来源于以下几个方面：

① 餐饮业：餐饮业是厨余垃圾的重要来源之一，餐厅、饭店、酒店等场所会产生大量的食物废料和厨房残余物，包括未上桌的食物、餐盘上的残渣、饮料杯中的残余等。

② 食品加工厂：食品加工过程中的废弃食材和不合格产品也是厨余垃圾的重要来源，这些厨余垃圾若未得到妥善处理将对环境造成严重影响。

③ 学校与企事业单位食堂：食堂产生的厨余垃圾也不容忽视，尤其是大型学校和企事业单位，其食堂产生的厨余垃圾量较大。

④ 家庭生活垃圾：家庭中的日常生活垃圾中也包含一定比例的厨余垃圾，这些垃圾主要来自家庭的饮食活动，如烹饪、食用、清理等，涵盖了广泛的区域，但每个点产生的量相对较小。

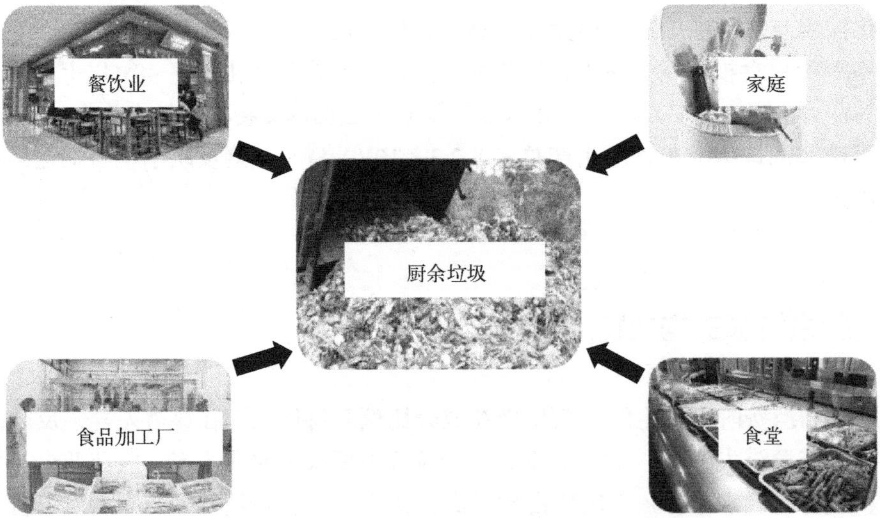

图 1-3 厨余垃圾的主要来源

厨余垃圾的生成量及来源与人们的饮食习惯和生活方式密切相关。饮食结构、食物的购买和处理方式等都会对厨余垃圾的产生量和种类产生影响。合理管理和处理厨余垃圾，可以减少环境污染，促进资源的回收利用。

如图 1-4 所示，北美环境合作委员会（CEC）估计，整个食品供应链中只有 10%的厨余垃圾（按质量计算）是不可食用的，而家庭食物残渣中不可食用的部分所占比例更大。根据美国俄勒冈州环境质量部门（ORDEQ）的俄勒冈州浪费食物研究和自然资源保护委员会（NRDC）对 3 个城市的评估可知，按质量计算，不可食用的厨余垃圾约占家庭总厨余垃圾的 30%。

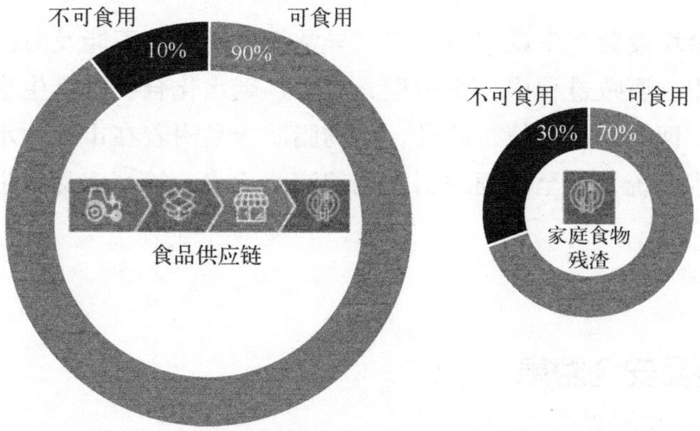

图 1-4 美国厨余垃圾中可食用与不可食用的比例

（来源：美国环境保护署研究与发展办公室）

1.2.3 危害性分析

与其他城市生活垃圾相比，厨余垃圾具有较高的含水率、有机物含量、油脂和盐分含量。虽然其中的有毒有害物质（如重金属等）含量较少，但其腐烂速度较快，特别是在高温季节，易滋生细菌，导致病原微生物和霉菌毒素等有害物质迅速繁殖。

厨余垃圾对环境和人体健康的危害主要表现为以下几个方面。

1.2.3.1 污染水体

厨余垃圾含水率极高，处理不当时易产生渗滤液，造成二次污染。厨余垃圾的渗滤液中化学需氧量（COD）最高可达 1.0×10^5mg/L，有机氮含量也较高。如果未得到有效处理，渗滤液可能通过地表径流和渗透进入水体，造成水体富营养化，污染地表水和地下水。若渗入市政管网，还可能影响城市污水处理厂的正常运行。

1.2.3.2 污染大气

厨余垃圾的含水率高达75%～95%，干物质中的有机物含量超过90%，极易腐烂变质，释放恶臭气体和温室气体。这些恶臭气体主要是挥发性有机物，如硫醇和挥发性脂肪酸（VFA），分子量较大且吸附性强，难以去除，严重污染大气，且常引起公众不适。

1.2.3.3 影响环境卫生

腐烂变质的厨余垃圾会产生难闻的气味、异常颜色等，若不能及时清运并无序堆放会严重影响城市环境卫生。腐败过程中，蛋白质、脂肪、碳水化合物及维生素、微量元素等营养物质会被分解，失去回收利用价值。此外，动物脂肪容易附着在市政污水管道内，导致管道阻塞，影响城市排水系统，甚至在雨季引发局部道路积水，给城市交通带来不便，还可能引发安全事故。

1.2.3.4 造成食品安全隐患

未经处理的厨余垃圾可能含有致病菌，如口蹄疫病毒、猪瘟病毒、沙门氏菌等，若直接用于饲养畜禽，不仅会威胁畜禽健康，还可能通过畜禽体内积累的毒素和有害物质对人体健康造成危害，从而引发人畜间的交叉感染。此外，一些不法商贩回收厨余垃圾，通过加热和过滤提取油脂，经过加工后将其以色拉油的形式出售。此类废油可能含有黄曲霉素和苯系物等有毒物质，长期食用会严重影响人体健康，而反复高温烹饪产生的反式脂肪酸也会对人体造成长期危害。

1.2.4 资源性分析

厨余垃圾主要由可降解有机物组成，主要成分包括主食中的淀粉、蔬菜和植物中的纤维素、肉类中的蛋白质和脂肪，以及水果中的单糖、果酸和果胶等；无机盐方面，NaCl含量较高，同时含有钙、镁、钾、铁等元素。厨余垃圾的化学组成以碳、氢、氧、氮、硫和氯为主。以北京地区厨余垃圾为例，其化学分子式可以粗略表示为$C_{18.15}H_{31.10}O_{10.80}N_{1.00}S_{0.05}\cdot 0.03NaCl$。

根据不同地域特点、餐饮习惯和经济水平，在全国不同地区选取代表性城市，对北京、上海、深圳、苏州、宁波、西宁、青岛、贵阳、嘉兴、石家庄、沈阳、哈尔滨、重庆、大连、三亚等城市部分宾馆、饭店、高级餐厅、普通餐厅、单位食堂5类餐饮单位实施6个月不同时段的厨余垃圾采样检测，取平均值，参照GB/T 6432、GB/T 6433、GB/T 6434、GB/T 6435、GB/T 6436、GB/T 6437、GB/T 6438规定的测定方法，检测结果见表1-1。

表 1-1 厨余垃圾的化学成分 单位：%（质量分数）

垃圾类型	化学元素组成							合计
	C	H	O	N	S	Cl	其他	
厨余垃圾	43.52	6.22	34.50	2.79	0.3	0.21	12.46	100

表 1-2 部分餐饮单位厨余垃圾成分分析结果 单位：%（质量分数）

组分	含水率	有机质	总养分	粗脂肪	粗蛋白	粗纤维	糖类
平均值	74.39	80.21	21.41	25.86	24.77	2.34	28.51
组分	盐分	灰分	钙	铅	镉	汞	其他
平均值	4.59	7.70	0.22	未检出	未检出	未检出	6.01

注：除含水率为湿基数据外，其余各项成分含量均为干基数据。

表 1-2 中的数据表明，厨余垃圾的含水率很高，处理难度较大。对比大豆粗脂肪和粗蛋白含量（19.66%和 40.34%）、玉米粗脂肪和粗蛋白含量（3.52%和 10.68%），厨余垃圾绝干物料中粗脂肪和粗蛋白含量约是大豆的 1.32 倍和 0.61 倍，约为玉米粗脂肪和粗蛋白含量的 7.35 倍和 2.32 倍。实验测定结果还表明，厨余垃圾粗脂肪消化率为 88.26%，粗蛋白消化率为 89.63%，与常规饲料相近。厨余垃圾中的有机质可以通过发酵制取沼气、氢气和乙醇，分离回收的餐厨废油是生产生物柴油和增塑剂等产品的良好原料。由此可见厨余垃圾具有较高的资源开发利用价值。

Vavouraki 等报道，每天产生的厨余垃圾成分不同，其中水分含量约为 81.5%，固体含量约为 18.5%。这些固体进一步分为挥发性固体（94.1%）和灰分（5.9%）。挥发性固体由总糖的 55%、淀粉的 24%、纤维素的 16.9%、脂质的 14%和蛋白质的 16.9%组成。所有这些成分都可以作为生物制氢的良好原料。He 等进行了一项实验，检测到食物垃圾中的水分含量约为 81.7%，而固体废物中的水分含量约为 18.3%。该固体废物在加热时释放出约 87.5%的挥发性固体。此外，这种挥发性固体是总糖的 35.5%、脂质的 24.1%和蛋白质的 14.4%的组合。Zhang 等对上海的食物垃圾进行采样检测，结果表明水分和固体废物含量分别为 85.7%和 14.3%；对固体废物进行了表征，回收了 98.2%的挥发性固体，其中糖含量为 42.3%，淀粉含量为 28.3%，蛋白质含量为 17.8%。这些结果表明，厨余垃圾可以作为生物制氢的良好来源。Ohkouchi 和 Inoue 对从厨房收集的食物垃圾进行了表征，水分含量约为 75.9%，其余为固体废物。这些固体废物经过加热处理后，其中 42.3%的糖、29.3%的淀粉和 3.9%的蛋白质被释放出来，同时还收集了约 1.3%的灰分。

1.3 厨余垃圾的环境影响

厨余垃圾含水率较高，有丰富的碳水化合物、蛋白质、脂肪、纤维素等营养成分。厨余垃圾的成分以碳水化合物、蛋白质、油脂和纤维素等为主，主要特点是产量大、含盐量高、含水率高、含油量高、有机质含量高和易腐烂等，若处理不及时则易产生恶臭气味，并滋生病原体微生物，导致温室气体（GHG）排放、水资源枯竭、污染土地和破坏生物多样性，引发一系列环境污染问题。

1.3.1 空气污染

1.3.1.1 恶臭气体排放

厨余垃圾成分复杂，具有高水分、高油脂、高盐分以及易腐发臭、易生物降解和量大的特点，因此在预处理和分选的过程中会因通气不良及受到微生物的作用而极易腐败变臭，产生恶臭气体。这些气体以 H_2S 和 NH_3 为主，还有少量甲硫醇、甲胺、甲基硫等有毒气体，挥发性较大且有刺激性气味，易扩散在大气中，不仅影响操作人员的健康，也会影响周边居民的生活，影响空气质量，污染环境，尤其是在夏季影响更为严重。

厨余垃圾中的有机物质在腐败过程中会产生气味，如腐烂的食物、剩菜剩饭等会释放出硫化氢、氨气、挥发性有机物等气味物质。厨余垃圾处理过程中产生的臭气物质主要由碳、氮和硫元素组成。只有少数气味物质是无机化合物，例如氨（NH_3）、膦（PH_3）和硫化氢（H_2S）；大多数气味物质是有机物，例如低分子脂肪酸、胺类、醛类、酮类、醚类、卤代烃，以及含氮或硫的脂肪族、芳香族、杂环化合物。这些气味物质能够扩散并污染周围空气，给居民和周边环境带来不舒适感。

1.3.1.2 挥发性有机物排放

厨余垃圾中的挥发性有机物（VOCs）包括酒精、醋酸、酮类等。这些 VOCs 可能对空气质量产生负面影响，特别是在垃圾储存和处理过程中，如果没有适当的控制措施，这些化合物可能会挥发到空气中。垃圾中的 VOCs 会参与大气化学反应，形成二次污染物，导致 $PM_{2.5}$ 浓度增加，诱发雾霾天气。VOCs 不仅是大气污染的重要组成部分，而且大多具有致癌性，长时间暴露于 VOCs 会产生焦虑、头晕、呕吐、眼睛刺激和呼吸困难等不良反应。垃圾恶臭成分中不同种类的 VOCs 对人体健康的影响和对环境的危害有所差异。常见的含氧化合物如异丙醇、苯甲醇、2-丙酮、甲基丙烯酸酯和乙酸乙酯等，长期接触和吸入可能抑制中枢神经系统。有机硫化物如甲硫醇、甲硫醚、二甲二硫和二硫化碳等，这类挥发性有机物的嗅阈值非常低，通常具有强烈恶臭气味，也是垃圾中的主要恶臭因子。芳香族化合物主要包括苯、甲苯和乙苯等，被人体吸入或皮肤接触时，易在体内生成苯酚从而引起慢性或急性中毒。吸入低浓度的芳香烃类物质会导致人体产生眩晕、恶心、食欲不振、记忆力减退等不良反应；吸入高浓度的芳香烃类物质则会导致人头晕、意识不清甚至死亡。此外，芳香烃类物质还会对环境造成严重危害，导致臭氧层被破坏、引起光化学烟雾的产生等。卤代烃类物质具有很强的生物积累性、毒性和抗降解性。大多数卤代烃已被美国环境保护署（US EPA）和欧盟委员会（EC）列为重点污染物。垃圾中含有的卤代烃主要为氯代挥发性有机物，氯甲烷、四氯化碳、三氯甲烷和二氯甲烷是恶臭垃圾中最常见的一类化合物，这类VOCs的100年全球增温潜势（GWP）指数范围为10～1800，远高于CO_2的GWP指数。

1.3.1.3 温室气体排放

全球8%～10%的温室气体排放与各环节的食物浪费息息相关，FAO估算全球每年因食物浪费和处理产生的二氧化碳当量温室气体排放达35×10^8t。据估算，中国每年因食物浪费产生的温室气体排放量约为11×10^8t，造成的经济损失约为457亿元。

图1-5描述了厨余垃圾温室气体的排放（书后另见彩图）。

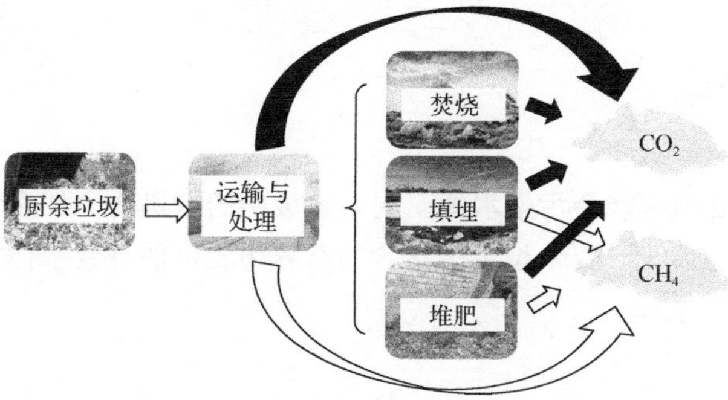

图1-5 厨余垃圾温室气体的排放

（1）二氧化碳（CO_2）排放

厨余垃圾的分解和腐败过程会产生二氧化碳。尽管二氧化碳本身并不是有毒气体，但过多的二氧化碳会导致室内或封闭空间的空气质量下降，尤其是在储存大量厨余垃圾的情况下。食物损失和浪费会排放4.4×10^9t二氧化碳当量的温室气体（GHG），占每年人为温室气体排放总量的8%。

1）垃圾填埋

如果厨余垃圾被填埋在垃圾填埋场，其中的有机物质会在缺氧条件下分解，产生二氧化碳。填埋场中的有机废物经过分解、发酵和降解过程，逐渐分解成稳定的有机质和二氧化碳。这导致填埋场排放大量CO_2。

2）垃圾焚烧

一些地方将厨余垃圾通过焚烧进行处理。焚烧厨余垃圾会释放二氧化碳，因为有机物质被氧化为CO_2和水蒸气。虽然焚烧可以减少垃圾体积，但会导致二氧化碳排放，同时还可能产生其他有害气体和颗粒物。

3）堆肥

虽然堆肥是一种相对环保的厨余垃圾处理方法，但在堆肥过程中也会产生二氧化碳。有机物质在堆肥堆中分解，产生 CO_2 和其他气体。尽管堆肥可减少垃圾填埋，但仍然导致了一定程度的二氧化碳排放。

4）运输和处理

厨余垃圾的运输和处理也会产生二氧化碳。从垃圾产生地点到处理或填埋地点的运输需要消耗燃料，从而产生了碳排放。此外，处理工艺本身也可能需要能源，导致二氧化碳排放。

（2）甲烷（CH_4）排放

全球 1/2 以上的甲烷排放是由人类活动造成的。在这些人为甲烷来源中，35%来自化石燃料，40%来自农业，20%来自垃圾填埋场和废水。厨余垃圾中的有机物在缺氧条件下分解，产生甲烷气体。甲烷是一种强效温室气体，对全球气候变化有贡献。据估计，2008～2017 年期间，全球废物管理产生的甲烷排放量为 60～69 Tg/a，约占全球人为甲烷排放总量的 12%。如果厨余垃圾没有得到适当处理，甲烷可能会大量释放到大气中，加剧温室效应。堆肥过程中产生的温室气体（即 CH_4 和 N_2O）从 0.2t CO_2-eq/t 厨余垃圾到 193.2t CO_2-eq/t 厨余垃圾不等。

1.3.2 水体污染

厨余垃圾的不当处理可能会污染水体。厨余垃圾中的有机物，如食物残渣和食用油，会降低水质，破坏水生态系统。厨余垃圾中富含的营养物质可能导致水体富营养化，引发藻类过度生长，危害水生生物。

1.3.2.1 有机物

厨余垃圾中含有大量的有机物，如食物残渣和蔬菜果皮。这些有机废物进入水体后会被水中的微生物分解，消耗氧气，可能导致水体中氧气不足，对水生生物造成危害，甚至导致鱼类死亡。厨余垃圾中的油脂和油污可能会在水体中形成油膜，阻碍氧气交换，影响水中生物的呼吸；还会影响水体表面的光线透射，抑制水中光合作用生物的生长。厨余垃圾中含有大量的营养物质，如氮和磷，这些物质进入水体会导致水体富营养化，促进藻类的过度生长。这些藻类大量繁殖后会死亡，分解过程中会消耗氧气，导致水体中的氧气不足，引发富营养化污染问题。厨余垃圾中的重金属、有害化学物质和微生物等进入水体会对水生生物造成直接危害，还可能通过食物链传播到更高级别的生物中，进一步加剧生态系统的污染。

1.3.2.2 垃圾渗滤

如果厨余垃圾未经妥善处理或储存，在垃圾堆积的过程中，垃圾中的液体成分可能渗出，液体中的油脂、肥料残留、清洗剂等污染物可能通过渗滤作用进入地下水体或附近的地表水体，引起水体污染。垃圾渗滤液是一种高污染、高浓度、难处理的有机废水，填埋组分、填埋方式、填埋时间、防渗覆盖方式、温度、降水及气候等影响因素导致渗滤液的成分存在较大差异。垃圾填埋场的渗滤液大部分为中晚期渗滤液，要使渗滤液生物处理出水总氮（TN）达到排放标准，需要投加大量的碳源。垃圾渗滤液中含氮量较高，排放标准要求渗滤液出水 TN≤40mg/L。TN 去除一般采用生物法，反硝化菌为脱氮过程的主要微生物，一般为异养菌，存活条件比较苛刻，因而需要补充碳源。

1.3.2.3 养殖业污染

部分厨余垃圾可能被用作动物饲料或肥料。如果这些垃圾中含有有害物质，例如农药残留、重金属等，通过动物消化后可能以粪便和尿液的形式排放到周围的水体中，引起水体污染。

1.3.3 生物多样性影响

厨余垃圾的不当处理可能会吸引害虫和啮齿动物，扰乱当地生态系统，影响生物多样性。食物垃圾的存在会改变野生动物的自然行为和取食习惯，导致生态系统失衡。

1.3.3.1 栖息地破坏

厨余垃圾的不当处理可能会使野生动物的栖息地遭到破坏。例如，大规模的堆肥场或垃圾填埋场建设可能占据原本的自然栖息地，使其无法为野生动植物提供合适的生存环境。厨余垃圾对生物栖息地造成的破坏通常涉及土地生物栖息地和水生生物栖息地两个主要方面。

（1）土地生物栖息地破坏

1）垃圾填埋

垃圾填埋会占用大量土地，并对土壤造成污染，影响植被生长。此外，垃圾填埋还可能释放出有害物质，渗透到土壤和地下水中，对生物栖息地造成长期污染。

2）食物残渣和有机废物堆肥

当厨余垃圾未经适当处理，直接在开放地区堆肥时，可能吸引害虫和啮齿动物，这些生物可能破坏周围的植被和野生动物的栖息地。此外，食物残渣堆肥也可能导致异味和污染问题，影响生态平衡。

（2）水生生物栖息地破坏

1）污水排放

如果厨房废水中含有过多的油脂等有机物和营养物质，这些废水排放到水体中可能导致水体富营养化，危害水生生物。

2）油脂和污染物

厨房废水中的油脂和有害物质可能形成油膜，阻碍水体中的氧气交换和光合作用，影响水中植被的生长和水生生物的生态系统。

3）垃圾倾倒

不当处理的厨余垃圾可能最终进入河流、湖泊或海洋，破坏水生生物的栖息地。塑料、玻璃和金属等非生物降解垃圾会对水生生物造成机械伤害，有些动物可能会误食这些垃圾，受到伤害甚至死亡。

1.3.3.2 食物链受影响

厨余垃圾中的有机物质可以成为一些动物的食物来源，如昆虫、鸟类和小型哺乳动物等。如果这些动物将厨余垃圾作为重要的食物资源，当厨余垃圾的供应受到限制或质量下降时，可能会对它们的生存和繁衍产生负面影响。

以下是一些具体厨余垃圾对食物链产生影响的方式。

1）营养物质增加

厨余垃圾中含有大量的有机物质和营养物质，如氮和磷。当这些垃圾进入水体时，可能导致水体富营养化，刺激藻类和水生植物过度生长。这些生物最终成为食物链的一部分，直接或间接地进入更高级别的生物体内，导致食物链中的营养物质积累。

2）藻类暴发和氧气不足

厨房废水中的营养物质会促进藻类过度繁殖，导致藻类暴发。这些藻类死亡后会发生分解，消耗水中氧气，可能导致氧气不足问题，从而对其他水生生物，如鱼类和底栖生物，产生直接影响，因为它们需要足够的氧气来生存。

3）有毒物质传递

厨房废水中可能含有有害化学物质、重金属和微生物。当这些污染物进入水体或土壤时，它们会被水生生物吸收或摄入，通过食物链传递到更高级别的生物体内。这可能对生物的健康产生危害，并最终影响整个食物链。

4）垃圾摄入

非生物降解的垃圾，如废塑料和废玻璃，可能被水生生物误食，进入食物链。这可能使水生生物受到机械伤害、中毒和死亡，同时也增加了垃圾在食物链中的传播。

5）生物多样性损失

当食物链中的某些关键物种受到影响时可能导致生物多样性的减少，这可能会破坏整个生态系统的平衡和稳定性。

1.3.3.3 入侵物种传播

厨余垃圾中可能存在来自异地的植物种子、害虫或病原体。如果这些物种或病原体进入自然环境，可能会成为入侵物种，对当地生物多样性和生态系统功能造成威胁。

以下是厨余垃圾可能促进入侵物种传播的几种方式。

（1）黏附性物质

厨房垃圾中常含有黏性食物残渣、污垢和油脂，这些物质可以附着在各种物体上，如包装材料、船只、器具等。当这些物体在不同地区之间移动时，附着的生物可能被带到新地点，从而促进入侵物种的传播。

（2）种子和种子传播

某些食物废物可能包含植物种子、果皮或种子壳。如果这些废物被丢弃或通过堆肥处理未充分分解，种子可能存活并在新的地方生根发芽，从而在当地引入新的植物物种。

（3）垃圾倾倒

不当处理的厨余垃圾可能最终被不法倾倒在野外或非指定地点，这可能导致食物废物进入自然环境并引入新的生物物种。入侵物种会侵占当地生态系统，排挤本地物种。

（4）饲料和宠物食物

有时，厨房垃圾中可能包含宠物食物或饲料残渣。如果这些废物被丢弃在户外或自然环境中，它们可能吸引野生动物，如啮齿动物、鸟类或昆虫，从而导致入侵物种的传播。

（5）害虫和害虫传播

厨房垃圾中含有各种害虫，如蟑螂、苍蝇和蚊子。如果这些害虫被意外传播到新地点，它们可能会建立自己的种群，对当地生态系统和物种造成危害。

1.3.4 资源消耗和浪费

厨余垃圾的生产和处理会消耗自然资源。食物生产需要水、土地和能源等资源，而食物的浪费意味着这些资源的浪费。此外，厨余垃圾的填埋处理也占用了宝贵的土地资源。

1.3.4.1 能源消耗

如果厨余垃圾未经妥善回收利用，而是直接被填埋或焚烧，其中所含的有机物将无法被有效利用，导致能源的浪费。有机物可以通过堆肥或沼气发酵等方法转化为可再生能源，如有机肥料或沼气，但如果这些资源未被回收利用，而是被视为废弃物处理，将增加我们对传统能源的依赖性，如煤炭、石油和天然气。

1.3.4.2 土地资源消耗

厨余垃圾中含有丰富的有机物，如果未经合理处置，这些有机物可能被埋在垃圾填埋场中。然而，填埋场的容量有限，一旦饱和就需要开辟新的填埋场，这将占用大量的土地资源。此外，填埋厨余垃圾会产生有害气体，如甲烷等，对气候变化也有不利影响。

1.3.4.3 资源浪费

厨余垃圾中包含许多有机物质，如果皮、蔬菜残余等，这些物质本身具有潜在的再利用价值。如果这些资源未被回收利用，而是被视为废弃物处理，将导致可再生资源的浪费，就需要从其他渠道获取相应的资源，增加了对自然资源的压力。例如，如果没有利用堆肥将厨余垃圾转化为有机肥料，农业生产可能需要更多的化肥，从而导致土壤质量下降、环境污染和资源浪费。

1.4 处理现状与技术挑战

实行垃圾分类后，厨余垃圾的处置利用逐渐向减量化、资源化及无害化方向发展，现在的基本工艺路线一般包括“预处理、资源化处置、产物资源化利用”三大过程。其中预处理过程主要通过挤压、筛选、破碎等方式除去厨余垃圾中的水分和杂质，以保证后续处置过程的稳定运行；而处置和利用方法则较为多样，当前以焚烧发电、厌氧发酵、好氧堆肥及填埋四类方法为主。

1.4.1 焚烧发电

焚烧发电是垃圾在850～1100℃的高温下充分燃烧产生高温烟气，并在余热锅炉中进行热交换产生过热蒸汽，从而推动汽轮发电机组产生电能的过程。焚烧发电是较为成熟的固废处置技术，厨余垃圾一般混合在其他垃圾中进行焚烧，不仅能减容85%以上，且方法简单、效率高，产生的热能还能转换成蒸汽及电能。但厨余垃圾的高含水率会影响焚烧热值，直接焚烧会影响焚烧炉的稳定运行，一般需进行预脱水及添加辅助燃料，且会产生二噁英等有害气体。

1.4.2 厌氧发酵

厌氧发酵是在缺氧条件下，利用厌氧微生物代谢过程将厨余垃圾中的有机物降解为无机物，最终生成以甲烷为主的沼气。厨余垃圾的含固率为15%～20%，碳氮比为（10～25）：1，符合厌氧发酵处理有机废物的要求。厨余垃圾厌氧发酵过程主要包括水解、酸化及产甲烷3个阶段，其中C、H、O元素转化为CH_4和CO_2等组成的沼气，而N、P、K等元素则存留于沼渣中。沼渣富含有机质，可采用焚烧、堆肥或填埋等不同方式进行处置，但目前还未形成较为明确的技术。厨余垃圾厌氧发酵不仅占地面积较小、二次污染少，且能产生沼气进行能源化利用，十分环保节能，是当前备受关注的厨余垃圾处置利用技术，但存在预处理较复杂、投资较高、整体工艺链较长等问题。

1.4.3 好氧堆肥

好氧堆肥是在有氧条件下，利用好氧微生物将厨余垃圾中的有机质分解为可溶性有机质，再渗入微生物细胞中参与新陈代谢，最终形成腐殖质肥料。好氧堆肥过程一般分为预处理、微生物发酵堆肥及产物加工处理三个阶段，预处理阶段通常需加入秸秆、木屑、稻壳等物料进行碳氮比调配。好氧堆肥具有流程简单、成本低、易操作等优势，能将有机物转化成有机肥，是国内外厨余垃圾处置利用的主流技术之一。然而，堆肥过程占地面积大、时间周期长，产生的臭气和渗滤液会污染环境，且厨余垃圾中杂质较多会导致堆肥品质较差，故堆肥技术仍需不断改进。当前堆肥技术正在向小型化和专用化的方向发展，形成了以阳光房堆肥和机器成肥为主的多种方式，在阳光房或机器内，能更好地控制堆肥温度和湿度，加速成肥，同时可有效控制污水、臭气等二次污染物。

1.4.4 填埋

厨余垃圾的主要成分为有机物，在自然环境下容易被分解，因此能直接进行填埋。填埋过程工艺简单、成本低且处理量大，有机物在厌氧环境中还能发酵产生部分沼气，因此填埋在固废处理领域应用广泛。然而，填埋沼气的利用率较低，会损失厨余垃圾中绝大部分的有机资源；此外填埋处置占地面积大，容易产生垃圾渗滤液、细菌等造成二次污染，最终带来一系列环境生态污染问题。

1.4.5 饲料化技术

厨余垃圾中含有大量的有机营养成分，其饲料化具有相当大的优势。目前主要有干式饲料及蛋白饲料两类饲料化技术。其中干式饲料要求物料在95～120℃下至少干燥2h，含水率<15%，杂质含量<5%；蛋白饲料由微生物自身及其蛋白分泌物组成（60～80℃）。但由于厨余垃圾来源广泛，成分复杂，采用饲料化利用技术时存在很多安全隐患，如生物同源性、病菌、重金属、有毒有机物等。若用未经处理的厨余垃圾直接喂养牲畜，会带来巨大的安全隐患，使得有害物质回流餐桌。因此，在实际生产中需要遵循《厨余垃圾处理技术规范》

（CJJ 184—2012）中有关厨余垃圾生产饲料的相关规范要求，生产合格的饲料。

1.4.6 制备腐殖酸

通过高温复合微生物和酶转化技术、快速腐殖化集成装备、转化工艺精准控制技术集成，筛选自然界生命活力和增殖能力强的高温复合微生物菌种，在生化处理设备中对厨余垃圾等有机垃圾进行高温高速好氧发酵，可以使各种有机物被快速降解并转化为生物质腐殖酸肥料。

腐殖酸肥料可以作为有机源土壤调理剂，用于提升土壤质量，进而起到降低化肥使用率、提高农产品产量和改善农产品品质的作用。该技术的优点是转化速度快、有机质利用率高、产品一致性高，可进入工业产品销售通路，已在北京、广州、成都、乌鲁木齐等城市成功应用。但该工艺的液相进入污水处理系统会造成污水负荷增大和液相有机质的浪费。

1.4.7 制备生物柴油

厨余垃圾中含有大量的油脂，通过回收处理可以加工制备生物柴油。利用厨余垃圾中经油水分离出来的餐饮油脂生产生物柴油通常需要经过预处理工艺和酸碱催化酯交换反应工艺。预处理系统采用洁净水在水洗锅内进行水洗操作，经水洗后的餐饮油脂经加热后送入真空干燥器干燥脱水，便可获得较好的粗油脂。经水洗、真空干燥后的粗油脂，送至酸碱酯交换反应操作单元。粗油脂在酸、碱的催化条件下与甲醇进行酯交换反应，生成脂肪酸甲酯——粗甲酯。然后通过水洗将粗甲酯中的酸碱液除去，以提高生物柴油的产品质量，最后粗甲酯经甲酯蒸馏塔负压闪蒸后即可获得生物柴油产品。

1.4.8 制备生物可降解材料

聚羟基脂肪酸酯（polyhydroxyalkanoates，PHA）是由微生物在细胞内合成的酯类物质，具备可生物降解性，是天然的高分子材料，可以合成塑料。利用厨余垃圾作为碳源，通过水解酸化作用生成乙酸、丙酸、丁酸和乳酸等小分子酸和醇类，在蜡样芽孢杆菌（*Bacillus cereus*）菌株 HY-3 等细菌的作用下生成 PHA，可以降低 PHA 的生产成本，同时对厨余垃圾的资源化利用具有重要意义。

1.4.9 不同处理工艺的优缺点

厨余垃圾不同处理工艺的优缺点如表 1-3 所列。

表 1-3　厨余垃圾不同处理工艺的优缺点

处理方式	优点	缺点
填埋	处理简单，处理量大	占地面积广，资源浪费
焚烧	减量化和无害化显著	添加辅助燃料，运营成本高
饲料化	技术简单，设备投资小	（1）进料纯度要求高； （2）二次污染；厨余垃圾存放时间有限； （3）生产耗能较高
好氧堆肥	（1）可制备高品质有机肥或者复合肥； （2）减量化和资源化效果好； （3）工艺简单； （4）技术成熟	（1）预处理除杂难度高； （2）对有毒有害物质处理不彻底； （3）容易产生恶臭气体； （4）堆肥产品市场有限
厌氧发酵	（1）经济价值高； （2）耗能少； （3）处理成本低； （4）自动化程度高，恶臭气体少	（1）运行工艺复杂； （2）工艺参数难控制； （3）投资成本高； （4）对安全性能要求高
制备腐殖酸	经济价值高；产品应用广	（1）生产工艺要求高； （2）产生废水
制备生物柴油	（1）生产高品质能源； （2）资源化程度高	（1）处理成本高； （2）产品附加值低
制备降解材料	（1）可生产降解材料； （2）不需灭菌；环境收益高	技术发展尚不成熟，处于起步阶段

适当的废物管理有利于处理大量可生物降解的厨余垃圾，同时减少温室气体的排放。随着城镇化的不断加快，我国厨余垃圾产量逐年攀升，但目前对于厨余垃圾的处理技术均达不到减量化、资源化以及无害化处理的要求，亟待探究优化处理技术来对厨余垃圾进行高值化利用。

1.5　厨余垃圾管理体系、政策与规范

长期以来，我国并没有对厨余垃圾进行管理。传统的厨余垃圾处理方式主要是由产生单位卖给利用者，送往郊区直接喂猪或提炼油脂。未经处理、携带大量病菌甚至变质的厨余垃圾直接作为饲料喂猪的卫生状况令人担忧。由于利益驱使，非法商贩将由厨余垃圾中提炼出的废油脂，经过加工重新回到餐桌，严重影响人民身体健康。20 世纪末，牛海绵状脑病（疯牛病）、口蹄疫等世界范围内的畜禽传染疾病的流行和传播，使人们意识到厨余垃圾直接喂猪存在巨大卫生安全隐患，厨余垃圾的管理在我国部分城市开始得到重视。厨余垃圾的传统处理模式存在很多环境和卫生安全上的问题，分散地利用未经处理的厨余垃圾作为饲料容易导致疾病传播，而且运输途中废水泄漏会造成二次污染，严重影响城市环境卫生。为了完全消除厨余垃圾对人体健康、市容环境的影响或使其降至最低限度，必须科学、合理地对厨余

垃圾进行处置管理，建立健全、规范、有序的厨余垃圾处置管理系统。另外，节约是厨余垃圾源头管理的根本措施之一。除了经济发展的原因以外，人为因素也是厨余垃圾大量产生的重要原因。厨余垃圾的大量产生在给环境造成很大压力的同时，又使得大量的粮食资源被白白浪费掉。对于厨余垃圾的处理，除了积极开展厨余垃圾回收利用的技术和政策研究之外，更重要的是需要每一位市民的参与配合，人人讲节约，人人珍惜粮食，减少厨余垃圾的产生量。因此，厨余垃圾从源头上来减量，就是反对浪费，节约粮食。

1.5.1 厨余垃圾管理体系

我国国家固体废物主管部门为住房和城乡建设部，地方主管部门为住房和城乡建设厅和市政环卫部门，厨余垃圾的收运、处理处置和管理主要由市政环卫部门负责。而国家宏观管理与专项行动计划由国家发展和改革委员会组织执行，发改部门协同城乡建设等部门起草或制定厨余垃圾收集处理等相关管理政策；环保部门负责厨余垃圾产生单位、处置单位的环境影响评价审批和环保竣工“三同时”验收工作，依法监管污染防治设施运行及排污情况；农业部门负责对以厨余垃圾余渣为原料加工而成的畜禽、水产饲料产品进行监督管理；卫生部门负责对餐饮服务单位厨余垃圾的收集、存放、清理等进行监督管理，重点检查食用油等原料进货查验和索证索票情况，防止废弃食用油脂回流餐桌，依法查处餐饮服务单位违反食品安全管理规定的行为；质量技监部门负责食品生产环节监管，依法查处以“地沟油”和厨余垃圾等非食用原料加工食品的违法行为；食品安全监管部门负责食品餐饮服务环节监管，监督餐饮服务单位建立并执行食品原料采购查验和索证索票制度；工商行政管理部门负责食品流通环节监管，对食品生产经营单位厨余垃圾收运、处置服务企业和深加工企业凭行政许可依法登记注册，对食用油入市销售流通环节进行监督检查，严厉打击经营“地沟油”和非正规来源食用油的违法行为；公安交警部门负责对构成犯罪的制售“地沟油”案件及收运“地沟油”“泔水”车辆进行立案查处；城管执法部门负责对未取得服务许可而擅自从事收运、处置厨余垃圾的企业和个人进行查处。

1.5.2 厨余垃圾管理政策

目前，全国有300多个地方出台了厨余垃圾管理办法，对适用范围、责任主体、收运和处置要求、违规行为处罚等做了相关规定。各地通过探索建立部门合作机制，实行统一收运、集中处理等方式，进一步对厨余垃圾进行规范管理与综合整治，并不断强化监管力度，相关工作取得了明显成效。

1.5.2.1 国家层面政策汇总及解读

表1-4为截至2022年国家层面有关餐厨垃圾处理行业的政策重点内容解读。

表 1-4 截至 2022 年国家层面有关厨余垃圾处理行业的政策重点内容解读

时间	发布部门	政策名称	重点内容	政策性质
2022.02	国务院	《“十四五”推进农业农村现代化规划》	推进农村生活垃圾源头分类减量，探索农村生活垃圾就地就近处理和资源化利用的有效路径，稳步解决“垃圾围村”问题。完善农村生活垃圾收运处置体系，健全农村再生资源回收利用网络	支持类
2021.08	教育部、市场监督管理总局、国家卫生健康委员会	《关于加强学校食堂卫生安全与营养健康管理工作的通知》	要求学校食堂每餐后通风换气 30min 以上，及时清除餐厨垃圾，垃圾分类处理	规范类
2021.07	商务部等 11 部门	《城市一刻钟便民生活圈建设指南》	要求加强环境保护。加强对污染排放、私搭乱建和占道经营等现象的管理，保持商业网点整洁有序。对产生农产品废弃物、餐厨垃圾等的网点，实行统一回收、运输和处置	规范类
2021.05	国家发展和改革委员会	《关于“十四五”时期深化价格机制改革行动方案的通知》	要求加快公共服务价格改革。推动县级以上地方政府建立生活垃圾处理收费制度，合理制定调整收费标准。推行非居民餐厨垃圾计量收费。具备条件的地区探索建立农户生活垃圾处理付费制度	规范类
2021.02	国务院	《国务院关于加快建立健全绿色低碳循环发展经济体系的指导意见》	建立健全绿色低碳循环发展经济体系，促进经济社会发展全面绿色转型，是解决我国资源环境生态问题的基础之策。为贯彻落实党的十九大部署，加快建立健全绿色低碳循环发展的经济体系，应做好餐厨垃圾资源化利用和无害化处理	支持类
2021.01	国务院	《中共中央关于制定国民经济和社会发展第十四个五年规划和二〇三五年远景目标的建议》	健全农村生活垃圾收运处置体系，推进源头分类减量、资源化处理利用，建设一批有机废物综合处置利用设施。健全农村人居环境设施管护机制。有条件的地区推广城乡环卫一体化第三方治理。深入推进村庄清洁和绿化行动。开展美丽宜居村庄和美丽庭院示范创建活动	规范类
2020.11	国务院	《国务院关于深入开展爱国卫生运动的意见》	加强城市生活垃圾和污水处理设施建设，做好生活垃圾分类投放、分类收集、分类运输、分类处理，逐步实现城市生活垃圾减量化和资源化、无害化处理。通过政策鼓励、宣传教育等，引导群众主动参与垃圾分类。持续推进县域生活垃圾和污水统筹治理，有条件的地方垃圾污水处理设施和服务向农村延伸	支持类
2020.07	国家发展和改革委员会、住房和城乡建设部、生态环境部	《城镇生活垃圾分类和处理设施补短板强弱项实施方案》	提出了 4 项重点任务： （1）加快完善垃圾分类收集和分类运输体系； （2）大力提升垃圾焚烧处理能力； （3）合理规划建设生活垃圾填埋场； （4）因地制宜推进厨余垃圾处理设施建设。 明确在具备条件的地区加快提升厨余垃圾处理能力。对于尚未出台垃圾分类法规或缺乏消纳途径的地区，厨余垃圾可纳入焚烧处理。建立餐厨垃圾管理制度，要求相关单位将餐厨垃圾交由有资质的专业机构处理，禁止未经处理的餐厨垃圾用于畜禽饲养	规范类
2020.03	住房和城乡建设部	《关于进一步做好城市环境卫生工作的通知》	严格生活垃圾收集运输管理、规范生活垃圾处理设施运行管理和扎实推进生活垃圾分类工作	支持类

续表

时间	发布部门	政策名称	重点内容	政策性质
2020.02	国务院	《抓好“三农”领域重点工作确保如期实现全面小康的意见》	全面推进农村生活垃圾治理，开展就地分类、源头减量试点。梯次推进农村生活污水治理，优先解决乡镇所在地和中心村生活污水问题	规范类
2019.04	住房和城乡建设部等部门	《关于在全国地级及以上城市全面开展生活垃圾分类工作的通知》	统筹解决餐厨垃圾、农贸市场垃圾等易腐垃圾处理问题，严禁餐厨垃圾直接饲喂生猪	规范类
2019.01	国务院	《“无废城市”建设试点工作方案》	促进餐厨垃圾资源化利用，拓宽产品出路	规范类
2018.06	国家发展和改革委员会、财政部、住房和城乡建设部	《关于2018年餐厨废弃物资源化利用和无害化处理试点城市验收结果的公示》	根据《餐厨废弃物资源化利用和无害化处理试点中期评估及终期验收管理办法》，经第三方机构论证，初步确定了通过验收和撤销的试点城市名单	规范类
2017.03	国家发展和改革委员会、财政部、住房和城乡建设部	《关于开展2017年餐厨废弃物资源化利用和无害化处理试点城市终期验收和资金清算的通知》	决定开展2017年餐厨废弃物资源化利用和无害化处理试点城市终期验收和资金清算工作	规范类
2016.12	国家发展和改革委员会	《“十三五”全国城镇生活垃圾无害化处理设施建设规划》	规划提出，到“十三五”末，力争新增餐厨垃圾处理能力3.44万吨/日。各省基本建立餐厨废弃物回收和再生利用体系，科学选择处理工艺和技术设备，防止收运过程中的环境污染。规划“十三五”期间餐厨垃圾专项工程投资183.5亿元	规范类
2015.10	国家发展和改革委员会、财政部、住房和城乡建设部	《餐厨废弃物资源化利用和无害化处理试点中期评估及终期验收管理办法》	委托第三方独立机构，对实施方案批复满3年不满5年的试点城市开展中期评估。对不通过的试点城市，取消试点城市称号，全部扣回已拨付中央财政补助资金	支持类
2015.05	国家发展和改革委员会、财政部、住房和城乡建设部	《关于第五批餐厨废弃物资源化利用和无害化处理试点城市备选名单的公示》	确定了包括十堰、临沂、涪陵等17个城市作为第五批试点备选城市	规范类
2013.06	产品回收利用基础与管理标准化技术委员会	《餐厨废油资源回收和深加工技术标准》（征求意见稿）	标准对每种技术的工艺过程及产品质量进行了要求，并限制对环境造成影响的工艺，要求使用减少能耗和环境负荷的处理技术	支持类
2013.02	国家发展和改革委员会	《餐厨废弃物管理及资源化利用条例》	建立全面、系统、完善的餐厨垃圾处理法律制度，力图解决该领域存在台账制度规定不完善、收费制度背离市场化运作模式、信息公开规定缺失、应急预案制度不健全、法律责任设置不合理等问题	支持类
2012.12	住房和城乡建设部	《餐厨垃圾处理技术规范》（CJJ 184—2012）	该规范包括术语和定义、餐厨垃圾收集与运输、餐厨垃圾处理工艺等部分	支持类

续表

时间	发布部门	政策名称	重点内容	政策性质
2012.11	国家发展和改革委员会等三部委	《关于组织推荐第三批餐厨废弃物资源化利用和无害化处理试点备选城市的通知》	确定了洛阳、济南、杭州等17个城市作为第三批试点备选城市	规范类
2012.07	财政部、国家发展和改革委员会	《循环经济发展专项资金管理暂行办法》	确定餐厨废弃物资源化利用和无害化处理为专项资金支持范围，并确定其支持方式与监督管理办法	支持类
2012.04	国家发展和改革委员会等五部委	《关于组织推荐第二批餐厨废弃物资源化利用和无害化处理试点备选城市的通知》	确定了常州、咸阳、长沙等16个城市作为第二批试点备选城市	规范类
2012.04	国务院	《“十二五”全国城镇生活垃圾无害化处理设施建设规划》	提出“十二五”期间计划在餐厨垃圾处理设施上投资109亿元，力争2015年国内餐厨垃圾处理设施数量达到242座，处理能力达到3万吨/日	规范类
2011.04	住房和城乡建设部等十六部委	《关于进一步加强城市生活垃圾处理工作的意见》	提出到2015年，每个省（区）建成一个以上生活垃圾分类示范城市，50%的设区城市初步实现餐厨垃圾分类收运处理	规范类
2010.07	国务院	《关于加强地沟油整治和餐厨废弃物管理的意见》	提出规范餐厨废弃物处置、加强收运管理、建立管理台账和严查违法行为等措施，加强餐厨废弃物管理。通过源头治理和综合措施，切断“地沟油”利益链，解决“地沟油”问题	规范类
2010.05	国家发展和改革委员会等四部委	《关于组织开展城市餐厨废弃物资源化利用和无害化处理试点工作的通知》	确定了北京、上海、哈尔滨、武汉等33个城市（区）作为第一批试点城市（区），随后又安排循环经济发展专项资金63亿元作为支持	规范类

与厨余垃圾处理行业相关的政策如下：

2017年3月，《生活垃圾分类制度实施方案》提出“引导居民将‘湿垃圾’（滤出水分后的厨余垃圾）与‘干垃圾’分类收集、分类投放”。明确了厨余垃圾应该得到分类收集和处理。随着城市生活垃圾分类工作的陆续展开，各地试点城市家庭源厨余垃圾确实实现了一定程度的分类收集和处理，但同时也暴露了长期以来厨余垃圾管理体系建设不足的问题：厨余垃圾配套处理设施能力不足，无法实现分类处理的理想效果。

2020年7月，国家发展和改革委员会、住房和城乡建设部以及生态环境部联合印发《城镇生活垃圾分类和处理设施补短板强弱项实施方案》，要求“因地制宜推进厨余垃圾处理设施建设”，明确提出稳步推进厨余垃圾处理设施建设。但“尚未出台垃圾分类法规的地区，以及厨余垃圾资源化产品缺乏消纳途径的地区，厨余垃圾可纳入现有焚烧设施统筹处理”，这又显示出推动厨余垃圾管理工作的难度和反复性。

2020年11月，住房和城乡建设部等十二个部门联合印发《关于进一步推进生活垃圾分类工作的若干意见》，希望“力争再用5年左右时间，基本建立配套完善的生活垃圾分类法律法规制度体系；地级及以上城市因地制宜基本建立生活垃圾分类投放、分类收集、分类运输、分类处理系统，居民普遍形成生活垃圾分类习惯；全国城市生活垃圾回收利用率达到35%以上”。住房和城乡建设部等部门牵头“推进分类投放收集系统建设”，“实现厨余垃圾、其他垃圾有效分开”，补齐厨余垃圾处理设施短板，探索合适的厨余垃圾处理技术路线，因地制宜选用处理工艺，以便加强科学管理。

进入“十四五”阶段，生活垃圾以及厨余垃圾管理政策相应出台。2021 年 5 月，《“十四五”城镇生活垃圾分类和处理设施发展规划》明确指出，“厨余垃圾分类和处理渠道不畅”是现在存在的主要问题之一。针对这一问题，该发展规划提出“有序开展厨余垃圾处理设施建设”的主要任务。如何科学、高效、低碳、可持续地处理厨余垃圾，完善厨余垃圾管理政策，成为“十四五”阶段需要探索和落地的课题。

2021 年 7 月，国家发展和改革委员会出台《“十四五”循环经济发展规划》，将“推进厨余垃圾、园林废弃物、污水厂污泥等低值有机废物的统筹协同处置”列为重点任务之一，将“厨余垃圾等城市废弃物分类利用和集中处置”列为“十四五”循环经济发展的重点工程与行动之一，为进一步推进科学、合理、低碳管理厨余垃圾提供了重要的政策支撑。

1.5.2.2 各省市层面政策汇总及解读

目前，我国主要省市餐厨垃圾处理相关政策如表 1-5 所列。

表 1-5 截至 2022 年各省市层面有关餐厨垃圾处理行业的政策重点内容解读

省市	发布时间	政策名称	重点内容
北京市	2022 年 4 月	《北京市“十四五”时期城市管理发展规划》	推进探索餐厨垃圾与生活污水协同处理，积极推进厨余垃圾处理设施沼气资源化利用，探索飞灰和焚烧炉渣综合利用途径
	2021 年 9 月	《北京市城市管理委员会关于调整从事生活垃圾处理服务审批告知承诺改革工作的通知》	本行政许可事项行政许可条件中未涉及的餐厨垃圾处理厂、厨余垃圾处理厂等参照堆肥厂的行政许可条件进行审批
	2020 年 6 月	《北京市厨余垃圾分类质量不合格不收运管理暂行规定》	规范厨余垃圾收集运输管理，促进生活垃圾分类管理责任人和收集运输单位依法履行垃圾分类义务
	2020 年 5 月	《关于修改〈北京市生活垃圾管理条例〉的决定》	对《北京市生活垃圾管理条例》进行修改与补充
	2020 年 1 月	《北京市生活垃圾管理条例》	按照厨余垃圾、可回收物、有害垃圾、其他垃圾的分类，分别投入相应标识的收集容器。餐饮行业协会应当发挥行业自律和服务作用，推动餐饮服务单位开展厨余垃圾减量化工作，推广先进技术，制止餐饮浪费，践行光盘行动
上海市	2022 年 7 月	《上海市碳达峰实施方案》	老港、宝山等湿垃圾集中资源化利用设施建设及分散处理设施达标改造，力争利用能力达到 1.1 万吨/日，打通湿垃圾资源化产品利用出路。推进餐厨废弃油脂资源化利用设施建设，确保餐厨废弃油脂处置安全、高效

续表

省市	发布时间	政策名称	重点内容
上海市	2021年8月	《坚决制止餐饮浪费行动方案》	探索在餐饮"圆桌消费"中实行"桌长制"，负责提醒适量点餐、使用公筷公勺、剩菜打包等，提高消费者制止餐饮浪费的自觉性、主动性，及时总结推广有效经验
	2020年6月	《上海市餐厨废弃油脂处理管理办法实施若干规定》	对餐厨废弃油脂处理的产生单位与收运单位的招标、收集容器、收运人员培训、收运单位监管等环节进行规定
浙江省	2021年7月	《浙江省节能降耗和能源资源优化配置"十四五"规划》	在住宿餐饮等领域开展能源管理和节能改造，加大餐饮浪费行为制止力度，全面强化餐厨垃圾的分类回收和资源化利用水平
	2021年5月	《浙江省重大建设项目"十四五"规划》	"十四五"期间，全省新增城镇垃圾焚烧处理能力8000t/d，新增城镇餐厨（厨余）垃圾处理能力3000t/d
	2019年11月	《浙江省餐厨垃圾资源化利用技术规程》	对餐厨垃圾资源化利用过程的预处理、回收、再生利用和最终处置进行技术规范
广东省	2022年7月	《广州市城市基础设施发展"十四五"规划》	规划新增餐厨垃圾处理能力1900t/d，到2025年，餐厨生化处理能力达4800t/d
	2022年3月	《肇庆市餐厨垃圾管理办法》	对肇庆市实行城市生活垃圾分类管理区域的餐厨垃圾产生、收集、运输处理及其监督管理等活动进行规范
	2021年10月	《广州市餐厨垃圾管理办法》	对餐厨垃圾的排放、收运、处置进行规定，政策有效期三年
	2020年9月	《深圳市生活垃圾分类管理条例》	生活垃圾按照可回收物、厨余垃圾、有害垃圾、其他垃圾进行分类
	2020年8月	《关于印发佛山市南海区餐厨垃圾管理实施办法的通知》	加强南海区餐厨垃圾的管理，维护城市市容环境卫生，保障人民群众身体健康，促进餐厨垃圾无害化处理和合理利用
	2020年5月	《东莞市生活垃圾分类三年行动方案（2020—2022年）》	到2022年底前，"3+3""1+1"示范片区全区域实现厨余垃圾单独收运处理
	2020年1月	《广州市餐厨垃圾就近就地自行处置办法》	促进餐厨垃圾在产生源头减量化、资源化、无害化处置，规范餐厨垃圾就近就地自行处置活动
江苏省	2022年1月	《江苏省政府关于加快建立健全绿色低碳循环发展经济体系的实施意见》	"十四五"期间全省无害化处理能力计划新增2×10^4t/d，餐厨废弃物处理能力计划新增2000t/d
	2021年12月	《常州市城乡生活垃圾分类工作实施方案（2021—2025年）》	到2025年底，实现厨余垃圾分类收集量占生活垃圾清运量的比例不低于20%，全面提升生活垃圾分类质量。建立餐厨废弃物、建筑垃圾、园林绿化废弃物独立收集系统，加强统收集管理，逐步实现全量收集
	2020年12月	《徐州市生活垃圾管理条例》	共八章五十四条，从生活垃圾管理的规划与建设，源头减量，分类投放分类收集、运输和处置，监督管理、法律责任等方面进行了规范

续表

省市	发布时间	政策名称	重点内容
江苏省	2020 年 7 月	《扬州市城乡生活垃圾分类管理规范》	对生活垃圾分类类别、相关设施的规划建设、生活垃圾源头减量和全流程分类、促进与监管、法律责任等方面做出规定
重庆市	2022 年 7 月	《重庆市人民政府办公厅关于推动城乡建设绿色发展的实施意见》	加快建设厨余垃圾资源化利用设施，到 2025 年，新建、扩建厨余（餐厨）垃圾处理项目 9 个，积极推动重庆市餐厨垃圾处理行业的发展
	2021 年 11 月	《重庆市生活垃圾管理条例》	鼓励餐厨垃圾产生单位利用新技术、新设备对餐厨垃圾进行油水分离，促进源头减量
	2020 年 10 月	《关于印发重庆市开州区餐厨垃圾收集运输处置专项工作方案的通知》	到 2021 年底前，基本建成覆盖全区的餐厨垃圾收集、运输、处理体系并形成长效机制
湖北省	2021 年 4 月	《湖北省第十四个五年规划和二〇三五年远景目标纲要》	建立完善生活垃圾分类收运体系，建立无害化、资源化垃圾处理系统，建设生活垃圾焚烧终端处理设施。提升餐厨垃圾、建筑垃圾、污泥等废物资源化利用水平
湖北省	2020 年 3 月	《湖北省餐厨垃圾管理办法》	对餐饮企业等产生的餐厨垃圾实行统一收运处置。餐厨垃圾不得与其他生活垃圾混合投放，不得排入污水、雨水管道等市政公共设施以及河道、湖泊、水库等公共水域，不能随意倾倒、抛撒，不允许作为原料生产、加工食用油和其他食品
湖南省	2022 年 4 月	《关于进一步推进全省生活垃圾分类工作的实施意见》	推进厨余垃圾处理设施建设，地级城市厨余垃圾单独处理或与餐厨垃圾协同处理，县级城市厨余垃圾与市政污泥粪便联合处理或与相邻市县区域统筹处理
	2019 年 9 月	《关于推进城乡环境基础设施建设的指导意见》	完善餐厨垃圾收集处理系统，加强餐厨垃圾处理设施建设，新建 5 座餐厨垃圾处理厂。到 2022 年底，城市生活垃圾焚烧处理能力占无害化处理总能力的比例达到 55%以上，建筑垃圾资源化利用率达到 35%，餐厨垃圾实现有效处置

1.5.3 厨余垃圾管理规范

厨余垃圾资源化相关标准见表 1-6，标准主要集中在工程技术方面，包括了国家标准、行业标准以及北京市地方标准，覆盖内容较为全面，规定了厨余垃圾处理的技术和操作要求，包括堆肥、沼气发酵、生物转化等处理方法，以及工程上的技术要求。有机肥标准、土壤调理剂标准、绿化用有机基质标准、检测标准数量较少，均是国家标准和行业标准。

表 1-6 厨余垃圾资源化相关标准

序号	标准分类	标准号	标准名称
1	工程技术标准	GB 55012—2021	生活垃圾处理处置工程项目规范

续表

序号	标准分类	标准号	标准名称
1	工程技术标准	CJJ 52—2014	生活垃圾堆肥处理技术规范
		CJJ 86—2014	生活垃圾堆肥处理厂运行维护技术规程
		CJJ 184—2012	餐厨垃圾处理技术规范
		CJJ/T 172—2011	生活垃圾堆肥厂评价标准
		CJ/T 227—2018	有机垃圾生物处理机
		HJ 2035—2013	固体废物处理处置工程技术导则
		建标 141—2010	生活垃圾堆肥处理工程项目建设标准
		DB11/T 170—2015	生活有机垃圾好氧发酵设备技术规范
		DB11/T 272—2014	生活垃圾堆肥厂运行管理规范
2	有机肥标准	GB/T 18877—2020	有机无机复混肥料
		NY/T 525—2021	有机肥料
		NY/T 884—2012	生物有机肥
3	土壤调理剂标准	NY/T 3034—2016	土壤调理剂　通用要求
4	绿化用有机基质标准	GB/T 33891—2017	绿化用有机基质
5	检测标准	GB/T 19524.1—2004	肥料中粪大肠菌群的测定
		GB/T 23349—2020	肥料中砷、镉、铅、铬、汞含量的测定

参考文献

[1] 褚禛，丁乃初，宦兆军，等.国内餐厨及厨余垃圾处理工艺综述[J].广东化工，2023，50（22）：103-105，150.

[2] 辛梓弘，韩岗亭，刁伟霞.城市餐厨垃圾的资源化利用路径研究[J].四川环境，2023，42（4）：344-350.DOI：10.14034/j.cnki.schj.2023.04.047.

[3] 中华人民共和国国家统计局.中国统计年鉴-2021[M].北京：中国统计出版社，2021.

[4] Food and Agriculture Organization of the United Nations[R]. Global Food Losses and Food Waste，2011 .

[5] 张烨，姜薇，韩莉，等.北京市厨余垃圾资源化标准现状[J].再生资源与循环经济，2022，15（3）：21-24.

[6] From farm to kitchen：the environmental impacts of U.S. food waste[R]. U.S. Environmental Protection Agency Office of Research and Development，2021.

第2章 厨余垃圾的收集、储运及预处理

- 厨余垃圾的分类与分拣
- 厨余垃圾的收集
- 厨余垃圾的储运
- 预处理技术及其重要性

2.1　厨余垃圾的分类与分拣

厨余垃圾的分类与分拣是指将厨余垃圾按照不同的组成和性质进行分门别类，以便进行后续的收集、运输和处理。

厨余垃圾的分类与分拣可以减少对环境的污染，提高有机废物的资源化利用效率，促进可持续发展和环境保护。具体的分类和分拣方式可能会因地区和地方政府的要求而有所不同，应根据当地的规定进行操作。

下面是一般情况下的厨余垃圾分类与分拣方式。

2.1.1　厨余垃圾的分类

（1）食物残渣

食物残渣包括已经食用过的食物残余，如果皮、蔬菜废料、豆腐渣等。这些食物残渣通常是厨余垃圾的主要成分。

（2）餐厅废物

餐厅和餐饮业通常会产生大量厨余垃圾，包括未吃完的食物、用过的餐具和餐巾纸等。这些废物应分门别类，以便进行合适的处理。

（3）食用油脂

使用过食用油脂应被正确处理。它们可以被回收并转化为生物柴油。

（4）咖啡渣和茶渣

咖啡渣和茶渣通常包括在厨余垃圾中，可以通过堆肥或其他处理方法合理回收。

（5）蛋壳

蛋壳是有机废物的一部分，可以通过堆肥处理。

（6）动植物废料

如果有家禽、宠物或养殖业，相关的动植物废料也应进行分类和妥善处理。

（7）沥渣

有些食物制作过程中会产生沥渣，如奶酪制作中产生的乳清或豆腐制作中产生的豆渣。这些副产品应该被合理处理。

（8）植物性纤维

植物性食品包装材料如玉米淀粉制品，也可以被视为厨余垃圾。

对于这些厨余垃圾，可以采取适当的处理方式，例如堆肥、厌氧消化等，将其转化为有机肥料或生物能源。分类处理厨余垃圾有助于减少环境污染，提高资源的回收利用率。

2.1.2 厨余垃圾的分拣

2.1.2.1 废钢铁分选技术

（1）磁选原理

针对厨余垃圾中的废钢铁，可根据其不同于其他物料的磁性，利用磁力分选将其分离除去。磁力分选简称磁选，有两种类型：一种是传统的磁选法；另一种是磁流体分选法。厨余垃圾的磁选主要采用前者。

磁选是利用固体废物中各种物质的磁性差异在不均匀磁场中进行分选的一种处理方法。磁选过程是将固体废物输入磁选机后，磁性颗粒在不均匀磁场作用下被磁化，从而受磁场吸引力的作用，使磁性颗粒吸在圆筒上，并随圆筒进入排料端排出。非磁性颗粒由于所受的磁场作用力很小，仍留在废物中而被排出。固体废物颗粒通过磁选机的磁场时，同时受到磁力和机械力（包括重力、离心力、介质阻力、摩擦力等）的作用。磁性强的颗粒所受的磁力大于其所受的机械力；而非磁性颗粒所受的磁力很小，机械力占优势。作用在各种颗粒上的磁力和机械力的合力不同，使它们的运动轨迹也不同，从而实现分离。

磁性颗粒分离的必要条件是磁性颗粒所受的磁力必须大于与其方向相反的机械力的合力，即：

$$f_{磁} > \sum f_{机} \tag{2-1}$$

式中 $f_{磁}$——磁性颗粒所受的磁力；

$\sum f_{机}$——与磁力方向相反的机械力的合力。

该式不仅说明了不同磁性颗粒的分离条件，同时也说明了磁选的实质，即磁选是利用磁力与机械力对不同磁性颗粒的不同作用而实现的。

（2）磁选机的磁场

磁体周围的空间存在着磁场。磁场的基本性质就是对进入其中的磁体产生磁力作用，因此在磁选机中能使磁体产生磁力作用的空间称为磁选机的磁场。磁场可分为均匀磁场和非均匀磁场。

均匀磁场中各点的磁场强度大小相等，方向一致。非均匀磁场中各点的磁场强度大小和方向都不同。磁场的非均匀性可用磁场梯度来表示。磁场强度（H）随空间位移（x）的变化率称为磁场梯度，用 dH/dx 表示。磁场梯度为一矢量，其方向为磁场强度变化最大的方向，并且指向 H 增大的一方。均匀磁场中 $dH/dx=0$，非均匀磁场中 $dH/dx\neq0$。

磁性颗粒在均匀磁场中只受转矩的作用，使它的长轴平行于磁场方向。在非均匀磁场中，颗粒不仅受转矩的作用，还受磁力的作用，所以颗粒既发生转动，又向磁场梯度增大的方向移动，最后被吸在磁极外表面上。这样，磁性不同的颗粒就能得以分离。因此，磁选只能在非均匀磁场中实现。

（3）固体废物中各种物质按磁性分类

根据比磁化系数的大小，可将固体废物中的各种物质大致分为以下 3 类：

① 强磁性物质：比磁化系数 $x_0>38\times10^{-6}m^3/kg$，在弱磁场磁选机中可分离出这类物质。

② 弱磁性物质：比磁化系数 $x_0=(0.19\sim7.5)\times10^{-6}m^3/kg$，可在强磁场磁选机中回收。

③ 非磁性物质：比磁化系数 $x_0<0.19\times10^{-6}m^3/kg$，在磁选机中可以与磁性物质分离。

（4）磁选设备及应用

1）磁力滚筒

磁力滚筒又称磁带轮，有永磁磁力滚筒和电磁磁力滚筒两种。应用较多的是永磁磁力滚筒，如图 2-1 所示。

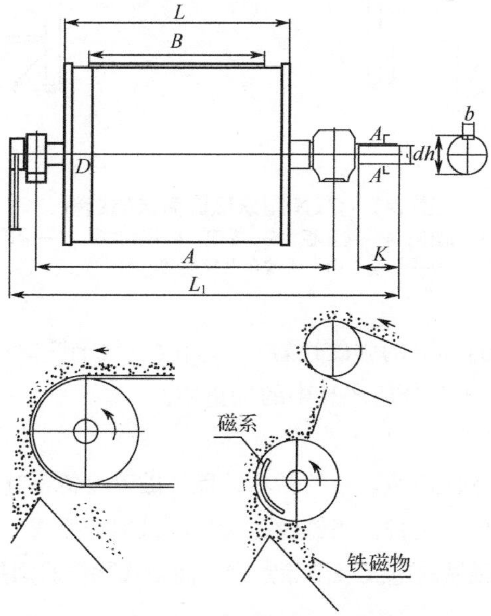

图 2-1　CT 型永磁磁力滚筒

这种设备的主要组成部分是一个回转的多极磁系和套在磁系外面的、用非导磁材料（不锈钢或铜、铝等）制成的圆筒。

一般磁系包角为 360°。磁系与圆筒固定在同一个轴上，安装在皮带运输机头部（代替传动滚筒）。将固体废物均匀地送至皮带运输机上，当废物经过磁力滚筒时，非磁性或磁性很弱的物质在离心力和重力作用下脱离皮带；而磁性较强的物质受磁力作用被吸在皮带上，并由皮带带到磁力滚筒的下部，当皮带离开磁力滚筒伸直时，由于磁场强度减弱而落入磁性物质收集槽中。

这种设备主要用于工业固体废物或城市垃圾的破碎设备或焚烧炉前，除去废物中的铁器，防止损坏破碎设备或焚烧炉。

2）湿式 CTN 型永磁圆筒式磁选机

CTN 型永磁圆筒式磁选机的构造型式为逆流型，如图 2-2 所示。它的给料方向和圆筒旋转方向或磁性物质的移动方向相反。物料由给料箱直接进入圆筒的磁系下方，非磁性物质由磁系左下方底板上的排料口排出。磁性物质随圆筒逆着给料方向移到磁性物质排料端，排入磁性物质收集槽中。

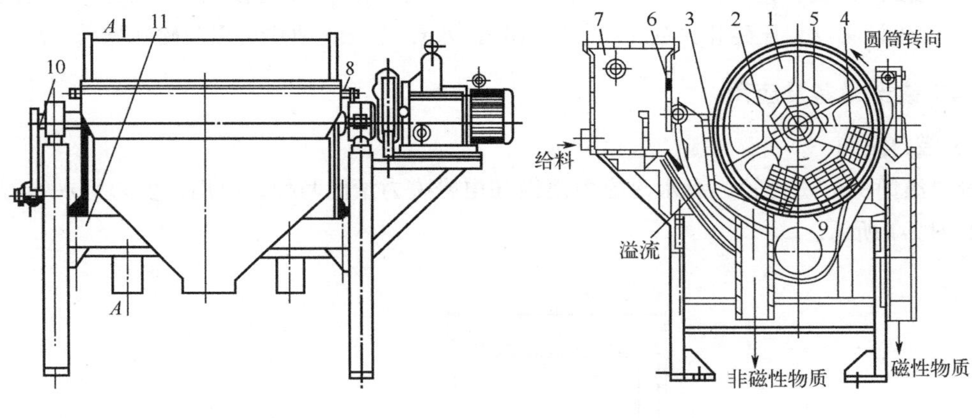

(a)　　(b)

图 2-2　CTN 型永磁圆筒式磁选机

1—圆筒；2—磁系；3—槽体；4—磁导板；5—支架；6—喷水管；7—给矿箱；8—卸矿水管；9—底板；10—磁偏角调整装置；11—支架

这种设备适用于粒度<0.6mm 的强磁性颗粒的回收及从钢铁冶炼排出的含铁尘泥和氧化铁皮中回收铁，以及回收重介质并分选产品中的加重质。

3）悬吊磁铁器

悬吊磁铁器主要用来去除城市垃圾中的铁器，保护破碎设备及其他设备免受损坏。悬吊磁铁器有一般式除铁器和带式除铁器两种。当铁物数量少时采用一般式，当铁物数量多时采用带式。一般式除铁器是通过切断电磁铁的电流来排除铁物，而带式除铁器则是通过胶带装置排除铁物。

2.1.2.2　废玻璃和废陶瓷分离技术

厨余垃圾中的废玻璃和废陶瓷主要来自啤酒瓶、陶瓷餐具等，属于易碎性无机物，一般采用人工分拣和机械分拣两种方法分离去除。

（1）人工分拣

人工分拣是指在厨余垃圾处理流程中设置分拣皮带，并在分拣皮带两侧设置人工分拣工位，利用人力将废玻璃瓶、陶瓷餐具等分拣出来，并盛入专门容器运出。人工分拣的优点在于人的能动分辨能力远优于机械，一个人可以同时完成多种杂质的分离，成本较低，且分离效果较好。但是，分拣皮带上厨余垃圾的暴露会产生大量恶臭气体，分拣工人在工作时将长期暴露在此恶臭环境中，对身体健康不利，因此厨余垃圾预处理环节中的人工分拣环节逐渐被机械分拣取代。

（2）机械分拣

针对厨余垃圾中废玻璃和废陶瓷材料坚硬、易碎且密度较大的特点，新型厨余垃圾处理工艺中主要采用筛分和破碎后沉砂的方式去除废玻璃、废陶瓷以及部分海滨城市厨余垃圾中的贝壳类无机物。

1）筛分原理

利用筛子将粒度范围较宽的颗粒群分成较窄级别的作业叫作筛分。该分离过程可看作是由物料分层和细粒透过筛子两个阶段组成的。物料分层是完成分离的条件，细粒透过筛孔是分离的目的。为了使粗细物料通过筛面分离，必须使物料和筛面之间具有适当的相对运动，使筛面上的物料层处于松散状态，即按颗粒大小分层，形成粗粒位于上层、细粒位于下层的规则排列，细粒到达筛面并透过筛孔。同时，物料和筛面的相对运动还可以使堵在筛孔上的颗粒脱离筛孔，以利于细粒透过筛孔。细粒透筛时，尽管粒度都小于筛孔，但它们透筛的难易程度却不同。粒度小于筛孔孔径3/4的颗粒，很容易通过粗粒形成的间隙到达筛面而透筛，称为“易筛粒”；粒度大于筛孔孔径3/4的颗粒，很难通过粗粒形成的间隙到达筛面而透筛，而且粒度越接近筛孔尺寸就越难透筛，这种颗粒称为“难筛粒”。

2）筛分分类

根据筛分在工艺过程中应完成的任务，筛分作业可分为以下6类。

① 独立筛分：目的在于获得符合用户要求的最终产品的筛分，称为独立筛分。

② 准备筛分：目的在于为下一步作业做准备的筛分，称为准备筛分。

③ 预先筛分：在破碎之前进行的筛分，称为预先筛分。目的在于预先筛出合格或无需破碎的产品，提高破碎作业的效率，防止过度粉碎，同时节省能源。

④ 检查筛分：对破碎产品进行筛分，又称为控制筛分。

⑤ 选择筛分：利用物料中有用成分在各粒级中的分布或者性质上的显著差异进行筛分。

⑥ 脱水筛分：脱出物料中水分的筛分，常用于废物脱水或脱泥。

3）筛分效率

从理论上讲，固体废物中凡是粒度小于筛孔尺寸的细粒都应该透过筛孔成为筛下产品，而大于筛孔尺寸的细粒应全部留在筛上排出成为筛上产品，筛分可以获得很高的筛分效率。但是实际上，筛分过程中受到多种因素的影响，总会有一些小于筛孔的细粒留在筛上随粗粒一起排出，成为筛上产品。筛分与其他分选装置一样，也不可能达到100%的效率。为了评价筛分设备的分离效果，引入筛分效率这个概念。

所谓筛分效率是指实际得到的筛下产品质量与入筛废物中所含小于筛孔尺寸的细粒物料的质量之比，用百分数表示，即

$$E=\frac{Q_1}{Q\alpha}\times 100\% \tag{2-2}$$

式中 E——筛分效率；

Q——入筛固体废物质量；

Q_1——筛下产品质量；

α——入筛固体废物中小于筛孔的细粒含量。

但是，在实际筛分过程中要测定 Q 和 Q_1 是比较困难的，因此必须变换成便于计算的式子。

设固体废物入筛质量 Q 等于筛上产品质量 Q_2 和筛下产品质量 Q_1 之和，即

$$Q = Q_1 + Q_2 \tag{2-3}$$

固体废物中小于筛孔尺寸的细粒质量等于筛上产品与筛下产品中小于筛孔尺寸的细粒质量之和，即

$$Q\alpha = 100\% Q_1 + Q_2\theta \tag{2-4}$$

式中　θ——筛上产品中小于筛孔尺寸的细粒质量分数。

将式（2-3）代入式（2-4）得：

$$Q_1 = \frac{(\alpha-\theta)Q}{100\%-\theta} \tag{2-5}$$

将式（2-5）代入式（2-2）得：

$$E = \frac{\alpha-\theta}{\alpha(100\%-\theta)} \times 100\% \tag{2-6}$$

必须指出，筛分效率的计算公式是在筛下产品 100%都是小于筛孔尺寸的前提下推导出来的。实际生产中由于筛网磨损而常有部分大于筛孔尺寸的粗粒进入筛下产品，此时，筛下产品中小于筛孔尺寸的细粒质量不是 $100\%Q_1$，而是 $Q_1\beta$，则筛分效率的计算公式为：

$$E = \frac{\beta(\alpha-\theta)}{\alpha(\beta-\theta)} \times 100\% \tag{2-7}$$

式中　β——筛下产品中小于筛孔尺寸的细粒质量分数。

4）筛分设备

适用于厨余垃圾处理的筛分设备主要有固定筛、筒形筛、振动筛和摇动筛。其中应用最多的是固定筛、筒形筛、振动筛。

① 固定筛。筛面由许多平行排列的筛条组成，可以水平安装或倾斜安装，构造简单，不耗用动力，设备费用低，维修方便，在固体废物处理领域广泛应用。固定筛又分为格筛和棒条筛。

格筛一般安装在粗破碎机之前，以保证入料块度适宜。

棒条筛主要用于粗碎和中碎之前，为保证废物沿筛面下滑，安装倾角应大于废物对筛面的摩擦角，一般为 30°～35°。棒条筛筛孔尺寸为筛下粒度的 1.1～1.2 倍，一般筛孔孔径不小于 50mm。筛条宽度应大于固体废物中最大粒度的 2.5 倍。

② 筒形筛。筒形筛是将一个倾斜的圆筒置于若干滚子上，圆筒的侧壁上开有许多筛孔，如图 2-3 所示。

圆筒以很慢的速度转动（10～15r/min），因此不需要很大动力。筒形筛的优点是不会堵塞。

用筒形筛进行筛分时，固体废物在筛中不断滚翻，较小的物料颗粒最终通过筛孔被筛出。物料在筛子中的运动有两种状态：一是沉落状态，物料颗粒由于筛子的圆周运动被带

起，然后滚落到向上运动的颗粒上面；二是抛落状态，筛子运动速度足够时，颗粒飞入空中，然后沿抛物线轨落回筛底。当筛分物料以抛落状态运动时，物料达到紊流状态，此时筛子的筛分效率达到最高。如果筒形筛的转速进一步提高，会达到某一临界速度，这时粒子做离心运动，附在筒壁上不会掉下，使筛分效率降低。

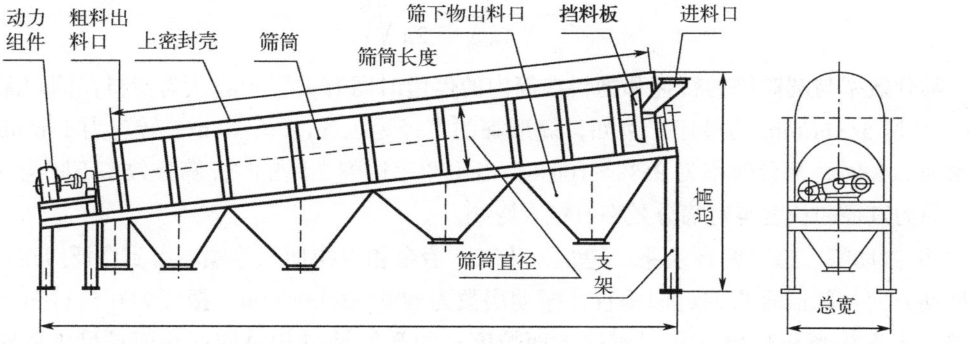

图 2-3　筒形筛

以一个物料颗粒运动为例，如图 2-4 所示，颗粒在 P 点受到几个力的作用：

$$重力 W = mg，向心力 F_{向} = mg\cos\alpha，离心力 F_{离} = mr\omega^2 \qquad (2\text{-}8)$$

$$\omega = 2\pi n$$

式中　α——OP 线与垂直方向的夹角；
　　ω——角速度，rad/s；
　　n——转速；
　　r——筒形筛半径。

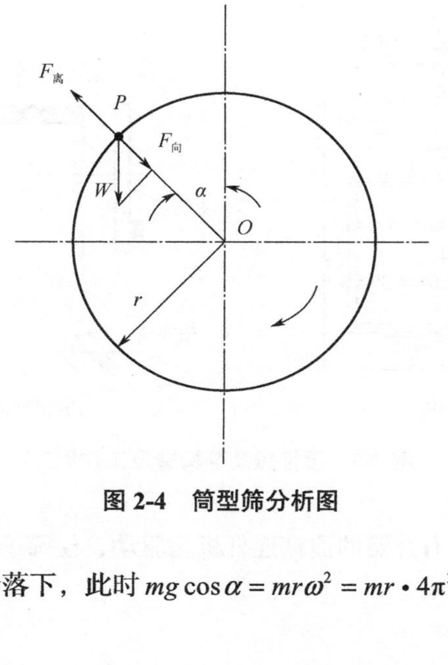

图 2-4　筒型筛分析图

当 $F_{离}=F_{向}$时，颗粒不会落下，此时 $mg\cos\alpha = mr\omega^2 = mr \cdot 4\pi^2 n^2$，由此可得：

$$\cos\alpha=\frac{4\pi^2n^2r}{g} \tag{2-9}$$

当 r 和 n 一定时，颗粒最终降落位置可以确定。但当转速继续增大时，$\cos\alpha=1$，$\alpha=0°$，此时颗粒不再落下，称这时的转速为临界转速：

$$n_e=\sqrt{\frac{g}{4\pi^2r}}=\frac{1}{2\pi}\sqrt{\frac{g}{r}} \tag{2-10}$$

筛分效率与圆筒筛的转速和物料在筒内的停留时间有关，一般认为物料在筒内滞留 25～30s、转速 5～6r/min 为最佳。例如，筒形筛的直径为 1.2m，长 1.8m，转速为 18r/min，当生产率为 2t/h 时，筛分效率为 95%～100%；当生产率达到 2.5t/h 时，筛分效率下降为 91%。另外，筒的直径和长度也对筛分效率有很大影响。

③ 振动筛。振动筛在筑路、建筑、化工、冶金和谷物加工等领域得到广泛应用。振动筛的振动方向与筛面垂直或近似垂直，振动次数为 600～3600r/min，振幅为 0.5～1.5mm。物料在筛面上发生离析现象，相对密度大而粒度小的颗粒钻过相对密度小而粒度大的颗粒的空隙，进入下层到达筛面，大大有利于筛分的进行。振动筛的倾角一般为 8°～40°。

振动筛由于筛面强烈振动，消除了堵塞筛孔的现象，有利于湿物料的筛分，可用于粗、中、细粒的筛分，还可以用于脱水和脱泥筛分。

振动筛主要有惯性振动筛和共振筛。惯性振动筛是通过不平衡体旋转所产生的离心惯性力，使筛箱产生振动的一种筛子，其构造及工作原理如图 2-5 所示。当电动机带动皮带轮作高速旋转时，配重轮上的重块即产生离心惯性力，其水平分力使弹簧做横向变形，由于弹簧横向刚度大，所以水平分力被横向刚度所抵消。而垂直分力则垂直于筛面，通过筛箱作用于弹簧，强迫弹簧做拉伸和压缩运动。因此，筛箱的运动轨迹为椭圆或近似于圆。由于该种筛子的激振力是离心惯性力，故称为惯性振动筛。

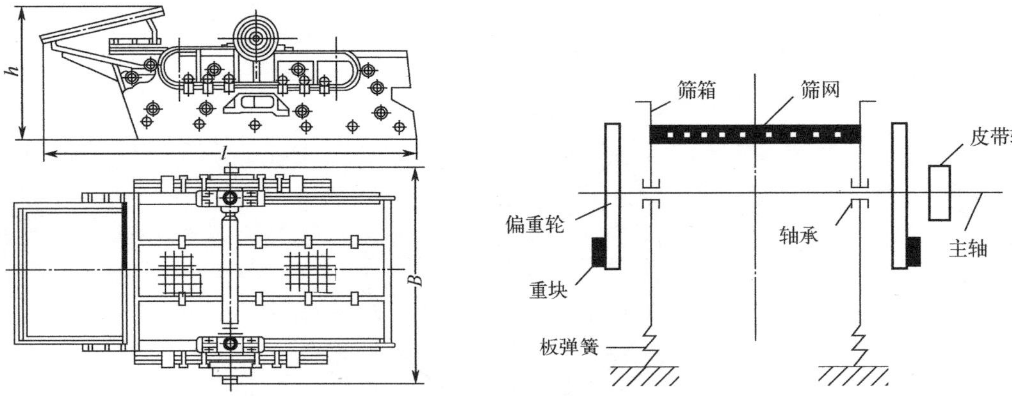

(a) 惯性振动筛构造　　(b) 惯性振动筛工作原理

图 2-5　惯性振动筛构造及工作原理

共振筛是利用连杆上装有弹簧的曲柄连杆机构驱动，使筛子在共振状态下进行筛分。其构造及工作原理如图 2-6 所示。

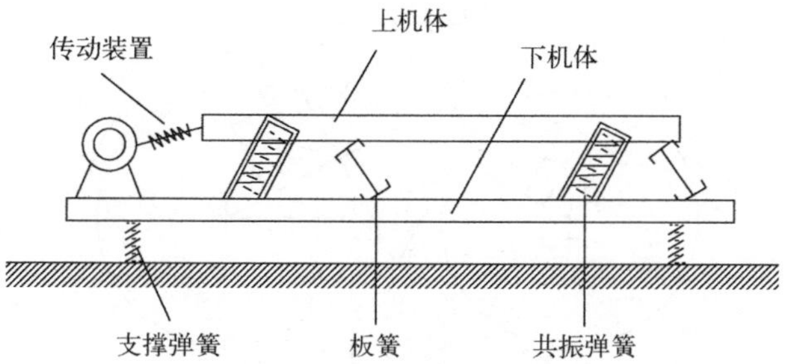

图 2-6　共振筛的原理

当电动机带动装在下机体上的偏心轴转动时，轴上的偏心使连杆作往复运动。连杆通过两端的弹簧将作用力传给筛箱，与此同时，下机体也受到相反的作用力，使筛箱和下机体沿着倾斜方向振动。筛箱、弹簧及下机体组成一个弹性系统，该弹性系统固有的自振频率与传动装置的强迫振动频率接近或相同时，使筛子在共振状态下进行筛分，故称为共振筛。

共振筛具有处理能力大、筛分效率高、耗电少以及结构紧凑等优点，是一种有发展前途的筛分设备，但其制造工艺复杂，机体较重。

（3）破碎沉砂处理技术

破碎沉砂处理工艺分为破碎和沉降除砂两个步骤。

1）破碎

厨余垃圾中废玻璃、废陶瓷和贝壳等坚硬、易碎性物质的破碎主要采用冲击破碎方式。常用的设备为辊式破碎机和冲击式破碎机。

① 辊式破碎机。辊式破碎机在资源回收作业中主要用来破碎脆性材料，如废玻璃；而对延性材料如金属罐等只起压平作用。辊式破碎机破碎后的物料，可用螺旋分选机进一步分选。在资源回收和废物处理领域中，辊式破碎机最初用来从炉渣中回收原料，目前也用作对含有玻璃器皿、铝和铁皮罐等的废物进行分选的设备。

辊式破碎机用两个相对旋转的辊子抓取并强制送入要破碎的废物。辊式破碎机的第一个目标是抓到要破碎的物块，抓取成功与否取决于物料颗粒的大小和特性，以及各辊子的大小、间隙和特性。辊式破碎机的原理如下：两个辊子的直径为 D，破碎的物料颗粒的直径为 d，辊子间距为 S。当破碎作用发生时，颗粒和辊子之间的法向力为 N，切向力为 T，如果合力的方向向下，该颗粒就能被卷入并破碎。

辊式破碎机工作原理如图 2-7 所示。

如果合力方向向上，该颗粒将浮动在辊子上（重力可以不计），法向力 N 的垂直分力为 N_v：

$$N_v = N\sin\frac{n}{2} \tag{2-11}$$

式中　n——两个切向力之间的夹角；

$n/2$——两辊中心连线与辊和颗粒中心连线的夹角。

同样切向力的垂直分力为 T_v：

$$T_v = T\cos\frac{n}{2} \tag{2-12}$$

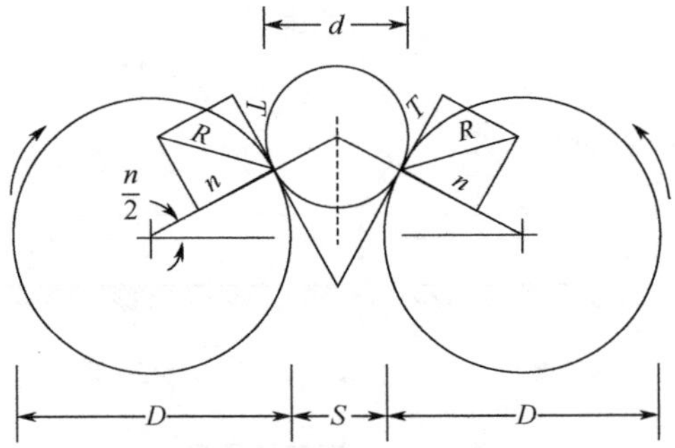

图 2-7 辊式破碎机工作原理

若 $N_v>T_v$，则物料上浮；若 $N_v<T_v$，则物料被抓进破碎机。

在可能发生破碎作用的位置时有 $N_v=T_v$ 或 tan（$n/2$）$=T/N$，则：

$$N\sin\frac{n}{2}=T\cos\frac{n}{2} \tag{2-13}$$

这时，n 称为“齿角”，T/N 称为摩擦系数 φ，所以发生破碎的必要条件是

$$\tan\frac{n}{2}\leqslant\varphi$$

由图 2-7 可知

$$\frac{S}{2}+\frac{D}{2}=\left(\frac{D}{2}+\frac{d}{2}\right)\cos\frac{n}{2} \tag{2-14}$$

式中 S——辊子间隙。

式（2-14）可变为

$$\cos\frac{n}{2}=\frac{D+S}{D+d} \tag{2-15}$$

辊式破碎机的生产率可以用挤压时辊子间隙的最大体积来计算：

$$Q=60\eta LDS\gamma n\pi$$

式中 Q——辊式破碎机的生产率，t/h；

L——辊子长度，m；

D——辊子直径，m；

S——辊子间隙，m；

γ——物料的容重，g/cm^3；

n——转速，r/min；

η——辊子利用系数，对中硬物料 η=0.2～0.3，对黏性潮湿物料 η=0.4～0.6。

② 冲击式破碎机。冲击式破碎机大多是旋转式的，都是利用冲击作用进行破碎的。其工作原理是：进入破碎机空间的物料块，被绕中心轴高速旋转的转子猛烈冲撞后，受到第一次破碎。然后物料从转子获得能量高速飞向坚硬的机壁，受到第二次破碎。在冲击过程中，弹回的物料再次被转子击碎，难以破碎的物料被转子和固定板夹持而剪断，破碎产品由下部

排出。

属于冲击式破碎机的有锤式破碎机和反击式破碎机。锤式破碎机是最普通的一种工业破碎设备，锤式破碎机按转子数目可分为两类：一类为单转子锤式破碎机，只有一个转子；另一类为双转子锤式破碎机，有两个作相对回转的转子。单转子锤式破碎机根据转子的旋转方向又分为可逆式和不可逆式两种。目前普遍采用可逆单转子锤式破碎机。图 2-8 为单转子锤式破碎机示意图。

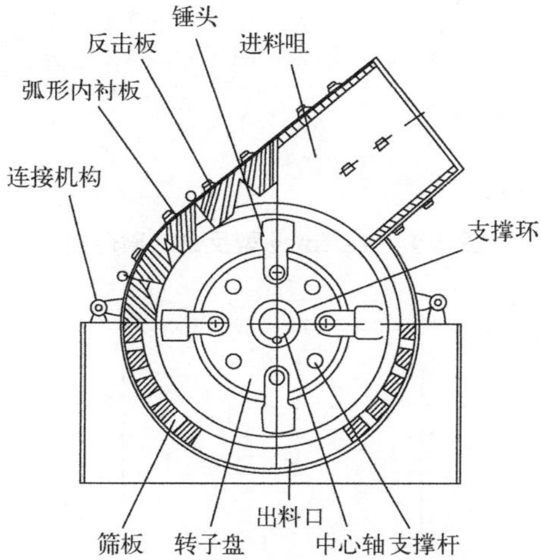

图 2-8　单转子锤式破碎机示意图

锤式破碎机中常见的是卧轴锤式破碎机和立轴锤式破碎机。

卧轴锤式破碎机的轴由两端的轴承支持，原料借助重力或用输送机送入。转子下方装有箅条筛，箅条缝隙的大小决定破碎后的颗粒大小。有些锤式破碎机是对称的，转子的旋转方向可以改变，以变换锤头的磨损面，减少对锤头的检修。

立轴锤式破碎机有一立轴，物料靠重力进入破碎腔的侧面。通常破碎腔的上部间隙较大，越往下部间隙逐渐减小。因此，当物料通过破碎机时，就逐渐被破碎。破碎后的颗粒尺寸取决于下部锤头与机壳之间的间隙。

而反击式破碎机是一种新型高效破碎设备，具有破碎比大、适应性广（可以破碎中硬、软、脆、韧性、纤维性物料）、构造简单、外形尺寸小、安全方便、易于维护等许多优点。Hazemag 型反击式破碎机如图 2-9 所示。该机装有两块反击板，形成两个破碎腔。转子上安装有两个坚硬的板锤。机体内表面装有特殊钢衬板，用以保护机体不受损坏。

2）沉降除砂

沉降除砂是重力分选的一种，其原理是利用废玻璃、废陶瓷及贝壳类物质与其他物料的密度差，实现重力分离。

① 重力分选原理。一个悬浮在流体介质中的颗粒，其运动速度受自身重力、介质阻力和介质浮力三种力的作用，分别表示为 F_E（重力）、F_B（介质浮力）、F_D（介质摩擦阻力），如图 2-10 所示。

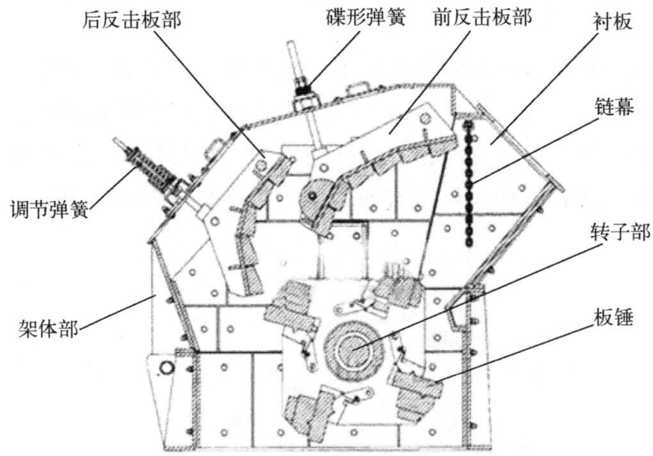

图 2-9　Hazemag 型反击式破碎机

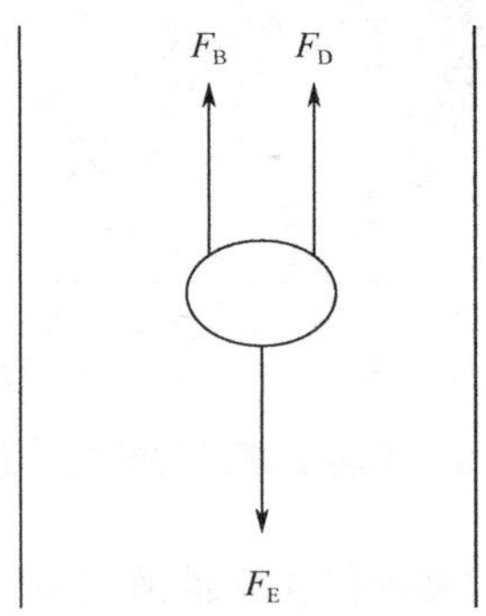

图 2-10　悬浮在流体介质中的颗粒的受力分析

重力：

$$F_E = \rho_s V g$$

式中　ρ_s——颗粒密度；

V——颗粒体积。

假定颗粒为球形，则 $V = \pi d^3 / 6$（d 为颗粒直径）。

介质浮力：

$$F_B = \rho V g$$

式中　ρ——介质密度。

介质摩擦阻力：

$$F_D = 0.5 C_D v^2 \rho A$$

式中　C_D——阻力系数；

v——颗粒相对介质速度；

A——颗粒投影面积（在运动方向上）。

当 F_E、F_B、F_D 三个力达到平衡，且加速度为零时的速度为末速度，此时有 $F_E=F_B+F_D$，即：

$$\rho_s Vg = \rho Vg + \frac{C_D v^2 \rho A}{2}$$

$$v = \sqrt{\frac{4(\rho_s - \rho)gd}{3C_D\rho}} \tag{2-16}$$

式中，C_D 与颗粒的尺寸及运动状况有关，通常用雷诺数 Re 来表述：

$$Re = \frac{vd\rho}{\mu} = \frac{vd}{\gamma} \tag{2-17}$$

式中　μ——流体介质的黏度系数；

γ——流体介质的动黏度系数。

如果假定流体运动为层流，则 $C_D=24/Re$。可以进一步得出人们所熟知的斯托克斯公式：

$$v = \frac{d^2 g(\rho_s - \rho)}{18\mu} \tag{2-18}$$

分析上面的公式可以看出，影响重力分选的因素很多，主要是颗粒的尺寸、颗粒与介质的密度差以及介质的黏度。

② 厨余垃圾的沉降除砂。厨余垃圾中的废玻璃、废陶瓷和贝壳类物质经过破碎后进入沉砂装置，在重力的作用下，废玻璃、废陶瓷和贝壳类物质沉降至沉砂装置底部的锥体沉砂槽中，通过抽吸或底部排砂去除。在工程中，物料中含有大量有机质和脂肪，黏度较高，为了提高废玻璃、废陶瓷和贝壳类物质的沉降速度，通常会对物料进行扰动搅拌或振荡，使物料做旋转离心运动，在离心力和重力的共同作用下，颗粒较细、密度较大的废玻璃、废陶瓷和贝壳类物质快速沉降下来。

2.1.2.3　废塑料分选技术

厨余垃圾中的废塑料主要来自桌布、餐巾、包装物等，密度较小。由于黏附了大量厨余垃圾，其分离难度较大。工程中一般采用破袋、冲洗、风力分选的方法去除。

（1）破袋

厨余垃圾来料中含有大量的塑料袋和塑料桌布，这些废塑料作为包装物，包裹了大量厨余垃圾。在厨余垃圾处理处置中，为了后续的资源化利用，需要将垃圾中的废塑料进行破袋去除。厨余垃圾中废塑料的破袋主要采用剪切破碎装置。

剪切破碎是靠固定刀和可动刀之间的啮合作用来剪切废物，将固体废料剪切成段或块。

可动刀又可分为往复刀和回转刀两种。

1）往复剪切式破碎机

图 2-11 为往复剪切式破碎机构造示意图。该破碎机由两边装刀的横杆组成耙状可动刀架，其上装有往复刀具 12 片、往复横杆 6 根，固定横杆 7 根、固定刀具 12 片。往复刀和固

定刀交替平行布置。当处于打开状态时，从侧面看，往复刀和固定腔成 V 字形，固体废物从上面投入，通过液压装置（油泵）缓缓将活动刀推向固定刀，废物受到挤压，并依靠往复刀和固定刀的啮合剪切废物。往复刀和固定刀之间的宽度为 30cm，剪切尺寸为 30cm。刀具由特殊钢制成，磨损后可以更换。液压油泵最高压力为 13MPa，电机功率为 374W/220V，处理量为 80～150m^3/h，可将厚度为 200mm 以下的普通型钢板剪切成 30cm 的碎块。

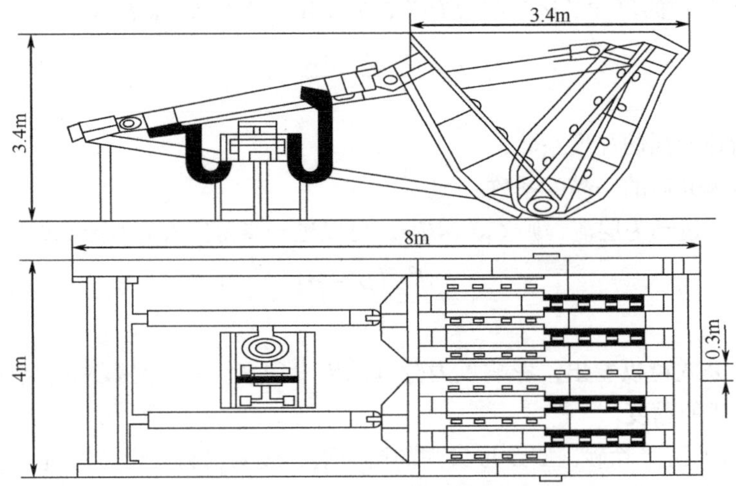

图 2-11　往复剪切式破碎机构造示意图

2）旋转剪切式破碎机

旋转剪切式破碎机如图 2-12 所示。该机装有 1～2 个固定刀和 3～5 个旋转刀，当固体废物投入后，在固定刀和高速旋转的旋转刀夹持下被剪切破碎。

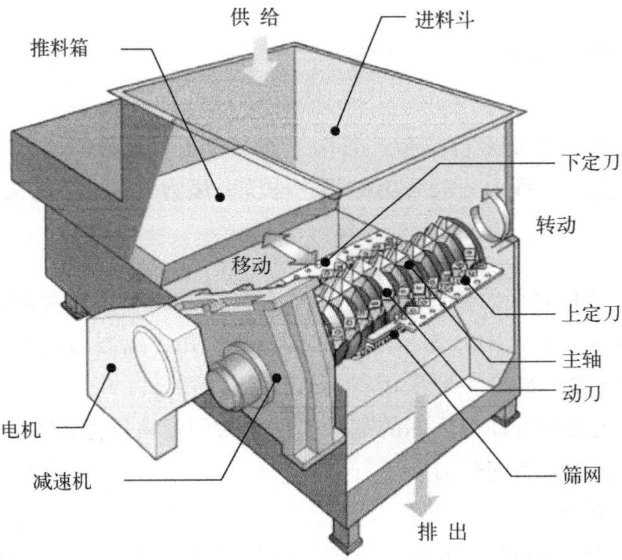

图 2-12　旋转剪切式破碎机

（2）风力分选

风力分选的作用是将轻物料从较重的物料中分离出来。风力分选的基本原理是气流将废塑料等较轻的物料向上带走或在水平方向带向较远的地方，而重物料则由于向上气流不能支撑它而沉降，或由于足够惯性而不被剧烈改变方向穿过气流沉降。被气流带走的轻物料再进一步从气流中分离出来，一般用旋流器分离。

水平风力分选机如图 2-13 所示（书后另见彩图）。

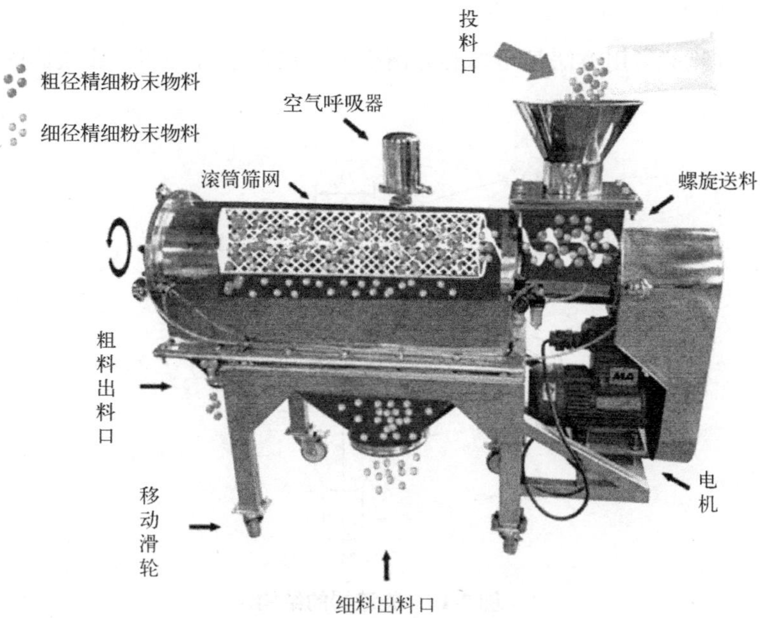

图 2-13　水平风力分选机

风力分选的方法具有工艺简单的特点，作为一种传统的分选方式，被许多国家广泛地使用于城市垃圾的分选。20 世纪 70 年代初期，在美国曾广泛使用将垃圾破碎以后用风力分选的方法分离以可燃性物料为主要成分的轻组分和以无机物为主要成分的重组分。

风力分选机应能有效地识别轻、重物料，一个重要的条件是要使气流在分选筒中产生湍流和剪切力，从而使物料团块分散，达到较好的分选效果。为达到这一目的，对分选筒进行改进，采用了锯齿形、振动式或回转式分选筒的气流通道，让气流通过一个垂直放置的、具有一系列直角或 60° 转折的筒体。

当通过筒体的气流速度达到一定的数值以后，即可以在整个空间形成完全的湍流状态，物料团块在进入湍流后立即被破碎，轻颗粒进入气流的上部，重颗粒则从一个转折点落到下一个转折点。在沉降过程中，气流对没有被分散的固体废物团块继续施加破碎作用。重颗粒沿管壁下滑到转折点后，即受到上升气流的冲击，此时对于不同速度和质量的颗粒将出现不同的后果：质量大和速度大的颗粒将进入下一个转折点，而下降速度慢的轻颗粒则被上升气流裹带。因此，每个转折实际上相当于一个单独的分选机。犹他大学对于锯齿型风力分选机结构做了进一步的改善，他们将每个转折点的下斜面去掉，并将分选筒体改成上大下小的锥形，使气流速度从上到下逐渐变小，从而大大减少了由上升气流所夹带的重颗粒的数量。

有时可以将其他分选手段与风力分选在一个设备中结合起来，例如振动式风力分选机和回转式风力分选机。振动式风力分选机兼有振动和风力分选的作用，让给料沿着一个斜面振动，较轻的物料逐渐集中于表面层，随后由气流带走；回转式风力分选机实际上兼有圆筒筛的筛分作用和风力分选的作用，当圆筒旋转时，较轻颗粒悬浮在气流中而被带往集料斗，较重和较小的颗粒则透过圆筒壁上的筛孔落下，较重的大颗粒则在圆筒的下端排出。

风力分选机实质上包含了两种分离过程：将轻颗粒与重颗粒分离；再将轻颗粒从气流中分离出来。

分离物料与气流的常用方法是用离心分离机或旋流器进行分离。旋流器的结构如图 2-14 所示。

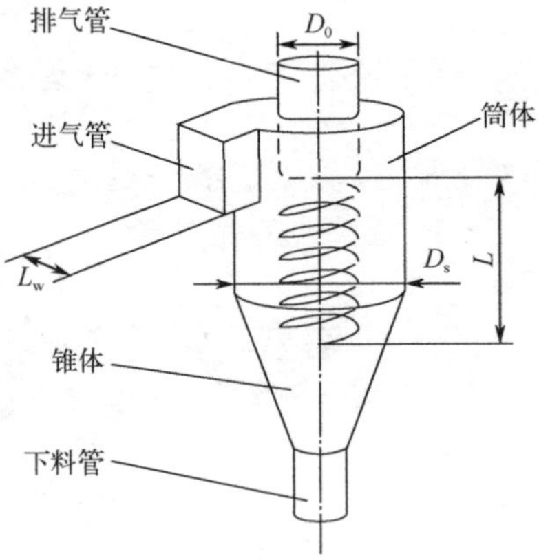

图 2-14　旋流器的结构

空气和固体颗粒沿切向进入旋流器室，在室内产生高速旋转运动。质量较大的固体颗粒向旋流器壁靠近，速度逐渐降低，最后在重力作用下落在旋流器的底部，空气通过中心排气管排出。但是经验表明，用旋流器分离经过破碎的城市废物中的较轻组分时，需要较大的安全系数，而且设计特殊固体废物专用的旋流器时，要求设计者具备丰富的实践经验。

风力分选机的性能可以用空气和物料的比值来表示。对于一定的给料量，当气流速度提高时，分选效率也随之提高。同样，对于一定的气流速度，给料量增加会导致分选效率的下降。还可以根据各种物料的回收率来判断风力分选的效果。

旋流器的目的是使颗粒在离心力作用下向外侧运动，因而颗粒的径向运动速度是重要参数，颗粒的最终径向速度可由斯托克斯公式确定。

2.2　厨余垃圾的收集

厨余垃圾的收集和运输过程是厨余垃圾资源化处理的一个重要环节，良好的收集和运输体系不但有利于后期厨余垃圾的处理，而且还可以有效避免目前社会上存在的不法处理现象的发生。厨余垃圾的收集和运输大致分为三个过程：

① 第一个过程是厨余垃圾从产生单位进入垃圾桶或者集装地点；

② 第二个过程是厨余垃圾的清运，即收集车辆按照一定的时间和路线将厨余垃圾运输到中转站；

③ 第三个过程是运输车辆将中转站的厨余垃圾运输到厨余垃圾处理场，即远距离运输。

以上三个过程的实施需要考虑成本的问题，即规划出最优的收集运输路线，以实现成本最小化。

在我国，厨余垃圾的收运处理体制主要分为两种：一种是收集和处理由不同的单位承担，收集单位可以是由政府招标的企业也可以是政府本身；另一种是收集和处理由同一个企业进行，企业自己提供收集车辆将收回的厨余垃圾运回企业内部进行处理。厨余垃圾收集系统物流如图 2-15 所示。

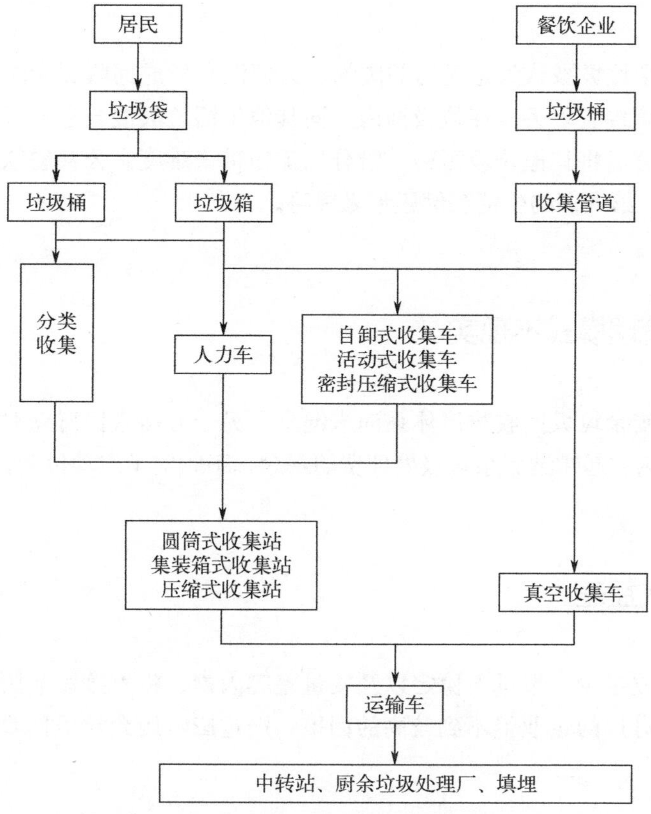

图 2-15　厨余垃圾收集系统物流

2.2.1 收集的难点

目前国家对于厨余垃圾的收集还没有颁布专门的管理办法，在国家层面上还没有统一的要求和规定，从而导致在收集过程中存在很多问题和难点。已经颁布了地方厨余垃圾管理办法的城市，在实行过程中，收集厨余垃圾会向餐饮业收取一定的费用，这导致餐饮单位不太愿意将厨余垃圾交由专门的单位处理，而是卖给收购“地沟油”的单位或者养殖场，为食品安全埋下了隐患，也使得巨大的资源遭到了浪费。

一些和收购企业签订合同的餐饮单位，在收集过程中也会遇到一些问题。首先，垃圾的分类不够彻底，厨余垃圾中混有较多的生活垃圾，增加了厨余垃圾处理的工作量；其次，收集设备以及对餐饮业初级分离设备的安装要求尚未达到统一和强制化，同样也会造成资源浪费；最后，在某些城市，收集和处理由不同的单位进行，这种做法在某种程度上导致了收集的厨余垃圾“质量”不高等现象，降低了工作效率。

在厨余垃圾回收过程中遇到的问题主要有以下几点。

2.2.1.1 回收方式不科学

长期以来，厨余垃圾被认为是无用的废物，人们没有形成回收厨余垃圾的意识。居民生活产生的厨余垃圾直接袋装丢弃在垃圾桶内，同其他生活垃圾混合在一起。厨余垃圾含水量高、流动性大，很容易将其他垃圾污染，给分拣工作带来难度。公共餐饮垃圾更是不科学地直接作为动物饲料，给人们的生活和健康带来威胁。

2.2.1.2 收费管理模式不现实

一方面我国的厨余垃圾回收物流体系尚未健全，另一方面人民群众对厨余垃圾的危害认识不足，尚未普遍树立起缴纳厨余垃圾处理费的观念，不倾向于主动付费。

2.2.1.3 经济效益差

厨余垃圾的回收量少、数量不稳定以及质量差等因素，将直接影响厨余垃圾处理企业的生产规模，使投资办厂的企业得不到较高的回报，严重影响厨余垃圾回收处理产业的市场化发展。

2.2.1.4 缺乏统一管理

目前我国并没有建立统一的厨余垃圾回收体系，使得厨余垃圾以非预期的方式被回收和处理，垃圾回收体系缺乏统一的管理。混入生活垃圾的厨余垃圾的收集清运属市容环卫部门的管理范围，而传统的物资回收属商业部门、工商部门、街道政府等管辖，这样多头管理，会使厨余垃圾的回收及资源化利用难以形成体系，缺乏有效的组织和管理。

2.2.2　收集设备

垃圾的收集过程是指垃圾被居民或企业扔到垃圾容器中，然后经收集工人上门收集后送至垃圾房或居民自己送至集中点或送至垃圾房。此过程一般会涉及收集容器的选择、收集方式的确定和垃圾房性质的确定等。

一般厨余垃圾的收集过程由专门人员每天在一定时间内上门收集，用专用运输工具送至垃圾转运站，或厨余垃圾产生单位和居民将垃圾投入指定地点，由专人收集。装垃圾的垃圾袋一般由厨余垃圾产生者自己提供或由环卫部门提供（无偿或只收成本价），也可由环卫部无偿提供垃圾收集小容器，居民定时将容器送到固定地点，再换回另一只空容器，轮换使用，垃圾车将盛满垃圾的容器收集运走。

垃圾收集容器是盛装各类生活垃圾的专用器具。虽然受经济条件和生活习惯等各方面的制约，各国使用的收集容器种类、形状和材质有很大的区别，但普遍使用的都是垃圾袋、垃圾桶、垃圾箱。垃圾袋是一次性废物收集容器，现绝大多数为塑料制品。居民或产垃圾企业先把垃圾装入垃圾袋，再由工人上门收集或投入户外的垃圾桶（箱），也可直接投至垃圾运输车。垃圾桶（箱）的尺寸必须与收集车规格和进料口规格相匹配，这样才能保证垃圾的有效收运。

垃圾收集容器的类型较多。按材料的不同，可分为塑料容器、金属容器和复合材料容器。按容积不同，可分为小型容器、中型容器和大型容器：a.容积>$3m^3$的称为大型容器，如集装箱容器；b.容积为 0.5～$3.0m^3$的垃圾箱和垃圾桶称为中型容器，如圆桶式垃圾容器；c.容积<$0.5m^3$的垃圾桶和垃圾箱称为小型容器，如家庭使用的垃圾容器等。表 2-1 列出了我国国产部分垃圾桶的主要参数。此外，垃圾收集容器按密封性能的不同，分为开口容器和密封容器；按是否带有压缩装置，分为压实垃圾容器和非压实式垃圾容器；按是否移动，分为可移动式容器和固定式容器等。

表 2-1　我国国产部分塑料垃圾桶的主要参数

规格/L	上部长度/mm	上部宽度/mm	底部长度/mm	底部宽度/mm	高度/mm	深度/mm	自重/kg	载重/kg	形状
90	470	400	380	350	750	610	6.0 ± 1.0	80～100	倒梯形
120	550	470	450	400	940～950	790	7.5～8.0	100～120	
140	580	500	480	420	980	810	10.0 ± 1.5	110～130	
180	620	540	510	460	1020	850	12.0 ± 1.5	120～140	
240	725～730	580～590	600～610	500～520	1020～1070	880	12.0～16.0	150～180	

按形状分类，垃圾桶可分为圆形、方形和倒梯形等；按材质不同，可分为塑料桶、金属桶和复合材料桶等。一般来说，塑料桶比金属桶耐用，而复合材料桶性能最好。由于垃圾污

水具有很强的腐蚀性，所以金属桶很快就会生锈泄漏，近年来使用塑料垃圾桶越来越普遍。垃圾桶可以和清运车辆进行配置，实现机械化倾倒，图 2-16 即为和厨余垃圾运输车配套的专用垃圾桶。

图 2-16　承装厨余垃圾的垃圾桶

垃圾收集容器的选择一般遵循以下原则：

① 收集容器的容积既要满足收集附近居民和企业日常垃圾产量的需要，又不能超过 1～3d 的储留期，以防止垃圾发酵、腐败、滋生蚊蝇、散发臭味。

② 密闭性收集容器要能防蚊蝇、防鼠、防恶臭和防雨雪，因此容器应该带盖，在倾倒垃圾后应该及时盖好盖子，而且要防止收集过程中垃圾散逸。

③ 为了防止收集容器内黏附垃圾，要经常用水冲洗容器。因此，垃圾收集容器内部应光滑、易于洗刷，不残留黏附物质。

④ 收集容器还应操作方便、坚固耐用、外表美观、造价便宜，并且便于机械化清运。

收集容器的选择除考虑以上因素外，还需考虑居民、社会和环境等因素。垃圾桶一般设置在固定地点，供收集一个地段的垃圾，然后由专用车辆进行收集。在确定其放置位置时应注意：

① 位置要固定，应比较靠近住宅，以方便居民；

② 应比较靠近清运车经过的收集路线，利于垃圾的分类收集和机械化清除，不影响市容等。

考虑到厨余垃圾含水率高、易腐烂等性质，厨余垃圾的收集容器应采用密闭式，这样不仅能减少异味的散发，改善工人的作业环境，同时也能防止细菌的滋生。收集容器应按照厨余垃圾的日产量设计规格，并标明规范的收集标志，同时考虑与运输车辆的配套问题。收集装置必须符合耐腐蚀性、密封性、实用性、易冲洗、可量化等条件。对于产业类厨余垃圾产生单位的收集装置可以按照产量多少向专业收运公司（或回收点）租用不同型号的容器。

图 2-17 为垃圾收集容器的机械化倾倒。

图 2-17　垃圾收集容器的机械化倾倒

2.2.3　收集方法

垃圾的收集和运输阶段是整个垃圾收运体系的核心部分，也是耗资最大、最为关键的部分，因此选择合理的收运方式，对整个收运系统起着至关重要的作用。

影响收运的主要因素有清运操作方式，收集清运车辆数量、装载量及机械化装卸程度，清运次数及劳动定员、清运路线等。

（1）根据收集方式，厨余垃圾收集分类

根据收集方式的不同，可以将厨余垃圾的收集分为混合收集和分类收集。

1）混合收集

指统一收集未经任何处理的原生垃圾。这种收集方式历史悠久，其主要优点是收集费用低，缺点是各种垃圾相互混杂，降低了垃圾中有用物质的再利用价值，同时也增加了各类垃圾的处理难度。从当前的趋势看该方式正逐渐被淘汰。

2）分类收集

指根据垃圾的种类和组成分别进行收集。

这种方式的主要优点是可以提高废物中有用物质的纯度，有利于废物资源化利用，从而降低分类处理的成本。

（2）类似生活垃圾收集方式，厨余垃圾收集分类

此外，厨余垃圾收集方式与生活垃圾收集类似，也可以分为移动容器式收集运输和固定容器式收集运输两种方式。

1）移动容器式收集运输

指将某集装点装满的垃圾连同容器一起运往中转站或处理处置场，卸空后再将空容器送回原处（一般法）或下一个集装点（修改法），其收集过程见图 2-18。该操作用时可分为四个基本用时，即集装时间、运输时间、卸车时间和非收集时间（其他用时）。

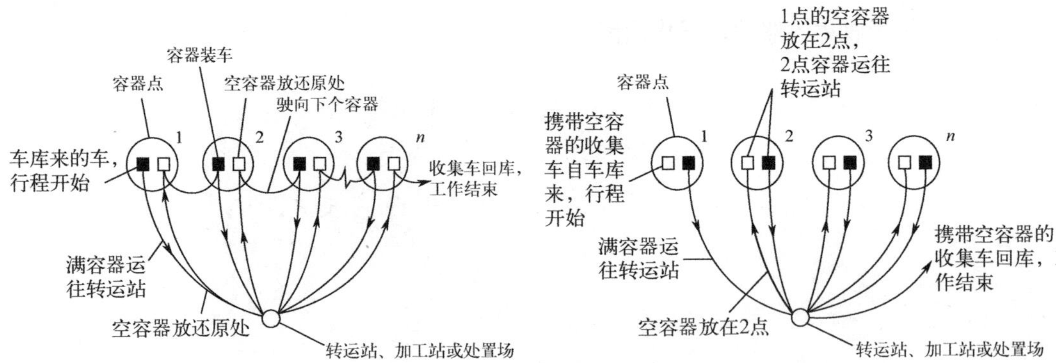

(a) 一般法　　(b) 修改法

图 2-18　移动容器收集操作

2）固定容器式收集运输。指用垃圾车到各容器集装点装载垃圾，容器倒空后固定在原地不动，车装满后运往转运站或处理处置场，然后，车子开到第二个回收点重复操作，直到收运车装满或工作日结束，将车子开到处置场卸空垃圾车，垃圾车开回车库。固定容器收集法的一次行程中，装车时间是关键因素。装车有机械操作和人工操作之分，故操作用时的计算方法也略有不同。固定容器收集过程见图 2-19。

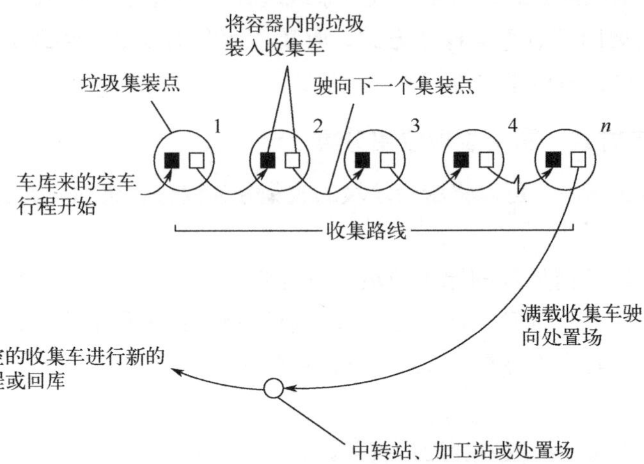

图 2-19　固定容器收集操作

厨余垃圾的产生地点较为分散、无序，分布于社会的各个角落，而资源化处置系统却要求废物相对集中。厨余垃圾收集的主要作用就是完成从分散到集中的转化，收集方式可采用固定容器系统。

厨余垃圾的特殊性决定了其运输方式、设备等具有特殊的要求，因此普通的运输行业尚不能承担厨余垃圾的运输任务。厨余垃圾可由专业的收运公司来负责运输，专业收运单位由环卫主管部门公开向社会进行招标，选择具有实力的公司负责某区域的厨余垃圾收运工作，同时应取得厨余垃圾收集、运输服务资质许可。专业收运公司与环卫主管部门通过签订协议享受一定权力，承担相应的义务，同时接受公众的监督。

2.2.4　收集技术

2.2.4.1　射频识别技术

厨余垃圾在收运过程中容易变质，若在后期的处理加工过程中产生有害物质，由于其来源广泛，很难分辨出问题的源头。因此，可以采用智能数字标签系统对厨余垃圾进行标记，并且对厨余垃圾的收运过程进行实时监控。采用智能数字标签系统对厨余垃圾进行标记和监控，涉及射频识别技术（radio frequency identification，RFID）和无线数据通信等技术，通过一定的数据传输协议把装有厨余垃圾的桶（或箱）赋以电子产品编码（electronic product code，EPC），与网络连接起来，以实现智能化识别定位跟踪监控和管理。RFID 系统一般由电子标签和阅读器两部分组成。在实际应用中，电子标签附着在被识别的物体上，当带有电子标签的被识别物品通过阅读器的可识读区域时，阅读器自动以无接触的方式将电子标签中的约定识别信息取出，从而实现自动识别物品和自动收集物品标识信息的功能。

目前，厨余垃圾的收运过程主要分为：源头收集、运输和末端处理三个部分，即从餐饮业、居民住宅区等地将厨余垃圾进行收集后运输至处理单位。

如图 2-20 所示，在 RFID 垃圾管理系统中，首先，在源头识别上，通过嵌有 RFID 芯片或贴有电子标签的垃圾桶或废物箱，辅以读卡设备，可以掌握厨余垃圾的产生源头，从而为垃圾收运作业操作、收集容器的配置和垃圾品质分析等提供参考依据。当垃圾车通过垃圾集装箱时，车上的读取设备可准确读出垃圾集装箱上的标签信息，根据垃圾的数量来收取垃圾

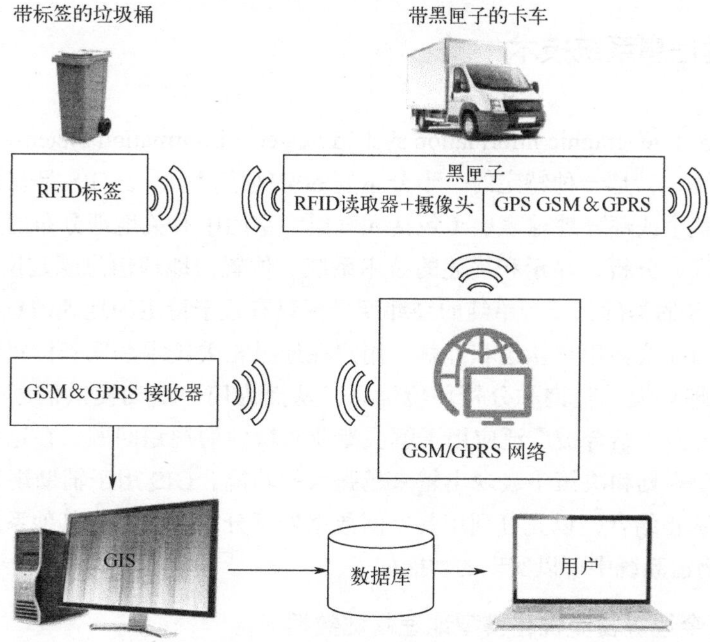

图 2-20　垃圾桶和卡车监控管理系统的架构

处理费用。此外，系统还可以获取诸如收取垃圾的地址、垃圾类型、收取日期等信息，以便正确计费，便于统计。

在中转运输上，利用数字标签技术，可以对进入有效范围内进行收运作业的环卫作业车进行识别，从而达到了解垃圾来源和清运量的目的。通过全球定位系统（GPS）定位技术可以了解各类环卫作业车辆的线路轨迹、位置、速度等实时数据，达到监督作业运输过程的目的，从而有利于合理安排人员和车辆，及时解决突发问题。

一般系统采用手持设备来读取垃圾集装箱上的条码信息或者 RFID 标签信息。系统分为两个部分：a.只读部分由标签制造厂在出厂前写入唯一的永久性 ID 号，不能更改、不能清除，也不能复制，保证了系统的安全性；b.读写部分可以写入正确的垃圾收费信息，由手持机写入和读出，读写都非常方便。采用 RFID 垃圾桶，除前期投入购置，还由于垃圾桶、废物箱的耗损，需要不断维护更新。此外，也需要配备专门的读卡器，对垃圾桶的芯片或电子标签读取以进行识别。对于已经或即将逐步开展垃圾分类的居住区来说，配套 RFID 垃圾桶不仅可以了解垃圾清运量，也能辨别垃圾来源，从而达到对不同试点居住区垃圾分类效果进行考核评比的目的。但 RFID 垃圾桶的初次购置投放是一笔不小的开支，并且居住区中的垃圾桶目前多由物业负责采购，即使先期试点垃圾桶由政府买单，后期的维护投入费用仍将落到物业身上，这在一定程度上会影响 RFID 垃圾桶的投放使用。

使用 RFID 可以快速读取车辆和转运箱信息，提高发车效率，减少由于各区转运车排队等待而出现鸣笛、加塞等现象；减少人工计量存在的读数、计算误差，做到精确收费；提供各车辆的收运数据，为管理者实现精细化管理提供依据；统计餐饮单位、企事业单位、生活小区的厨余垃圾日产生量，为合理分配环卫资源提供依据。

2.2.4.2 地理信息系统技术

地理信息系统（geographic information system 或 geo－information system，GIS）有时又称为“地学信息系统”，是一种特定的、十分重要的空间信息系统。GIS 是在计算机硬、软件系统支持下，对整个或部分地球表层（包括大气层）空间中有关地理分布的数据进行采集、存储、管理、运算、分析、显示和描述的技术系统。位置与地理信息既是位置服务（LBS）的核心，也是 LBS 的基础。一个单纯的经纬度坐标只有置于特定的地理信息中，代表某个地点、标志、方位后才会被用户认识和理解。用户在通过相关技术获取到位置信息之后，还需要了解所处的地理环境，查询和分析环境信息，从而为用户活动提供信息支持与服务。近来，GIS 与专业模型相结合被广泛应用于解决专业领域内的规划问题。在这些问题的解决过程中，GIS 在辅助规划和决策中表现出越来越强大的功能。GIS 用于辅助规划，即把 GIS 系统与其他领域系统相结合，以充分利用其空间数据处理分析功能完成其他系统的决策分析。GIS 在厨余垃圾物流系统中可以实现的功能如下。

（1）提供厨余垃圾物流优化模型地理基础数据

GIS 可存储分析所要求的电子地图，并可由其组件式开发工具获取诸如道路长度、走向、可通过性等地理数据。这些数据是优化模型得以运行的基础。GIS 利用其自身大数据量处理的强大功能，能够快速、方便地提供这些数据。

（2）厨余垃圾收集和运输车辆的跟踪

利用 GPS 和电子地图可以实时显示出车辆的实际位置，从而对车辆提供跟踪服务。这在城市物流系统中有较重要的意义，通过 GIS 所提供的实时跟踪服务，很容易获得区域内各车辆的实际作业情况。

（3）厨余垃圾专用属性数据管理

使用 GIS 对城市或地区按管理的要求建立电子地图，准确地反映出街道、行政区划等情况，通过对各厨余垃圾相关设施赋予地理坐标描述，从而可以在地图上方便地确定地理位置，另外还可通过 GIS 的强大可视化功能对专用垃圾数据进行定性分析，如划定区域内总体厨余垃圾产生量、收集设施分布密度等。

（4）厨余垃圾物流运输路线的模拟和辅助决策

通常物流优化模型的结果是简单的编码方式，在理解上不直观。GIS 技术可模拟优化结果的实际经过路线，同时利用 GIS 的网络分析模型可得到两点间的具体运行路径，使资源消耗最小化，并以此来建立决策支持系统，以提供更有效而直观的决策依据。厨余垃圾收运流程涉及收集、运输、中转和处置 4 个过程。系统涵盖这 4 个过程中的各个环节，成为集垃圾处理设施管理、收运作业任务管理、运输车辆监控及优化调度、垃圾处置量统计等功能于一体的信息化管理系统，并充分利用 GIS 数据处理和快速可视化能力，实现通用地理信息系统功能、生活垃圾专用属性查询、运输车辆实时跟踪、运输车优化调度、优化路径可视化分析等功能。

厨余垃圾收运管理系统采用层次化设计方案，如图 2-21 所示，系统层次结构按逻辑分为数据层、实现层、功能层和用户层 4 层。

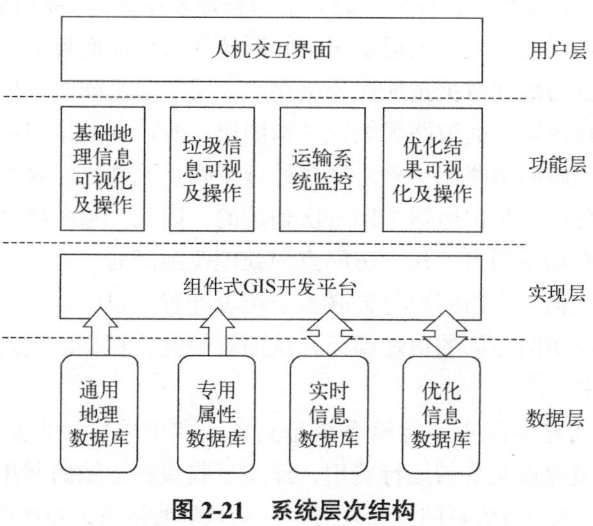

图 2-21　系统层次结构

1）数据层

数据层为系统提供数据支持，是系统运行的基础，包含 4 个数据库。

① 通用地理数据库：存储基于 GIS 的系统所使用的地理元素空间位置信息，采用文件数据库的形式存储，并以此为地图可视化和运输系统的优化调度提供地理数据支持。

② 专用属性数据库：存储垃圾收集点、中转站、处置厂、运输系统等与垃圾直接相关的数据。

③ 实时信息数据库：接收来自运输系统的运输车辆 GPS 坐标，并向系统提供此类数据服务。

④ 优化信息数据库：接收系统根据历史相关垃圾产生以及各垃圾处置相关单位处理能力等数据得出的运输系统优化信息，并反馈此类信息。

2）实现层

实现层使用 GIS 组件式开发工具实现数据服务功能。

3）功能层

功能层具体有基础地理信息可视化及操作、垃圾信息可视化及操作、运输系统监控和优化结果可视化及操作四大功能。

4）用户层

用户层为人机交互界面，为用户提供友好的交互接口。

厨余垃圾收运管理系统的数据管理包括预处理和一般处理两部分。预处理是指系统运行之前的数据准备工作，包括对地理信息基础数据（shapefiles 格式文件）的检查和修复、道路网络拓扑结构生成以及处理设施（停车场、收集点、中转站、处理厂等垃圾运输相关设施）间的最短路径搜索。预处理的结果数据按一定的数据模型存储在数据库中，作为后续处理，包括优化调度、可视化等基础数据。针对某一地区的垃圾处理系统数据，预处理通常只需处理 1 次，只有在垃圾处理系统数据发生变化时，如道路重建、新建处理设施等，才需要重新计算。一般处理指专用属性数据可视化、优化模型校核、动态模拟演示等，系统基于 GIS 组件来实现这些功能。

预处理生成的数据存储在数据库中，设计的数据库模型如图 2-22 所示。垃圾收集点、中转站、停车场、处置厂等均因被垃圾运输车不间断访问的性质而被抽象为处理设施，具有空间位置属性。但是，因为地理数据按属性分层存储，层与层之间的地理几何数存在偏差，垃圾处理设施为点状结构图层，而道路为线状结构图层，所以在数据层面上处理设施往往偏离道路，即无通往处理设施的道路。另外，许多处理设施（尤其是垃圾收集点）在地理位置上比较接近，并且在实际中也是由运输车辆一次到达的。因此，系统经过预处理部分提取道路上合适的点作为运输车辆访问点，建立访问点和处理设施间的一对多体系，即一个处理设施只能属于一个访问点，但一个访问点可关联多个垃圾处置对象。基于访问点概念，预处理可计算两两处理设施对应访问点间的最短路径，从而减轻优化模型的处理复杂度，满足运输车辆实时优化调度的要求。

在厨余垃圾收运管理系统中，运输系统是其核心实施单位，也是收运过程主要花费所在。据统计，生活垃圾收运系统的运行费用，即垃圾收集和运输的费用，占整个系统运行费用的 70%～80%。随着城市及农村的不断发展，厨余垃圾收运管理系统的范围也相应地扩大，在这种大区域环境下，合理并有效地规划厨余垃圾运输车辆的作业路线，将有效地提高作业

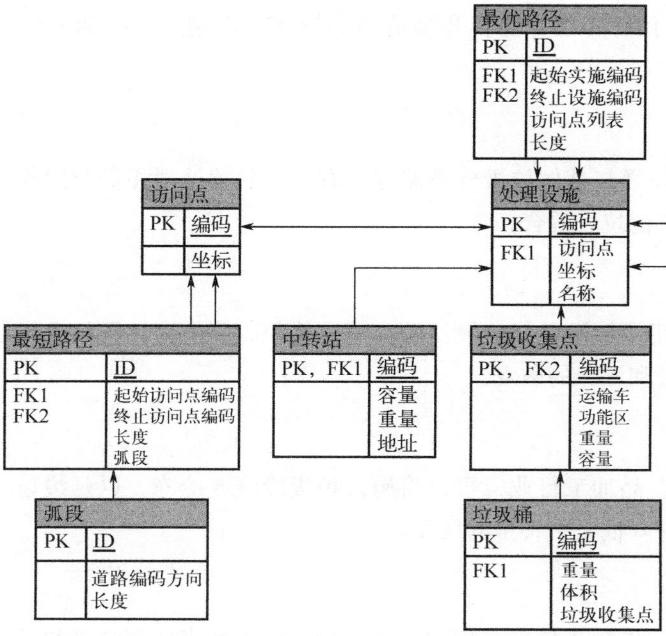

图 2-22　系统数据库模型

效率、节约系统运行的费用，对厨余垃圾收运管理系统有积极的意义。

厨余垃圾收运管理系统通过预处理部分生成两两处理设施对应访问点间的最短路径，并存储至数据库中（见图 2-22）。最短路径以起始访问点和终止访问点为特征属性，即起始和终止访问点均相同的最短路径只存在一条，并且弧段（最短路径的中间路段）采用道路编码和方向两个属性表达其在某条最短路径中的形状和连接顺序，道路编码对应道路图层 shapefiles 文件内部编码，方向指其所属最短路径的顺序。系统建立了垃圾收运优化调度的多目标优化模型，并采用扫描算法与分枝限界法结合的两阶段算法进行求解：首先由扫描算法将大区域垃圾收运路线优化问题分为满足约束条件的小组；再通过分枝限界法对各组进行优化，以获得组内最优路线，间接得到大区域垃圾收运的较优路线。

实际应用中应根据实际需求和预算选择和配置合适的垃圾收集设备和技术。在选购和使用时，需要考虑设备的耐用性、可靠性、维护成本和环境友好性等因素，以确保有效的厨余垃圾收集。

2.3　厨余垃圾的储运

2.3.1　厨余垃圾的储存

（1）储存容器选择

选择容量适当、密封性好且耐腐蚀的容器来储存厨余垃圾。常见的容器包括大型垃圾桶、垃圾箱和密封式容器。容器应具备防漏、防臭和易清洁等特性，以避免异味和污染的产生。

(2) 储存区域规划

划定专门的储存区域，将厨余垃圾与其他垃圾分开储存，有利于后续处理和资源回收。明确标识和分离厨余垃圾，避免与其他垃圾混合。

(3) 压缩和包装

对于大量的厨余垃圾，考虑使用压缩设备将垃圾压缩，减小体积。此外，使用垃圾袋或密封性好的包装材料有助于防止污染和异味的散发。

(4) 冷藏或冷冻

如果环境条件允许，尤其是在食品加工行业，可以将厨余垃圾冷藏或冷冻，以延缓垃圾腐败的速度，同时减少异味的产生并降低吸引害虫的风险。

(5) 定期清理和消毒

定期清理储存容器和储存区域，以防止垃圾堆积和细菌滋生。使用适当的清洁剂和消毒方法，确保良好的储存环境卫生。

(6) 控制异味和害虫

采取措施控制厨余垃圾产生的异味和吸引害虫的情况。使用密封性好的容器或带盖垃圾桶、定期清理等方法可以防止产生异味和吸引害虫。

2.3.2 储运车辆

厨余垃圾储运车辆的类型与城市经济和技术发展水平相关，与居民的环保意识和对环境质量的要求有关。

一般垃圾运输设备分为短途运输设备和长途运输设备。短途运输设备能够方便地在居民区和小街道活动，能适应当地城市居民区内的道路条件，所以多用于小区或非主干道的垃圾运输工作。但是，目前我国在厨余垃圾收运过程中并没有普遍对居民的垃圾进行收运（只有部分城区开展了试点），这主要是因为居民的垃圾产生量较餐饮单位少，而且比较分散，在收集过程中存在很多问题，因此，针对居民产生的厨余垃圾的收集还需要加强建设。20 世纪 50 年代以后，我国开始使用大型载重汽车来收集、运输垃圾，这种大型垃圾运输车一般要求车厢密闭、防污水渗漏，还要对车内垃圾进行压实等操作。目前我国针对餐饮企业产生的厨余垃圾具有产量大、较为集中的特点，使用的就是这种大型载重汽车。由于各地传统、习惯的差异和使用条件的不同，在国内外有许多种不同型式的垃圾收集车。按照我国国家标准《专用汽车和专用挂车术语、代号及编制方法》（GB/T 17350—2009）的规定，垃圾收集车的型式有若干种，下面选取有代表性的几种做说明。

（1）自卸式垃圾车

自卸式垃圾车是一种装备有液压举升机构，能将车厢倾斜一定角度，使垃圾靠自重自行卸下的专用自卸汽车。自卸式垃圾车的倾斜方向大部分是后倾式，也可以是其他倾式。

（2）自装卸式垃圾车

自装卸式垃圾车是以车辆自身配置的装置和动力配合集装垃圾的定型容器（如垃圾桶等），自行将垃圾装入车厢、运转和倾卸的专用汽车。按进料方式可分为前装式、顶装式和侧装式等。

（3）车厢可卸式垃圾车

车厢可卸载式垃圾车为装备有液压装卸机构，能将专用车厢拖吊到车上或倾斜一定角度卸下垃圾，并能将车厢卸下，用于运输垃圾的专用自卸汽车。

厨余垃圾含水率高、极易腐烂，因此应做到日产日清。厨余垃圾应使用密闭性好、装卸容易的专门收集和运输的机动环卫车辆，运输途中不能淋洒和泄漏，运输车辆应定期清洗消毒。

国内专门生产厨余垃圾收运车辆的厂家尚为数不多，主要有北京天湖环保设备有限公司、北京科力威清洁机械厂、中联重科股份有限公司、广州市环境卫生机械设备厂有限公司等。

储运车辆在推广和应用过程中还存在以下一些问题，需要进一步努力解决：

① 在运输或收集过程中易造成二次污染。许多中小城市现有运营的厨余垃圾运输工具在运输过程中由于密封不严，会出现附水外流滴落至路面的情况，严重影响市容市貌，对城市环境造成了二次污染。

② 收集方式的选择。在国外先进国家，如德国采用的是吸入过程直接粉碎的先进技术，韩国使用的是专用垃圾桶倾倒方式，但不论是倾倒式还是吸入式，都必须与相应的垃圾桶配套。收运设备尤其是运输车辆在厨余垃圾回收过程中必不可少，其装备、性能的不同很大程度上影响着厨余垃圾回收利用体系的成本费用，因此应因地制宜、量力而行地选择收运设备。

2.3.3　收运方法

2.3.3.1　确定收运模式的影响因素

厨余垃圾收运模式的确定主要受社会、环境、经济等诸多因素交互影响，是需要宏观决策的一个重要问题，主要有以下几个方面。

（1）处置设施选址

一般情况下，应选择在人口密度较低的城乡接合部或郊区，特别是城市中的厨余垃圾，需要远距离运输至处置场处理。

（2）厨余垃圾收集密度

厨余垃圾收集密度是指单位土地面积（km^2）上厨余垃圾的收运质量（t），与区域人口呈正相关，对垃圾收集半径影响很大。

（3）收运经济评价

经济性评价指标是指收运单位质量厨余垃圾的市场价格。这是评价厨余垃圾收运模式的主要指标之一，简称吨垃圾费用。吨垃圾费用主要取决于完成一定垃圾收运量时的车辆运载能力、运输距离和装备设施的折旧等因素。层次分析表明，主要影响因素为运输距离。

（4）对环境的影响

厨余垃圾收运过程对环境的影响主要包括收集过程中的垃圾飞扬、密封不当导致垃圾散落、收集运输设备作业时产生的噪声污染等。

（5）系统接口

厨余垃圾收运系统需要与厨余垃圾处理系统相衔接，故其收运的形式和装备必须与处理工艺系统相匹配，影响系统运行的主要因素为接口标准。

（6）对交通的影响

对交通的影响主要为作业过程对道路车流量的影响。

2.3.3.2 收运模式的分类

对于收运模式的选择，通过聚类分析，我们把城市的区域分为两大类进行垃厨余垃圾的收运。

（1）第一类区域（市区）

这类区域由于经济发达和人口密集，故餐饮业的数量较多，且厨余垃圾的产生量较为集中。

1）中心区

这类区域的特点是人口密度高且人口分布比较均匀，垃圾产生量大。这类区域的地价高，属于城市中心区域，主要是市行政中心所在地及商业区，对市容市貌、视觉环境质量要求高，不宜建造垃圾处理设施。

根据道路条件，这类区域可采用收集车流动收集，一般选择2～6t密封车。因垃圾收集后运到处理厂的运距远，故必须设置转运站。转运站的经济规模一般为300～400t/d，配套15t集装箱转运车。

2）次中心区

这类区域人口密度较高而且比较分散，厨余垃圾产生量较多，收集密度一般为10～30t/km^2，主要是居住、文化教育及商业区，在该区域的城乡接合部建有垃圾处理设施。

（2）第二类区域（郊区）

这类区域的厨余垃圾产生源比较分散，而且产生量与中心地区相比较少。

1）近郊区

这类区域的特点是地域广阔，人口分布比较分散，在这类区域的中心地区垃圾产生源分布相对集中，而相当部分的农村地区垃圾分布相对分散，收集密度一般为2～10t/km^2，差异性很大。

运输距离较远的区域中心地区采用3～6t收集车将垃圾运至转运站，用大型转运车运往处理设施，可采用15t集装箱转运车。

距离处理设施较远的农村地区采用人力收集车收集垃圾，用3～6t收集车运往处理能力为100t/d以上的垃圾分流中心，进行分拣及资源化利用后再用8～10t集装箱转运车运往处理厂。

处理设施附近（运距不超过7～10km）地区的垃圾直接运往处理设施，其中乡镇用可压缩收集站来收集居民垃圾，而农村地区可采用3～6t收集车流动收集垃圾。

2）远郊区

这类区域的特点是地广人稀，垃圾产生量较少，收集密度一般小于2t/km^2，并设有服务本地区的垃圾处理设施，农村地区采用人力收集车收集后，用3～6t收集车集中收集，乡镇可建设垃圾收集站来收集居民垃圾，运往处理规模为100t/d以上的垃圾分流中心，进行分拣及资源化利用后再用8～10t集装箱运往处理厂。

2.3.3.3 厨余垃圾的收运方式

厨余垃圾的收运方式有直接收运和转运收运两种。

（1）直接收运方式

由专用收运车辆从厨余垃圾产生点直接运往厨余垃圾处理厂。此种方法简单方便，减少中间环节，适合厨余垃圾产生量较大且厨余垃圾产生单位相对集中地区的产业类厨余垃圾，且运输距离以比较近为宜。

（2）转运收运方式

首先将回收点的厨余垃圾运往中转站（回收中心的收集量一般为1～5t），然后由收运车辆从中转站运往厨余垃圾处理厂。该种收运方式主要适合城区道路狭窄、交通拥挤、厨余垃圾产量小而分散的地区。具体的回收流程如图2-23所示，厨余垃圾产生后，由产生单位进行厨余垃圾的分类收集、初级保管，之后交到回收点。回收点按照资源化企业回收质量标准的要求，对交来的厨余垃圾的含水率、发霉变质程度等进行检测并称重、支付货款。回收点可以由资源化企业自行设置，也可以由专业的厨余垃圾回收单位承担，再将收到的厨余垃圾经中转站转运后交由资源化企业。

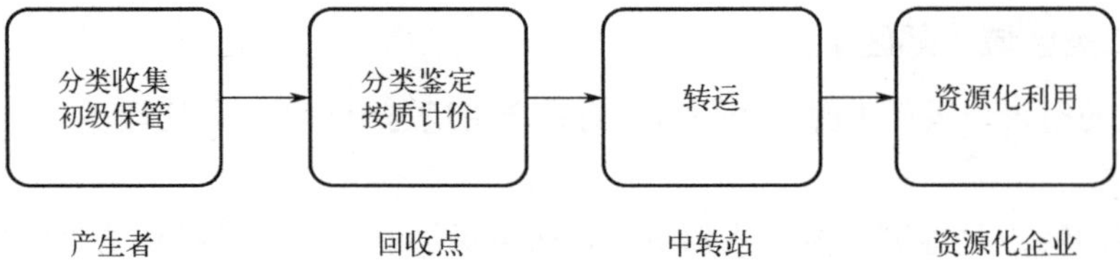

图 2-23　厨余垃圾回收流程

2.3.4　收运路线优化

收运路线的优化问题实际上是在满足厨余垃圾产量和车辆容量的限制条件下寻找从收集点到资源化企业的最优线路。对一个区域系统或大的城区，确定一条优化的宏观运输路线，对厨余垃圾收运和资源化加工利用的效率和成本都会产生较大的影响。收运路线的优化实质上是多回路运输问题。

厨余垃圾收运路线的设计，需要满足以下几个条件：

① 符合国家或地方层面出台的相应管理方针和政策。

② 对厨余垃圾的产量做了预测，并确定了餐饮业及居民区收集点的位置。

③ 确定收集点和处理单位地点。

厨余垃圾的收集方法、收集车辆类型、收集次数和时间确定以后，就可以设计科学的收运路线，以便于降低成本。

收集线路的设计需要进行反复试算过程。一条完整的收集路线大致由实际路线和区域路线组成。前者指垃圾收集车在指定的收集区内所经过的实际收集路线；后者指装满垃圾后，收集车运往中转站（或处理厂）所行驶的路线。

2.3.4.1　实际路线的设计

收运路线设计的主要问题是如何使收集车行驶的路线最短。关于这个问题，多名数学家经过多年的研究工作，归纳总结出了一整套用于确定实际路线的法则：

① 行驶路线不应重叠，而应紧凑、不零散；

② 起点应尽可能靠近车库；

③ 车流量大的街道应避开高峰时间；

④ 在一条线上不能横穿的单行道应在街道的上端连成回路；

⑤ 小山上的垃圾应在下坡时收集，便于车辆下滑；

⑥ 环绕街区尽可能采用顺时针方向；

⑦ 长而笔直的路应在形成顺时针回路之前确定为行驶路线；

⑧ 不要用一条双行街道作为节点位移的进出通路，这样可以避免 180° 的大转弯。

根据以上指南，在研究探索较合理的实际路线时，需考虑以下几点：a.每个作业日每条路线限制在一个地区，尽可能紧凑，没有断续或重复的线路；b.平衡工作量，使每个作业、每条路线的收集和运输时间大致相等；c.收集路线的出发点拟从车库开始，要考虑交通繁忙和单行道因素。

2.3.4.2　区域路线的设计

设计收集路线的一般步骤如下：

① 准备适当比例的地域地形图，图上标明垃圾清运区域边界、道口、车库和通往各个垃圾集装点的位置、容器数、收集次数等，如果使用固定容器收集法，应标注各集装点垃圾量。

② 分析资料，将资料数据概要列为表格。

③ 对初步设计的收集路线进行比较，通过反复计算进一步均衡收集路线，使每周各个工作日收集的垃圾量、行驶路程、收集时间等大致相等，最后将确定的收集路线画在收集区域地图上。

④ 对于一个较大的区域，通常可以使用分配模型来拟制区域路线，从而获得最佳的处置与运输方案。所谓分配模型，是在一定的约束条件下，使目标函数达到最小。该技术使用最多的是线性规则。

⑤ 某垃圾中转站通过垃圾收集车辆对其服务区域的垃圾收集点进行垃圾收集服务，每个垃圾收集点的垃圾量应小于收集车载重量（固定容器收集系统）或者每个垃圾点的垃圾量等于收集车载重量（移动容器收集系统），且每个收集点距垃圾转运站的距离是已知的。垃圾转运站的规模应满足服务区域内收集点的垃圾收集服务需求，且运力足够，即有足够的垃圾收集车辆可供调配，要求垃圾收集车辆的一次载重量不能超过其额定载重量，且每辆车的总运行距离有一定上限。为了提高车辆的利用率，车辆行驶路线和进行车辆调度方案应既能满足垃圾收集任务，又能使车辆运行总里程最短。也就是说，为了完成垃圾收集任务，垃圾转运站派出若干辆车，全部收集路线由几条大的路线（即回路）组成：每辆垃圾收集车从转运站出发后，沿一条覆盖若干收集点的大路线进行垃圾收集，然后返回垃圾转运站。此时，车辆路径问题（VRP）的方案（虚拟现实平台）应包括两个相关的环节：哪些收集点被分配到同一条回路上，即哪些收集点的垃圾由同一收集车辆进行收集服务；每条路线上垃圾收集点的绕行次序。VRP 模型既可以用回路表示，也可以把时间、路程、花费等转化成运输垃圾成本来表示，其基本原理都是相同的。

下面介绍用回路表示的方法。

① 基本条件：有 M 辆相同的垃圾收集车停在一个垃圾转运站 P，需要对 n 个垃圾收集点进垃圾收集，垃圾收集点为 v_1，v_2，…，v_n，并且垃圾转运站和收集点的坐标已知。

② 模型目标：确定所需车辆的数目 N，并指派这些车辆到一个回路中，同时确定回路的路径安排和调度，使得运输总距离 S 最小。

③ 约束条件：

$$N \leqslant M$$

用 Q_{ij} 表示第 i 辆车在其子回路上对应的第 j 个收集点的垃圾量，W_i 表示第 i 辆车的载重。每个垃圾收集点圾量不超过车的载重。因此，设每个收集点同一时刻只能接受一辆车的收集服务。一个子回路对应一辆车，设每条回路上的收集点数目为 l_i。

l_i 是车辆对应标号，用集合 C_{ij} 表示第 i 辆车对应子回路中顺序为 j 的收集点，则有：

$$\sum_{i=1}^{n} l_i = n \tag{2-19}$$

l_i=0 时表示车没有参加服务。

垃圾收集车辆完成收集任务之后都要回到垃圾转运站 v_0，受到最大载重和最大行驶长度的限制。

④ 数学模型：假定 $d_{i(j-1)j}$ 表示第 i 辆车对应的路线中顺序排列的第 $j-1$ 个收集点和第 j 个收集点之间的距离，$d_{i(l_i,v_0)}$ 表示第 i 辆车对应的路线中第 l_i 个收集点与转运站 v_0 之间的距离。由此建立运输总距离最小值 $S_{\min}$ 的数学模型：

$$S_{\min} = \sum_{i=1}^{n}\left[\sum_{j=1}^{l} d_{i(j-1)j} + d_{i(l_i,v_0)} \cdot \mathrm{sign}(l_i)\right] \tag{2-20}$$

$l_i \geqslant 1$ 时，sign（l_i）=1；l_i=0 时，sign（l_i）=0。

约束条件为：

$$\sum_{j=1}^{l_i} Q_{ij} \leqslant W_i$$

$$\sum_{j=1}^{l_i} d_{i(j-1)j} + d_{i(l_i,v_0)} \cdot \mathrm{sign}(l_i) \leqslant l_i$$

$$0 \leqslant l_i \leqslant n$$

$$\sum_{i=1}^{n} l_i = n$$

$$C_i = \left\{C_{ij} | C_{ij} \in \{v_1, v_2, \cdots, v_n\}, j = 1, 2, \cdots, l_i\right\}$$

$$C_i \cap C_j = \varnothing, \forall i \neq j$$

$$N \leqslant M$$

目标函数为垃圾收集车完成收集任务时的最短总运行距离。垃圾收集路线是整个收运系统的重点，有些城市的厨余垃圾产生源相当分散，收集线路的设计十分复杂，要得到一条比较合适的收集路线，需要做大量基础数据收集工作。

2.4 预处理技术及其重要性

厨余垃圾的预处理技术主要是指在厨余垃圾主体处理单元之前进行的必要的分选、除杂、破碎等工艺技术。其功能主要是去除厨余垃圾中的废钢铁、废玻璃、废陶瓷等无机杂质和废纸、废塑料、废餐盒等非营养性有机物，为后续处理环节创造有利条件。另外，厨余垃圾是固形物、水和油脂等多元多相体系，其中含有的废油脂是生产生物柴油、硬脂酸和油酸等化工产品的优质原料，具有很高的再生利用价值。但这些废油脂的存在，对厨余垃圾的处理过程存在不利影响，如易黏附器壁造成管路堵塞、包裹支撑介质、干扰微生物生命活动等，也会对饲料和肥料等资源化产品的品质造成不利影响，如油脂发酵极易产生黄曲霉素等致癌物质，油脂的易氧化酸败和易挥发等特性会降低厨余垃圾饲料化产品的品质。因此，厨余垃圾油水分离和脂类物质的回收是厨余垃圾处理工艺中的一个重要环节。

有机底物的预处理（最初是为发酵过程开发的）研究始于 20 世纪 20 年代初，由于大量使用能源/化学品，被认为是最昂贵的步骤之一。最近，预处理步骤被重新考虑，已成为提高厨余垃圾的 CH_4 或 H_2 产率的最重要步骤。在 Web of Science 上搜索关键词“厌氧消化”、“食物垃圾”和“预处理”，发现到 2017 年，与 20 世纪 90 年代的数据相比，与厨余垃圾消化和预处理技术相关的研究论文呈指数增长，增长了 3～200 倍。最近的研究中，关于厨余垃圾的理化、机械、热和生物预处理方法的报道很多。进行预处理的主要目的是：

① 改善表面特性以更好地与微生物相互作用；

② 减少/去除可能影响工序的有毒化合物；

③ 改善蛋白质和脂类的水解动力学；

④ 增加难以接近的化合物的可接近性；

⑤ 在厌氧消化（AD）或脱水脱硫（DF）之前处理厨余垃圾，减少储存/运输过程中的有机碳损失。

预处理方法应根据厨余垃圾的特性和后续的生物工艺方法来选择。预处理方法可分为如下 4 类。

2.4.1　物理预处理

为了改善厨余垃圾的物理特性，必须进行物理预处理。这一过程有利于缩短消化/发酵时间。通常有研磨、螺旋压榨、裂解-离心、液体剪切/碰撞和高压均质等方法，这些方法可以改变厨余垃圾的物理或机械性能，但不影响原始组分，但能量要求很高。

物理预处理涉及破坏生物质结构，其目的是最大化化学和酶促反应的可达表面积，以提高水解和酶促糖化的速率。一般通过切屑、研磨或铣削技术来实现。较小的颗粒可增大酶可接近的表面积，从而加快水解速率。Izumi 等研究了减小颗粒尺寸和增溶作用对厨余垃圾产气量的影响。他们声称，将基质的平均粒径从 0.843mm 减小到 0.391mm，使溶解性增加了约 30%，从而使沼气产量提高了 28%。

细粒度的生物质在预处理和酶解过程中可能会产生团块，减小颗粒之间的空隙，从而抑制微生物的生长，导致有价值副产物的产量减少。

物理预处理操作的能耗主要基于生物质预处理能效的估算[η（预处理）=总糖回收率（kg）/总能耗（MJ）]。虽然物理预处理的周期较短，但所需电压非常高，特别是在工业规模下，能源需求的增加使得该方法的经济可行性受到质疑。

2.4.2 热预处理

热预处理方法分为湿式和干式（如简单干燥）。厨余垃圾通常在AD或DF之前进行湿法预处理。

湿热处理技术（hydrothermal process）是应用最早、效果最可靠、使用最广泛的灭菌方法之一，湿热处理可以破坏微生物的蛋白质、核酸、细胞壁和细胞膜，从而杀灭各种微生物，是医疗废物无害化处理的一种主要技术。湿热处理技术也是一种较为普遍使用的有机废物处理技术。这种技术是将待处理的物料和水共置于密闭反应器中，在一定的温度和压力条件下使难降解有机物或固体有机物分解为小分子有机物，或氧化降解为CO_2、H_2O等无机物的化学过程，有助于通过更好的水解溶解更多的糖，并为后续的AD或DF提供更均匀的浆液。此外，与其他预处理技术相比，湿热处理操作更容易和快速。另一个重要的优点是湿热处理后可能影响CH_4或H_2产量的本地有害微生物（例如乳酸菌）被灭活。调节pH值可以进一步提高厨余垃圾的热预处理效率，这一点还需要进一步的研究。但是，厨余垃圾的热预处理也会在150℃以上（保留时间短）或100℃以下（保留时间长）时形成顽固性化合物（如类黑素），从而影响产物的回收率。

厨余垃圾是一种具有多相位、亚稳定、复杂的生物体系，在温度、水和压力的共同作用下会发生一系列复杂的物理化学变化。其中物理变化主要表现为溶解、液化，化学反应包括热水解、致色致香等。其中热水解反应是主要的，包括：a.碳水化合物水解成小分子的多糖，甚至单糖；b.蛋白质水解成多肽和氨基酸，氨基酸进一步水解成低分子有机酸、氨及二氧化碳；c.脂类水解生成脂肪酸和甘油。

厨余垃圾中的主要成分经过湿热处理后的主要产物汇总在图2-24中。产物中含有饲用价值较大的各种营养成分（蛋白质、氨基酸、不饱和脂肪酸、糖类等），也含有对肥用价值影响较大的成分[总养分（$N+P_2O_5+K_2O$）]，因此通过控制厨余垃圾湿热水解反应条件，既可以制取饲料原料，也可以制取肥料原料。另外，厨余垃圾中的Cl存在于溶液中，但不参与反应。

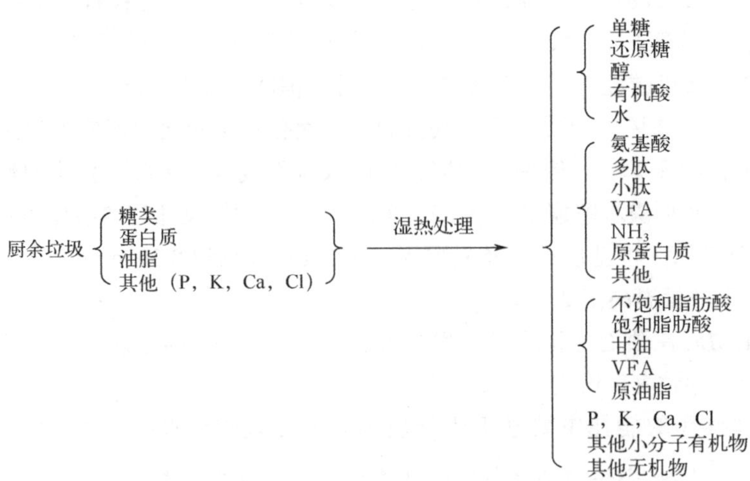

图2-24 厨余垃圾各主要成分经过湿热处理后的主要产物

研究较多、应用较广的湿热处理技术是湿式氧化，其特点是在高温高压条件下通入空气或氧气作为氧化剂，使液相中的难降解有机物氧化降解为 CO_2、H_2O 等无机物或小分子有机物，涉及水解、裂解和氧化等过程。影响湿式氧化处理效果的因素很多，主要有反应温度、反应压力、反应时间、处理对象的性质等。反应温度是湿式氧化处理效果的决定性影响因素，温度越高，反应速率越快。通常温度要达到 230℃以上才能达到较理想的去除效果，在超临界湿式氧化处理中，温度上限已经上升至 700℃。反应压力不是湿式氧化过程中的直接影响因素，其主要作用是保证液相中较高的溶解氧浓度，使湿式氧化在液相中进行，总压的下限为该温度下水的饱和蒸气压。反应时间与温度相关，属于次要影响因素，传统湿式氧化的反应时间通常在 2h 左右。湿式氧化的反应条件可根据污染物被氧化的难易程度以及处理要求确定。湿式氧化技术已经成功用于高浓度难降解有机废水的处理，近年来在污泥处理中也有应用。由于处理对象的物理化学性质不同，具体工艺条件和产物也有很大差异。用湿式氧化法处理有机废水时，在 250～300℃和 10MPa 的条件下可使难降解有机污染物发生开环、断键、加成、取代、电子转移等反应，大分子难降解有机物转变成易降解的小分子物质，使废水中的有机物及含 N、S 等的有毒物质氧化成 N_2、SO_2、CO_2 和 H_2O 等，达到无害化的目的。对高 COD 或含生化法不能降解的化合物的各种工业有机废水，COD 及氨氮的去除效果显著。王伟等研究了在较低的压力下湿式氧化处理污泥的技术。反应温度在 220～320℃之间，此时污泥中 40%～100%的挥发性固体被破坏，大部分有机物被分解为 CO_2、H_2O 及有机小分子有机物（如有机酸）。以污泥中的蛋白质为例，蛋白质氧化并转移到水相中形成氨基酸，氨基酸进一步氧化脱氨基形成氨，这一过程对温度要求较高。硫是组成蛋白质的主要元素之一，在湿式氧化过程中，硫元素被氧化为硫酸根，硫的氧化在某种程度上反映了蛋白质的分解程度，硫酸根含量与温度的变化曲线说明蛋白质的彻底氧化分解需要高温。

Kuo 和 Cheng 研究了不同温度（37℃、50℃和 60℃）下厨余垃圾的水热预处理，以考察水解对厨余垃圾厌氧消化的影响。他们的研究结果表明，最有效的温度是 60℃，可水解约 27.3%的固体厨余垃圾，去除 37.7%的油脂。将城市生活垃圾的有机组分，即厨余垃圾，在 160℃下进行 5～50min 的水热预处理，葡萄糖浓度从 37.5%提高到 43.9%，而木糖含量一直保持在 5%左右。厨余垃圾水解液可用于同时糖化发酵（SSF）和补料分批 SSF，利用纤维素酶和淀粉酶生产最终浓度为 30g/L 的生物乙醇。这表明水热法是一种潜在的预处理方法，可以获得高浓度的可发酵糖并用作生物乙醇生产的原料。

近年来，国内研究开发了一种用于城市生活垃圾制肥的湿热处理技术——湿热水解处理技术（thermal hydrolysis process）。这种技术与前述的湿式氧化技术有本质上的差异。其方法是将生活垃圾或垃圾分选后的筛下物（主要为垃圾中的有机质）装入密闭的湿解反应器内，在 180～200℃下使其水解 2h，使垃圾彻底灭菌，去除异味。湿解后物料经过干燥、筛分，可以作为制造肥料的原料。虽然这种技术在工程上已有若干成功应用的实例，但学术界对这种技术仍然存在争议：除了垃圾制肥面临的产品销路问题之外，由于对湿热水解产物缺乏研究，湿热水解过程中，有机物中的淀粉、蛋白质、纤维、糖类、脂肪等成分如何变化，小分子有机物质是否进一步缩合成为较大分子量的腐殖酸，产物是否需要二次发酵等问题均存在很大争议。但是，这种湿热处理技术具有很好的灭菌效果，其无害化处理效果得到普遍的认同。显然，厨余垃圾中的高含水量有利于通过加热实现湿热环境，可有效地灭杀病原菌。通过湿热水解反应也可将厨余垃圾转变为肥料或制取肥料的原料。此外，由于厨余垃圾的组成与常规饲料比较接近，合理控制湿热水解条件，有可能将厨余垃圾中含有的固体脂肪熔化并把盐分离出来，得到回收价值很高的废油脂作为化工原料，并将剩余物转化为比肥料价值更高的饲料或制取饲料的原料。

2.4.3 化学预处理

化学预处理主要依靠强到温和的化学药剂来修饰厨余垃圾的物理、化学和生物特性。这是一个快速的过程，需要根据厨余垃圾的特性进行特定的优化，以避免呋喃或酚类化合物、长链脂肪酸等抑制剂的积累，或美拉德反应、焦糖反应等产生顽固化合物，影响 CH_4 或 H_2 的回收。已知酸预处理对碳水化合物的增溶有效，碱预处理对蛋白质和木质素的增溶以及脂质皂化有效。然而，用于酸预处理的化学品具有腐蚀性（如 H_2SO_4、HCl 等），并且要求在工艺中使用的设备无腐蚀性涂层。对于酸/碱预处理，需要根据所用酸/碱的总固体含量和强度来优化厨余垃圾与酸/碱的比例。碱预处理比酸预处理需要更长的反应时间，但会形成盐，这是其主要缺点。其他化学预处理方法（如臭氧、过氧化氢等）的研究较少。

酸预处理因其适应多种原料的能力而被认为是一种重要的化学预处理方法。酸预处理过程中释放糖的浓度在很大程度上取决于生物质类型、底物组成、温度、时间、酸浓度、料液比和反应器等因素。

富含碳水化合物的有机废物和厨余垃圾相对容易通过各种生物过程转化为乙醇、乳酸和氢等有价值的产品，对它们的开发利用是许多研究的重点。然而，厨余垃圾的利用受到厨余垃圾中固体水解的限制，水解反应被认为是其应用的一个速率决定步骤。因此，酸预处理旨在改变固体材料的结构，以增加纤维素对酶解的可及性，从而将厨余垃圾转化为可发酵糖。目前，已经有关于纤维素酶酸水解和酶糖化生产生物乙醇的报道。酸预处理不仅可以分解木质素成分，还能为生物质水解液中微生物的生长提供有利条件，有助于将生物质中的半纤维素部分水解成单糖，如木糖、甘露糖、葡萄糖和半乳糖。

在稀酸或浓酸条件下，用无机盐酸（HCl）和硫酸（H_2SO_4）进行酸水解均可获得高得率的糖。稀硫酸预处理因其较高的分解代谢活性和较低的化学成本在处理生物质方面的适用性而受到广泛研究。生物质的酸水解可以在高温下（约 180℃）短时间内进行，也可以在稍低的温度下（约 120℃）持续较长时间（30～90min）。稀酸法在相对温和的温度和适中的压力下进行，保留时间较长，更经济，具有糖回收效率高的优点。工业上，稀酸预处理更具吸引力，因为其操作和过程维护成本低，产生的发酵抑制剂数量较少，并且能够回收高达初始量80%的半纤维素糖。

使用浓酸进行酸水解不太有吸引力，特别是对于生物乙醇的生产，因为在发酵步骤中会形成大量降解副产物和不需要的抑制化合物，如羟甲基糠醛（HMF）、糠醛和芳香木质素降解化合物，这些化合物可能会影响乙醇发酵微生物的代谢。其他缺点包括由于糖在高温下降解增加而导致可发酵糖的损失，以及在生物乙醇发酵之前中和酸性条件的额外成本。此外，设备的腐蚀性和酸回收增加了运行和维护成本也被认为是浓酸预处理的主要缺点。

2.4.4 生物预处理

生物预处理通常是一个缓慢的过程，需要较长的保留时间，微生物在预处理步骤中利用游离和易得的糖作为主要碳源。由于纯化生物制剂在预处理过程中会与本地微生物竞争，因此对纯化生物制剂的优化和维护通常是困难的。使用纯微生物酶预处理厨余垃圾的案例很少，因为酶预处理成本高，通常需要高浓度的酶才能实现有效的预处理。相反，从生物质裂解液中产生的粗酶可直接用于预处理，以降低成本。但是，从文献中获得的信息有限，得出生物预处理是否是可行技术的结论还为时过早。

曝气（微曝气）也被认为是一种可选的预处理方法，可以提高 CH_4 的产率。曝气通过改变微生物群落结构来限制挥发性脂肪酸的快速积累，并将复杂底物分解为小分子物质。因此，曝气可以改变厨余垃圾的物理化学和生物特性，但成功与否取决于最佳生物条件的建立。

厨余垃圾转化为生物乙醇依赖于碳水化合物的水解，因为发酵乙醇的微生物通常不能直接将淀粉或纤维素发酵成生物乙醇。水解包括将多糖分解为葡萄糖等单糖，通常通过酶促反应催化。颗粒大小、含水量、预处理时间和温度都会影响生物质降解速率和酶解速率。底物浓度、酶负荷、pH 值和混合速率等其他因素也会影响酶解速率。对于富含碳水化合物的有机废物，如含有大量淀粉的厨余垃圾，*α*-淀粉酶的混合物可以特异性地催化支链多糖的 *α*-1, 6-糖苷键水解，产生线性低聚糖。葡萄糖淀粉酶在糖化过程中可产生葡萄糖、蔗糖、果糖和麦芽糖等可发酵糖。在纤维素含量高的生物质的水解过程中，至少涉及三种纤维素水解酶：内切葡聚糖酶攻击纤维素纤维的低结晶度区域，产生游离链端；外切葡聚糖酶降解并去除游离链端的纤维素二糖单元；*β*-葡萄糖苷酶水解纤维素二糖产生葡萄糖。

Tang 等和 Koike 等对生物预处理的研究表明，使用乳酸菌作为厨余垃圾的微生物预处理剂，在添加复合纤维素酶和葡萄糖淀粉酶后，葡萄糖的释放量分别增加了 97.5%和 86%。在这种情况下，微生物预处理有效地提高了厨余垃圾酶解的可及性。据报道，乙醇产量可分别显著提高至 7g/（L•h）和 24g/（L•h）。所采用的微生物专门充当介质，以保持厨余垃圾的新鲜度，使其不被降解为有机酸。生物制剂因对环境的危害小、工艺条件温和、能耗低而被认为是一种有吸引力的预处理方法。

2.4.5 联合预处理

联合预处理通常是将物理（如研磨）和化学（如酸/碱）或热（如湿式、低温）技术结合起来，在进行厌氧消化（AD）或脱水脱硫（DF）之前，提高厨余垃圾性能的预处理技术。然而，目前还没有关于厨余垃圾的有效整合和预处理组合的报道。总之，厨余垃圾预处理的目的是：

① 减少储存/运输过程中的碳损失；

② 改善表面特性，使微生物更容易接近；

③ 减少挥发性脂肪酸在早期阶段或储存和运输过程中的积累。

这些预处理技术的选择取决于具体的处理方法和需求。不同地区和处理设施可能会采用不同的技术来最大程度地减少废物，提高资源回收率，并减轻对环境的影响。

参 考 文 献

[1] 马换梅，高波，陈子璇，等. 水热预处理家庭厨余垃圾的脱水性能[C]//中国环境科学学会环境工程分会.中国环境科学学会2022 年科学技术年会——环境工程技术创新与应用分会场论文集（二）.2022：6.

[2] Karthikeyan P O，Trably E，Mehariya S，et al. Pretreatment of food waste for methane and hydrogen recovery：A review[J]. Bioresource Technology，2018，249：1025-1039.

[3] Ranjana P，Varsha S，Sherin E. IoT Based Smart Garbage Collection Using RFID Andsensors[J]. Journal of Physics：Conference Series, 2021, 1818（1）：012225.

[4] Hannan M A，Arebey M，Begum R A，et al. Radio Frequency Identification （RFID）and communication technologies for solid waste bin and truck monitoring system[J]. Waste Management，2011，31（12）：2406-2413.

[5] 徐乾龙，王凌霄，赵志阳，等.高精度智能垃圾分类回收系统[J].物联网技术，2023，13（11）：72-73，77.

第3章

昆虫消纳技术

- 昆虫生物处理的基础与原理
- 昆虫种类与其优势
- 昆虫饲养技术的挑战与应对策略
- 昆虫消纳后的副产品应用

3.1 昆虫生物处理的基础与原理

昆虫生物处理是一种利用昆虫将有机废物转化为有用资源的生物技术。这种技术基于昆虫的自然习性，即它们作为分解者在生态系统中的作用。该技术不仅能够减少废物、创造就业机会、提供新产品，还能提供可持续的蛋白质来源来养活世界不断增长的人口。昆虫生物处理是一种环保且具有商业潜力的技术，不仅有助于解决有机废弃物处理问题，还能为农业和食品工业提供可持续的资源。随着研究的深入和技术的发展，昆虫生物处理有望在未来发挥更大的作用。

3.1.1 昆虫生物处理的定义

畜禽粪便、厨余垃圾、秸秆等有机废物排放量超过环境容量时，会造成生态污染，影响人类的生活。昆虫生物处理是指利用某些特定昆虫种类（如黑水虻、黄粉虫等）的生物活动，将有机废弃物（如农业废物、畜禽粪便、食品工业副产品等）转化为昆虫生物量、有机肥料或昆虫油脂等高价值产品的过程。目前研究和利用较为成熟的包括家蝇、大头金蝇、黑水虻、美洲大蠊、黄粉虫、红蚯蚓等。

3.1.2 昆虫在有机废物处理中的原理

昆虫通过其生物学特性，能够有效地促进有机废物的分解、转化和循环。例如，白星花金龟、小青花金龟可以转化处理作物秸秆，而黄粉虫、黑水虻、美洲大蠊则可以转化处理厨余垃圾。这些昆虫的生物转化过程不仅减小了废弃物的体积，还将其转化为有价值的资源，如虫体蛋白和虫粪基人工土壤产品。

昆虫生物处理的原理涉及昆虫将有机废物转化为昆虫生物量和有价值的副产品。图 3-1 显示了用于昆虫生物转化的有机废物类型。

用于生物处理的昆虫主要包括鞘翅目、双翅目和鳞翅目等。这些昆虫具有完整的生命周期，包括卵、幼虫、蛹和成虫四个阶段，通常具有很强的繁殖能力，可以在短时间内繁殖大量后代。昆虫利用蛋白质、脂肪、碳水化合物、维生素和矿物质等营养素，通过其消化系统中的酶（如蛋白酶、脂肪酶等）分解有机物质。昆虫的消化过程包含复杂的生物化学反应，能够将复杂的有机物分解成更简单的化合物，同时释放能量供昆虫生长和繁殖。这些反应的产物包括蛋白质、脂质、甲壳素和粪便等高价值副产品。昆虫通过生物转化过程，将有机废物转化为新的产品，符合循环经济的原则。这一过程不仅降低了废物管理的成本和资源消耗，而且提高了昆虫衍生产品的价值。因此，昆虫生物处理不仅减轻了废物对环境的负担，还实现了资源的循环利用，为可持续农业和环境保护提供了一种创新的解决方案。

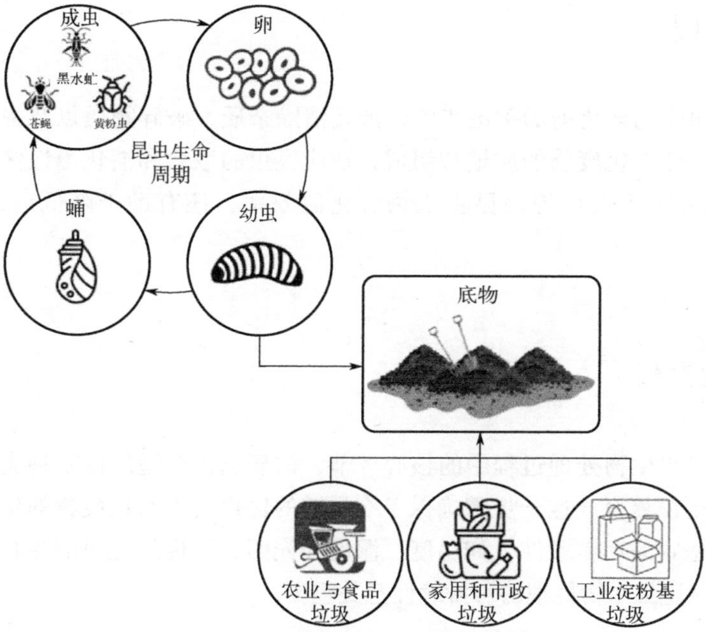

图 3-1　用于昆虫生物转化的有机废物类型

3.1.3　昆虫生物处理加工过程

昆虫生物处理加工过程是一项涉及多个步骤的复杂操作，通过一系列精细化的操作将有机废物转化为有价值的资源，实现了废物的减量化、资源化和无害化，为循环经济和可持续发展做出了贡献。

图 3-2 为昆虫生物处理加工过程。

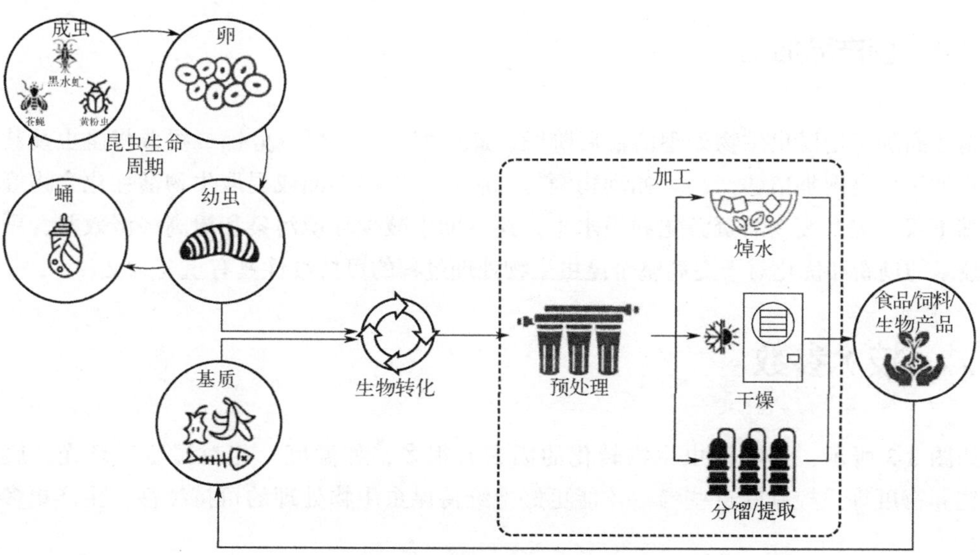

图 3-2　昆虫生物处理加工过程

3.1.3.1 预处理

预处理是昆虫生物转化前的关键步骤，涉及清除杂质、破碎物质以及去除多余的油脂和水分等过程，以优化有机废物的质地和组成，适应昆虫的取食和消化习性使其更易于被昆虫消费和转化。预处理不仅可提高昆虫生物转化的效率，还有助于降低后续处理的难度和成本。

3.1.3.2 昆虫繁育

昆虫繁育是昆虫生物处理过程中的核心环节，需要选择合适的昆虫种类并利用人工及自动化技术进行大规模繁育。这一步骤确保了有足够的昆虫用于有机废物的生物转化。繁育过程中，必须提供适宜的环境条件，如温度、湿度和光照，以促进昆虫的生长和繁殖。有效的繁育策略对于维持昆虫生物处理的可持续性至关重要。

3.1.3.3 生物转化

生物转化阶段是昆虫直接作用于有机废物的过程，通过摄取和消化将废物转化为虫体蛋白和虫粪。这一过程中，昆虫体内的消化酶和肠道微生物协同作用，促进有机物的分解和转化。昆虫的高效代谢能力使得这一过程不仅能够减少废物量，还能产生高营养价值的副产品。

3.1.3.4 副产品加工

副产品加工是昆虫生物处理的最后阶段，通过焯水、干燥、分馏或提取将昆虫及其粪便进一步加工成高附加值的产品，如动物饲料、肥料、生物柴油或提取生物活性化合物等。这一步骤不仅可提升废物的资源化利用水平，还有助于减少环境污染和提高经济效益。副产品加工技术的创新和优化对于提高整个昆虫生物处理过程的可持续性具有重要意义。

3.1.4 技术参数

如图 3-3 所示，影响昆虫生物转化的因素有很多，如温度、相对湿度、灯光、底物浓度、饲养密度等。控制好这些参数才能更好地维持昆虫生物处理的可持续性，生产更多高值化产品。

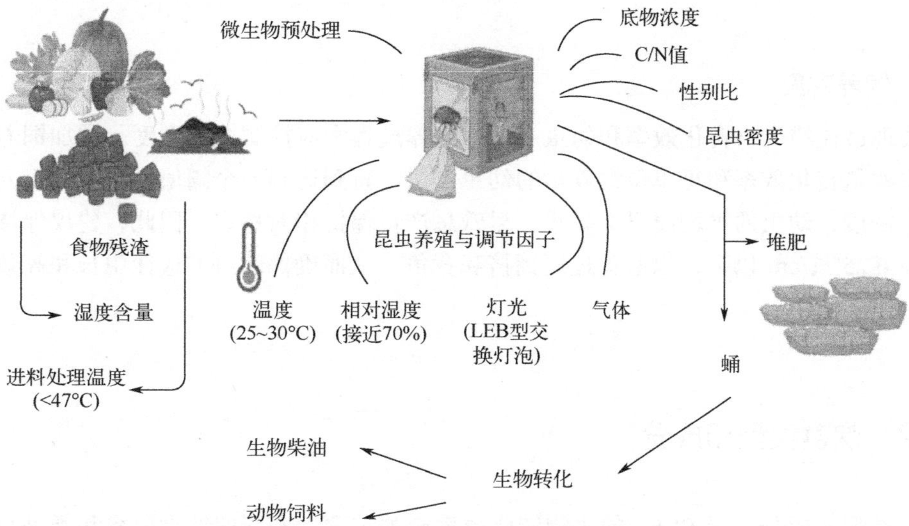

图 3-3　影响昆虫生物转化的因素

3.1.4.1　环境条件

（1）温度与湿度

温度对昆虫的生长、生存和体重增加具有显著影响，进而直接影响废物的生物转化效率。黑水虻幼虫（BSFL）在三种不同温度条件下（20℃、25℃和 30℃）以及两种不同的基质水分条件（自然水分和 70%基质水分）下被饲养，直至 50%的幼虫达到前蛹阶段。研究发现，70%的水分含量和 25～30℃的温度范围最有利于提高生物转化率和 BSFL 的发展。此外，还有研究揭示了五种不同温度（15℃、20℃、25℃、30℃和 35℃）对 BSFL 发育、存活和生物转化的影响，并发现 25～30℃是 BSFL 发育的最佳温度范围。

（2）pH 值

在 BSFL 的生产中，pH 值关系到幼虫的体重、发育速度和生存环境，一般认为 BSFL 对于酸碱的耐受度不平衡，即 BSFL 更倾向于偏碱性的环境；且 BSFL 具有独特的能力，能够有效地将酸性或中性的基质环境（pH=4.0、6.1、7.5、9.5）转变为偏碱性，最终 pH 值范围为 8.9～9.4。在实际的 BSFL 生产中可以控制 pH 值趋于 9，但由于 BSFL 的自我调节能力，pH 值趋于 9 的同时也可以允许一定的变化范围。

（3）光照

在实际生产中，黑水虻（BSF）的生长和繁殖对光照条件非常敏感，尤其是成虫阶段。人造光源可以显著影响黑水虻的交配成功率和产卵行为，在专门设计的 BSF-LED 灯的照射下，能产生较多的受精雌虫和受精蛋窝，交配成功率和受精蛋窝产量较高。这表明，模拟自然光照条件的 LED 光源对于室内饲养 BSFL 是有效的。为了最大化黑水虻的生命周期和生产效率，确保成虫的繁殖行为，当自然阳光不可用时，推荐使用能模拟自然光照条件的 LED

光源。

（4）饲养密度

为实现最佳的生物转化效率和幼虫产量，饲养过程中应控制饲养密度。增加饲养密度可以提高生物量转化效率和每单位饲养量的幼虫产量，直到达到一个阈值（约 6.25 只/cm^2）。超过这个密度，幼虫的平均质量会减小，尽管总产量保持相对稳定。因此，建议保持幼虫饲养密度在 6.25 只/cm^2以下，以避免过度拥挤和竞争，从而确保幼虫的最佳生长和高效的生物转化。

3.1.4.2 饮食类型和成分

饮食类型和成分对于 BSFL 的生物转化效率至关重要。不同的饮食内容和类型会显著影响 BSFL 的生长性能、营养成分，以及废物减少的有效性。在饮食选择上，相较于参考饮食，基于废物的饮食（如水果、蔬菜和面包店废物为主，辅以啤酒厂废物）能够提供更好的个体幼虫质量和生物转化率，同时使幼虫具有更高的干物质和脂质含量以及更低的灰分含量。

氮源和碳氮比（C/N 值）对 BSFL 的发育和废物生物转化过程也有显著影响。研究发现，调整 C/N 值是提高废物生物转化效率的有效方法。例如，C/N 值为（14：1）～（18：1）时，可以提高废物减少量和幼虫生产性能；而 C/N 值为（16：1）～（18：1）时，可以提高幼虫蛋白和脂质的生物转化率。

在生产中，应通过以下措施优化 BSFL 的饮食类型和成分：选择富含纤维的有机废物作为饲料，如蔬菜加工副产品；调整饮食的 C/N 值，以（14：1）～（18：1）为宜，以提高废物减少量和幼虫生产性能。

3.1.5 环境效益

3.1.5.1 减少废物和污染

昆虫可以以厨余垃圾等有机废物作为主要饲料，减少了对饲料和水的依赖，有助于减少土地和水资源的压力。同时，昆虫养殖产生的废物主要是昆虫的死体和食物残渣，这些废物可以作为有机肥料或饲料补充，减少对环境的污染。当前的有机废物管理策略包括堆肥化、填埋、露天倾倒、焚烧、转化为动物饲料和厌氧消化。然而，这些管理策略存在许多问题。例如，在大多数发展中国家，非法露天倾倒和填埋仍然是首选的有机废物处理方法，导致显著的环境（温室气体排放、地下水和地表水污染）、健康（疾病媒介）、经济和社会问题。此外，废物通过这种标准废物处理方法完全分解需要很长时间。综合处理和厌氧消化是被广泛接受的有机废物处理方法。然而，该过程伴随着不愉快的气味。这个过程产生的气味主要与挥发性有机化合物（萜烯、醇类、酮类、硫化物和胺类）、氨和温室气体的排放有关。

3.1.5.2 降低温室气体排放

大多数昆虫饲养的温室气体排放量低于传统的禽畜饲养。例如，饲养生猪所产生的温室气体比养殖同样质量的黄粉虫高出 10～100 倍。

有机废物是世界上第三大二氧化碳排放源，释放的二氧化碳量是美国所有地面交通产生的二氧化碳量的 2 倍。据估计，填埋造成了约 8%的温室气体排放。

3.1.5.3 提高资源利用效率

昆虫具有惊人的饲料转化效率，平均而言，昆虫可将 2kg 的饲料转化成 1kg 的自身体重，而肉牛则需消耗 8kg 饲料才能增重 1kg。利用昆虫将有机废物转化为新产品，可降低废物管理成本、减少资源消耗，以及提高昆虫衍生产品价值。昆虫对食品废物的生物转化具有广阔的发展前景，可以为食品工业实现环境和经济可持续性开辟新的方法，并确保所有人都能持续获得安全和营养的食品，因为可食用昆虫被认为是新型的营养性、功能性和安全的食品替代品。大多数人认为城市化和食品生产是不相容的。然而，基于昆虫的生物转化通过在人口密集的城市地区进行食品和饲料的生产，挑战了这一假设。目前可以通过使用各种昆虫来实现有机废物的生物降解，如黑水虻、蝗虫和黄粉虫。生物质的特性和达到收获状态所需的时间受到有机基质中某些营养物质如醚提取物/脂肪、碳水化合物和纤维的质量和数量的强烈影响。

3.1.5.4 维护生态平衡

昆虫在食物链中扮演着重要的角色，它们可以帮助控制害虫的数量以及分解有机物，有助于维护生态平衡。

以腐烂有机物为食的昆虫能从低浓度的废物产品中汲取营养，是生物炼制、废物增值、工业副产品处理和农业工业残留物生物转化的实用选择。蛋白质、脂质、甲壳素和粪便是从昆虫生物转化和废物生物质营养升级中获得的一些高价值副产品。此外，昆虫可以通过减少腐烂物质上的病原体和其他害虫来管理有机废物。

3.2 昆虫种类与其优势

许多昆虫物种可以将低价值的有机废物、垃圾和有机碱转化为富含蛋白质的食物，该食物可以替代饲料中某些昂贵的配料，如鱼粉。对一些昆虫物种的生长性能和饲料转化的研究表明，它们足以充分利用可用于生物转化的各种不同有机废物（见表 3-1）。

表 3-1 展示昆虫在有机废物转化中的利用情况的研究

昆虫种类	有机废物/基质	生物性能	生物质转化效率	参考文献
黑水虻（*Hermetia illucens*）	动物粪便	以动物粪便为食的幼虫在第 6 天和第 7 天生长达到峰值，质量为 150～170mg	45%（奶牛粪）、73%（猪粪）、78%（家禽粪）	Miranda，et al（2020）
黑水虻（*Hermetia illucens*）	小麦麸、南瓜、苹果、葡萄渣、红洋葱、红甘蓝和菠菜	在 100d 以上的幼虫中，以苹果为食的幼虫发育较差且较慢，而以葡萄渣和菠菜为食的幼虫死亡率较高	喂食南瓜、红甘蓝和红洋葱的幼虫的生物转化结果良好，生物转化效率为 14.4%～25%	Ribeiro，et al（2022）
家蝇（*Musca domestica*）和肉蝇（*Sarcophaga dux*）	鸡粪、山羊粪和牛粪	牛粪和鸡粪对生长贡献最大	家蝇减少了 59.9% ± 4% 的鸡粪，而肉蝇减少了 25.0% ± 1.8%的山羊粪	Abu Hasan，Leong（2018）
果蝇（*Drosophila suzukii*）	椰子纤维、玉米芯粉、啤酒酵母和托鲁拉酵母	蛹的数量产率： ① 椰子纤维+啤酒酵母，每克饲料 12.59 个； ② 椰子纤维+托鲁拉酵母，每克饲料 12.36 个； ③ 玉米芯+啤酒酵母，每克饲料 10.99 个； ④ 玉米芯+托鲁拉酵母，每克饲料 6.33 个	生物质转化效率的最大值为 6%。椰子纤维饮食的生物转化率为 3%	Aceituno-Medina，et al（2020）
黄粉虫（*Tenebrio molitor*）	纯小麦麸、混合发酵饲料和新鲜不可食植物生物质	在封闭系统内饲养的幼虫的生长率与在开放系统内饲养的幼虫相比呈指数增长，反映了在开放和封闭环境中饲养的幼虫生长率的差异	生物转化效率为 8.13%，78.43%的饲料以碎屑的形式排出	Li，et al（2015）
黑水虻（*Hermetia illucens*）	餐馆废水	从玉米芯中获得了 24.34%的油脂产率和 7.52L 沼气	纤维素 27.34%，半纤维素 45.14%，木质素 29.33 %	Li，et al（2018）
黑水虻（*Hermetia illucens*）	食物残渣	1kg 干幼虫产生的蛋白质导致全球变暖潜力影响为 2.1kg CO_2-eq，能源使用为 15.1MJ，土地使用为 0.05m^2	9.4%（3.1kg CO_2-eq）、19.1%（50.9MJ）和 22.8%（0.195m^2）	Salomone，et al（2017）
黑水虻（*Hermetia illucens*）	橄榄油	幼虫平均个体质量在所有处理中均有所增加	生物质转化效率为 5.04%～6.50%，随着更替水平的增加而降低	Olga，et al（2023）
黑水虻（*Hermetia illucens*）	鸡饲料、湿猪粪、有机市政家庭垃圾、屠宰废物、快餐垃圾、蘑菇茎和猪粪固体	干物质为 41.5%、最终质量为 137.8mg、WRI（7.9g/d）、ECI（0.4）、总脂肪含量为 39.0%	DM 转化率（25.2%）、CP 转化率（54.5%）和脂肪转化率（36.2%）	Naser，et al（2023）
黑水虻（*Hermetia illucens*）	苹果和柑橘废物	BSF 幼虫分解了 48.0%的苹果渣和 61.5%的柑橘废物	用苹果渣喂养的 BSF 幼虫的生物转化率为 9.1%，柑橘废物的生物转化率为 12.1%	Koo，et al（2023）

3.2.1　黑水虻

黑水虻（*Hermetia illucens*）是一种腐生性昆虫，属于昆虫纲、双翅目、虻科，近年来在昆虫资源研究领域备受关注。它不仅广泛应用于处理厨余垃圾和制备饲料，还因其独特的生命周期和高效转化能力，成为一种极具潜力的可持续资源。

3.2.1.1　黑水虻的生物学特性

如图 3-4 所示（书后另见彩图），黑水虻的生命周期包括卵、幼虫、预蛹、蛹和成虫五个阶段。成虫的寿命相对较短，主要作用是交配产卵，以延续后代。幼虫阶段和蛹期则构成了黑水虻生命周期的大部分时间，这两个阶段的黑水虻具有强大的生物转化能力。黑水虻成虫没有毒刺，其口器或消化器官仅能摄取水分，无法对人类造成直接伤害。

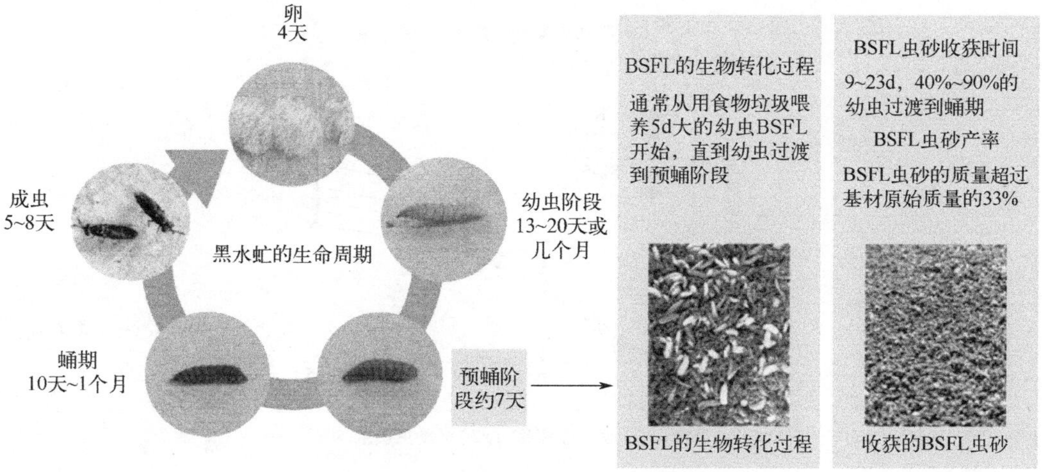

图 3-4　黑水虻的生命周期和虫砂的生产

3.2.1.2　黑水虻幼虫堆肥技术

黑水虻幼虫（BSFL）堆肥过程简单易行，所需空间较小，且具有显著的成本效益。通常情况下，该过程在盒子、箱子或其他容器中进行，便于管理和控制。BSFL 的喂食方式灵活，可以一次性投喂或定期投喂，根据实际情况灵活调整。此外，BSFL 自收割策略有效降低了对高技术操作技能的依赖，这不仅有利于循环经济的发展，还为低收入和中等收入国家提供了可持续运营的可能。因此，BSFL 堆肥是一种可持续且环保的技术，能够有效减少浪费，为环境保护和资源利用贡献力量。

Qiu Y 等筛选鉴定了两种肠道有益菌菌株——蜡样芽孢杆菌（S1）和细菌 YC-LK-LKJ45

（S2），研究了这些菌株配制的复杂培养物的效率，重点是在 BSF 幼虫饲养过程中提高食物垃圾减少量和高价值生物质的产量。结果如图 3-5～图 3-8 所示（书后另见彩图），与对照组（CK）和单一培养剂组（只添加单一蜡样芽孢杆菌或细菌 YC-LK-LKJ45）相比，共培养剂组（G1-10%，两个菌株的体积比为 1∶1，10%的剂量）表现出较高的幼虫产量（627.67g/kg）、生物质转化效率（47.90%）、食物垃圾减少率（80.67%）、总蛋白和脂肪产量（261.99g/kg 和 46.24g/kg）细菌制剂改变了 BSFL 肠道内微生物群落的丰富性和多样性，增

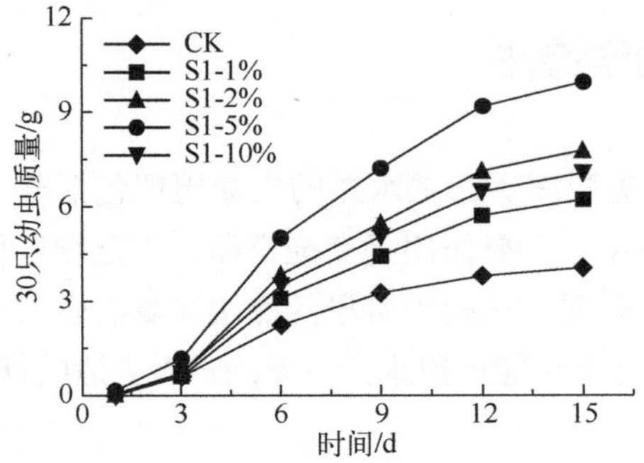

(a) 添加细菌 S1 的 30 只幼虫质量

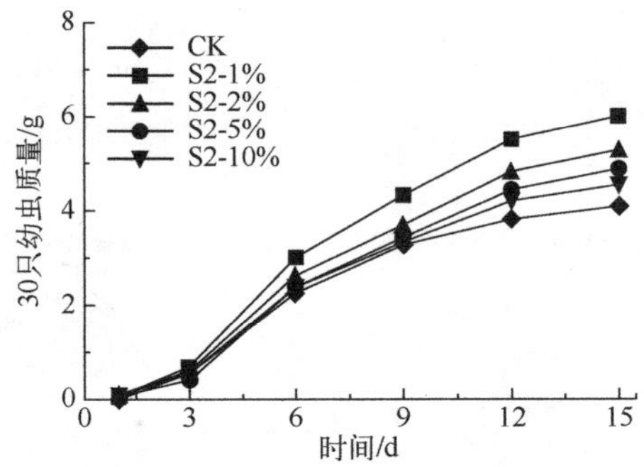

(b) 添加细菌 S2 的 30 只幼虫质量

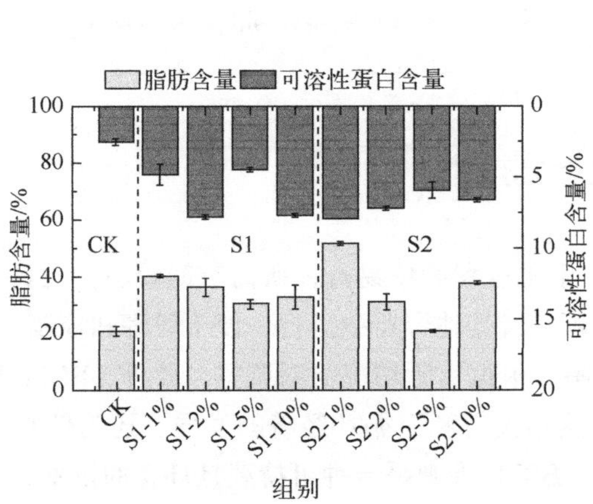

(c) 脂肪和蛋白质含量的变化

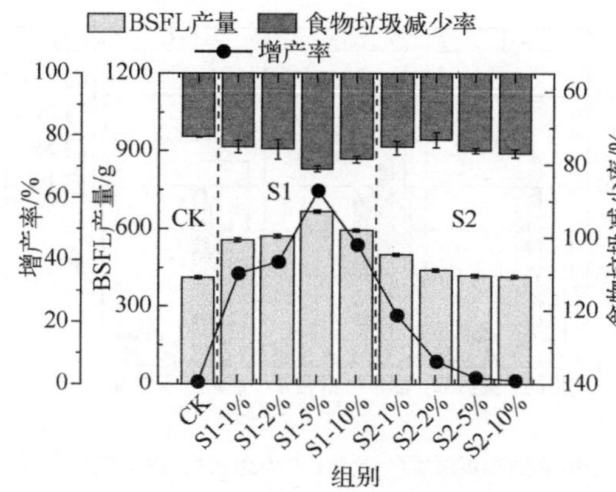

(d) BSFL 产量、增产率和食物垃圾减少率

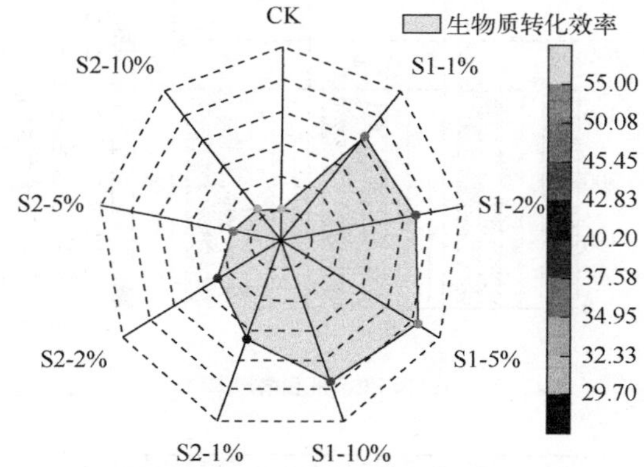

(e) 添加单个细菌后的生物质转化效率

图 3-5 添加单个细菌对食物垃圾中 BSFL 饲养的影响

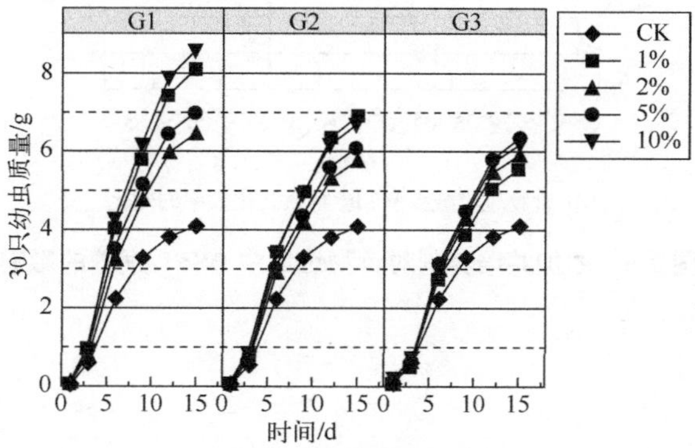

(a) 30只幼虫质量

图 3-6

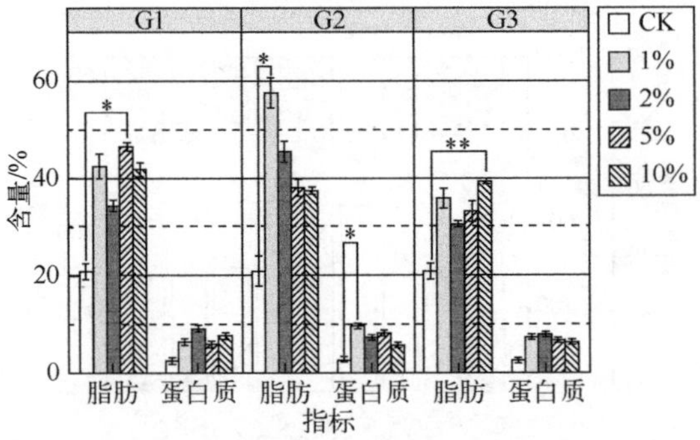

(b) 脂肪和蛋白质含量(**：P<0.01；*：P< 0.05)

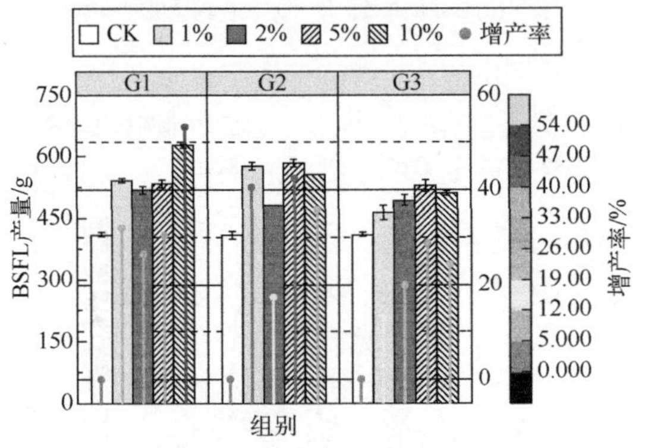

(c) BSFL产量和增产率

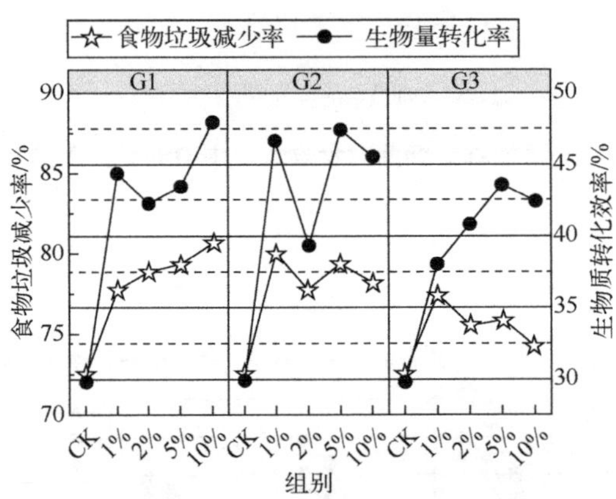

(d) 食物垃圾减少率和生物质转化效率的变化

图 3-6　添加共培养剂对食物垃圾中 BSFL 饲养的影响

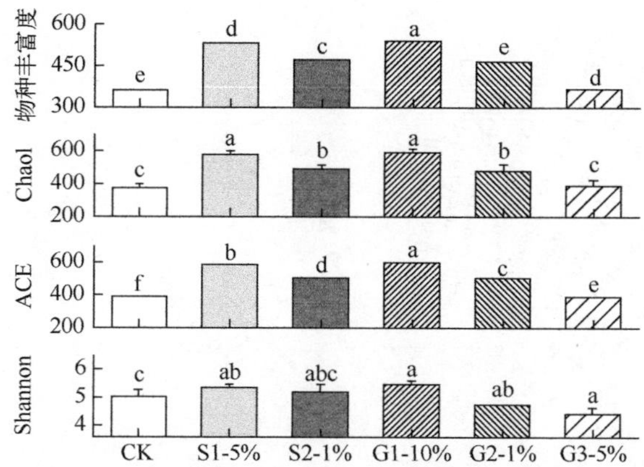

(a) 肠道细菌群落α多样性的变化包括物种丰富度指数、Shannon 指数、Chao1 指数和 ACE 指数，不同的小写字母表示显著差异(P<0.05)

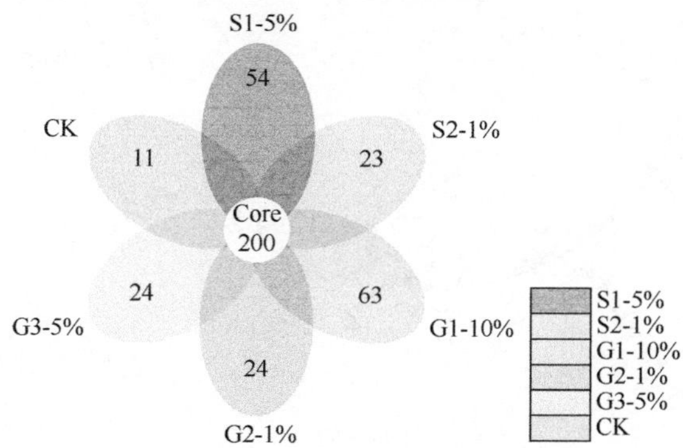

(b) 具有较大生物强化效果的选定处理中运算分类单元(OUT)的花样

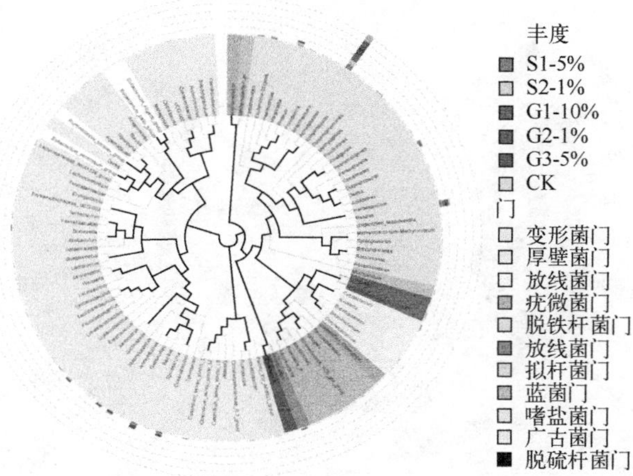

(c) BSFL肠道微生物群落中优势菌种(相对丰度前100名)的系统发育树(基于16S rRNA 基因序列)

图 3-7　生物强化后 BSFL 的肠道细菌群落演替

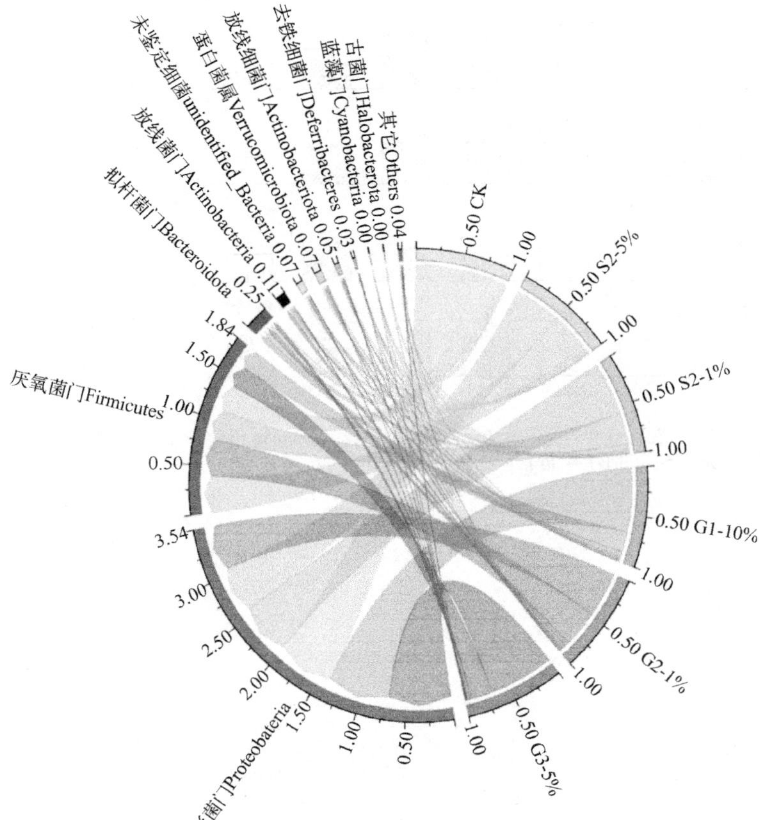

(a) 门水平前10种细菌的相对丰度

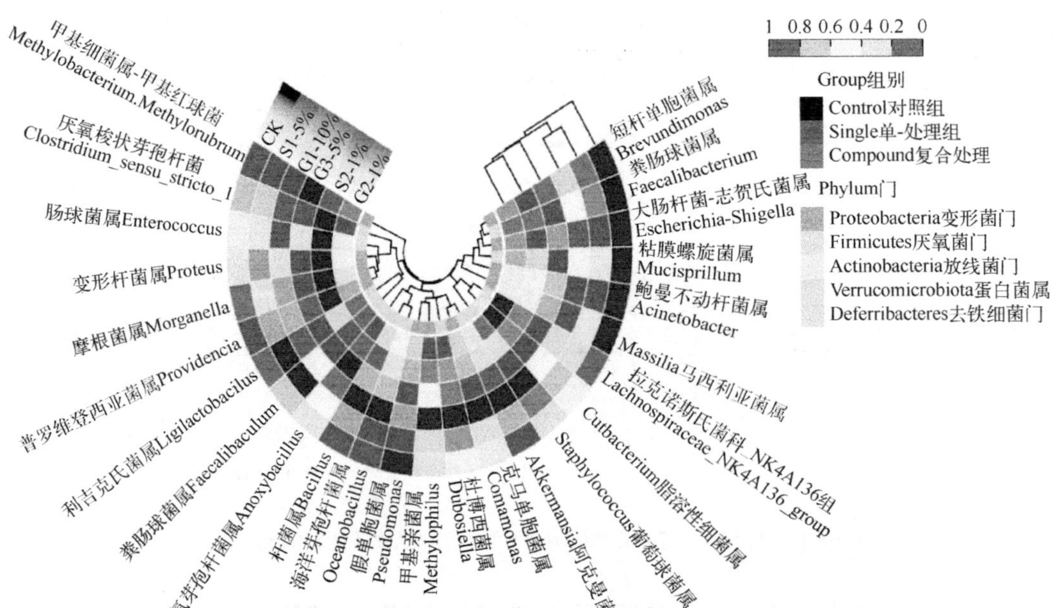

(b) CK属水平前25种细菌热图(单菌添加处理和复合菌添加处理)

图 3-8　肠道微生物群落组成

加了有益细菌（如芽孢杆菌和阿克曼菌）的相对丰度，同时减少了致病菌（如不动杆菌和埃希氏菌-志贺氏菌），如图 3-8 所示。结构方程模型量化显示，α 多样性和生物质转化效率是生物强化饲养期间提高高价值生物量的关键驱动因素。这项调查为使用 BSFL 有效管理食物垃圾提供了一个理论框架，促进了食物的分解和转化为更高价值的生物质。

3.2.1.3 黑水虻的优势

（1）营养价值

黑水虻幼虫富含较高的蛋白质，其蛋白质含量可达到干重的 40%～50%，脂肪含量约为 35%。这种高蛋白、高脂肪的特性使其成为加工制备高附加值昆虫蛋白源饲料的理想原料，可用于开发各类动物饲料，满足不同动物的营养需求，促进动物生长和健康。

（2）环境效益

黑水虻能够大幅度减少厨余垃圾的体积，通过其高效的生物转化能力，将有机废物转化为自身生物量和排泄物（虫粪），从而减少垃圾填埋量和焚烧量。同时，黑水虻的生物转化过程能够有效控制恶臭气体的排放量，减少环境污染。此外，黑水虻的养殖和应用还能减少苍蝇的滋生，因为它们会与苍蝇竞争食物资源，从而降低苍蝇的数量。黑水虻还能有效地消除病原微生物，降低疾病传播的风险，对改善环境质量具有重要意义。

（3）经济效益

黑水虻养殖具有较高的经济效益。按每日处理 10t 厨余垃圾计算，每年可处理 3600t 厨余垃圾。在此过程中，可生产约 730t 鲜虫。若每吨鲜虫按 3000 元的售价计算，每年可产生 219 万元的直接经济效益。此外，黑水虻的虫粪也是一种优质的有机肥料，富含营养成分和有益微生物，可用于农业生产，提高农作物的产量和品质，进一步增加经济效益。

（4）废物转化能力

黑水虻能够生物转化多种废物，转化率高达 70%。它不仅可以处理厨余垃圾，还能有效转化屠宰场废弃物、秸秆、畜禽及人的粪污等有机废弃物。这种广泛的废物处理能力使得黑水虻成为一种极具潜力的废物管理方法，能够为环境保护和资源循环利用提供重要支持。

3.2.2 家蝇

家蝇（*Musca domestica*）属于昆虫纲、双翅目、环裂亚目、蝇科，是中国大部分地区最常见、数量最多的蝇类之一。它们具有卓越的生物降解能力，特别适合用于处理厨余垃圾。在厨余垃圾处理中，通常使用家蝇和大头金蝇的幼虫。这些幼虫体细长，通体呈灰白色，主要生长在粪便等腐败物质中。

3.2.2.1 家蝇的生物学特性

如图 3-9 所示（书后另见彩图），家蝇的生命周期共经历卵、幼虫、蛹和成虫四个阶段。家蝇的体形粗短，体长为 5～8mm，触角细短，上下侧有纤毛，口器较长，足部为黑色，末端有爪，翅透明。

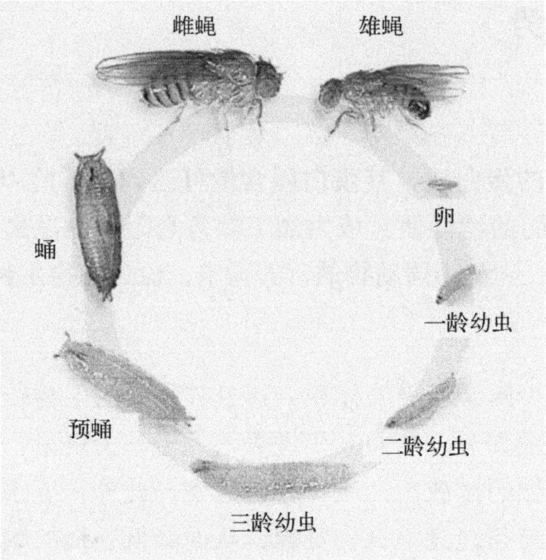

图 3-9　家蝇的生命周期

3.2.2.2 营养价值与应用

家蝇富含营养，蛋白质含量高，不饱和氨基酸含量丰富，并含有多种微量元素和抗菌活性物质，能够促进生物生长并提高免疫力。其粗蛋白含量高达 56%，脂肪占 13%，糖类占 3%。家蝇的幼虫本身可作为优质蛋白饲料，而其排泄物（虫砂）则是优质的有机肥料。

此外，家蝇中可以提炼出抗菌活性蛋白和复合氨基酸，具有极大的开发潜力，可作为动物性蛋白和免疫增强剂。家蝇作为一种全球性物种，广泛分布于从热带地区到北极地区的各个地方。尽管家蝇作为一种害虫，可能携带寄生虫和其他病原体，但其幼虫在生物转化方面的应用潜力巨大。

3.2.2.3 环境效益与经济效益

随着全球厨余垃圾的增加，家蝇幼虫被用作生物转化的载体，从厨余垃圾中提取有价值的蝇蛆蛋白、油脂和有机肥料。经过与甲醇的转酯化反应后，蝇蛆生物柴油的产率可达 87.71%。此外，家蝇幼虫可显著减少鸡粪的数量，转化率达 59.94%，转化后的产品适用于制造鱼饲料，具有显著的环境效益和经济效益。

3.2.3 美洲大蠊

美洲大蠊（*Periplaneta americana*）是一种体型较大的蟑螂，属于节肢动物门、昆虫纲、蜚蠊目、蜚蠊科、大蠊属。它是蜚蠊科中体积最大的昆虫之一，具有顽强的生命力和较快的转化速率，使其在厨余垃圾处理和饲料生产中展现出极高的应用价值。

3.2.3.1 美洲大蠊的生物学特性

美洲大蠊的体型扁平，呈红褐色，触角呈丝状，善于爬行，但飞行能力较差。它们主要分布在野外或室内，尤其在我国南方地区，是室内优势品种，偏好阴暗潮湿的环境。美洲大蠊喜温热、潮湿，嗜食油脂，尤其喜爱腐烂的有机物。其活跃状态与季节密切相关，通常在7～9 月进食量最大，繁殖能力最强。

3.2.3.2 药用价值与开发潜力

美洲大蠊在药用方面具有很高的价值。《神农本草经》中就有记载，其可用于治疗疮疡、加速伤口愈合。此外，美洲大蠊还具有抗皱祛斑的功效，可以开发用于美容行业。美洲大蠊体内含有丰富的蛋白质、脂肪酸、核酸、多糖、信息素、昆虫神经肽、异黄酮、异香豆素等成分，目前已有多种以美洲大蠊为原料的药物被应用于临床，并取得了良好的效果。

3.2.3.3 环境效益与经济效益

美洲大蠊的虫体经过 300°C高温灭菌和烘干处理后，可制成高蛋白饲料添加剂，其粪便则可用作优质的有机肥料。这种转化不仅提高了资源的利用效率，还为农业生产提供了可持续的肥料来源。10 亿只美洲大蠊每天能消化约 50t 的厨余垃圾，这一高效的处理能力可显著降低垃圾处理成本，减少垃圾对环境的污染。美洲大蠊成虫体表含有玫瑰黄素、8-甲氨基-8-脱甲基-D-核黄素、纳他霉素和白蚁黄酮 A-C 等成分，具有显著的抗菌和抗真菌作用，进一步增强了其在生物转化过程中的应用价值。

综上所述，美洲大蠊凭借其强大的生物转化能力、丰富的药用价值和较高的垃圾处理效率，在环境保护和资源循环利用领域展现出巨大的潜力。通过科学的饲养和管理，美洲大蠊有望成为实现可持续发展的重要工具之一。

3.2.4 黄粉虫

3.2.4.1 黄粉虫的生物学特性

黄粉虫（*Tenebrio molitor*）又名面包虫，属于昆虫纲、鞘翅目、拟步行虫科、粉虫属。其生命周期包括卵、幼虫、蛹和成虫四个阶段。成虫体长12～20mm，体色呈黑褐色，虫体为长椭圆形，似半片长形黑豆。幼虫一般体长29～35mm，体壁较硬，无大毛，有光泽，虫体为黄褐色。黄粉虫的生长周期为一年一代或两代，在人工饲养条件下，在杭州一年可繁殖2～3代。黄粉虫为杂食性昆虫，主要以干燥的植物或植物产品为食。

3.2.4.2 营养价值与应用

黄粉虫是一种高蛋白、高脂肪、氨基酸含量较全面的昆虫资源，被誉为“动物的营养宝库”。其蛋白质含量约为50.53%，氨基酸种类齐全，且含人体所需的8种必需氨基酸。黄粉虫的脂肪中不饱和脂肪酸所占比较大，其P/S值明显高于牛、羊、鸡、猪等肉类。此外，黄粉虫还含有丰富的糖类、矿物质、微量元素和维生素。这些丰富的营养成分使得黄粉虫在饲料、食品、医药和化妆品等领域具有广泛的应用前景。

黄粉虫是理想的高蛋白饲料，广泛应用于畜禽和水产动物的养殖，能够提高动物的生长速度和免疫力。黄粉虫的组织90%以上可作为饲料或食品，其加工品完全可以食用。例如，黄粉虫的幼虫、蛹经过油炸或速冻处理后，可作为风味独特的食品。黄粉虫中含有多种活性成分，具有抗炎、抗氧化、抗菌、抗肿瘤等功效。黄粉虫的蛋白质具有保湿、护肤功效，被广泛应用于化妆品的研发和生产。

3.2.4.3 环境效益与经济效益

黄粉虫能够有效处理厨余垃圾、畜禽粪便等有机废物，将其转化为自身生物量和排泄物（虫粪），从而减少垃圾填埋量和焚烧量。黄粉虫的排泄物是一种优质的有机肥料，富含营养成分和有益微生物，能够改善土壤结构，提高土壤肥力。

黄粉虫的养殖成本相对较低，主要包括饲料成本、人工成本、场地租赁费用和设备损耗费用等。黄粉虫的市场广阔，其高营养价值的产品可以广泛应用于饲料、食品、医药和化妆品等领域，具有较高的经济价值。例如，以养殖100kg种虫为例，年收入可达约23万元。此外，黄粉虫养殖还能带动相关产业的发展，为当地创造就业机会。

3.2.5　蚯蚓

蚯蚓食性杂、适应能力强、药用价值高，且具备改良土壤的作用，在厨余垃圾处理方面具有极其重要的地位。我国应用在厨余垃圾处理上的蚯蚓为大平二号蚯蚓，引自日本，又名赤子爱胜蚓，其处理效果极佳。

3.2.5.1　蚯蚓的生物学特性

蚯蚓，又名地龙，属于环节动物门、寡毛纲、蚯蚓目、蚯蚓科，具有独特的生物学特性。它们通过蠕动收缩的方式爬行，没有呼吸器官，而是依靠体表的气体扩散来进行呼吸。蚯蚓以腐烂的有机物为食，能够将这些有机物转化为蛋白质和氨基酸，从而达到减轻污染的目的。此外，蚯蚓具有强大的适应能力，能够在不同的环境条件下生存，如潮湿、疏松且富含有机物的土壤。

3.2.5.2　营养价值与应用

蚯蚓体内含有丰富的营养成分，包括 18 种氨基酸、各种矿物质及维生素。这些营养成分使其在饲料生产中具有重要应用价值，可以用于养殖泥鳅、黄鳝、乌龟、甲鱼等水产品以及畜禽品种，提高其营养价值，促进增产。此外，蚯蚓还具有较高的药用价值，具有解热、镇静、降压等功效。

3.2.5.3　环境效益与经济效益

蚯蚓在土壤改良方面发挥着重要作用。它们通过挖掘土壤，增加土壤的通气性和保水性，促进有机质的分解和养分的循环。蚯蚓粪是一种优质的有机肥料，富含大量的有益微生物菌群和植物生长调节物质，能够提高土壤肥力，改善土壤结构。

蚯蚓养殖成本相对较低，市场需求广阔。蚯蚓不仅可以作为高蛋白饲料，还可以用于提取生物活性物质和生产有机肥料。例如，500g 高品质的蚯蚓种苗每年可食用约 3 亩（$0.2hm^2$）的秸秆，生产约 600kg 蚯蚓粪。此外，蚯蚓养殖还能带动相关产业的发展，为当地创造就业机会。

3.3 昆虫饲养技术的挑战与应对策略

昆虫饲养是一个相对较新的行业，昆虫的商业养殖尚未赶上传统畜牧业的步伐。许多国际机构和公司，如 Bioflytech（西班牙阿利坎特）、Enterra Feed（加拿大温哥华）、Enviroflight（美国俄亥俄州黄泉市）、Protix（荷兰东根）和瑞士联邦水产科学技术研究所（瑞士 Dübendorp）等，一直致力于开发用于动物饲料的昆虫幼虫的实际工业规模生产。广东省科学院动物研究所（中国广州）、华中农业大学（中国武汉）、农村经济研究所（马里巴马科）、非洲渔业组织（加纳阿克拉）和斯特林大学也在非洲和亚洲开发了家蝇和丽蝇的饲料生产系统。这些养殖场已经将从苍蝇幼虫中提取的蝇粉、蛋白质或脂肪商业化。然而，目前的生产不足以满足预期的动物饲料需求，并且由于生物质生产的高成本而面临着重大的经济挑战。可持续性现在是人类的一个重要问题，人口的增加、资源使用率的提高导致气候变化、生物多样性的丧失、环境污染、健康和贫困问题。为了保持食品质量和管理有机废物，昆虫饲养和废物的生物转化将是关键环节。全球生产和消费的大多数蛋白质都是在不可持续的、从生产到处置的线性食物系统中生产的，导致了大量的营养损失。昆虫饲养和生物转化是将损失的营养物质转化为富含蛋白质的动物饲料和肥料的有前景的策略。克服诸如人类和社会接受、生产设施发展、人力和技术需求以及法律和政治支持等挑战将至关重要。

3.3.1 基础设施和技术

建设昆虫养殖场需要较高的初期投资，主要包括养殖设施、自动化设备和环境控制等方面。昆虫养殖技术因其高效的资源利用率、环境友好性、多样性和适应性、高营养价值以及显著的经济效益，正逐渐成为现代农业领域的一个重要发展方向。然而，这也意味着需要较大的资金投入。当前的生产规模尚不足以满足对动物饲料的预期需求，并且由于生物质生产的高成本，昆虫养殖行业面临着显著的经济挑战。

昆虫饲养需要掌握先进的传感器技术、控制技术、数据分析技术等。这些技术的应用对于保证昆虫饲养的效率和质量至关重要，但同时也意味着较高的技术门槛。例如，Entocycle 公司采用技术含量更高的昆虫繁殖方法，利用人工智能和数据分析来优化生产过程。昆虫饲养技术的发展依赖于外部的软件、硬件和数据服务，这种依赖性可能导致对外部技术的过度依赖，从而影响昆虫饲养的自主性和可持续性。

开发合适的方法、适当的基础设施和附加技术是有机废物生物转化面临的一个重要问题。行业应该与学术或研究机构合作，以克服这一问题，并开发可扩展到工业水平的工作模型和技术。将昆虫用于生物转化时，需要对它们的生长阶段、繁殖周期、饲养条件和饲料进行优化，以更好地进行生物转化和昆虫饲养。应优化操作参数，如 pH 值、幼虫密度、食物与幼虫的比例、温度、氮的转化率和喂养率，以获得最佳的生物转化效果。水果废弃物、蔬菜废弃物和粪便等生物质废物需要进行微量营养素特征分析，并与传统的饲料如鸡饲料进行比较，以确定其消化性、能量含量、氨基酸和脂肪酸含量、维生素和矿物质含量。可行的优化技术应实现自动化，以实现生物废物的可持续生物转化；还需要实施工艺工程实践，包括监测和建模，以实现生物转化系统的平稳运行，获得平稳且具有成本效益的自动化生物工艺。

3.3.2　消费者接受度

昆虫作为饲料或食品的消费者接受度是一个重要的挑战。受传统观念的影响，很多人对昆虫食品存在抵触情绪。因此，提高公众对昆虫食品的认知度、推动相关政策和法规的制定是昆虫可持续利用技术得以发展的关键。

人类对昆虫和昆虫基产品的接受度是现代社会中的主要挑战。提高公众意识是克服这种挑战的关键，政治决策者、研究人员和企业家、国际机构以及食品和饲料行业应展开合作，以确保公众意识提升活动的成功。同时需要加强市场教育和消费者引导，以提高市场接受度。

3.3.3　环境影响

昆虫生产的可扩展性及其相关要求可能会产生意想不到的环境影响。扩大昆虫养殖规模是否会比传统的牲畜饲养更具可持续性，还有待观察。

有机废物由于对环境和人类健康的负面影响，已成为全球负担。从这个意义上说，基于昆虫的生物转化是一种经济可行、环境友好且技术可行的有机废物管理方法。来自农业、食品工业、家庭、市政和淀粉工业的有机废物被认为是适合生物转化的基质。常用于生物转化的昆虫包括蟋蟀、黄粉虫、黑水虻、家蝇、肉蝇和丽蝇等。饲养设施应能够提供最佳的环境条件，以促进饲养昆虫的生长和发育，从而最大限度地提高生物质转化率和效率。生物转化昆虫及其副产品可以被工业加工成动物饲料、肥料和生物柴油，或者从中提取生物活性化合物。

3.3.4　法律法规挑战

尽管昆虫作为人类的食品已经持续很长时间，但在当代社会，昆虫更多被视为一种新奇的饮食选择。因此，昆虫在动物饲料中的大规模应用面临着与食品安全相关的法律法规挑战。全球主要的昆虫养殖国家大部分建立了关于昆虫作为动物饲料的法律法规框架，见表 3-2。

表 3-2　关于动物饲料中昆虫的规定

国家/组织	昆虫作为食物的合法性	昆虫作为饲料的合法性	备注
欧盟	需要通过欧洲食品安全局（EFSA）的安全评估	部分昆虫种类已被批准用于水产养殖	正在制定针对昆虫的特定卫生规则，以统一不同国家之间的法规

续表

国家/组织	昆虫作为食物的合法性	昆虫作为饲料的合法性	备注
美国	美国食品药品监督管理局（FDA）将符合清洁和卫生条件的昆虫视为食品	昆虫作为饲料需要符合特定的安全和卫生条件	昆虫蛋白被认为是食品添加剂，应符合“一般公认安全”（GRAS）状态
中国	新食品原料，包括昆虫蛋白，需要获得国家卫生部门的授权	新饲料原料也需要获得授权	蚕蛹被批准为新食品原料
日本	普通新食品不需要市场前授权，但新添加剂需要	制定了关于饲料安全保证和质量改进的法律	饲料制造商、进口商和/或经销商必须在开始业务前提交通知

针对 BSFL 等昆虫在动物饲料中的应用，FAO 为昆虫生产提供了推荐标准。FAO 规定，用于生产的昆虫不应携带疾病，不应对植物、动物或人类健康产生其他不利影响；不应是植物、动物或人类病原体的载体，也不应被分类为受保护物种或外来入侵物种。此外，欧盟对 BSFL 的营养基质进行了具体限制，要求基质必须包含非动物源性产品或一组有限的动物产品，如鱼粉、精炼脂肪、非反刍动物血液和明胶、牛奶、鸡蛋、蜂蜜等，而肉类、粪便、餐饮垃圾以及其他垃圾则被明确排除。

在北美地区，美国 FDA 将昆虫视为食品，要求其符合清洁和卫生条件，黑水虻幼虫已被批准用于水产养殖饲料。加拿大对新型食品和饲料成分实行严格的评估和授权流程。尽管 FDA 与美国饲料控制官员协会（AAFCO）就动物饲料法规达成了官方谅解备忘录，但动物饲料在销售时通常仅作为人类新奇食品，并未明确标识为食品成分。详见表 3-3。

表 3-3　关于动物饲料中 BSFL 的规定

组织/地区	黑水虻幼虫法规情况	与常规昆虫法规比较
欧盟	被视为新型食品，需通过 EFSA 安全评估；特定种类允许用于水产养殖；对饲料有严格规定，如禁止使用含肉或鱼的前食品作为饲料材料	法规更具体和详细，显示出较高的成熟度
北美	FDA 将昆虫视为食品，需符合清洁和卫生条件；黑水虻幼虫被批准用于水产养殖饲料；加拿大对新型食品和饲料成分有严格的评估和授权流程	执行上可能略显宽松，但仍要求确保食品安全和卫生

尽管 BSFL 等昆虫在作为动物饲料的应用仍面临法律法规和食品安全方面的挑战，但其发展势头依然强劲。各国家和地区将通过更加具体的法律法规来应对这些挑战。

表 3-4 列出了一些关于昆虫食物、饲料和生物转化的法律文件。与家畜一样，食物和饲料安全也是食用昆虫的两大关注点。监管框架需要解决生产链的问题，如野生收获和昆虫养殖，这两种是主要的生产类型。许多法律法规[（EC）第 1069/2009 号法规，（EU）第 142/2011 号法规，（EU）第 2017/2469 号法规]都涉及饲料和食品生产的卫生标准。主管当局，如兽医检查局或卫生检查局，应对新引进的产品进行评估。《食品法典》建议应对收获昆虫的质量以及残留物和污染物的存在进行定期检测，以保证食品安全。对于可食用昆虫产品，产品必须符合饲料和食品卫生标准、良好的饲养和卫生规范，并遵循良好的生产规范。用于食用昆虫市场的基质应从植物或动物基材料（如家畜）中获得。HACCP（危害分析和关

键控制点）原则和欧洲饲料法是认证商业饲料市场销售生产商的两个主要依据。作为食品或饲料出售的昆虫必须符合微生物安全标准、最大残留限量（MRL），并且不含有害化学物质，如重金属、农药和真菌毒素。由于传染性海绵状脑病，所有含昆虫蛋白（PAP）的饲料均已从市场上撤出，欧盟也取消了在其他动物种属的饲料中使用另一种动物种属 PAP 的授权和批准。昆虫市场正在飞速增长，截至 2021 年，市场资本约为 10000t，预计到 2030 年将达到 50 万吨。增长速度将取决于可持续性和功能性益处，如适口性。高昂的成本和价格、有限的生产能力和立法是昆虫市场增长的主要障碍。适当的立法、资本投资和市场营销，有利于昆虫产业实现更好的可持续发展。

表 3-4 有关昆虫食物、饲料和生物转化的法律文件

文件名称	年份	参考文献
2015 年 11 月 25 日欧洲议会和理事会发布关于新型食品的（EU）第 2015/2283 号法规，修订了欧洲议会和理事会（EU）第 1169/2011 号法规，并废除了欧洲议会和理事会和委员会第 1852/2001 号条例（EC）第 258/97 号条例（EC）	2015	EuropeanUnion（2015a）
EFSA 科学意见"与作为食物和饲料的昆虫生产和消费相关的风险概况"	2015	EFSA（2015）
IPIFF 信息文件：关于新型食品的法规（EU）2015/2283-关于在欧盟供人类消费的昆虫产品商业化相关规定的简报文件	2015	EuropeanUnion（2015b）
2017 年 5 月 24 日欧盟委员会第 2017/893 号条例，修订了欧洲议会和理事会第 999/2001 号条例（EC）附件 I 和IV，以及欧盟委员会第 142/2011 号条例附件 X 、XIV和 XV 关于加工动物蛋白的规定	2017	EuropeanUnion（2017）
2017 年 12 月 20 日欧盟委员会实施条例（EU）2017/2469，对欧洲议会和理事会关于新型食品的法规（EU）2015/2283 第 10 条中提及的应用规定了行政和科学要求	2021	EuropeanUnion（2021a）
"新型食品"报告：瑞典农业科学大学对家蟋蟀（*Acheta domesticus*）风险状况的看法（EFSA 资助报告，2018 年 7 月 6 日通过）	2018	Fernandez-Cassietal（2018）
委员会通知不再供人类食用的食品的饲料使用指南 C/2018/2035	2018	Żuk-Gołaszewskaetal（2022）
ENISO22000：2018 食品安全管理体系	2018	ISO（2021）
2021 年 8 月 17 日欧盟委员会第 2021/1372 号条例（EU）修订了欧洲议会和理事会第 999/2001 号条例（EC）的附件IV，禁止用动物来源的蛋白质喂养非反刍动物（毛皮动物除外）	2021	EuropeanUnion（2021b）

3.3.5 应对策略

3.3.5.1 基础设施和技术

（1）技术研发与创新

1）持续投入研发

为提高饲养效率和饲料转化率、降低成本，应持续加大研发投入。昆虫养殖的核心优势

在于高效利用资源和低环境影响，这需要强有力的技术支撑。

2）优化昆虫种类与饲养条件

需对昆虫种类、生长阶段、繁殖周期、饲养条件和饲料进行深入研究与优化，以实现更高效的昆虫饲养和生物转化。例如，筛选出适应性强、生长速度快、转化效率高的昆虫品种；精准控制饲养环境的温度、湿度、光照等条件，满足昆虫不同生长阶段的需求；研发营养均衡、成本低廉的饲料配方，提高饲料转化率。

（2）人才培养

1）完善人才培养机制

建立系统的人才培养体系，开展昆虫养殖、生物转化、设备维护等多方面课程，培养专业人才。同时，加强行业内部培训，提升从业人员的专业技能和综合素质。

2）加强人才引进

制定有吸引力的人才引进政策，吸引国内外昆虫养殖和生物转化领域的高端人才加盟，为行业发展注入新鲜血液和创新活力。

（3）基础设施与技术合作

1）开发合适的方法与基础设施

针对有机废物生物转化面临的难题，开发适合不同昆虫种类和处理规模的生物转化方法，建设标准化、自动化的昆虫养殖和生物转化设施。例如，设计多功能的昆虫养殖箱，既能满足昆虫生长需求，又能实现废物转化过程的高效进行。

2）加强产学研合作

与学术或研究机构建立紧密合作关系，共同开展昆虫生物转化相关技术研究，攻克技术难题，开发可扩展到工业水平的工作模型和技术，推动科研成果的转化应用。

（4）政策支持与融资渠道

1）争取政策支持

积极争取国家政策对昆虫饲料产业的大力支持，利用农业补贴、税收减免等优惠政策，降低企业运营成本，提高行业竞争力，为行业发展创造良好的外部环境。

2）拓展融资渠道

开拓多元化融资渠道，如银行贷款、风险投资、政府基金等，减轻企业的资金压力，为技术研发、基础设施建设和企业扩张提供充足的资金保障。同时，加强与投资者的沟通，准确识别投资机会与风险，制定有效的应对策略，提高融资成功率。

（5）质量控制与标准化生产

1）提高产品质量

企业应注重品牌建设，严格把控产品质量，从饲料生产、昆虫养殖到生物转化产品的加工包装等各个环节，建立严格的质量控制体系，确保产品质量稳定可靠，提升市场竞争力。

2）实现标准化生产

制定和完善昆虫生物转化行业的生产标准，涵盖饲养技术、饲料配方、生物转化工艺、产品质量检测等方面，推动企业按照标准进行生产，实现养殖过程的标准化、专业化和规模化，提高生产效率和产品质量的一致性。

（6）技术装备水平提升

1）智能化养殖系统开发

开发和应用智能化立体生产系统，利用管理服务器和养殖箱自动化流水线系统，实现养殖箱定时传送、视频检测、称重和投喂饲料等环节的自动化。通过立体放置架进行养殖箱的立体管理堆放，提高空间利用率。

2）机器视觉与物联网技术应用

利用管理服务器内置的机器视觉技术，对昆虫的生长情况进行实时监测，及时发现异常情况并采取相应措施；运用物联网感知技术，对养殖环境的温度、湿度、光照等参数进行实时反馈调节，确保昆虫生长环境的稳定，提高生物质转化效率和产品质量。

3.3.5.2　消费者接受度

（1）文化改变

1）重塑文化认知

文化规范是影响昆虫食品接受度的重要因素之一。通过文化教育和宣传，逐步改变人们对昆虫的传统观念，将其视为一种正常且有益的食品来源。例如，在学校教育中加入昆虫食品的相关内容，从小培养孩子们对昆虫食品的接受度；在社区举办昆虫食品文化节等活动，展示昆虫食品的多样性和独特风味，让人们在轻松愉快的氛围中接受昆虫食品文化。

2）借鉴国际经验

学习和借鉴其他国家和地区昆虫食品文化的发展经验，如亚洲一些国家将昆虫作为传统美食，深受消费者喜爱。通过文化交流和引进国外成功的昆虫食品品牌和产品，促进国内消费者对昆虫食品的认同和接受。

（2）环保宣传

1）突出环保优势

环境意识是鼓励消费者接受昆虫作为食物的主要因素之一。大力宣传昆虫养殖和生物转化的环保优势，如昆虫养殖对土地资源的占用少，对水资源的消耗低，产生的温室气体排放量低等，使消费者认识到食用昆虫食品是践行环保理念、保护生态环境的重要方式。

2）开展环保主题活动

联合环保组织、企业等多方力量，开展以昆虫食品为主题的环保宣传活动，如环保公益广告、环保知识讲座、环保主题展览等，将昆虫食品与环保紧密结合，提高消费者对昆虫食品的环保认知，激发其购买和食用昆虫食品的意愿。

(3)市场教育

1)多渠道市场教育

采取多种渠道和方式开展市场教育，提高消费者对昆虫食品的接受度。

① 加强食品安全宣传，让消费者了解昆虫食品的生产过程是严格符合食品安全标准的，消除其对食品安全的顾虑；

② 鼓励企业进行产品创新和开发，推出多样化、口感好、营养价值高的昆虫食品，满足不同消费者的需求；

③ 与餐厅合作，将昆虫食品纳入餐厅菜单，通过专业厨师的烹饪技艺，提升昆虫食品的口感和风味，让消费者在餐厅中体验昆虫食品的魅力；

④ 通过教育增强公众意识，如在食品展销会、美食节等活动现场设置昆虫食品专区，进行现场烹饪演示和品尝，让消费者直观感受昆虫食品的美味。

2)制定市场教育策略

根据消费者的不同特点和需求，制定有针对性的市场教育策略。例如，针对年轻消费者，可以通过社交媒体、短视频等新兴渠道，发布昆虫食品的趣味科普内容和创意美食制作视频，吸引他们的注意力和兴趣；针对中老年消费者，可以通过社区活动、健康讲座等形式，强调昆虫食品的营养价值和健康益处，提高他们的接受度。

(4)消费者引导

1)强化环保引导

继续通过环保宣传引导消费者，使他们认识到食用昆虫食品是支持可持续发展、减轻环境负担的重要举措。在产品包装、广告宣传等方面突出昆虫食品的环保标签和认证，增强消费者购买昆虫食品的环保动机。

2)提供多样化选择

为消费者提供多样化的昆虫食品选择，包括不同种类的昆虫、不同的加工方式和产品形式，如昆虫干、昆虫粉、昆虫罐头、昆虫零食等，满足不同消费者的口味和需求，降低他们尝试昆虫食品的心理障碍。

3)建立信任关系

企业要注重产品质量和品牌形象的建设，通过严格的质量控制和优质的售后服务，赢得消费者的信任。同时，加强与消费者的沟通和互动，了解消费者的需求和反馈，不断改进产品和服务，提高消费者的满意度和忠诚度，从而提高昆虫食品的市场接受度。

3.3.5.3 环境影响

(1)环境友好技术

1)采用低密度饲养

通过控制昆虫饲养的密度，避免过度拥挤导致的环境压力和污染风险。低密度饲养有利于昆虫健康生长，减少疾病传播，同时降低饲养过程中产生的废物浓度，减轻对环境的负担。

2）实施循环利用系统

建立昆虫饲养的循环利用系统，将昆虫产生的废物和副产品进行回收再利用。例如，将昆虫粪便作为有机肥料用于农业种植，既减少了废物的排放，又为农业生产提供了优质的肥料资源，实现了资源的循环利用，提高了资源利用率。

（2）生态养殖模式

1）构建生态养殖体系

将昆虫养殖与农业、畜牧业等其他产业相结合，形成一个生态养殖体系。通过昆虫养殖产生的有机肥料用于农作物的种植，农作物的秸秆、残余物等又可以作为昆虫的饲料，实现不同产业之间的资源互补和循环利用，减少污染物排放，提高整个系统的资源利用效率。

2）优化饲养环境

在昆虫养殖过程中，注重饲养环境的生态平衡，合理控制温度、湿度、光照等环境因素，为昆虫提供适宜的生长环境，减少对环境的破坏。同时，采用生态友好的饲养设施和设备，降低能源消耗和废物排放，进一步提高昆虫养殖的环境友好性。

（3）政策与技术创新

1）政策支持

政府应出台相关政策，鼓励和支持昆虫生物转化技术的发展。例如，提供资金补贴、税收优惠等政策扶持，降低企业的研发和生产成本，促进昆虫生物转化技术的推广应用；制定相关环保标准和规范，引导企业采用环境友好的昆虫养殖和生物转化技术，减少对环境的影响。

2）技术创新

加强昆虫生物转化技术的研发和创新，不断优化和改进饲养技术、生物转化工艺和设备。例如，开发更高效的昆虫养殖自动化设备，提高饲养效率和资源利用率；研究更先进的废物处理和资源回收技术，减少废物排放，提高副产品的附加值。

（4）市场教育与消费者引导

1）提高公众环保意识

通过市场教育和宣传，提高公众对昆虫生物转化环保优势的认识。向消费者普及昆虫生物转化在减少温室气体排放、降低环境影响、资源循环利用等方面的重要作用，增强消费者对昆虫基产品的接受度和购买意愿。

2）推广昆虫基产品

积极推广昆虫基生物转化的副产品，如动物饲料、生物燃料和肥料等，让消费者了解这些产品的环保价值和经济效益。通过产品展示、体验活动等方式，让消费者直观感受到昆虫基产品的优势，促进市场的接受和推广。

3.3.5.4 法律法规

（1）合规经营

1）明确法律法规要求

昆虫养殖从业人员需详细了解并严格遵守相关法律法规。例如，根据《中华人民共和国畜牧法》，从事昆虫养殖的单位和个人必须向养殖场所在地县级人民政府农业农村主管部门备案，取得畜禽标识代码，确保养殖场的建设和管理符合相关标准。此外，还需遵守《中华人民共和国环境保护法》和《畜禽规模养殖污染防治条例》，建立废水、废气、废渣的收集和处理系统，防止对环境造成污染。

2）关注动物保护法规

昆虫作为动物，在养殖过程中同样受到保护。根据《动物检疫管理办法》和《中华人民共和国动物防疫法》，养殖场应定期对昆虫进行健康检测，确保其健康生长。

（2）定期审查与更新

1）及时了解法规变化

法律法规会不断更新和完善，昆虫养殖企业应建立定期审查机制，及时了解最新的法规变化，以避免因不了解新法规而产生法律纠纷。

2）参与法规制定与修订

企业应积极参与行业标准的制定和修订过程，与政府部门保持良好沟通，为自身发展争取更有利的法律环境。

（3）政府与行业合作

1）加强政府支持与信心

政府对昆虫生物转化的信心和支持至关重要。学术界和工业界应联合起来，向政治领导人展示昆虫生物转化的经济效益和环保优势，争取政府在政策、资金等方面的支持。

2）推动法规完善与创新

政府应加快制定和完善昆虫养殖和昆虫基食品的法律法规，明确产业链各环节的监管职责，设立合理的执法标准。例如，欧盟正在研究修订饲料禁令规则，以允许在蔬菜基基质上饲养的昆虫蛋白用于家禽饲料。

（4）市场准入与产品安全

1）确保产品质量与安全

昆虫基产品必须符合微生物安全标准、最大残留限量（MRL）等要求，确保产品质量和安全。例如，欧盟法规对昆虫蛋白的安全条件进行了明确规定，只有满足特定条件的昆虫种类才能用于饲料生产。

2）遵循相关卫生标准

昆虫养殖和产品加工过程应遵循《食品法典》等国际食品安全标准，以及各国的饲料和食品卫生标准，确保产品符合卫生要求。

（5）市场营销与消费者教育

1）提高消费者认知

通过市场营销和消费者教育，提高消费者对昆虫生物转化和昆虫基产品的认知和接受度。向消费者普及昆虫基产品的营养价值、环保优势以及安全性，消除其对昆虫食品的偏见和顾虑。

2）加强品牌建设

企业应注重品牌建设，通过优质的产品和服务树立良好的品牌形象，提高消费者对昆虫基产品的信任和忠诚度。

3.4 昆虫消纳后的副产品应用

3.4.1 有机肥料

随着全球人口的增长和对环境可持续性的关注，有机肥料的需求日益增加。昆虫生物转化技术，特别是黑水虻、家蝇、黄粉虫和美洲大蠊的生物转化，不仅能够有效处理有机废弃物，还能产生高质量的有机肥料。黑水虻幼虫粪便（BSFL frass）作为一种有机肥料，正在迅速获得全球关注。研究表明，即使用不同类型的基质饲喂BSFL，如有机城市固体废物、食物垃圾、粪污、啤酒厂酒糟、家禽和啤酒厂废料的混合物、猪粪和狗粮的混合物、人类粪便以及发酵玉米秸秆等，BSFL frass在作为有机肥料的性能方面仍显示出类似的良好结果。

对BSFL有机肥料质量的研究表明，其氮（N）、磷（P）、钾（K）浓度显著增加，且重金属含量显著降低至监管机构设定的可接受水平。BSFL frass显示出了多行业应用潜力。例如，在提高玉米产量方面，BSFL frass表现出与商业肥料相似的性能。根据Quilliam等的研究，在辣椒生长过程中，与当地农民使用鸡粪肥料的标准做法相比，用BSFL frass作为有机肥料也能取得相似的效果。另外，生产1kg BSFL frass的CO_2排放比生产1kg商业肥料的CO_2排放少12.5kg，比商业肥料更具环保优势。

黄粉虫粪作为一种优质的有机肥原料，含有丰富的营养物质。经检测，黄粉虫粪中的有机物含量为77.68%～81.15%、全氮、全磷、全钾的含量分别为3.970%、1.860%、2.660%，且富含锌、硼、铁、镁、钙、铜等多种微量元素，可用于农业施用与家庭种植。黄粉虫粪有机肥（TMF）肥效稳定且持久，能够提高土壤的活性。试验结果表明，TMF的施用对冷水花的生长起到较大的正面效应，在施用9%的TMF时，其叶片的含N量、叶绿素、过氧化物酶（POD）活性、含水率和株高增长率分别高达106.96%、59.47%、75%、5.60%和30%，肥效较好。

美洲大蠊养殖废弃物及制药残渣的无害化处理方法为：将美洲大蠊养殖废弃物、植物秸秆粉末、微生物菌剂按一定比例充分混匀，添加一定比例水分后堆积整型成条垛状，进行堆肥发酵，定期翻堆，并结合发酵成熟度指标监测结果，适时停止翻堆，堆肥完成后经造粒、干燥、分选后制成有机肥。该方法解决了现有技术中缺乏安全、经济的美洲大蠊养殖废弃物及制药残渣无害化处理技术的问题，在无害化处理的同时进行废弃物合理利用。

昆虫有机肥料是将有机废物（包括粪便）转化为有益营养物质（如氮、磷和钾）的一个重要例子，这些营养物质对作物生长有帮助。昆虫有机肥料的一个优势在于，虫粪中含有高浓度的几丁质，可以改变土壤微生物群落和植物行为。研究表明，黑水虻的粪便组成中氮含量为3.39%，五氧化二磷（P_2O_5）含量为2.85%，氧化钾（K_2O）含量为3.47%，能够积极影响植物的生长。从经济角度来看，生产昆虫衍生的有机肥料比生产沼气或堆肥更有利可图，因为生产过程中还产生了蛋白质、脂肪和其他高价值产品。

Setti 等的研究证明，BSFL frass 是促进无土农业的合适种植介质，可以替代盆栽植物中使用的商业泥炭。使用 80%的商业泥炭和 20%的 BSFL frass 作为生长介质可对作物生长产生有益的影响，而不会引起非生物胁迫，尤其是在总干重增加、叶面积增加方面，使盆栽植物（如婴儿叶生菜、罗勒和番茄）的产量增加了 20%，与使用商业泥炭生产盆栽植物相比，效果显著。

昆虫产生的有机肥料不仅可以作为肥料使用，还可以作为植物生长的介质。昆虫粪便中含有丰富的营养物质，如氮、磷和钾，这些物质可以改善土壤结构和肥力，从而促进植物的生长。此外，昆虫粪便中的几丁质成分可以改善土壤的物理和化学性质，增强土壤的保水能力和通气性，为植物提供一个良好的生长环境。这种改良后的土壤不仅可以提高植物的生长速度和产量，还可以增强植物对病虫害的抵抗力，从而减少对化学农药的依赖。

在农业环境中，将 BSFL frass 添加到土壤中对植物或昆虫生态系统有益，可改善集约化土壤的有机质质量。BSFL frass 可以作为土壤养分的来源，而不会影响土壤卫生。Choi 和 Hassanzadeh 认为，定期向土壤中添加 BSFL 肠道微生物菌落可以防止真菌病害病原体，如根瘤菌、镰刀菌和腐霉菌。Quilliam 等还报道，添加 BSFL 肥料的样地的死亡植物明显少于施用合成氮磷钾肥料的对照样地，对照样地中的豇豆作物爆发了严重的镰刀菌枯萎病（fusarium blight）。

3.4.2 生物炭

从几丁质中提取的壳聚糖是一种天然可获得的生物吸附剂，可以净化含有染料的废水。虫粪中含有高浓度的几丁质，故研究人员开始将注意力转向用虫粪生产生物炭，以降低商业吸附剂的成本。研究人员研究了使用热解成生物炭的虫粪作为工业环境中废水解毒的生物吸附剂。以麦秸为食的黄粉虫的粪便表现出最佳的吸附性能，并且具有更好的吸收孔雀石绿（一种阳离子染料，是一种可能在废水中发现的剧毒染料）的能力（1738.6mg/g）。

生物炭是一种具有多种环境和农业应用价值的材料。生物炭可以通过昆虫粪便的热解过程制备，具有高比表面积和多孔结构，能够改善土壤的物理和化学性质，提高土壤的保水能力和养分保持能力，从而促进植物的生长和发育。此外，生物炭还可以作为碳捕获和储存的一种手段，有助于减少大气中的二氧化碳浓度，从而缓解气候变化的影响。

3.4.3　动物饲料

随着全球人口的快速增长以及气候变化的不确定性，对充足食品和饲料的需求日益增加。预计到2050年世界人口将达到约90亿，这将导致对食品的高需求。传统的蛋白质来源，如畜牧业生产，将无法满足不断增长的全球人口的需求。因此，迫切需要提高全球餐食的质量，确保提供足够的营养，同时避免对全球肥胖流行病及其伴随的慢性疾病（如糖尿病、心血管疾病和胃肠道恶性肿瘤）的贡献。昆虫生物转化技术不仅能够有效处理有机废物，还能为动物提供高质量的蛋白质和脂肪来源，具有显著的环境效益和经济效益。

可食用昆虫被认为是蛋白质、脂肪、必需营养素、维生素和矿物质的良好来源，可以在低价值饲料的基础上进行生产，并且碳足迹较小。昆虫为人类消费提供了5%～10%的动物蛋白来源，并提供了脂肪、能量、维生素和矿物质。在动物饲料中添加用有机废物饲养的昆虫，可以增加饲料中的蛋白质含量，同时减少温室气体排放。一些生物转化昆虫如黑水虻、家蝇、黄粉虫等的营养价值已报告为各种动物饲料中的替代蛋白质和脂肪来源。表3-5描述了一些被考虑为食品和饲料来源的生物转化昆虫物种的营养成分，其能量含量与其他富含蛋白质的来源相当。

表 3-5　一些生物转化昆虫物种的营养成分和对养殖动物的影响

昆虫种类	生长阶段	粗蛋白/%	纤维/%	总脂肪/%	灰分/%	能量/（MJ/kg）	养殖动物	主要发现	参考文献
鞘翅目									
黄粉虫	幼虫	46～54	2～5	25～36	3～4	27	鸡	改善家禽中胸肌脂肪酸谱和特定基因（如GIMAP5和APOA1）的表达	Kierończyk, et al（2018）
							猪	观察到当大豆部分被黄粉虫替代时，断奶仔猪的体重增加，饲料消耗和粗蛋白消化率增加	Jin, et al（2016）
大麦虫	幼虫	47	—	44	8	—	虹鳟鱼	虹鳟鱼的总类胡萝卜素含量和红肿得到改善	Hosseini Shekarabi, et al（2021）
							金头鲷	生存率高，对摄食行为、体重或特定生长速率没有负面影响	Rumbos, Athanassiou（2021）
双翅目									
黑水虻	幼虫	34～42	7	25～58	4～20	22～24	虹鳟鱼	改善鱼类生长和视力发育	Sealey, et al（2011）
							建鲤	用黑水虻喂养的建鲤的生长性能与用大豆饲料喂养的相似	Li, et al（2016）
家蝇	幼虫	51～60	6～7	25～28	11～20	20～23	鸡	雏鸡的生长速度与由大豆制成的传统家禽饲料喂的雏鸡相似	Sanchez-Muros, et al（2016）

续表

昆虫种类	生长阶段	粗蛋白/%	纤维/%	总脂肪/%	灰分/%	能量/（MJ/kg）	养殖动物	主要发现	参考文献
直翅目									
蟋蟀	成虫	59～72	5	10～23	5	—	狗	未观察到对血液、体重、身体状况评分、采食量、粪便输出量、粪便评分、粪便水分或表观全消化率的不利影响	Areerat，et al（2021）
沙漠蝗虫	成虫	76	2.53	12.97	3.33	18	鸡	禽肉的感官特性似乎得到了改善，粗蛋白消化率高于对照鱼粉	Nginya，et al（2019）

注：营养成分含量均为干基数据。

黑水虻幼虫富含蛋白质和脂肪，蛋白质含量达42%，且富含钙和多种氨基酸。这种蛋白饲料富含氨基酸、肽类物质、不饱和脂肪酸、维生素、矿物质等多种营养成分，非常适合动物吸收，是天然的高级营养强化剂。黑水虻在受到刺激时会产生一种天然抗菌剂——抗菌肽，当机体受损或抗原微生物入侵时，抗菌肽可以杀菌，有效减少抗生素、激素等化合物的使用。黑水虻衍生油中的中链饱和脂肪酸占总脂肪酸的67%，而多不饱和脂肪酸占总脂肪酸的13%。Sealey等研究发现，当用黑水虻制备的鱼饲料与正常鱼饲料分别喂养虹鳟鱼（*Oncorhynchus mykiss*）时，鱼的生长和视觉发育没有显著差异。

家蝇幼虫具有生长速度快、生存能力强、取食量大、取食范围广的特点，能够高效转化餐厨残渣等有机废物。研究发现，家蝇幼虫处理餐厨残渣后，获取的蛆虫营养成分丰富，蛋白含量略低于鱼粉，作为替代鱼粉的新蛋白源在水产动物饲喂上应用效果良好。黄粉虫粪作为一种优质的有机肥原料，含有丰富的营养物质，可用于农业施用与家庭种植。黄粉虫被认为是家禽饲料中最重要的蛋白质和脂肪来源。黄粉虫油被认为是大豆油的替代品，大豆油常用于肉鸡饲养中。由黄粉虫制备的家禽饲料对胸肌脂肪酸谱和特定基因（如GIMAP5和APOA1）的表达有积极影响，这些基因负责维持造血系统的正常功能、淋巴细胞稳态和表型脂肪变异性。

3.4.4 生物柴油

随着全球人口和经济的快速增长，对高效能源的需求和生活水平的提高给环境和传统能源带来了巨大的压力。在过去的一个世纪中化石燃料一直是推动全球经济增长的主要能源（占比86.4%）。据估计，在2012～2020年期间，全球石油和其他液体燃料的使用量从9000万桶/天增加到1亿桶/天，预计到2040年将增加到1.21亿桶/天。不可再生化石燃料的日益枯竭和对气候变化的关注推动了环境友好的可再生能源的发展，包括太阳能、风能和潮汐能以及基于生物质的生物能。生物乙醇和生物柴油等生物燃料是可再生能源，具有环境优势，被视为传统能源的替代能源。

生物柴油用作主要燃料的主要障碍是生产成本，约75%的生产成本来自农作物的原料。而且，随着气候变化的影响，这些作物被认为是稀缺的食物来源。在欧洲、东南亚和美国，菜籽油、棕榈油和大豆油是生产生物柴油的主要原料。使用令人恐惧的食物资源生产生物柴油是不可持续的能源生产。使用环境友好和可持续的能源已经导致全球政策转向可再生和低成本的原材料。最近的研究集中在使用替代来源，例如昆虫脂肪、微生物脂质和废油，用于生产生物柴油。目前，昆虫的经济可行性、可获得性、高脂肪产量和环境友好性，使用昆虫降解有机废物以积累基于脂肪的生物质的技术得到发展。一些昆虫可降解有机废物，因此可作为生物柴油生产的潜在原料。包括黑水虻和黄粉虫在内的许多昆虫种类已被用于生物柴油的生产。

利用黑水虻幼虫产生的昆虫生物质，其废物干物质量减少率为 51.32%，并且从幼虫生物质中提取了 1.95g 的粗油脂，使用玉米秸秆基质产生了 1.76g 的生物柴油。以甲醇和正己烷为原料，采用直接酯交换法，利用黑水虻幼虫产生的生物柴油中，月桂酸甲酯（35.5%）、油酸甲酯（23.6%）和棕榈酸甲酯（14.8%）是主要的酯组分。基于丁香脂肪的生物柴油具有与基于菜籽油的生物柴油相似的燃料特性，包括密度（885kg/m³）、黏度（5.8mm²/s）、酯浓度（97.2%）、闪点（123 ℃）和十六烷值（53）。将家蝇幼虫饲养在猪粪上，其甘油三酯的转化率为 90.3%。从幼虫生物质中获得的生物柴油的密度为 881kg/m³、黏度为 5.64mm²/s、酯含量为 96.8%、闪点为 145℃、十六烷值为 52。根据 Zheng 等和 Siddiqui 等的研究结果可知，使用生物转化器生产的大多数生物柴油都是高质量的，并且符合大多数标准（表 3-6）。利用昆虫生产的生物柴油的优点在于其生产过程涉及较少的碳排放因子。生物柴油的生产、储运、性能改进剂等直接影响生物柴油的质量和性能，因此需要建立适合中国国情的生物柴油原料储存、储运和添加剂标准。

表 3-6　黑水虻、黄粉虫、家蝇和其他两个来源的生物柴油特性比较

性能	黑水虻生物柴油	黄粉虫生物柴油	家蝇生物柴油	油菜籽生物柴油	废弃食用油生物柴油
密度/（kg/m³）	860～895	860	881	880～911	877
40℃ 时的黏度/（mm²/s）	4.9～6.0	NA	5.64	4.4～5.8	5.23
硫含量/%	NA	NA	NA	< 0.01	NA
酯含量/%	96.5～97.2	96.8	96.8	NA	NA
含水量/（mg/kg）	300	300	NA	300	NA
闪点/℃	123～128	127	145	NA	157
十六烷值	53～58	58	52	45	48
酸值/（mg KOH/g）	1.1	NA	NA	0.3	0.21
甲醇或乙醇质量分数/%	0.3	0.2	NA	NA	NA
蒸馏 /℃	360	NA	NA	352	NA

注：NA 表示暂无可用数据。从昆虫中获得的生物柴油的特性与油菜籽生物柴油和废弃食用油生物柴油相当。

3.4.5 昆虫生物活性化合物

在全球许多地区，昆虫被作为现代疗法的重要替代品。昆虫体内的生物活性物质具有多种健康益处，如抗氧化、治疗高血压以及对高脂血症和脂肪减少的影响。特别是昆虫中的血管紧张素转换酶（ACE）抑制肽，对于控制血压和维护心血管健康至关重要。研究表明，双翅目、鞘翅目、鳞翅目、膜翅目和直翅目的昆虫均可能是ACE抑制肽的潜在来源。

许多治疗特性，如抗氧化和抗血小板聚集作用，已在多种可食用昆虫中进行了体外研究（表3-7）。最近的一项研究发现，黄粉虫在营养应激条件下改善了短链脂肪酸的合成和生存能力，进而影响了乳酸菌和双歧杆菌的生长。此外，对肥胖小鼠的研究表明，黄粉虫幼虫提取物有可能减少人类2型糖尿病的发生。从黑水虻中分离出的 α-吡喃酮、二酮哌嗪和几丁质对金黄色葡萄球菌和铜绿假单胞菌具有抗菌特性。当黑水虻以食物废物为食时，产生了40S核糖体蛋白 S_4、60S核糖体蛋白 L_8、ATP合酶 α 亚基、核糖体蛋白 S_3、组蛋白 H_2A、NADP-谷氨酸脱氢酶、延胡索酸水合酶、RNA解旋酶、几丁质结合围食膜蛋白A、C型凝集素蛋白。此外，对蛋白质的功能分析显示，黑水虻幼虫中的60S核糖体蛋白 L_5（RpL_5）与多种核糖体蛋白相互作用，在糖酵解过程中（AT14039p）发挥关键作用。Lu J等使用基于蛋白质组学的分析方法对以食物残渣喂养的黑水虻的酶消化产生的功能性蛋白和生物活性肽进行了表征和定量，如图3-10、图3-11（书后另见彩图）和表3-8、表3-9所示，在GYGFGGGAGCLSMDTGAHLNR、VVPSANRAMVGIVAGGGRIDKPILK、AGLQFPVGR、GFKDQIQDVFK和GFKDQIQDVFK等肽序列中发现了较高的抗氧化活性。结果表明，BSF对食物垃圾的生物转化导致了多种具有强抗氧化活性的功能性蛋白和生物活性肽的产生。因此，需要更多的研究来开发BSF在食物垃圾增值方面的潜力。

表3-7 从一些生物转化昆虫中分离出的生物活性化合物

昆虫种类		阶段（部位）	分离化合物	生物活性	参考文献
蜚蠊目	非洲大白蚁	成虫（体表）	玫瑰黄素、8-甲基氨基-8-去甲基-D-核黄素和纳他霉素	抗菌和抗真菌	Zhou，et al（2021）
双翅目	黑水虻幼虫	幼虫（血淋巴）	α-吡喃酮、二酮哌嗪和几丁质	抗菌	Mudalungu，et al（2021）
鞘翅目	大麦虫和黄粉虫	幼虫	几丁质和类胡萝卜素	抗菌、益生元特性	Dragojlović，et al（2022）
直翅目	笨蝗	成虫	水鬼蕉碱（pancratistatin）、水仙环素（narciclasine）和石蒜碱内铵盐（ungeremine）	抗癌	Seabrooks，Hu（2017）
	沙漠蝗虫	成虫（肠道）	甾醇、（3β，5α）胆甾-8, 14, 24-三烯-3-醇、4, 4-二甲基、（3β，20 R）胆甾-5，24-二烯-3, 20-二醇、槲皮素和木犀草素	抗菌	Cheseto，et al（2020）Cheseto，et al（2015）
	蟋蟀	成虫	4-羟基苯甲酸、对香豆酸、阿魏酸和丁香酸	抗氧化剂	Nino，et al（2021）

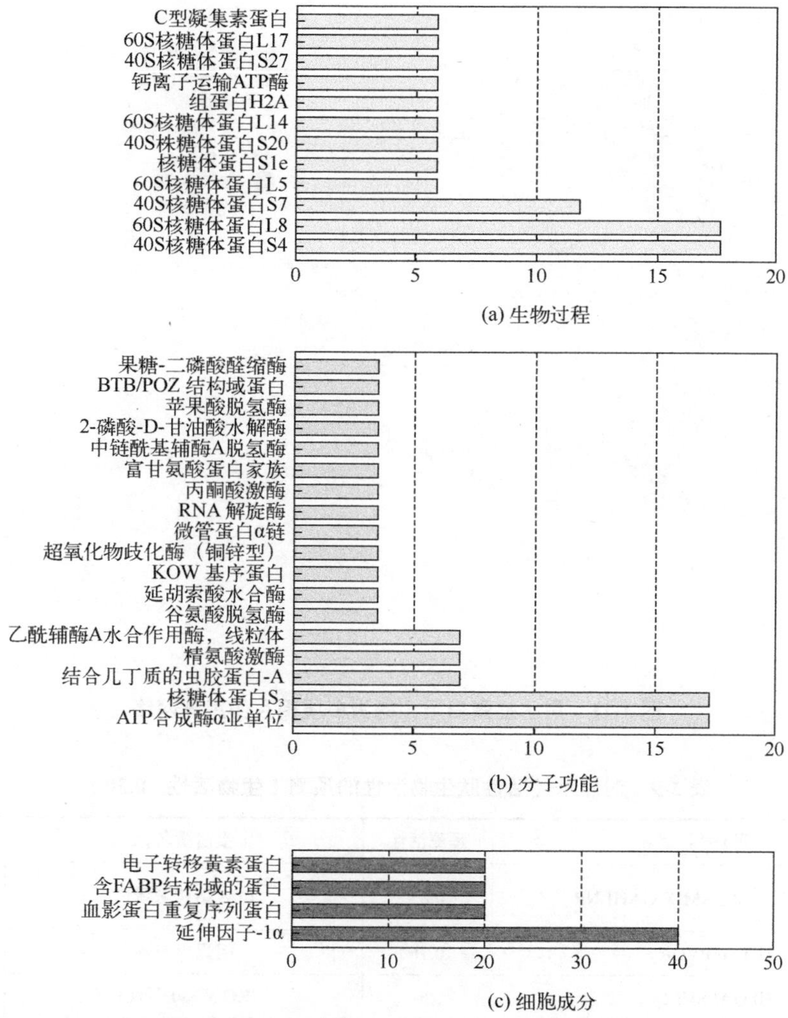

图 3-10 基于生物过程、分子功能和细胞成分的基因本体（GO）富集分析得到的黑水虻幼虫体内蛋白质分布

表 3-8 黑水虻幼虫蛋白质组的基于 STRING 数据库的 KEGG 代谢途径

路径	代谢描述	网络数	强度	错误率
dme00010	糖酵解/糖异生	3 of 51	1.47	0.0127
dme00020	柠檬酸循环（三羧酸循环）	3 of 39	1.58	0.0089
dme00620	丙酮酸代谢	3 of 43	1.54	0.0094
dme00630	乙醛酸与二羧酸代谢	2 of 33	1.45	0.00061
dme01100	代谢途径	9 of 1102	0.61	0.0139
dme01200	碳代谢	7 of 117	1.47	8.47E-07
dme01230	氨基酸生物合成	4 of 65	1.49	0.0015
dme03010	核糖体	9 of 132	1.53	2.25E-09

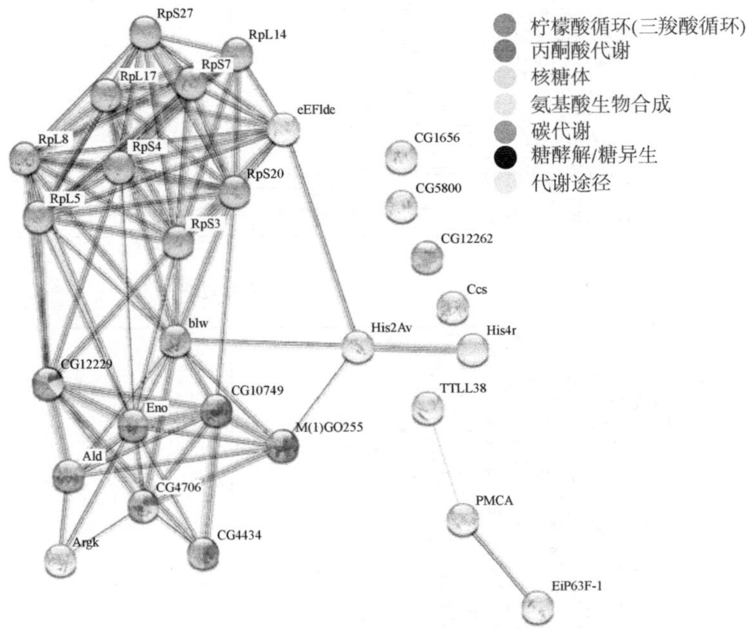

图 3-11 黑水虻蛋白质组的蛋白质相互作用体网络

表 3-9 对黑水虻活性肽生物活性的预测（生物活性> 0.30）

肽序列	预测活性	蛋白质名称	抗氧化序列
GYGFGGGAGCLSMDTGAHLNR	0.83	LIM 结构域蛋白	HL/AH，GAH
AGLQFPVGR	0.76	组蛋白 H_2A	R/G
HFQAPSHIR	0.51	KOW-基序蛋白	IR
VGIKAPGIIPR	0.48	ATP 合成酶亚基 α	R/V
GFIGPGVDVPAPDMGTGER	0.47	谷氨酸脱氢酶[还原型转酶 NAD（P）(+)]	FIGP
SQINFPIGGPTER	0.46	富马酸氯酶	R
AVDSLVPIGR	0.45	ATP 合成酶亚基 α	R/V
VVPSANRAMVGIVAGGGRIDKPILK	0.44	60S 核糖体蛋白 L_8	LK/KP
GFKDQIQDVFK	0.41	RNA 螺旋酶	KD
TQLEPPISTPHCAR	0.37	壳聚糖结合外膜蛋白 A	R
TIRYPDPLIK	0.36	40S 核糖体蛋白 S_4	IR/RY
SKIPFNVTPGSEQIR	0.35	苹果酸脱氢酶，线粒体	IR
RIPFSHDDR	0.32	精氨酸激酶	R
VLVDGPLTGVPR	0.32	60S 核糖体蛋白 L_{14}	R
GVEEDWLSAR	0.31	C 型凝集素蛋白	G/R
IGGIGTVPVGR	0.30	延长因子-1-α	R/G

抗生素耐药性是全球性的健康问题，寻找替代疗法至关重要。抗菌肽（AMPs）是潜在的抗生素替代品，研究表明，从黑水虻中发现的AMPs对细菌、真菌、病毒和癌细胞有广泛的抑制作用。Moretta等使用机器学习算法预测黑水虻中的AMPs活性，发现57种可能具有活性的肽，并显示出抗菌、抗癌、抗病毒等多重活性。Brevinin-2Ta和Ltx-109等合成抗菌肽模拟物表现出与经典抗生素相当的效果，能有效减少感染部位的细菌负荷。另一项研究表明，源自黑水虻的C-15867肽对大肠杆菌BL21和金黄色葡萄球菌等细菌具有强抗菌作用。

许多微生物，如细菌和真菌，都以昆虫为宿主。这些微生物可能参与或与昆虫宿主合作产生具有生物效应的天然物质（如萜类化合物、黄酮类化合物、生物碱），可起到抗菌、抗虫、抗癌等作用。事实上，如果经过深入研究和合理评估，昆虫衍生的化合物在天然产物药物开发方面将展现出很大的潜力。此外，昆虫提取物在抗氧化方面展现出极具潜力的应用前景，需要对其他昆虫生物活性化合物进行更多研究。从一些生物转化昆虫中分离出的分子及其生物活性总结在表3-7中。这些生物活性化合物的回收技术因内生细菌和产生的有机物质而异。

参考文献

[1] Mohamed M，Abdelaziz M ，Inmyoung P ，et al. Insect-based agri-food waste valorization：Agricultural applications and roles of insect gut microbiota[J]. Environ Sci Ecotechnol，2024，17：100287.

[2] Ravi H K，Degrou A，Costil J，et al. Larvae Mediated Valorization of Industrial，Agriculture and Food Wastes：Biorefinery Concept through Bioconversion，Processes，Procedures，and Products[J]. Processes，2020，8（7）：857.

[3] Liang C，Liu L X，Liu J，et al. New Insights on Low-Temperature Fermentation for Food[J]. Fermentation，2023，9（5）：477.

[4] Ribeiro N，Costa R，Ameixa O. The Influence of Non-Optimal Rearing Conditions and Substrates on the Performance of the Black Soldier Fly （Hermetia illucens）[J]. Insects，2022，13（7）：639.

[5] Shumo M，Khamis F M，Tanga C M，et al. Influence of Temperature on Selected Life-History Traits of Black Soldier Fly（Hermetia illucens）Reared on Two Common Urban Organic Waste Streams in Kenya[J]. Animals，2019，9（3）：79.

[6] Liu C，Masri J，Perez V，et al. Growth Performance and Nutrient Composition of Mealworms （Tenebrio Molitor）Fed on Fresh Plant Materials-Supplemented Diets[J]. Foods，2020，9（2）：151.

[7] Ivã L G，Wiklicky V，Ermolaev E，et al. Dynamics of black soldier fly larvae composting – Impact of substrate properties and rearing conditions on process efficiency[J]. Waste Management，2023，172：25-32.

[8] Arabzadeh G，Delisle-Houde M，Tweddell R J，et al. Diet Composition Influences Growth Performance，Bioconversion of Black Soldier Fly Larvae：Agronomic Value and In Vitro Biofungicidal Activity of Derived Frass[J].Agronomy，2022，12（8）：1765.

[9] Akbarzadeh H，Shamkhali A N，Abbaspour M，et al. Molecular dynamics investigation on the deliquescence of NH_4Cl and NH_4NO_3 nanoparticles under atmospheric conditions[J]. RSC Advances，2015，5（48）：38345-38353.

[10] Siddiqui S A，Harahap I A，Osei-Owusu J，et al.Bioconversion of organic waste by insects – A comprehensive review[J]. Process Safety and Environmental Protection，2024，187：1-25.

[11] Surendra K C，Olivier R，Tomberlin J K，et al. Bioconversion of organic wastes into biodiesel and animal feed via insect farming[J]. Renew. Energy，2020，98：197-202.

[12] Mannaa M，Mansour A，Park I，et al. Insect-based agri-food waste valorization：agricultural applications and roles of insect gut microbiota[J].Environmental science and ecotechnology，2024，17：100287.

[13] Franco A，Scieuzo C，Salvia R，et al. A mobile black soldier fly farm for on-site disposal of animal dairy manure[J]. Bull. Insect，2020，75：75–82.

[14] Lu Y，Zhang S，Sun S，et al. Effects of different nitrogen sources and ratios to carbon on larval development and bioconversion

efficiency in food waste treatment by black soldier fly larvae （Hermetia illucens）[J]. Insects ，2021，12（6）：507.

[15] Scala A，Cammack J A，Salvia R，et al. Rearing substrate impacts growth and macronutrient composition of Hermetia illucens （L.）（Diptera：Stratiomyidae）larvae produced at an industrial scale[J]. Scientific reports，2020，10（1）：19448.

[16] Scieuzo C，Franco A，Salvia R，et al. Enhancement of fruit byproducts through bioconversion by Hermetia illucens （Diptera：Stratiomyidae）[J]. Insect science，2022，30（4）：991-1010.

第4章 制备生物基塑料

- 生物基塑料的种类与性能
- 从厨余垃圾到生物基塑料的转化技术
- 生物基塑料的应用领域与技术更新
- 生物基塑料的研究趋势与未来展望

4.1 生物基塑料的种类与性能

如图 4-1 所示（书后另见彩图），随着环境保护意识的提高和对传统塑料污染问题的日益关注，生物塑料已经成为当今塑料工业的一个备受瞩目的领域。与传统塑料相比，生物塑料以其天然来源、可降解性以及广泛的应用领域而备受关注。如表 4-1 所列，目前生物塑料的具体种类繁多，如聚乳酸（PLA）、聚对苯二甲酸丁二醇酯（PBAT）、聚羟基烷酸（PHA）、聚己内酯（PCL）等，被视为传统化石基塑料的替代品。现有统计数据显示，仅在 2021 年，全球生物降解塑料产量就超过了 4.1×10^6t，约占全球塑料产量的 0.6%。预计到 2025 年，生物可降解塑料的产量将达到 1.8×10^7t，占全球生物塑料总产量的 62.6%，而非生物可降解的生物基塑料产量将达到 1.071×10^7t，占全球生物塑料总产量的 37.4%。然而，许多国家的国家标准对所谓“可生物降解塑料”的定义仅限于在特定环境（堆肥、土壤、水）中经过一段合理的时间（数周或数月），通过微生物的作用，使生物基塑料完全矿化，或者在有氧的情况下，好氧分解成二氧化碳、水和所有其他元素的矿物盐以及新的生物质，或者在无氧的情况下，厌氧分解成二氧化碳、甲烷、矿物盐和新的生物质。随着生物塑料使用量的

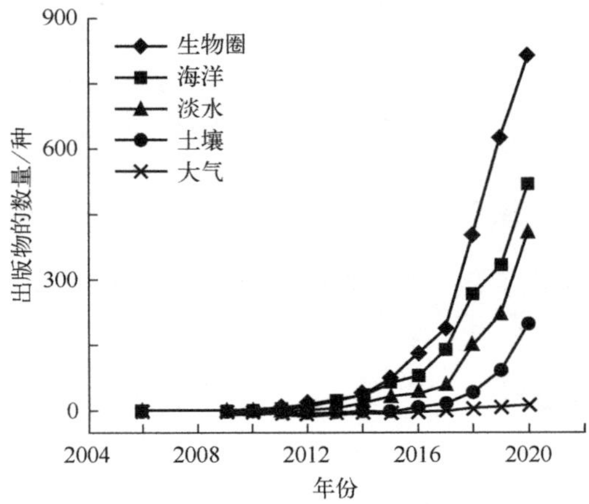

(a)

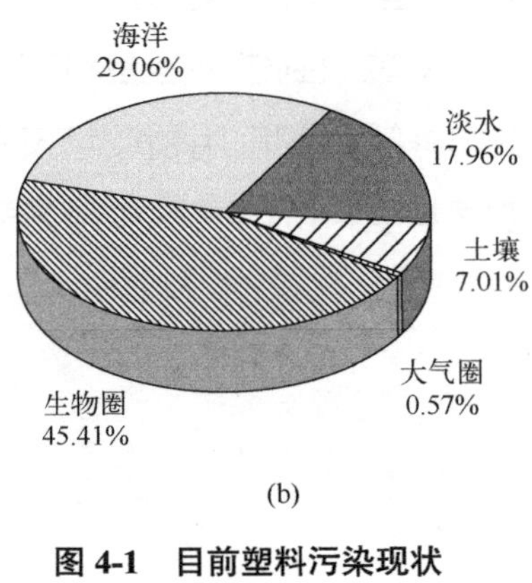

(b)

图 4-1 目前塑料污染现状

表 4-1　塑料分类

类型	降解能力	来源	塑料名称
传统的化石基塑料	非生物降解	不可再生（化石基）	LDPE，HDPE，PE，PS，PVC，PP，PUR
生物基塑料	非生物降解	可再生能源（化石基）	bio-PE，bio-PP，bio-PET
	可生物降解	不可再生（化石基添加类）	PBS，PCL，PBAT
		可再生能源（生物基）	PLA，PHA，热塑性淀粉

不断增加，需要对其环境危害进行重新评估。如果生物塑料没有完全矿化，就会产生更多的微塑料（MP）或纳米塑料（NP），它们更容易降解，会造成比传统塑料更严重的污染。本章将深入探讨生物塑料的多种类型和性能特点，并介绍目前环境友好型生物塑料的研究趋势，为读者提供一个全面了解生物塑料的途径。

4.1.1 生物降解塑料

生物降解塑料是一类在自然环境中能够自行降解的塑料，对于减少塑料污染和环境保护具有重要意义，以淀粉基生物降解塑料以及聚乳酸等为代表，以下将详细介绍这两种代表性的生物降解塑料。图 4-2 为常见生物基塑料（PLA、PBAT）结构。

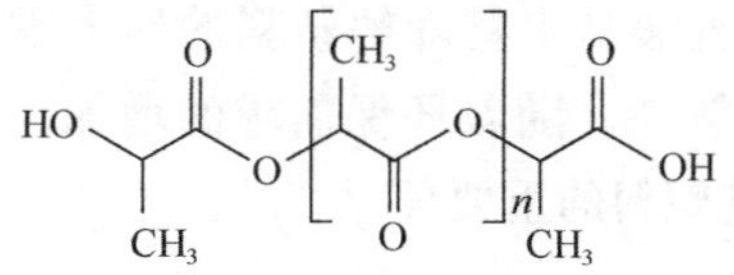

(a)PLA

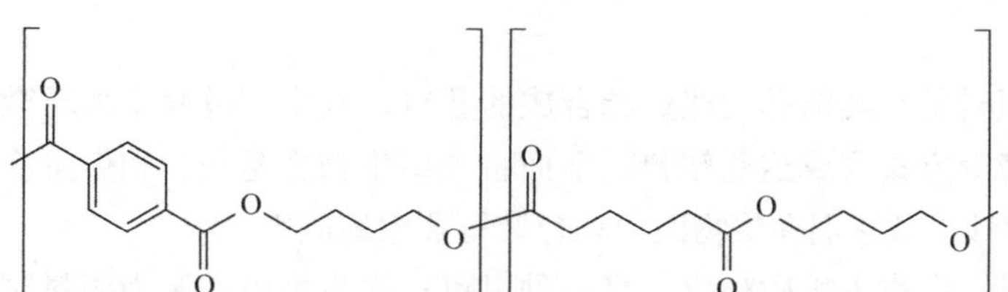

(b)PBAT

图 4-2　常见生物基塑料结构

4.1.1.1 淀粉基生物降解塑料

淀粉基生物降解塑料是一类以淀粉为主要原料制备的塑料材料，淀粉通常来自玉米、马铃薯和小麦等植物。淀粉提取过程包括磨碎植物材料、浸泡、过滤和干燥等步骤。为了增强淀粉的可塑性和降解性能，通常会对淀粉进行改性处理，如添加塑化剂、增塑剂和生物降解助剂。改性后的淀粉与辅助材料（如聚乳酸或聚丙烯）和添加剂混合均匀后，通过挤出或注塑等方法成型为最终的塑料制品。这类生物降解塑料具有与传统塑料类似的可塑性、耐热性和可成型性，但能够在自然环境中逐渐降解，避免造成长期的环境污染。

淀粉基生物降解塑料的降解速度通常取决于温度、湿度和微生物活动等因素。在工业堆肥环境下，这类塑料可以在几个月内降解，而在常温下的降解速度较慢。其机械性能虽然与传统塑料相似，但也会受到降解速度的影响。淀粉基生物降解塑料广泛应用于一次性餐具、包装材料和农业用品等领域，因其天然降解性能，它们成为减少传统塑料污染和推动可持续发展的理想选择。

4.1.1.2 聚乳酸生物降解塑料

聚乳酸（PLA）是一种由可再生资源（如玉米淀粉或蔗糖）制成的生物降解塑料。与淀粉基生物降解塑料不同，PLA 具有较好的透明度、刚性、韧性和抗冲击性。其生产过程为：提取淀粉或蔗糖，转化为葡萄糖后，通过乳酸菌发酵产生乳酸，乳酸再通过聚合反应形成聚乳酸。PLA 的降解性能依赖于环境条件，尤其是温度和湿度，在适当的环境条件下可以自然降解为二氧化碳和水，减少环境污染。PLA 广泛应用于食品包装、医疗用品、一次性餐具、生物医药等多个领域。

淀粉基生物降解塑料和聚乳酸是生物降解塑料的两大重要类型，它们都源自可再生资源，具有良好的可塑性和可降解性。随着环保需求的增加，这两类塑料将成为减少塑料污染、推动可持续发展和替代传统塑料的重要环保产品。

4.1.2 生物基合成塑料

生物基合成塑料是一类依赖天然资源合成的塑料，其生产过程常涉及微生物的参与，微生物通过生物发酵等方式合成这些塑料。下面将介绍生物质基塑料和微生物合成塑料的制备方式、生物可降解性以及它们在生物医学和包装行业中的应用。

生物质基塑料，也称生物质塑料，是一种以可再生生物质资源为原料制备的塑料。这类塑料是使用天然资源制备而成的，在自然环境中可降解，具有较好的环保性。生物质基塑料的原料通常来为木质纤维、纸浆、玉米秸秆等。其生产过程包括以下步骤。

① 生物质提取：通过机械处理和化学处理，从植物中提取纤维或纤维素。

② 纤维素转化：将提取的纤维素转化为更具可塑性的化合物，如纤维素酯。

③ 聚合过程：将转化后的化合物进行聚合，形成生物质基塑料。

生物质基塑料的优势在于其原料为可再生资源，减少了对石油等不可再生资源的依赖，同时具有较低的环境影响。其特性如下。

① 生物降解性：在湿度较高和微生物活性较强的环境中，通常表现出良好的生物降

解性。

② 耐热性：相比传统塑料，耐热性较差，高温下容易软化或降解。

③ 力学性能：力学性能因原材料和制备方法的不同而有所差异，但部分生物质基塑料在强度和韧性上可与传统塑料媲美。

微生物合成塑料是通过微生物合成的一类塑料，其生产过程通常采用生物发酵等方式。这类塑料具有环境友好性和可降解性，在生物医学和包装等领域具有巨大潜力。微生物合成塑料的生产过程一般包括以下步骤（图 4-3）。

① 选择合适的微生物菌株：选择能高效合成目标塑料的微生物菌株。

② 培养和发酵：在适当的培养条件下，微生物通过发酵合成聚合物，如 PHA。

③ 收获和后处理：从培养基中收获合成的塑料聚合物，经过后处理，最终得到塑料产品。

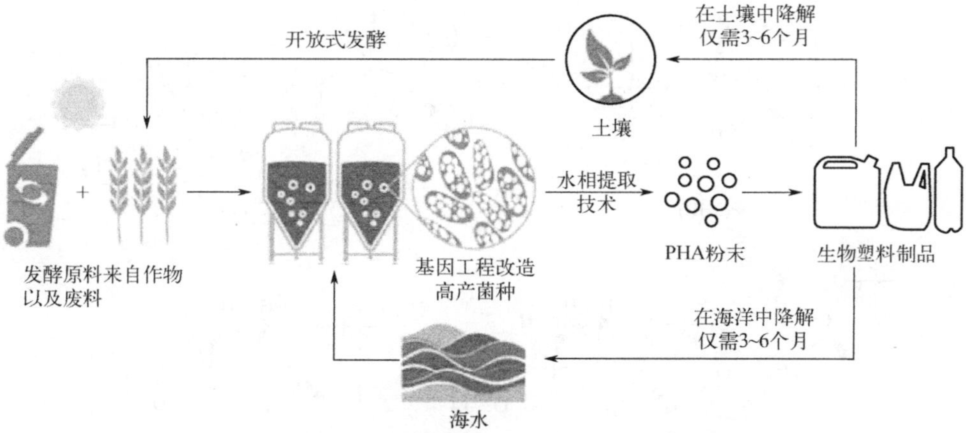

图 4-3 微生物合成塑料的生产过程（以 PHA 为例）

微生物合成塑料是通过微生物的发酵和代谢过程制备的塑料，其性质可以通过调控微生物的生长条件和代谢路径来精确控制。因此，微生物合成塑料在可降解性、可塑性和可持续发展方面具有广阔的应用前景。通常，微生物合成塑料表现出良好的生物降解性，尤其在湿度和微生物活性较高的环境中，这使其在减少塑料污染方面具有巨大潜力。此外，微生物合成塑料的可塑性较高，可以通过调整微生物菌株和培养条件来改变其性能，以满足不同应用领域的需求。其应用范围广泛，包括医疗器械、生物医药、包装材料等领域，特别是在一次性物品和可降解塑料制品的生产中得到了广泛应用。

然而，尽管生物基合成塑料在环保和可降解性方面具有显著优势，它们在生产过程中仍面临一些挑战。首先，这些塑料的生产成本较高，专门的微生物培养和发酵工艺，以及特殊的原材料，导致其价格高于传统的石油基塑料。其次，生物基合成塑料的物理和化学性质在某些方面存在限制，例如它们的高温稳定性、强度和耐久性通常不如某些传统塑料，这限制了它们在一些高要求应用中的使用。另一个问题是降解速度的不一致，生物基合成塑料的降解速度受到环境因素（如温度、湿度和微生物活性）的影响，因此在不同的环境下降解速度可能存在差异，这给垃圾处理和回收带来一定挑战。此外，生产这些塑料所需的生物质资源可能与食品生产或其他用途的资源竞争，这可能会引发资源分配和道德争议。最后，废弃的生物基合成塑料需要特殊的处理方法，以确保它们能够有效降解而不对环境造成负面影响，这可能需要额外的投资和基础设施建设。

尽管如此，随着全球对可持续发展和环保问题的重视，生物基合成塑料正在逐步得到更多的关注与重视，显示出强大的发展潜力。

4.1.3 生物复合塑料

生物复合塑料是一种通过将塑料与其他生物性材料混合来增强其性能的复合型生物降解塑料。图 4-4 展示了新型生物复合材料的化学结构（以 PHA 为例）。

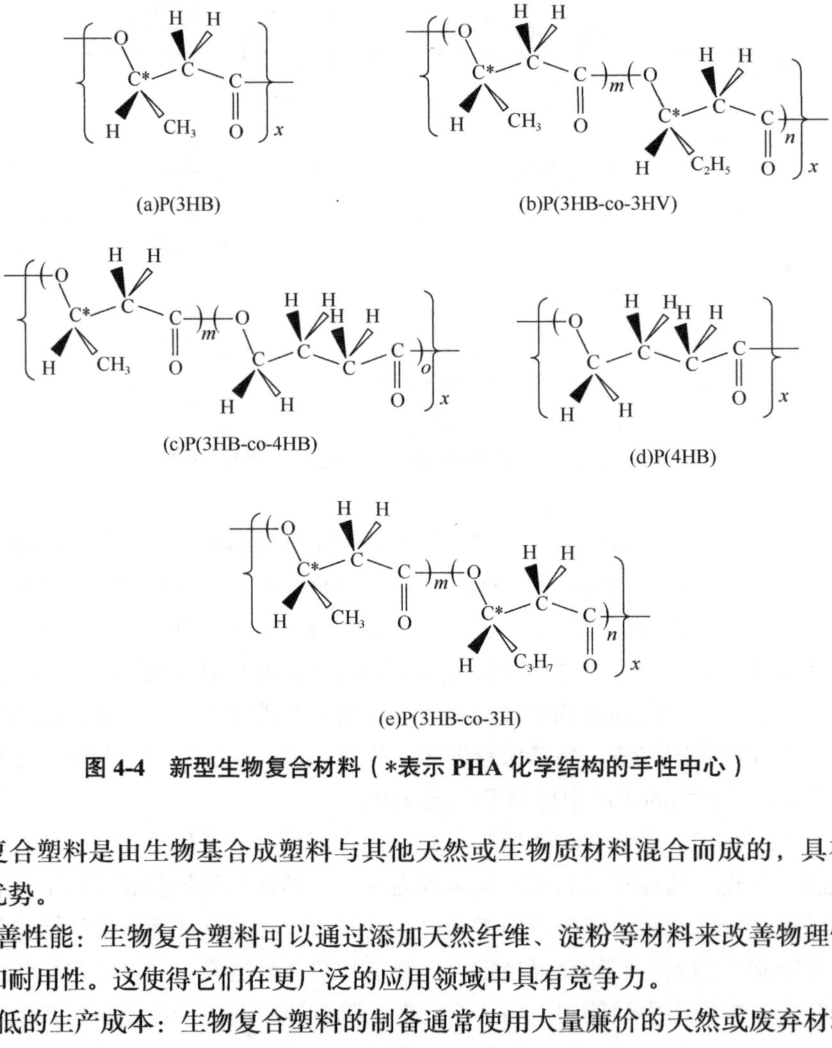

图 4-4 新型生物复合材料（*表示 PHA 化学结构的手性中心）

生物复合塑料是由生物基合成塑料与其他天然或生物质材料混合而成的，具有一些不同的特点和优势。

① 改善性能：生物复合塑料可以通过添加天然纤维、淀粉等材料来改善物理性能，如强度、硬度和耐用性。这使得它们在更广泛的应用领域中具有竞争力。

② 更低的生产成本：生物复合塑料的制备通常使用大量廉价的天然或废弃材料，生产成本通常较低，相对于纯生物基合成塑料更有竞争力。

③ 增强的可降解性：一些生物复合塑料具有更好的可降解性能，因为它们包含了天然降

解材料，这有助于减少对环境的负面影响。

④ 多样性：生物复合塑料的成分可以根据需要进行调整和定制，以满足特定应用的要求。这使得它们在各种领域中具有广泛的应用前景。

4.1.3.1 纤维素基生物复合塑料

（1）制备

纤维素基生物复合塑料是一种由纤维素和生物塑料混合制备而成的材料。该类复合塑料是先将纤维素材料经过特殊处理，如化学处理或机械处理，以获得纤维素颗粒或纤维，然后与生物塑料基体混合，通过挤出或压缩成型等方法制备而成的。

其制备工艺通常包括以下步骤。

1）原材料选择

制备纤维素基生物复合塑料的第一步是选择合适的原材料。主要的原材料是纤维素，通常来自植物性资源，如木材、竹子、麻类植物等。这些植物性资源中含有丰富的纤维素，是制备纤维素基生物复合塑料的重要来源。

2）纤维素的提取

从植物性原材料中提取纤维素通常需要经过一系列化学和物理处理过程，以分离和纯化纤维素。这些处理过程包括磨碎、碱解、漂白等，以获得高纯度的纤维素颗粒或纤维。

3）生物塑料基体的选择

除纤维素外，制备纤维素基生物复合塑料还需要选择适当的生物塑料基体。常用的生物塑料基体包括 PLA、PHA 等。这些生物塑料基体具有生物可降解性和可塑性，与纤维素相结合可以改善材料性能。

4）混合和挤出

提取的纤维素颗粒或纤维与生物塑料基体经过混合过程，通常在高温下进行，以确保混合均匀。混合后的材料通过挤出工艺，如使用挤出机，将其塑造成所需形状，如颗粒、片材或复合板。

5）成型和冷却

挤出后的材料经过成型和冷却过程，固化和定型。成型过程可以根据具体需求选择，如制备塑料颗粒、薄膜、板材等。

6）后处理

制备成的纤维素基生物复合塑料可能需要进一步的后处理，如切割、涂层或印刷，以满足特定应用的要求。

（2）性能特点

纤维素基生物复合塑料的制备工艺依赖于高温和一定的化学处理，以确保纤维素与生物塑料基体之间的黏合性和兼容性。这种工艺能够将生物资源中的纤维素有效地转化为具有良好性能的塑料材料。纤维素基生物复合塑料在可降解性和机械性能方面都具有出色的特性，适用于多种应用领域，如包装、建筑和农业。

主要性能特点如下。

1）机械性能

纤维素基生物复合塑料具有优异的机械性能，包括高强度和刚度。这些性能使其在需要承受一定载荷或具备结构稳定性的应用中得以广泛应用，如汽车工业中的内饰件、建筑材料中的结构组件等。

2）抗水解性

由于纤维素的天然抗水解性，纤维素基生物复合塑料具有出色的抗水解性能。这使得它们在湿润或高湿度环境中仍然能够保持稳定性和良好性能，从而扩展了它们的应用范围。

3）应用领域

纤维素基生物复合塑料在建筑领域中常用于制备环保型墙板、地板材料和隔热材料，在汽车工业中用于制造内饰件、车门板和座椅背板等零部件。此外，由于其可降解性和生态友好性，它们也在一次性餐具、包装材料等消费品领域得到了广泛应用。

4.1.3.2 天然树脂复合塑料

（1）制备过程

天然树脂复合塑料是一种将生物塑料与天然树脂混合制备而成的材料。天然树脂复合塑料通常以植物树脂或树脂产物作为基体，如树胶、乳胶等，与其他生物性材料混合以增强其性能。

制备过程包括以下步骤。

1）原材料选择

主要的原材料是天然树脂，例如天然橡胶、天然乳胶等。这些天然树脂通常来自植物，如橡胶树、松树等，或者从乳胶中提取而来。

2）添加剂的选择

为了增强天然树脂复合塑料的性能，可以添加一系列生物性添加剂，如纤维素、淀粉、木质纤维等。这些添加剂可以提高材料的强度、耐磨性和稳定性。

3）混合和制备

原材料和添加剂通过混合工艺充分混合，以确保均匀分散。混合后的材料通常以热压或挤出的方式成型。这些工艺确保了复合材料的均匀性和稳定性。

4）冷却和固化

成型后的复合材料需要进行冷却和固化，以保持所需的形状和性能。这一步骤通常在室温下或轻微加热下完成。

（2）应用领域

天然树脂复合塑料通常具有良好的可塑性，可以通过加工工艺制备成各种形状，包括薄膜、板材、管材和复杂的零部件。这种可塑性使其在不同应用领域中具有广泛的用途。

1）医疗器械

由于其生物相容性，天然树脂复合塑料常用于医疗器械制造，如手术手套、导管和注射器。

2）食品包装

天然树脂复合塑料的可塑性和生物可降解性使其成为生物降解食品包装的理想选择，有助于减少塑料垃圾。

3）艺术和工艺品

由于其可塑性和可染性，天然树脂复合塑料常用于制作艺术品和手工艺品。

4）建筑材料

在一些建筑材料中，如密封胶、胶黏剂和防水材料，也广泛使用了天然树脂复合塑料。

这些应用领域中，天然树脂复合塑料充分发挥了其可持续性和生物降解性的优势，为环保和可持续发展做出了贡献。总的来说，纤维素基生物复合塑料和天然树脂复合塑料都具有广泛的应用前景，其选择取决于特定的应用需求和性能要求。这些生物复合塑料的出现为替代传统塑料提供了更环保和可持续的选项，有助于减少对有限化石资源的依赖。

相比于单一的生物塑料，不同的生物基合成塑料和生物复合塑料具有更多独特的优势，选择哪种类型的塑料取决于特定的应用需求、可持续性目标和成本考虑。在未来，随着技术的发展和研究的深入，更多复合型的生物可降解塑料有望在替代传统塑料方面发挥重要作用。

4.2　从厨余垃圾到生物基塑料的转化技术

4.2.1　厨余垃圾的资源潜力

厨余垃圾是一种复杂的有机废物，通常包括厨余残渣、厨房废物等各种有机物质。这些有机物的组成多种多样，包括淀粉、蛋白质、脂肪等成分。厨余垃圾来源广泛，如家庭、餐厅、食品加工厂和超市等。不同来源的厨余垃圾的组成具有一定的差异，例如，家庭厨余垃圾可能含有更多未经消化的厨余残渣，而食品加工厂的厨余垃圾可能富含食品加工过程中的废料。

中国作为世界人口大国之一，厨余垃圾的产生量在近年来持续增加。如图 4-5 所示，根据 2013～2021 年的数据，中国的厨余垃圾产生量呈现出显著的增长趋势，已经达到了一个令人关注的水平。这意味着中国拥有大量的厨余垃圾资源可供利用。中国政府积极响应环保倡议，提出了厨余垃圾处理政策，旨在减少垃圾填埋和焚烧，鼓励资源化利用。这些政策的实施促进了厨余垃圾处理技术的发展和创新。同时，中国的生物塑料产业也在迅速崛起，政府支持生物塑料的研发和生产，将其视为可持续发展的重要领域之一。这些因素共同表明将厨余垃圾用于生物塑料生产的可行性和重要性，有望在未来推动相关技术和产业的发展，同时对中国的环境保护和资源利用产生积极影响。

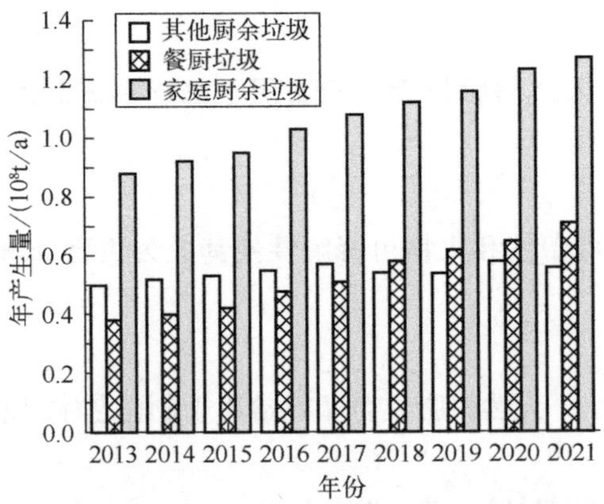

图 4-5　中国家庭厨余垃圾、餐厨垃圾以及其他厨余垃圾年产生量

厨余垃圾中存在大量有机废物，包括淀粉、蛋白质、脂肪等。淀粉是一种常见的有机废物，主要来自米饭、面条和面包等富含碳水化合物的厨余垃圾。蛋白质主要源自肉类、鱼类和蛋类等富含蛋白质的食品，脂肪则主要来自食用油和动植物脂肪。这些有机废物具有潜在的应用前景，淀粉可用于生产淀粉基生物降解塑料，而蛋白质和脂肪也可以通过适当的转化工艺用于塑料生产。这些废物的再利用不仅可以减少资源浪费，还有助于解决环境问题。

将厨余垃圾用于生物塑料生产具有可行性，这主要体现在以下几个方面：

① 资源可持续性。近年来厨余垃圾的产生量持续增加，特别是在城市地区。根据最新厨余垃圾产生量的数据，厨余垃圾的产生量已经达到了一个显著的水平。这意味着有足够的厨余垃圾资源可供利用，从而支持生物塑料的生产。

② 环境影响。厨余垃圾的处理方式通常为填埋和焚烧，会对环境造成一定的负面影响。将其转化为生物塑料可以减少对填埋和焚烧的需求，从而减少温室气体排放和土地资源的浪费，对环境具有积极影响。

③ 经济效益。利用厨余垃圾生产生物塑料可以带来经济效益。将厨余垃圾转化为有价值的塑料产品，不仅降低了垃圾处理的成本，还创造了就业机会和商业机会。

4.2.2　生物降解塑料的生产工艺

4.2.2.1　原材料转化

厨余垃圾中的有机物可以通过微生物发酵和生物转化等方法转化成生物降解塑料的原材料。这一过程通常包括以下步骤[图 4-6（a）]。

（1）厨余垃圾收集和分选

首先，从各个来源收集的厨余垃圾需要进行分选处理，去除可能的污染物和非有机成分，如塑料、金属和玻璃，以确保有机废物的纯度。

（2）厨余垃圾预处理

在这一步骤中，需要将厨余垃圾切碎、打碎或混合，以便更好地进行后续的微生物处理。这有助于提高有机物的表面积，使微生物更容易附着和分解有机物。

（3）微生物发酵

有机物被引入发酵罐中，与特定的微生物（通常是细菌或真菌）一起发酵。这些微生物会分解有机废物，将其转化为有用的化合物，如聚合单体或生物降解塑料的前体。这一发酵过程是关键的生产环节。

（4）发酵产物提取

发酵结束后，需要提取和纯化发酵产物，以获取生物降解塑料的原料。发酵产物包括单体或生物降解塑料的前体，它们需要经过进一步的处理和准备，以进行后续的聚合。

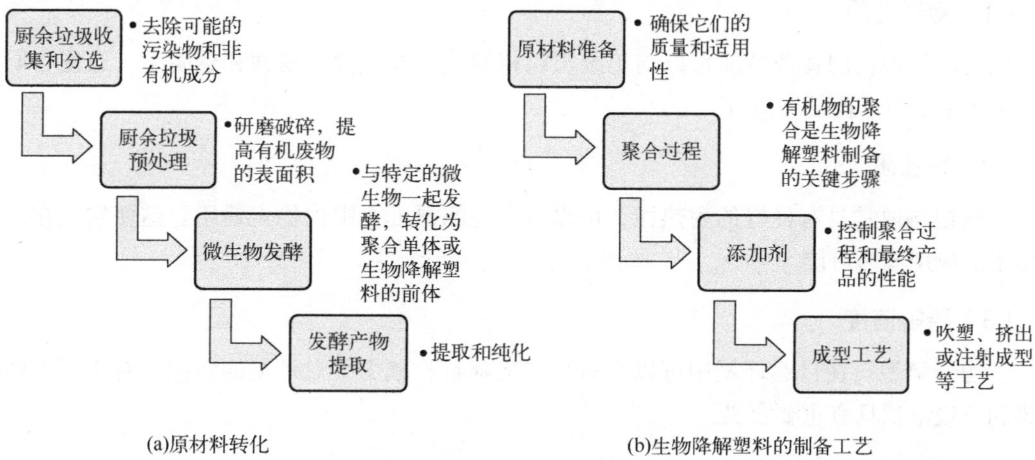

图 4-6　厨余垃圾转化为原材料制备生物降解塑料的工艺流程

4.2.2.2　生物降解塑料的制备工艺

生物降解塑料的制备工艺通常包括以下关键步骤[图 4-6（b）]。

（1）原材料准备

将厨余垃圾中的有机物转化为生物降解塑料的原材料后，还需要进行处理和纯化，以确保它们的质量和适用性。在某些情况下还需要进行酶处理，以将有机物转化为可用于聚合的单体。

（2）聚合过程

有机物的聚合是生物降解塑料制备的关键步骤。在聚合反应中，单体将连续连接，形成聚合物链。这一步骤通常需要特定催化剂的参与，以控制聚合反应的速度和选择性。

（3）添加剂

在聚合过程中，通常需要添加一些辅助材料，如生物催化剂或添加剂，以控制聚合过程和最终产品的性能。这些添加剂可以影响生物降解塑料的机械性能、耐热性和降解速度。

（4）成型工艺

生物降解塑料可以通过吹塑、挤出或注射成型等工艺制成各种形状和尺寸的制品。成型过程需要考虑生物降解塑料的特性，以确保最终产品的质量和性能。

4.2.2.3 生物降解塑料的性能和特点

由厨余垃圾作为原料制备得到的生物降解塑料具有一系列独特的性能和特点。

（1）物理性质

生物降解塑料的物理性质可以与传统塑料相媲美，如强度、韧性和透明度。这使它们在各种应用中具有广泛的适用性。

（2）热性质

这些塑料通常具有良好的耐热性，可以在一定的温度范围内稳定使用。这使它们在高温环境下的应用成为可能。

（3）降解速度

生物降解塑料在自然环境中可以相对较快地降解，减少了对环境的负担，对于减少塑料污染和垃圾堆积具有重要意义。

（4）耐用性

尽管生物降解塑料容易降解，但它们在特定条件下具有足够的耐用性，可以满足特定应用的需求。这使它们在一次性用品和包装领域广泛应用。

（5）环保特性

与传统塑料相比，生物降解塑料的生产和处理通常可以减少温室气体排放和污染物的产生，对环境更友好。这符合全球可持续发展的趋势。

随着对可持续性和环境问题的关注不断增加，厨余垃圾作为生物降解塑料的转化原料开始逐步成为主流，近年来在来源部分的占比逐步扩大。生物降解塑料在各种应用领域中的使用不断扩展，如食品包装、医疗器械、农业和日常消费品等领域，为厨余垃圾这种生物质原料的新型应用带来了新的发展机遇。

4.2.3 厨余垃圾转化技术的创新优势

厨余垃圾转化为生物塑料的创新技术在可持续性和环保性方面为环境管理带来了显著的

变革。以下为厨余垃圾转化生物塑料技术相对于传统技术的创新之处。

4.2.3.1 减少垃圾填埋和焚烧的需求

厨余垃圾转化为生物塑料的创新技术不仅在环保领域产生了积极影响，还改变了垃圾管理的范式。传统的垃圾填埋和焚烧处理方式可能导致温室气体排放和有害物质的释放，对环境造成负面影响。厨余垃圾转化为生物塑料的技术则更具可持续性，将有机废物转化为具有降解性能的塑料，从而减少了对填埋和焚烧的需求。

4.2.3.2 生物降解塑料对环境的影响

相比传统塑料，生物降解塑料对环境的影响更为有限，因为它们在自然环境中可以迅速降解，减少了长期的环境污染。尽管生物降解塑料在降解过程中产生的主要产物是二氧化碳和水，相对环保，但这些塑料的降解也可能会对土壤和水体产生一定影响，因此还需要进一步的生态风险评估和监测。

4.2.3.3 可持续性和未来发展

厨余垃圾转化为生物塑料的技术在可持续性和环保方面具有广阔的前景，但也面临一些挑战。随着技术的不断改进和创新，这些挑战将逐渐得到解决，同时推动这一领域的发展，包括更高效的转化工艺、更环保的生产方法以及改进的生物降解塑料性能。

通过上述创新优势，厨余垃圾转化技术将提高厨余垃圾的可持续管理效率并推动生物降解塑料的广泛应用，有助于实现更环保的垃圾处理和减少塑料污染的目标。这一创新途径为可持续发展提供了新的机会，将在未来的环保领域发挥重要作用。

4.2.4 成功案例和应用领域

4.2.4.1 国际代表性项目

在全球范围内，已经涌现出多个成功的厨余垃圾转化为生物塑料的项目，这些项目不仅在技术方面取得了显著突破，还在商业应用领域产生了深远影响。

以下是一些国际上的代表性项目。

（1）加拿大多伦多生态岛项目

位于加拿大多伦多的生态岛项目是一个厨余垃圾转化为生物塑料的成功案例。该项目采用了高效的有机废物转化技术，将厨余垃圾中的有机物转化为生物降解塑料原料。这些塑料原料随后用于制造可生物降解的包装材料，为多伦多地区的食品行业提供了可持续的包装解决方案。

（2）荷兰生态循环项目

荷兰的生态循环项目是一个综合性的生活垃圾管理方案，包括厨余垃圾的处理。该项目通过生物转化技术将厨余垃圾中的有机废物转化为生物降解塑料和生物天然气。这些生物降解塑料被广泛用于零售包装和农业领域。

（3）日本生态社区项目

日本的一些生态社区项目旨在通过将厨余垃圾转化为生物塑料来推动可持续发展。这些项目采用了先进的有机废物处理技术，将厨余垃圾中的有机废物转化为可降解的生物塑料原料，供当地企业使用，从而实现了资源的循环利用并减少了塑料垃圾的产生。

（4）美国生物塑料创业公司

在美国，一些初创公司专注于将厨余垃圾转化为高性能生物塑料。这些公司采用先进的生物技术和生物降解技术，将有机废物转化为生物塑料原料，并成功应用于包装、医疗器械和汽车行业。

4.2.4.2 相关政策

此外，除了国际项目的落成，还有许多国家越来越重视这方面的发展，开始陆续颁布相关政策。

（1）日本的生活垃圾转化计划

日本是一个资源有限但高度发达的国家，因此发展将厨余垃圾转化为生物塑料的项目具有重要意义。该计划整合了多种技术，如高温厌氧消化和微生物降解，将厨余垃圾转化为可降解塑料原料，供生产生态友好包装和耐用消费品使用。

（2）欧洲的生态包装项目

在欧洲，一些国家和企业积极推动生态包装材料的研发和应用。通过将厨余垃圾中的有机物质提取和转化，这些项目生产可降解的塑料包装，例如生物降解的食品袋和一次性餐具。

（3）美国的城市可持续发展倡议

在美国，一些城市和地方政府积极推动可持续发展倡议，其中包括将厨余垃圾转化为生物塑料的项目。这些项目不仅减少了垃圾填埋和焚烧的需求，还为当地创造了绿色就业机会。

（4）加拿大的循环经济模型

加拿大的一些地区采用了循环经济模型，旨在实现资源的最大化利用。这些地区通过将厨余垃圾转化为生物塑料，提高了资源的回收率，减少了环境污染。

4.2.4.3　商业应用的实际案例与应用领域

将厨余垃圾转化为生物塑料不仅仅是一种科研领域的创新，还在商业应用领域取得了显著进展。以下是更多商业应用的实际案例与应用领域。

（1）生态友好包装材料

厨余垃圾转化的生物塑料广泛用于食品包装领域。这些可降解的包装材料可以在使用后迅速降解，减少了塑料垃圾对环境的影响。许多食品企业采用这种可持续的包装解决方案，以满足环保要求。

（2）农业和园艺应用

厨余垃圾转化的生物塑料用于制造农业用品，如覆盖膜、育苗盘等。这些产品有助于提高农业生产的可持续性，并减少了传统塑料在农业领域的使用。

（3）环保消费品

厨余垃圾转化的生物塑料还用于生产各种环保消费品，例如生物降解的一次性餐具、生态友好的袋子和包装材料。这些产品的市场需求逐渐增加，推动了生物塑料产业的发展。

（4）3D 打印材料

生物塑料也在 3D 打印领域崭露头角。其可塑性和可降解性使其成为制造生态友好和可自行分解的打印产品的理想选择。一些创新企业已经开始尝试将厨余垃圾转化为 3D 打印材料。

这些案例突出了厨余垃圾转化为生物塑料的商业前景和环保潜力，同时也强调了将垃圾转化为资源的可行性和益处。

4.2.5　挑战和未来展望

4.2.5.1　挑战

将厨余垃圾转化为生物塑料的技术虽然有巨大的潜力，但也面临着一系列技术挑战和障碍，这些问题的深层次原因值得深入剖析。

（1）成本问题

成本问题是厨余垃圾转化为生物塑料领域的首要挑战。成本高昂的生产过程和原材料采购是其中的主要原因。厨余垃圾的处理、分离和转化为原材料需要耗费大量资源和能源。此外，生物降解塑料的生产工艺也需要高投资，从而使得生物塑料的市场价格较高。

解决之道：技术创新和规模化生产是应对成本问题的关键。研究开发更高效的垃圾处理和塑料制备技术，降低生产成本，将使生物塑料更具竞争力。政府和产业界可以提供资金支持和激励措施，以推动技术创新和投资。

（2）垃圾分类和处理

厨余垃圾的有效分类和处理是将厨余垃圾转化为生物塑料的关键步骤。不同地区的垃圾分类标准和设施不一致，这使得获取高质量的厨余垃圾原料变得更加复杂。而且，垃圾分类系统的投资和维护也需要相当的资源。

解决之道：改进垃圾分类标准和设施，提高分类效率，确保高质量的厨余垃圾供应，是解决这一问题的关键。政府可以颁布相关法规，推动垃圾分类的普及和改善，以支持生物塑料产业的可持续发展。

（3）规模化生产问题

许多厨余垃圾转化项目目前仍然处于试验阶段，而要实现规模化生产，需要克服技术和资金上的挑战。从试验阶段到大规模生产的转变需要时间和资源。

解决之道：持续的研发和工程创新是实现规模化生产的关键。政府、研究机构和产业界可以合作，共同推动技术成熟度和产能的提高。投资和风险分担机制也可以鼓励更多的企业参与规模化生产，降低创新和市场风险。

4.2.5.2 建议

面对这些问题与挑战，为了实现从厨余垃圾到生物塑料的可持续发展，以下是一些相关建议，这些建议不仅可以解决问题，还能带来长期的可持续性和环境效益。

（1）政策支持

生物塑料产业需要政府的积极支持，包括法规制定、税收政策、补贴和贷款担保等政策措施。政府可以制定更多支持生物塑料产业的政策，例如降低生产环节的税收负担，提供创新和技术研发的奖励，制定垃圾分类和资源回收的强制性法规等。政策支持将有助于生物塑料产业的快速发展，推动技术创新，降低生产成本，提高市场竞争力。政府应该积极制定并执行有关生物塑料生产、使用和回收的法规。这些法规包括生产过程的环保标准、塑料制品的标签和认证要求以及塑料垃圾的分类和回收指导。

强制性法规可确保生物塑料的质量和可降解性能，并鼓励企业采用更环保的生产和处理方法。政府还可以通过降低生产环节的税收负担，减少企业的生产成本，如制定减税或免税政策，鼓励生物塑料原材料的生产和采购。提供创新和技术研发的奖励，鼓励企业投入更多资源进行生物塑料相关的研究和开发。这有助于推动技术创新，提高产品质量。

政府也可以提供生物塑料产业的发展补贴，以鼓励企业投资生产设备和基础设施，这有助于扩大产能和提高生产效率；提供贷款担保或低息贷款帮助企业融资生物塑料项目，有助于减轻企业的资金压力，促进产业的长期发展。

此外政府可以设立研发基金，资助生物塑料相关技术的研究和创新，这将有助于推动新技术的出现，降低生产成本。支持建立研发中心和实验室，鼓励企业与研究机构合作，共同探索生物塑料领域的前沿技术。教育和宣传活动可以提高公众和企业对生物塑料的认知和理解。政府可以支持这些活动，促使更多人采用可持续的塑料制品并养成垃圾分类习惯。政府还可以与行业协会和非营利组织合作，共同推动生物塑料产业的可持续发展。

政府的积极支持不仅有助于生物塑料产业的繁荣，还有助于减少传统塑料污染和垃圾问题。通过合理的政策措施，政府可以引导产业向更加环保和可持续的方向发展，为社会和环境带来更多益处。

（2）国际合作

厨余垃圾与塑料污染问题是全球性的挑战，需要国际合作来寻找解决方案。国际组织、研究机构和产业界可以加强合作，共享技术和经验，共同应对厨余垃圾与塑料污染问题。通过国际合作，可以实现资源的跨境流通，促进技术创新和标准的制定。国际组织和研究机构可以建立全球性的技术合作网络，共享最佳实践、研究成果和技术创新。这有助于加速厨余垃圾转化技术的发展，减少冗余研究，提高效率。跨国企业可以参与技术合作项目，共同开发新的垃圾处理和生物塑料生产技术。这不仅能够推动技术创新，还有助于建立国际标准，提高行业整体水平。

国际合作还可以促进资源的跨境流通。厨余垃圾转化项目通常需要大量的垃圾原料，而一些地区可能资源紧缺。国际合作可以帮助解决资源不平衡的问题，确保原材料的供应稳定性。合作伙伴国家可以签署协议，建立资源共享机制，使资源跨境流通更加便捷和高效。这有助于减少对垃圾填埋和焚烧的需求，推动生物塑料的可持续发展。

国际合作还可以推动国际标准和法规的制定。制定统一的标准有助于确保生物塑料的质量和可降解性能，并促进产品的国际贸易。合作伙伴国家可以共同制定和遵守环境法规，以减少塑料污染和垃圾填埋。这将有助于改善全球环境状况，降低生态风险。

通过国际合作，可以加快解决厨余垃圾与塑料污染问题的步伐，实现资源的可持续利用，减轻环境负担，为全球环境保护和可持续发展做出更大的贡献创造更清洁、更绿色的世界。

（3）厨余垃圾分类和公众教育

厨余垃圾分类和公众教育是实现垃圾转化的关键步骤，但这需要时间和资源。政府和非政府组织可以加强垃圾分类设施的建设和改进，并进行相关教育宣传活动。公众教育和参与可以提高垃圾分类的效率，增加可回收垃圾的供应。政府可以投资建设更多的垃圾分类设施，如垃圾回收站和有机废物处理设施。这些设施可以提供更多的垃圾分类选项，方便居民分门别类地投放垃圾。对于有机废物处理设施，政府可以推动更多的城市采用生物降解技术，将厨余垃圾转化为有机肥料或生物能源，减少填埋和焚烧的需求。

政府和非政府组织可以联合开展垃圾分类和厨余垃圾转化的教育宣传活动。例如，举办垃圾分类培训班、发布宣传资料和开展社区宣传活动；通过各种媒体渠道，如电视、广播、社交媒体和户外广告，宣传垃圾分类和厨余垃圾转化的重要性。教育宣传活动有助于提高公众的垃圾分类意识。政府还可以实施奖励和激励措施，以鼓励居民积极参与垃圾分类和厨余垃圾转化，如给予分类合格的家庭一定的奖励或减免垃圾处理费用。学校和社区组织可以开展垃圾分类竞赛和奖项计划，激发学生和社区居民的积极性，推动垃圾分类行动。

政府和相关机构应该建立监测体系，跟踪垃圾分类和厨余垃圾转化的效果。这有助于及时发现问题并采取改进措施。政府可以设立垃圾分类和厨余垃圾转化的热线和在线平台，供居民反馈问题和提出建议。

政府和非政府组织可以与其他国家和地区分享成功的垃圾分类和厨余垃圾转化经验。这有助于借鉴其他地方的实践经验，提高我国的垃圾管理水平。垃圾分类和公众教育是实现垃圾转化的关键步骤，需要政府、非政府组织和社会各界的合作。通过加强设施建设、教育宣传和激励措施，我们可以提高垃圾分类的效率，减少可回收垃圾的浪费，为垃圾转化技术提供更多可持续的原材料，从而减轻垃圾填埋和焚烧的压力，减少塑料污染，推动生物塑料产业的发展。

（4）投资和创新

规模化生产需要加大创新研发力度和大量的资金投入。政府可以设立专项资金，用于支持生物塑料产业的创新和发展。这些资金可以用于研究项目、技术开发、设备采购等方面。对于生物塑料产业相关企业，政府可以提供税收优惠政策，降低其生产成本，如减免关税、税收抵免等。政府还可以设立创新基金，用于支持生物塑料技术的研发和推广。这些基金可以提供资金支持和技术指导，帮助企业克服技术难关。企业可以积极寻求风险分担合作伙伴，如科研机构、投资机构等，共同承担研发和创新的风险。这有助于降低企业的创新成本和风险。

国际组织和产业界可以加强国际合作，共享技术和经验。这有助于加速生物塑料产业的发展，推动全球可持续发展目标的实现。企业可以积极参与国际合作项目，获取国际市场的机会和资源。同时，企业也可以分享自身的技术和经验，促进全球生物塑料产业的共同进步。

政府和企业可以加强生物塑料领域的人才培训和引进工作。培养更多的专业人才，提高行业的技术水平。鼓励高校和研究机构加强与产业界的合作，推动科研成果的转化和应用。

4.2.5.3 未来展望

未来，随着上述措施的实施，以及各项新兴技术的突破，我们可以期待厨余垃圾转化技术在以下方面的发展与成果。

（1）可持续发展

这一可持续发展前景将为全球塑料产业带来深远的变革。生物塑料产业的崛起将减少对有限的石油等矿产资源的依赖，从而缓和因资源争夺而引发的地缘政治紧张局势。随着生物塑料的广泛应用，传统塑料生产将逐渐减少，从而减少温室气体的释放，有助于全球应对气候变化挑战。

此外，生物塑料产业的蓬勃发展将催生新的就业机会和经济增长点。在生物塑料生产、垃圾分类、回收和再利用等领域，将需要大量专业人才和技术工作者。这将有助于改善就业市场，提高劳动力技能水平，并为创新和绿色经济的发展创造更多机会。

国际合作将在这一进程中发挥关键作用。各国政府和国际组织可以共同制定标准和法规，确保生物塑料产业的可持续性和质量。技术交流和共享经验将加速创新步伐，使生物塑料技术更加成熟和高效。同时，跨国企业的合作将促进资源的跨境流通，实现全球生物塑料市场的互通互济。

在未来，生物塑料产业有望成为全球经济可持续发展的标志性产业之一，为环境、社会和经济可持续发展做出积极贡献。通过政策支持、国际协作和社会参与，可以实现从厨余垃圾到生物塑料的转化，创造更加美好和可持续的未来。这一产业有望成为传统塑料产业的主要替代品，从而减少对石油等有限资源的依赖，降低碳排放，推动环境可持续发展。

（2）增加应用领域

在未来，随着厨余垃圾转化生物塑料技术的不断成熟和厨余垃圾资源供应源的增加，我们可以期待生物塑料在更广泛的应用领域发挥关键作用。

1）农业领域

生物塑料可以用于制造可降解的农业膜、肥料包装和温室材料。这将减少传统塑料在农业中的使用，降低对土壤和水体的污染风险，促进可持续农业实践的发展。

2）建筑领域

生物塑料可以用于制造建筑材料，如隔热材料、隔声材料和墙板。这将有助于提高建筑的能源效率，减少建筑废物的产生，并推动绿色建筑行业的发展。

3）医疗领域

生物塑料在医疗设备、一次性用品和生物医学应用方面具有巨大潜力，可以用于制造生物降解的医疗包装、可植入的医疗器械和医用耗材，有助于减少医疗废物的产生，提高医疗设备的安全性。

4）汽车工业

生物塑料可以用于汽车内饰、隔音材料和零部件制造。这将有助于汽车工业减少碳排放，提高燃油效率，并推动电动汽车和可再生能源的应用。

5）电子产品

生物塑料可以用于生产电子产品的外壳、线缆和绝缘材料。这将有助于减少电子废物的产生，提高电子产品的可持续性。

6）航空航天领域

生物塑料在航空航天领域的轻量化材料、隔热材料和零部件制造中具有潜力，有助于减轻飞机和航天器的质量，提高燃油效率，减少碳排放。

总的来说，生物塑料将为各个领域提供可持续的替代方案，有助于实现全球可持续发展目标。随着技术的不断进步和社会对可持续发展的日益重视，我们可以期待生物塑料在更多领域中发挥作用，为环境、社会和经济带来积极的影响。

（3）减少环境污染

厨余垃圾转化为生物塑料技术的不断成熟，会促使生物降解塑料的广泛应用，从而减少环境污染。

1）减少塑料污染

随着生物降解塑料的广泛应用，传统塑料在环境中的积累将减少，这对生态系统将产生巨大的益处。

2）促进土壤健康

生物降解塑料可降解为有机物，改善土壤质量。这有助于农业和生态系统的恢复，提高土壤的肥力和水分保持能力。

3）净化水体

生物降解塑料的使用将减少微塑料颗粒进入水体的机会，有助于维护水体的健康，保护淡水和海洋生态系统。

4）促进生态系统恢复

生物降解塑料的应用将有助于受损生态系统的恢复，如森林、湿地和沿海生态系统；有助于提高生态多样性，促进野生动植物的栖息地恢复。

5）塑料循环经济

生物降解塑料可以与垃圾分类和资源回收相结合，创建塑料循环经济。这将有助于最大限度地减少垃圾，减少资源浪费，推动可持续发展。

6）国际合作

国际社区可以加强合作，共同制定生物降解塑料的标准和法规，以确保其在全球范围内的有效应用，推动全球环境保护和可持续发展。

总之，生物降解塑料的广泛应用将在未来减少塑料污染，改善土壤和水体健康水平，促进受损生态系统的恢复，并推动全球环境保护。这对于保护地球的生态平衡和可持续发展至关重要。

（4）创新技术解决方案

未来的创新解决方案将在实现更高效的垃圾转化和减少塑料污染方面发挥关键作用。

1）高效的垃圾分类系统

创新的垃圾分类系统可以更准确地将厨余垃圾与其他废物分开，提高可回收资源的回收率。智能感应设备和数据分析技术可以用来监测和管理垃圾分类过程，从而提高效率。

2）经济高效的生产技术

未来的技术改进将有助于降低生物塑料的生产成本，包括原材料获取、聚合过程和成型工艺的改进。这将使生物塑料更具竞争力，促进其广泛应用。

3）循环经济模型

更完善的塑料循环经济模型通过回收和再利用塑料垃圾来减少资源浪费，实现“零废弃”和可持续生产。

4）国际合作的拓展

未来，国际合作将更加紧密，共同应对全球性的厨余垃圾和塑料污染问题。国际组织、研究机构和产业界将共享技术、经验和实践成果，加速问题解决的步伐。

5）政策和法规的演进

创新的政策和法规将鼓励更多的企业和机构参与生物塑料产业，并确保其可持续性，如激励措施、税收政策和环境标准的制定。

总之，未来的创新解决方案将为厨余垃圾转化技术提供更高效、更经济、更可持续的解决方案。这将有助于克服技术和政策挑战，为实现更可持续的未来铺平道路，减少厨余垃圾与塑料污染问题的影响。随着各方共同努力，厨余垃圾转化为生物塑料的技术将迎来广阔的发展前景，有望为全球环境保护和可持续发展目标的实现做出积极的贡献。这一领域的持续创新和合作将推动塑料产业向更加可持续和环保的方向发展。

4.3　生物基塑料的应用领域与技术更新

4.3.1　食品包装领域

食品包装领域是生物基塑料应用的一个关键领域。生物基塑料因其天然来源和可降解性，被广泛用于食品包装，如一次性餐盒、餐具、食品袋等。这些材料不仅有助于减少塑料污染，还能保持食品的新鲜和安全。最新的技术更新包括可食用包装材料，如可食用膜，可以包裹食品，提升保鲜效果，并在消费后降解为无害的物质。此外，抗菌生物基塑料的研究也取得了重要进展，有助于延长食品的保质期和提高卫生标准。

4.3.1.1　一次性餐盒和餐具

优点：生物基塑料一次性餐盒和餐具具有良好的可降解性，可以减少对塑料垃圾的负面影响，降低了对环境的污染；此外，这些生物基材料安全性高，通常可与食品直接接触，不会释放有害物质。

缺点：相对传统塑料，生物基塑料的生产成本通常较高，这可能会影响到产品价格和市场竞争力；此外，生物基塑料的耐热性和机械性能可能较差，不适用于高温或高强度需求的食品包装。

4.3.1.2　可食用包装材料

1）优点

可食用包装材料具有独特的优势，不仅可以延长食品的保质期，还能够减少包装垃圾的产生；消费者可以放心食用这些包装材料，因为它们通常由可食用成分制成，无害于人体。

2）缺点

可食用包装材料的技术研发和生产成本较高，导致产品价格相对昂贵；此外，目前这些材料的应用还受到一定的限制，需要更广泛的市场推广。

4.3.1.3 抗菌生物基塑料

1）优点

抗菌生物基塑料在食品包装中具有独特的卫生优势，可以抑制细菌的生长，提高食品的安全性和延长保质期，这对于生鲜食品包装特别重要，有助于降低食品腐败的风险。

2）缺点

与传统塑料相比，抗菌生物基塑料的成本可能较高；此外，一些抗菌剂可能会引发抗药性细菌的问题，需要谨慎使用。

抗菌生物基塑料的抗菌原理通常涉及添加抗菌剂或使用特殊的抗菌材料。这些抗菌剂可以杀死或抑制微生物的生长，从而减少食品包装表面的微生物污染，降低食品腐败和食源性疾病的风险。抗菌生物基塑料的抗菌效果主要取决于所使用的抗菌剂种类和浓度。图 4-7 为食品包装的屏障功能和环境中存在的食品安全危险剂，以及增强屏障材料技术的原理（书后另见彩图）。

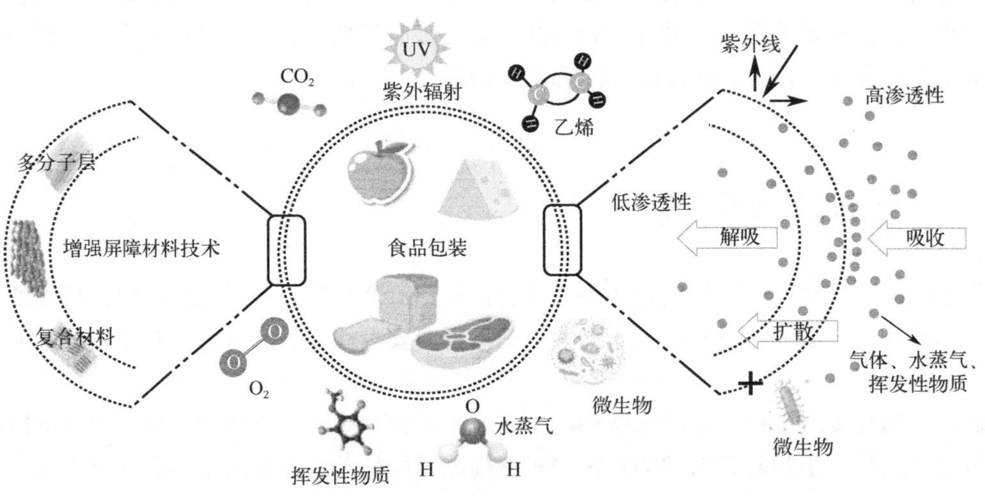

图 4-7　食品包装的屏障功能和环境中存在的食品安全危险剂，以及增强屏障材料技术的原理

抗菌效果通常通过细菌数量的减少与保质期的延长来衡量，例如抗菌生物基塑料能够显著降低食品包装表面细菌的数量，减少微生物引发的食品污染，从而延长食品的保质期，减少食品浪费。

抗菌生物基塑料中常用的抗菌材料包括：

① 银离子抗菌剂，银离子是一种常用的抗菌剂，因对多种微生物具有抑制作用而广泛应

用于生物基塑料中；

② 纳米级抗菌材料，如纳米银颗粒、纳米二氧化硅等，因其高表面积和抗菌效果而在生物基塑料中得到应用；

③ 天然抗菌材料，如茶树油、蜂蜜等，也可以用于制备抗菌生物基塑料，它们具有天然的抗菌性能。

总的来说，抗菌生物基塑料通过添加抗菌剂或使用抗菌材料，有效地减少了食品包装表面微生物的污染，提高了食品的安全性并延长了食品保质期。这些材料在食品包装中的应用将继续得到发展和改进，以满足不断增长的食品安全需求。

在食品包装领域，生物基塑料的优点在于可降解性和环保性，能够减少对环境的负面影响。然而，其相对较高的成本以及一些性能限制仍需要克服。未来的技术创新和市场发展将有助于进一步提高生物基塑料的应用性能。

4.3.2　医疗领域

生物基塑料在医疗领域有着重要的应用，这些应用对患者的健康和治疗效果有着积极的影响，并推动了医疗领域的技术革新。图 4-8 展示了生物降解塑料在医疗领域的发酵、产生、合成、降解流程[以聚（3-羟基丁酸-共-3-羟基戊酸酯）（PHBV）为例]。

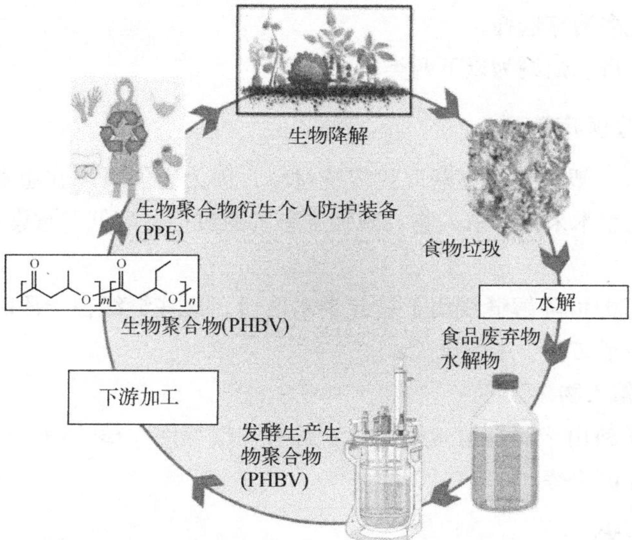

图 4-8　生物降解塑料在医疗领域的发酵、产生、合成、降解流程（以 PHBV 为例）

生物基塑料在医疗领域的应用对传统医学材料领域造成了极大的冲击并推动了技术革新，主要体现在以下方面。

4.3.2.1 医疗设备

生物基塑料在医疗设备中具有良好的生物相容性，不会引发过敏或排斥反应。这意味着患者可以更安全地使用医疗设备，减少了并发症的风险。生物基塑料的广泛应用推动了医疗设备的创新和改进，增强了耐用性和舒适性，使其更符合患者的需求。

4.3.2.2 医疗包装

医疗包装中的生物基塑料可以确保药品和医疗器械的纯度和安全性，有助于防止污染和交叉感染。生物基塑料的使用提高了医疗包装的保鲜性能，延长了药品的保质期，有助于提供更高质量的医疗服务。

4.3.2.3 生物医学用途

生物基塑料用于生物医学领域，如植入物、人工器官等，通常具有可注射性和生物相容性。这些特性确保了植入物的适应性和耐受性。生物基塑料的应用推动了生物医学技术的进步，为患者提供了更多治疗选择。

具体的技术更新可以归纳为以下两类。

（1）生物可吸收医疗塑料

生物可吸收的医疗塑料正在逐渐取代传统材料，因为它们可以在患者体内安全分解。这意味着患者无需二次手术来移除植入物，减轻了患者的负担，降低了感染和排斥的风险。

1）可降解缝线

生物基塑料制造的可降解缝线用于缝合手术伤口。这些缝线在一段时间后会自行吸收，无需手术去除，减少了二次手术的风险。

2）生物可吸收植入物

生物可吸收的塑料用于制造植入椎间盘、骨折支架等医疗植入物，它们可以在体内逐渐降解，为骨骼修复提供支持。

（2）3D 打印技术

3D 打印技术在医疗领域得到了广泛应用，可以用于制造个性化医疗设备和体内植入物。生物基塑料在 3D 打印中的使用使得医疗器械和植入物的定制变得更加容易。这种个性化的方法有助于提高手术的成功率和患者的生活质量。例如，利用 3D 打印技术，用生物基塑料可以制造出个性化的义肢，确保患者获得最佳的适配性和舒适度。

生物基塑料在医疗领域的不断创新和应用将有助于提高医疗设备的安全性、效率和个性化程度，为患者提供更好的医疗体验。未来，我们可以期待更多的生物基塑料技术更新，为医疗领域带来更多可能性。

4.3.3 农业与园艺领域

农业和园艺领域对生物基塑料的需求持续增加，这些材料在多个应用领域中发挥着关键作用，具有显著的环境和经济优势。图 4-9 展示了生物基塑料在农业与园艺领域的应用与优势。

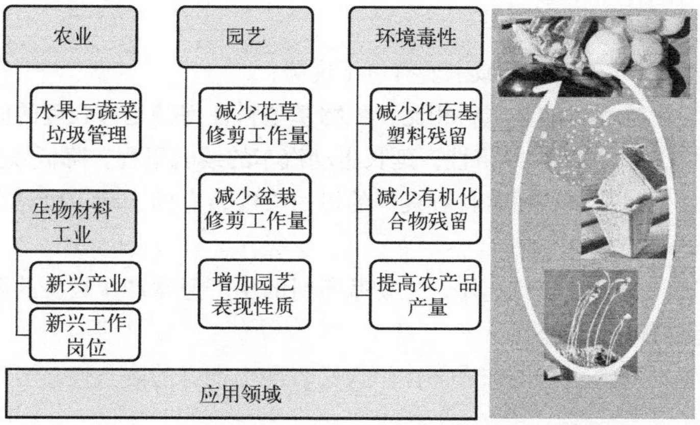

图 4-9 生物基塑料在农业与园艺领域的应用与优势

（1）温室覆盖膜

生物基塑料覆盖膜具有良好的耐候性，能够有效保护作物不受恶劣天气影响。此外，生物基塑料覆盖膜由淀粉制成，可在使用后自然降解，不留下有害残留物，减少了废弃覆盖膜对土地的污染。荷兰农民普遍采用生物基塑料覆盖膜，既为作物提供了良好的环境条件，又减少了废物处理成本。

（2）种植容器

生物基塑料种植容器有助于植物的生长，其可降解性可减少移栽时对植物的干扰，有助于提高种植效率。生物基塑料种植容器由 PLA 等材料制成，不仅具有生物降解性，还能控制适当的温度和湿度。加拿大的果园基本使用 PLA 容器，可直接埋入土壤中，减少了废物产生。此外，在生物基塑料中添加生长促进剂，如有机肥料和土壤改良剂，可改善土壤质量、提高农产品产量，并减少作物对农药和化肥的依赖。例如，使用添加了生长促进剂的生物基塑料种植容器已成功改善了玉米和大豆的产量。

（3）农业包装

生物基塑料用于农产品包装，有助于延长食品的保鲜期。它们可替代传统的塑料包装，减少环境负担。欧洲的有机农场广泛采用生物基塑料包装，例如，可降解的玉米淀粉袋用于包装蔬菜和水果，不仅减少了塑料垃圾，还保持了产品的新鲜度。

一些生物基塑料具有抗生物降解性能，可用于长期保护作物。这对于需要长时间保鲜或运输的产品非常有用。生物基塑料包装被广泛用于出口农产品的包装，如牛肉和羊肉，可在长途运输中保持食品的新鲜度，减少损耗。

综上所述，农业和园艺领域中的生物基塑料应用有望继续增长，并在提高农业可持续性、减少环境影响以及改善食品产量方面发挥关键作用。技术更新将进一步提高这些应用的效率和环保性，为农业行业带来更多创新的解决方案。

4.3.4 汽车工业领域

生物基材料应用于汽车工业领域主要有以下优势：

① 轻质化。与传统的石油基塑料相比，生物基塑料在保持足够强度的同时更轻，可以显著降低整车的总质量，提高燃油经济性，延长电动汽车的续航里程，降低碳排放。

② 可回收性。生物基塑料通常具有良好的可回收性，有助于减少废弃车辆的环境影响，并支持可持续的汽车制造。

③ 降低碳足迹。与传统塑料相比，生物基塑料的生产通常产生较少的温室气体排放，有助于减轻汽车制造的环境影响。

④ 耐久性。生物基塑料在内饰零部件中通常表现出良好的耐久性，可以满足日常使用需求和承受环境暴露。

汽车制造业采用生物基塑料的趋势在不断增加，特别是在制造内饰零部件方面。

大众汽车是采用生物基塑料的典型案例之一。该公司在内饰零部件中广泛采用生物基塑料，如可降解的仪表板和门板，旨在减轻车辆负荷，提高燃油效率，同时也减少了对传统石油基塑料的依赖。大众汽车还在可持续性方面取得了重要进展，通过与生物塑料供应商的合作，积极推动生物基塑料的研发和应用。

生物基塑料在汽车制造业中的应用不仅限于内饰零部件，还包括车身构件，如保险杠和车灯外壳。

特斯拉是一个采用生物基塑料制造车身构件的显著案例。该公司的一部分 Model S 电动汽车采用生物基塑料制造车身构件，如保险杠，旨在减轻整车负荷，从而提高电池续航里程，提高车辆的燃油经济性。这一创新举措突显了特斯拉对可持续性和环保的重视，以及生物基塑料在汽车制造中的潜力。

总之，汽车制造业正在积极采用生物基塑料，特别是在内饰零部件与车身构件方面，以降低环境影响、实现可持续发展，并提供轻质、可回收和耐久的解决方案。生物基塑料在汽车制造业中的广泛应用不仅有助于改善车辆的性能和环保性，还为汽车制造商提供了更多创新的机会，以满足可持续发展和消费者的需求。这些努力有望推动整个汽车工业向更环保和可持续的未来迈进。

生物基塑料的新型技术在汽车工业领域的应用与革新，重点突破在新型增强碳纤维生物基材料、生物基涂层和生物基密封材料上。

碳纤维增强生物基塑料是一项备受关注的新技术，具有许多潜在优势。这项技术旨在改善生物基塑料的力学性能，特别是强度和刚度，使其更适合用于汽车工业中的高强度零部件制造。

雅马哈汽车公司的合作项目是一个引人瞩目的案例。他们正在积极开发碳纤维增强生物基塑料，以用于摩托车和轻型车辆的部件制造。通过将碳纤维这一轻质且高强度的材料与生物基塑料结合使用，来实现材料性能的双重提升，即提高强度和刚度，同时减轻整车重量，从而提高车辆的燃油效率，延长电动汽车的续航里程，并减少尾气排放。

碳纤维增强生物基塑料的研发不仅有助于提高材料性能，还为汽车制造商提供了更多创新的机会，如设计更轻量化的零部件，同时确保其强度能够满足安全和性能标准。这一技术更新将有助于加速汽车工业的可持续转型，使其更加环保和具有竞争力。

另一项新型技术是使用可再生资源制造生物基涂层和生物基密封材料，它们在汽车制造中具有重要的可持续性优势。这些材料的制备和应用可以减少对有限化石燃料资源的依赖，同时在维护和修复过程中更容易回收和再利用，减少了废物的产生。

雪佛龙公司引入了生物基密封材料，将其用于汽车的润滑和密封应用。这些生物基密封材料部分由可再生资源制成，这意味着它们的生产对环境的影响较小，还能减少对传统石油基材料的依赖，有助于降低碳足迹，促进可持续发展目标的实现。

此外，生物基涂层和生物基密封材料的可再生性使得它们更容易在车辆维护和修复过程中进行回收和再利用，减少了废弃材料的产生，并有助于实现循环经济的理念。汽车制造商可以更好地管理资源，并减少对新原材料的需求，从而推动整个行业朝着更加可持续的方向迈进。这一技术更新不仅有利于环境，还有助于降低生产成本，提高企业的竞争力。

综上所述，生物基塑料在汽车工业中的应用不仅有助于降低车辆的环境影响，还能提高燃油效率和可持续性。技术更新，特别是碳纤维增强生物基塑料的发展，将进一步推动这一趋势，为汽车行业带来更多的创新和可持续解决方案。

4.3.5 建筑与建材领域

建筑业中的生物基塑料应用对于减少环境影响和提高建筑的可持续性至关重要。地板材料是建筑业中生物基塑料应用的重要领域。生物基地板具有更好的耐候性和耐磨性，能够承受日常使用和各种气象条件的考验，且不易磨损或受损，可延长地板的使用寿命，降低地板更替频率，从而减少对新地板材料的需求，有助于减少资源消耗和废物产生。另外，一些生物基地板具有抗菌性能，能够抑制细菌和真菌的生长，有助于维护室内环境的卫生，特别是在医疗机构、食品加工厂和儿童游乐区等场所。

Armstrong Flooring 公司采用生物基塑料制造了 Bio-Floor™生物基地板，其中一部分由可再生资源制成，如玉米淀粉。这些地板材料是可持续建筑的理想选择，具有多重优势：

① 环保性，制造这些地板所使用的可再生资源降低了对石油等有限资源的依赖，减少了碳排放；

② 耐用性，Bio-Floor™ 生物基地板具有优良的耐磨性和耐用性，可承受高流量区域的使用，例如商业建筑中的走廊和商店；

③ 健康和安全，该地板的挥发性有机物（VOCs）排放少，有助于维持室内空气质量，保证建筑物内部人员的健康和安全。

总之，生物基地板材料在建筑业中有望广泛应用，这些材料的优越性能可满足可持续建筑的需求，推动建筑业向更加环保和可持续的方向发展。

生物基绝缘塑料在建筑业中的应用具有多重优势：

① 良好的隔热性能。生物基绝缘塑料通常具有出色的隔热性能，可降低建筑物对外部温度变化的敏感度。这有助于减少能源消耗和暖通空调系统的负荷，从而提高建筑的能源效率。

② 环保性。与传统的石油基绝缘塑料相比，生物基绝缘塑料更环保。它们通常由可再生资源制成，减少了对有限资源的依赖，降低了碳足迹。

③ 室内空气质量友好。生物基绝缘塑料的使用有助于维护室内空气质量。这些材料的VOCs排放通常较少，减少了对室内环境的污染和影响。

BioPCM®是一种生物基相变塑料，用于建筑的隔热和节能。它的工作原理是吸收和释放热量，帮助维持室内温度的稳定。BioPCM®可以储存过多的热量，并在需要时释放。这意味着在夏季，它可以吸收白天建筑内部的热量，然后在夜晚释放，减少了冷却负荷。同样，冬季时它可以吸收太阳能或加热设备产生的热量，并在需要时释放，减少了供暖负荷。BioPCM®还有助于维持室内温度的稳定性，减少温度波动，从而提供更加舒适的室内环境，降低暖通空调系统的运行频率。BioPCM®通过降低对加热和冷却的依赖，来降低建筑的能源消耗和能源成本。

总之，生物基绝缘塑料的应用有助于提高建筑的能源效率、减少环境影响，并创造更加宜居的室内环境。这些材料在建筑业中的广泛应用有助于推动建筑行业朝着更加环保和可持续的方向发展。

生物基涂料在建筑领域的应用与生物基绝缘塑料具有相似优势。

① 良好的耐候性。生物基涂料通常能够抵御自然界的侵蚀，如紫外线、风雨、温度变化等，有助于延长建筑物的使用寿命，降低维护和修复成本。

② 抗污性能。生物基涂料通常具有出色的抗污性能，可减少表面的污染和清洁频率，保持建筑外观的清新。

③ 低VOCs含量。生物基涂料通常含有较低水平的VOCs，对室内空气质量的影响较小，有助于维护室内环境的健康和舒适。

Benjamin Moore公司推出了Natura®生物基内外墙涂料。Natura®涂料是一种不含VOCs的塑料涂料，这意味着在施工和干燥过程中不会释放有害的VOCs到室内空气中。这对室内空气质量和居住者的健康非常友好。该涂料的生产过程通常考虑了可持续性和资源的有效利用。Natura®涂料可提供高质量的涂装效果，同时不会危害人体健康和污染环境，在室内和室外的装修项目中都非常受欢迎。

总之，生物基涂料在建筑领域的广泛应用有助于提高建筑的耐候性、抗污性和室内环境空气质量。这些涂料的使用有助于推动建筑行业朝着更加环保和可持续的方向发展。

生物基塑料在建筑业中的广泛应用有助于提高建筑的环保性能，减少能源消耗，延长建筑的使用寿命，并提供更健康的室内环境。这一技术更新不仅有助于减少建筑业对有限资源的依赖，还可促进可持续建筑的发展，为未来建筑行业的可持续性目标做出积极贡献。

4.3.6　电子与电气设备领域

4.3.6.1　外壳制造

电子和电气设备制造业中的生物基塑料应用，特别是在外壳制造方面，具有重要的优点和特性，有助于实现可持续发展目标，减少环境污染，推动整个行业向更加环保和可持续的方向发展。生物基塑料具有良好的绝缘性能，用于电子设备外壳制造有助于防止电子设备内部零部件受到潮湿、尘埃和其他外部环境因素的影响，从而提高设备的可靠性和稳定性，延长设备的寿命。生物基塑料通常以可再生资源制成，降低了对有限的石化资源的依赖，并减少了与传统塑料制造相关的碳排放。这符合电子制造业越来越重视可持续性和环保的趋势，有助于降低整个产业的环境影响。生物基塑料质量相对较轻，有助于降低电子设备的整体质量。这对于便携式设备如智能手机、平板电脑等至关重要，因为轻量化的设备更便于携带和操作。生物基塑料具有良好的可塑性，可以用于制造各种形状和设计的外壳。这使得电子设备制造商能够更灵活地满足市场需求，设计出具有吸引力和独特性的产品。例如，有些智能手机制造商已经开始采用生物基塑料来制造手机外壳。这些外壳具有与传统塑料外壳相似的性能，但更加环保。这一转变有助于减少电子设备制造业对石油等化石燃料的依赖，推动可持续发展。

4.3.6.2　电缆保护

电缆保护是电子设备制造中至关重要的一个方面，而生物基塑料在电缆保护套管制造中具有一些明显的优势。

（1）绝缘性

生物基塑料通常具有良好的绝缘性，能够有效隔离电缆和导线，确保它们不受外部环境因素的干扰和损害。这对于维持电子设备的稳定性和可靠性至关重要，尤其是在环境条件恶劣的情况下。

（2）环保性

生物基塑料在电缆保护中的使用有助于降低对传统塑料材料的依赖，减少对石化资源的消耗。这对于减少环境污染和推动可持续发展非常重要，特别是考虑到电缆保护套管在大量电子设备中的广泛应用。

（3）耐用性

生物基塑料通常具有足够的耐用性，能够在长期使用中保持良好性能。这对于电缆保护来说至关重要，因为电缆通常需要在各种应用场景下长期使用。

（4）可塑性

生物基塑料具有良好的可塑性，可以根据电缆的形状和大小进行定制。这使得制造商能够为不同类型的电缆和应用设计定制的保护套管，提供更好的适应性。

总的来说，生物基塑料在电缆保护中的应用有望为电子设备制造业带来更多环保和可持续的解决方案，同时确保电缆和导线的安全和可靠性。

4.3.6.3 连接器

在电子设备制造中，连接器是关键的组件，用于确保各个部件之间电气连接和信号传输的稳定性。生物基塑料在制造电子设备的连接器方面也具有一些重要的应用和优势。连接器必须具备良好的电气性能，以确保信号传输的稳定性和可靠性。生物基塑料可以根据设计需要提供所需的电气性能，例如导电性和绝缘性。这使得它们适用于各种类型的连接器，包括插头、插座和连接线。与传统的石化塑料相比，生物基塑料在连接器制造中的使用有助于减少对石化资源的依赖，降低碳足迹，减少环境污染。这对于越来越关注可持续性的电子制造行业来说具有吸引力。连接器通常需要具备足够的耐用性，以经受住插拔和使用中的应力。生物基塑料具有良好的耐用性，并且可以在长期使用中保持其性能，从而延长连接器的寿命。此外，生物基塑料还具有良好的可塑性，可以根据连接器的设计要求进行成型和加工。这意味着制造商可以根据不同连接器类型和规格的需求来定制生物基塑料连接器，提供更好的适应性。

尽管生物基塑料在连接器制造中的应用相对较少，但电子制造业已经开始探索其潜力。一些公司已经开始使用生物基塑料制造连接器的零部件，以满足可持续性和环保的要求。这种趋势有望在未来继续增长，为电子制造业提供更多环保和可持续的解决方案，同时确保连接器的性能和可靠性。

4.3.6.4 导电性生物基塑料

导电性生物基塑料是电子制造领域的一项创新，结合了可持续性和导电性，为电子设备设计带来了新的可能性。导电性生物基塑料通常包含导电填料，如碳纳米管、银纳米粒子或导电聚合物，可以提供所需的导电性，适用于各种需要考虑电导率的应用，包括电子设备的连接器、电缆保护和电子线路板。与传统的导电材料相比，导电性生物基塑料具有更高的可持续性。它们通常部分由可再生资源制成，降低了对有限石油等非可再生资源的依赖，有助于减少对环境的影响。一些导电性生物基塑料是可降解的，这意味着它们在使用寿命结束后可以自然分解，减少了电子垃圾的产生。导电性生物基塑料的应用领域包括电子设备、医疗器械和环境监测等。例如，可降解的生物基塑料电子标签可以用于跟踪物流和包装，一旦完成任务，它们可以在不留下垃圾的情况下降解；使用导电性生物基塑料制造的电子设备在使用寿命结束后可以更容易地处理，因为它们可以降解而不会对环境造成长期污染。综上所述，导电性生物基塑料代表了一种环保和可持续的选择，可以在电子制造领域降低对环境的影响，减少电子垃圾，并推动创新的电子设备设计。这些材料将在未来的电子和电气设备中发挥越来越重要的作用，为可持续发展做出贡献。

总之，生物基塑料在电子和电气设备制造业中的应用有望改善电子设备的环保性和可持续性。随着这些技术的不断发展，电子设备制造业将继续朝着更环保和可持续的方向发展。

4.4　生物基塑料的研究趋势与未来展望

4.4.1　生物基塑料的研究趋势

4.4.1.1　材料改进

生物基塑料的改进是一个重要的趋势，旨在提高其性能，以更好地满足各种应用的需求。

（1）强度和刚度

通过优化材料的分子结构和添加增强剂，研究人员努力提高生物基塑料的强度和刚度，使其更适合替代传统塑料。

（2）耐用性

研究人员也在不断改进生物基塑料的耐用性，以确保其在使用期间不容易分解或退化。

（3）抗化学腐蚀性

研究人员致力于增强生物基塑料的抗化学腐蚀性，以确保其在各种环境条件下都能保持稳定。

（4）可持续性

新型生物基材料的可持续性是研究的核心考虑因素，需要评估使用生物基材料所需的可再生资源，如植物纤维或生物质，以确保其来源可持续。研究人员还需进行生命周期分析，以衡量生物基塑料在生产、使用和处置过程中对环境的影响，包括碳足迹、水足迹等。

（5）力学性能

为了确保生物基材料在各种应用中的可靠性，力学性能的评估至关重要，主要包括拉伸强度、压缩强度与抗弯强度。

（6）生物降解性

生物降解性是生物基塑料的关键特性之一，它决定了材料在自然环境中分解的速度。还需了解材料降解后的产物对环境的影响，以确保降解过程不会产生不良影响。

（7）抗菌性能

在医疗和食品包装等领域的应用中，生物基材料的抗菌性能是至关重要的，为了确保产品符合卫生标准，研究人员需要探索不同的抗菌技术，如添加抗菌剂或改变材料的表面特性，以提高产品的抗菌性能。

4.4.1.2 新的生物基来源

研究人员正在积极探索新的生物基来源，如利用海藻、菌类、藻类、农业废物和生物质废物等可再生资源，以减少对传统农作物（如玉米和小麦）的依赖。海藻被认为是一种有潜力的生物基来源，因为它们生长迅速，无需耕种，不占用农地资源。海藻中的多糖和纤维素等成分可用于生物基塑料的生产，这些成分在材料制备中具有潜在的优势。微生物，尤其是某些菌类和藻类，被研究作为生物基塑料的来源，这些微生物可以通过发酵等过程生产生物塑料的前体物质，如 PHA。利用农业废物，如稻壳、秸秆等，作为生物基材料的来源具有环保潜力。这些废物通常被视为垃圾，但通过适当的处理，可以提取出可用于生物塑料制备的纤维素等成分；生物质废物，如食品废料、木材加工废渣等，也可以被重新利用，以降低生物基塑料的生产成本。

这些新的生物基来源的研究和开发有望减少对传统农作物的需求，减轻对耕地和水资源的竞争压力，同时提供更多的资源选择，有助于推动生物基塑料产业的可持续性和多样性发展。

4.4.1.3 生物基复合优化塑料

将生物基塑料与其他可持续材料（如天然纤维、木材、纸浆等）组合，以制造更坚固、多功能的生物基复合材料，是当前的研究热点之一。如何通过添加填充剂来提高生物塑料的强度与机械性能是研究的难点与重点。这种多功能材料的应用领域广泛，将为可持续发展目标的实现提供更多选择，促进环保意识的传播，并在各个行业中推动创新。

4.4.1.4 改进微生物降解性能

改进生物基塑料的微生物降解性能，加速其在自然环境中的降解速度，是为了减少土壤和水体的污染。改进微生物降解性能是一项重要的研究，旨在加快生物基塑料在自然环境中的分解速度和减少降解产物对环境的影响。

（1）降解速度提升

改进微生物降解性能的一个主要目标是加快生物基塑料在自然环境中的降解速度。这有助于减少塑料在土壤和水体中的滞留时间，降低对生态系统的潜在威胁。

（2）降解产物的环境影响

研究人员还关注生物基塑料降解后的产物对环境的影响。确保降解产物对土壤、水体和生物没有负面影响至关重要。因此，研究过程中应评估降解产物的毒性和环境适应性。

（3）微生物多样性

了解参与生物基塑料降解的微生物群体对于改进降解性能至关重要。研究生物降解过程中的微生物多样性和微生物代谢产物是一个重要方面。

（4）应用领域

改进微生物降解性能有助于生物基塑料在一次性用品、农业包装、医疗设备等领域的更广泛应用。这些领域需要材料能够在合适的时间内降解，以减少环境污染。

（5）监管和标准

随着生物基塑料应用的增加，建立健全监管机制和标准体系变得至关重要。只有确保生物基塑料符合特定的降解标准和环保要求，才能真正实现其可持续发展。

总之，改进生物基塑料的微生物降解性能是减少塑料垃圾对环境的影响和促进可持续发展的关键领域。通过更好地理解微生物降解的机制、探索新的生物基材料、制定相关标准，可以更有效地推动这一领域的发展，获得更环保的塑料替代品。

4.4.2　未来展望

自工业革命以来，人类对地球环境的影响已经达到了前所未有的程度。几十年来，我们一直在寻求各种方法来减少环境污染和应对气候变化。国际环保法规，如《京都议定书》、《蒙特利尔公约》和《电子电气设备中某些有害物质的限制使用》（RoHS），反映了国际社会对环境问题的关注，并对全球工业产生了深远的影响。

然而，随着绿色经济和消费者环保意识的崛起，保护环境已经超越了道义责任，变成了企业的社会义务和盈利机会之一。在这个背景下，生物基塑料和可生物降解材料正在崭露头角，它们有潜力在多个领域替代传统的石油基塑料，并为更具循环性的经济做出贡献。而在这个全球环保的趋势中，厨余垃圾转化为生物基塑料的技术成为一个备受瞩目的创新领域。这项技术将厨余垃圾中的有机物，如厨余残渣和植物废料，转化为生物基塑料的原料，实现了资源的再利用，减少了垃圾填埋和焚烧所带来的环境问题。

所有可生物降解的产品都有一个共同的特点：它们可以在生命周期结束后的特定时间范围内分解成无害的最终产物。这种降解过程可能发生在土壤、水体、厌氧消化设施或堆肥中，具体取决于材料的用途和环境条件。

然而，科研界逐渐认识到，尽管生物基塑料在降解方面表现出潜力，但它们可能无法完全降解到理论上的水平。越来越多的研究表明，处理不当的生物基塑料可能会对生态系统构成潜在风险，并通过生物累积效应对动植物和人类健康产生危害。

因此，生物基塑料的未来发展需要不断推进技术创新，提高其降解性能的同时保持机械强度和性能。只有这样，生物基塑料才能真正发挥作为替代传统塑料、改善环境可持续性和降低碳足迹的潜力。此外，随着研究的深入，未来还可能出现更多种类的新型生物基材料，以满足不同行业的需求。我们必须继续关注和投资于生物基塑料的研究和开发，以找到创新的解决方案，应对当今全球性的环境挑战。

参考文献

[1] Bergeson A R，Silvera A J，Alper H S. Bottlenecks in biobased approaches to plastic degradation[J].Nature Communications，2024，15（1）：4715-4715.

[2] Molina-Besch K，Keszleri H. Exploring the industrial perspective on biobased plastics in food packaging applications – Insights from Sweden [J]. Sustainable Production and Consumption，2023，35：72-84.

[3] Velasquez S T R，Hu Q，Kramm J，et al. Plastics of the Future? An Interdisciplinary Review on Biobased and Biodegradable Polymers：Progress in Chemistry，Societal Views，and Environmental Implications [J]. Angewandte Chemie International Edition，2025，64（23）：e202423406.

[4] Shafqat A，Tahir A，Mahmood A，et al. A review on environmental significance carbon foot prints of starch based bio-plastic：A substitute of conventional plastics [J]. Biocatalysis and Agricultural Biotechnology，2020，27：101540.

[5] Atiwesh G，Mikhael A，Parrish C C，et al. Environmental impact of bioplastic use：A review [J]. Heliyon，2021，7（9）：e07918.

[6] Kumar R，Sadeghi K，Jang J，et al. Mechanical，chemical，and bio-recycling of biodegradable plastics：A review [J]. Science of The Total Environment，2023，882：163446.

[7] Rajvanshi J，Sogani M，Kumar A，et al. Perceiving biobased plastics as an alternative and innovative solution to combat plastic pollution for a circular economy [J]. Science of The Total Environment，2023，874：162441.

[8] Rajeshkumar L，Ramesh M，Bhuvaneswari V，et al. Synthesis and thermomechanical properties of bioplastics and biocomposites：a systematic review [J]. Journal of Materials Chemistry B，2023，11（15）：3307-3337.

[9] Idris S N，Amelia T S M，Bhubalan K，et al. The degradation of single-use plastics and commercially viable bioplastics in the environment：A review [J]. Environmental Research，2023，231：115988.

[10] Huang S，Dong Q，Che S，et al. Bioplastics and biodegradable plastics：A review of recent advances，feasibility and cleaner production [J]. Science of The Total Environment，2025，969：178911.

[11] Jayakumar A，Radoor S，Siengchin S，et al. Recent progress of bioplastics in their properties，standards，certifications and regulations：A review [J]. Science of The Total Environment，2023，878：163156.

第5章 生物燃料制备技术

- 生物燃料的种类与特点
- 厨余垃圾到生物燃料的转化路径
- 生物燃料的技术挑战与环境效益分析

5.1 生物燃料的种类与特点

近年来，化石燃料（如煤、原油和天然气），特别是石油产品（如汽油和柴油）的价格整体呈上行趋势。此外，化石燃料还会产生各种环境和社会影响，例如，燃烧产生的温室气体排放、有毒有害物质带来的健康威胁、原油泄漏导致的水生动物死亡、货币通胀，甚至国家间的紧张局势都造成了燃料短缺。在中国倡导的“双碳双控”政策的指导下，由于经济和社会因素，确保能源安全和环境安全已成为世界各国政府和研究人员的重要课题。目前世界面临的挑战主要是燃料和能源供应链的缺少与可预见的难以为继。在全球范围内，从2007年到2017年，燃料消费量年均增长11.4%。因此，发展生物燃料是解决或缓解当前温室效应和能源危机的有效途径，生物燃料因具有显著的环境优势而成为化石燃料的替代品。生物燃料一般是指由生物有机体及其代谢排泄物制成的固体、液体或气体燃料。生物燃料是无污染的、本地可用的、可持续的和可靠的。生物燃料与其他石油原料的不同之处在于它们的氧含量。生物燃料的氧含量丰富，通常为10%～45%，而石油产品则几乎不含氧。与石油燃料相比，生物燃料的硫和氮含量很低。生物柴油、生物醇（乙醇和丁醇）、生物甲烷和生物氢是液体和气体生物燃料的典型代表。此外，生物燃料的生产和应用被认为是实现碳中和的有效方法，因为它可以吸收排放的二氧化碳。

为了生产生物燃料，大量的生物质，如农业废弃物、森林副产品和城市废物，被用作原料。近年来，人们对生物质生产生物燃料进行了大量的综述和研究。例如，以小粒苦橙果皮为原料，采用水蒸气蒸馏法生产生物燃料，结果表明该生物燃料污染物排放量很小，其性能和燃烧特性优于柴油。目前的研究通常还是以生物乙醇、生物柴油、生物天然气、生物煤为主。

5.1.1 生物乙醇

5.1.1.1 原料

生物乙醇通常以淀粉和纤维素含量高的生物质为原料。主要原料有玉米、甘蔗、小麦和林业废弃物。玉米是最常用的生物乙醇原料之一，因为它富含淀粉，容易转化为糖并进行发酵。甘蔗也是生物乙醇的常见原料，因为其汁液中含有高糖分，适合发酵过程。小麦具有较高的淀粉含量，可用于生产生物乙醇。一些生物乙醇工艺使用纤维素质材料，如木材、秸秆和废弃植物，通过纤维素的转化制备乙醇。

5.1.1.2 特点

生物乙醇具有以下特点：

① 可再生。生物乙醇是一种可再生燃料，其原料来自植物，可以周期性种植和收获。

② 减少温室气体排放。生物乙醇燃烧时释放的二氧化碳被吸收并固定在植物中，有助于减少温室气体排放。

③ 可替代汽油。生物乙醇通常用作汽油的替代品，可减少对石油的依赖，降低能源成本。

5.1.1.3 制备过程

生物乙醇的制备过程通常包括以下步骤：

① 原料预处理。生物乙醇的制备开始于原料的预处理，如包括混破、磨碎或粉碎原料，以使其更容易转化为糖。对于纤维素原料，预处理通常是为了降解纤维素。

② 糖化。在这一步骤中，原料中的淀粉或纤维素被转化为可发酵的糖。这一过程需要酶的参与。

③ 发酵。糖化后的液体被投放到发酵罐中，加入酵母或其他微生物，开始发酵。在这一过程中糖被转化为乙醇和二氧化碳。

④ 蒸馏和提纯。产生的发酵液含有水和乙醇，需要通过蒸馏过程来提取乙醇，并进一步提纯。

⑤ 脱水。脱水过程有助于去除水分，提高乙醇的浓度。

⑥ 添加脱水剂。在一些情况下需要添加脱水剂以提高乙醇的浓度。

⑦ 储存和分销。制备好的生物乙醇可以储存和分销，供汽油或其他燃料混合使用。

生物乙醇的制备技术因原料、工艺和设备而异，但总体目标是生产高质量的生物乙醇，用作清洁能源。

5.1.2 生物柴油

5.1.2.1 原料

生物柴油的制备使用植物油和动物脂肪等生物质材料。油菜籽油是常见的生物柴油原料，含有丰富的脂肪，易于转化为生物柴油。大豆油含有适宜的脂肪含量，也是一种常用的原料。废食用油，如用过的烹饪油，可以经过适当的处理用于制备生物柴油。动物脂肪，如牛脂、猪脂，也可以用于生物柴油的制备。

5.1.2.2 特点

① 可再生。与传统石油柴油不同，生物柴油使用可再生生物质作为原料，有助于减少对有限石油资源的依赖。

② 较低的温室气体排放。生物柴油在燃烧过程中通常产生较少的温室气体，有助于减缓气候变化。

③ 生物降解性。生物柴油通常具有生物降解性，有助于减少环境污染。

5.1.2.3 制备过程

生物柴油的制备过程包括以下步骤：

① 酯化。生物柴油的制备通常以酯化为起点，其中原料油或脂肪与醇（如甲醇或乙醇）反应，形成生物柴油酯。

② 碱催化酯化。酯化过程中，通常需要使用碱性催化剂，如钠或钾氢氧化物。

③ 中和和分离。生成的生物柴油酯中和并分离出不需要的成分，如甘油。

④ 脱水。去除水分有助于提高生物柴油的质量。

⑤ 脱色。有时需要脱色处理以去除不必要的颜色和杂质。

⑥ 加氢处理。生物柴油可能需要经过加氢处理来改善其性能。

⑦ 储存和分销。制备好的生物柴油可以储存和分销，可以作为传统石油柴油的替代品。

5.1.3 生物天然气

5.1.3.1 原料

生物天然气（Bio-CNG）的制备主要以有机废物和生物质作为原料。

① 有机废物。如厨余垃圾、农业残渣、食品废料等，这些废物中含有有机物质，可用于生物天然气生产。

② 能源作物。某些能源作物如能源玉米、油菜籽、甘蔗等也可以用于制备生物天然气。

5.1.3.2 特点

生物天然气的特点包括可再生、较低温室气体排放和生物清洁。生物天然气使用可再生生物质作为原料，有助于减少对有限石油和天然气资源的依赖。与传统天然气不同，生物天然气的制备和燃烧通常产生较少的温室气体，有助于减缓气候变化。通过利用有机废物，生物天然气制备不仅能产生清洁能源，还有助于减少废物量和环境污染。

5.1.3.3 制备过程

生物天然气的制备过程通常包括以下步骤：

① 生物降解。有机废物和生物质首先需要被生物降解，通常是厌氧消化或发酵。

② 沼气产生。在生物降解过程中，产生的沼气主要包括甲烷和二氧化碳。这个沼气是生物天然气的前体。

③ 气体净化。沼气通常包含一些杂质，如硫化氢、二氧化硫和氨气。需要去除这些杂质，以提高气体的质量。

④ 气体压缩。生物天然气需要经过压缩处理，以达到与传统天然气相似的能源密度。

⑤ 储存和分销。生物天然气可以储存和分销，用于供暖、发电和车辆燃料等。

生物天然气制备技术的发展有助于提供清洁、可再生的能源，减少温室气体排放，并有效利用有机废物。

5.1.4　生物煤

5.1.4.1　原料

生物煤的制备主要以生物质作为原料，包括：

① 木材和木质废弃物，如树干、树枝、锯末、木屑等；

② 农业废弃物，如秸秆、玉米秸秆、稻壳、芦苇等；

③ 能源作物，如柳树、甘蔗、高粱等。

5.1.4.2　特点

生物煤的特点包括：

① 可再生。生物煤的制备原料为生物质，是一种可再生资源，有助于减少对有限矿煤资源的依赖。

② 低硫低灰。相比于一些天然煤，生物煤通常含有较低的硫分和灰分，减少了燃烧时的环境污染。

③ 较低的温室气体排放。生物煤的燃烧通常产生较少的二氧化碳，因为其碳循环与生物质的生长过程相联系，不增加净碳排放。

5.1.4.3　制备过程

生物煤的制备过程通常包括以下步骤：

① 生物质收集与预处理。首先需要采集生物质原料，并经过破碎、磨碎、去除杂质等预处理步骤。

② 炭化。预处理后的生物质通过炭化过程，即在高温下（通常在缺氧或氧限制的条件

下）热解，转化为生物煤。

③ 熄灭与激活。生物煤经过熄灭和激活过程，以改善其吸附能力，通常通过蒸汽激活或气化等方法。

④ 干燥与包装。生物煤需要干燥，以减少湿度，然后包装成适当的形式以便运输和储存。

⑤ 应用。生物煤可以用作固体燃料，用于供暖、发电或工业用途。此外，它还可以用于废水处理和空气净化，作为吸附剂去除污染物。

生物煤的制备技术有助于有效利用生物质资源，减少矿煤的使用，减轻对环境的负面影响。生物煤的应用领域多样，在能源生产和环境保护等领域都具有重要的潜在价值。

5.2 厨余垃圾到生物燃料的转化路径

近年来，厨余垃圾转化为生物燃料的技术被广泛报道，成为固体废物处理领域的研究热点之一。厨余垃圾是城市生活垃圾的重要组成部分。中国每年产生（6.00～9.24）$\times 10^7$t 厨余垃圾，全球产量约为 1.3×10^9t。厨余垃圾是一种难处理的城市固体废物，在收集、运输和处理前的临时储存过程中会产生令人不快的气味和渗滤液，占全球温室气体排放量的 6%。厨余垃圾的成分因来源、地域、气候、时间、文化背景、经济状况等因素而异。厨余垃圾除了固体、有机物、水、盐、脂肪含量高外，还具有来源广、数量多、成分复杂、易变质、有害成分与资源并存等众所周知的特点。如果延迟处理，厨余垃圾可能会污染地表水、地下水、土壤和大气，还会传播疾病，影响市容。一些国家的政府，如法国，在意识到厨余垃圾转化为增值材料和能源产品的好处后，采取了厨余垃圾增值政策，并制定了惩罚性法律，促使公众严格遵守该政策。减量、无害和循环再造是处理厨余废物的基本原则。应根据当地情况采用适当的技术。目前常用的处理和利用方法如图 5-1 所示。

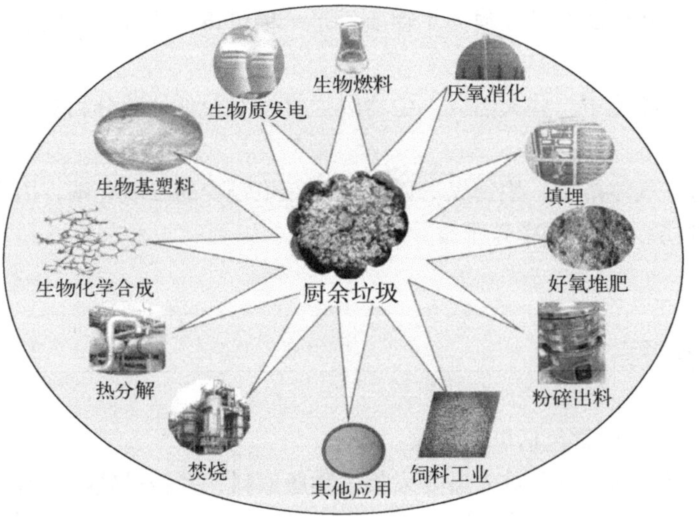

图 5-1 厨余垃圾的常用处理和利用方法

然而，一些处理餐厨垃圾的方法（如填埋、焚烧和粉碎排放）会造成环境、经济和社会问题。研究人员利用餐饮企业废弃食用油生产固体酒精生物燃料，获得了高能量产品。一些研究人员讨论了厨余垃圾作为改进生物制氢技术的有效和低成本底物的潜力，并提出应用纳米材料来提高生物制氢的产量，使整个过程更加经济和可持续。

目前，生物燃料商业化的主要障碍是油脂原料的成本几乎占生产成本的 70%。厨余垃圾富含油脂（15%～35%），可为生物燃料的生产提供丰富且低成本的油脂原料。例如，使用废弃食用油（WCO）作为原料，可以降低生物柴油的成本。研究表明，生物柴油不含芳烃，只有少量的硫，这有助于减少废气中的一氧化碳、烃类化合物和颗粒物。厨余垃圾价格低廉、储量丰富且可再生，用于生物乙醇的生产时，经过预处理和酶解，葡萄糖的产率高于其他生物质，如农业残留物。因此，利用厨余垃圾生产生物燃料被认为是一种环保、经济和可持续的方法。与其他生物质相比，使用厨余垃圾作为生物燃料制备的原料具有显著优势。首先，厨余垃圾的有机物含量丰富，可以提供足够的材料和能量。根据元素分析，厨余垃圾含碳 45%～65%，含氢 6%～7%，含氮 1%～3%，含氧 40%～50%。其次，厨余垃圾中难降解物质含量低，可以减少预处理遇到的困难。将厨余垃圾转化为生物燃料的一般过程如图 5-2 所示，采用了催化、裂解、发酵、热解和分离等多种技术。

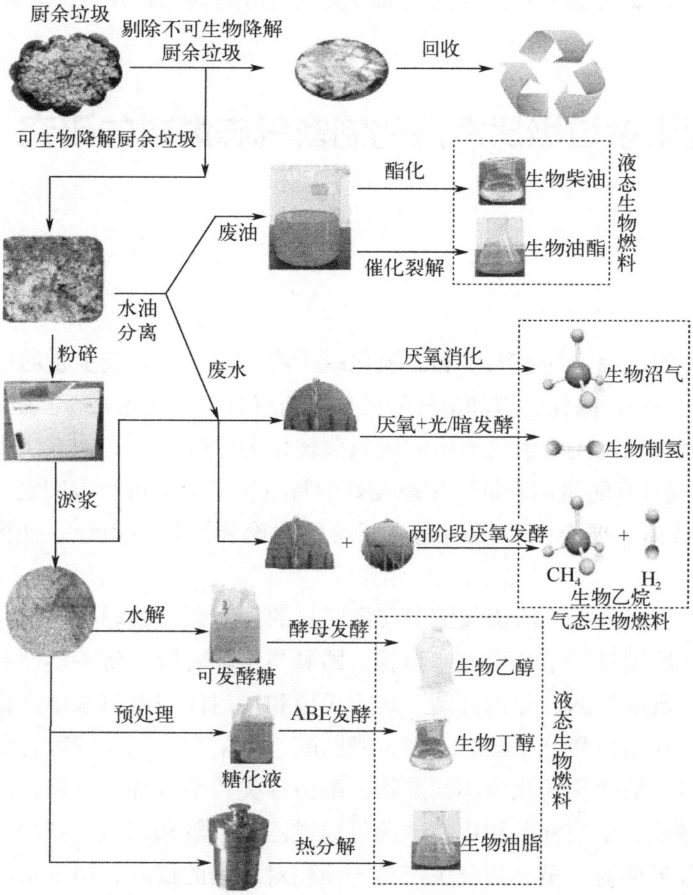

图 5-2　利用厨余垃圾制备生物燃料的工业路线

将厨余垃圾转化为生物燃料是一个非常有吸引力的选择，但缺乏相关的研究。其大规模应用和经济可行性有待进一步分析和评价。生物精炼产品，如生物燃料、生物肥料、食品添加剂和生物基吸附剂，已经成功地通过这些废物的生物转化技术获得。生物精制技术的应用不仅科学合理地解决了厨余垃圾的处理问题，而且获得了大量具有很大经济价值的增值产品。其中，生物燃料作为一种清洁燃料，作为化石能源的替代产品之一，在化石能源日益枯竭的情况下，由于其环保、高效、可再生等特点已成为其他替代能源的有力竞争者。因此，将厨余垃圾转化为生物燃料是减少全球浪费和生物精炼的重要研究方向。

5.2.1 厨余杂物分选及固液分离

厨余垃圾通常含有20%的额外生活垃圾。对废物进行分选是进一步处理的必要条件。分选的方法取决于垃圾的密度、体积、弹性、光电性能、摩擦以及表面润湿行为。首先采用相应的方法去除塑料袋、木块、玻璃、金属等不可降解的杂物或体积较大的物质。然后将厨余垃圾加热到约65℃，通过固液分离获得固体残渣和有机液体相（包括油和有机废水）。将固体残渣粉碎成适当大小的颗粒，进一步加工成生物柴油。将液相分离成水和油后，油被用来制备液体生物燃料，如生物柴油；有机废水经厌氧发酵后转入污水处理厂或用于制备气态生物燃料。

5.2.2 利用厨余垃圾厌氧消化制备气态燃料的研究

5.2.2.1 沼气

沼气含有丰富的甲烷（约60%）和二氧化碳（约40%），以及少量的硫化氢、氨、氢和氧，是一种常见的燃料。因此，增加沼气的使用可缓解日益严重的全球能源和环境危机。

部分厨余垃圾可通过厌氧消化池中的厌氧菌转化为沼气。与其他方法相比，通过厌氧消化（AD）生产沼气具有能量需求低、生态友好的特点，是最佳可行方案之一。这一过程的机制仍在讨论中。目前主要有两阶段理论、三阶段理论和四阶段理论。四阶段理论如图5-3所示。

不同的厌氧阶段是由相应的厌氧细菌群落诱导的。梭菌、微球菌、拟杆菌、丁酸梭菌、梭形杆菌和月形单胞菌参与了速率控制步骤，即参与水解阶段，将不溶性有机物转化为可溶有机物。链球菌、乳酸杆菌、芽孢杆菌、埃希氏菌和沙门氏菌参与水解产物转化为低分子量产物的过程，产物包括丙酸、丁酸、乙醇、脂肪酸、酒精和二氧化碳等。前一步中所有的低分子量产物都通过乙酸酸化转化为不同产物。细菌种类和培养环境不同，产物也不同。产甲烷细菌，如甲烷微菌、甲烷杆菌和甲烷球菌可通过乙酸、氢和二氧化碳生成甲烷，这些都是在第二和第三阶段形成的。虽然沼气生产是一项相对成熟的技术，但厨余垃圾的成分复杂，在时间和空间上都是可变的，因此对技术要求严格。同时厨余垃圾中存在难以分解的成分，其厌氧或好氧处理具有挑战性。然而，生物甲烷中只有 40%～60%的挥发性固体可用，这表明预处理是必不可少的。常用的预处理方法见表 5-1。

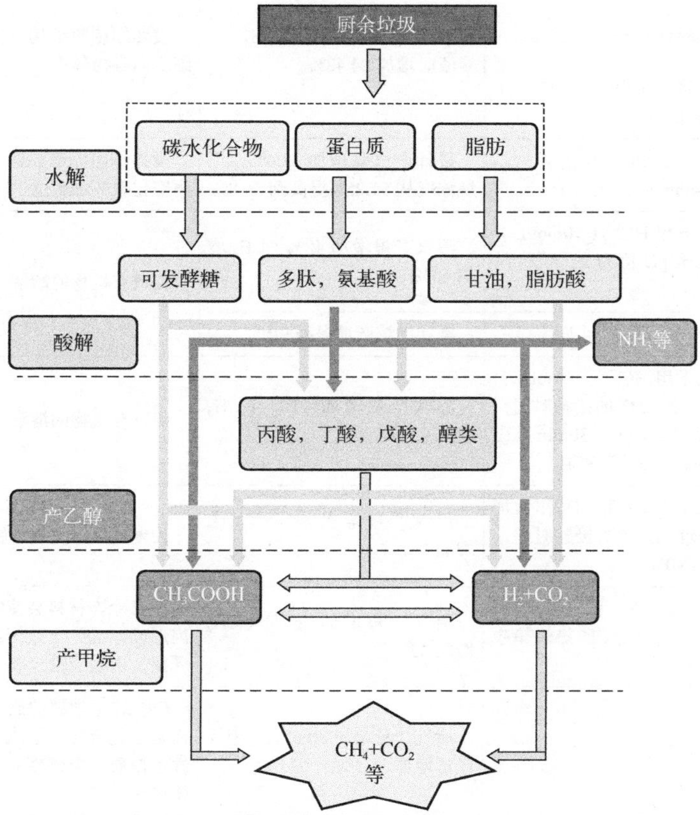

图 5-3　厨余垃圾厌氧消化的四阶段理论

表 5-1　厨余垃圾常用预处理方法

处理方法	处理条件	强化效率	机理	数据来源
热分解	预处理温度：80℃、100℃、70℃、120℃、140℃	累计生物甲烷产量分别提高 22.2%、18.9%、9.9%、7.5%和 3.8%	复杂分子的降解，以及难降解性有机物的增溶，使底物更容易被厌氧菌利用	Ariunbaatar，et al（2014）
	（1）预处理时间（50℃）：12h、24h、36h、48h （2）预处理时间（60℃）：12h、24h、36h、48h	累计生物甲烷产量分别提高 （1）44.6%、36.1%、31.1%和 15.7% （2）28.0%、16.2%、1.9%和 −16.9%	由于各种物理和微生物过程，有机物具有较大程度的增溶	Ariunbaatar，et al（2015）
	（1）预处理温度（70min）：55℃、70℃、90℃ （2）预处理温度（50min）：120℃、140℃、160℃	生物甲烷总产量增幅分别为 （1）3.1%、24.6%和 28.8% （2）31.7%、−2.9%、−0.2%	过低和过高的热解温度都不能有效地促进沼气的产生	Li，et al（2015）
	预热 30min 至 120℃，30min 高压灭菌，30min 冷却至室温	沼气产量增加 24%（CH_4增加 65%）	热解使细胞膜解体	Ma，et al（2011）

续表

处理方法	处理条件	强化效率	机理	数据来源
超声波	超声波频率：20kHz、25kHz、30kHz 预处理时间：8min、12min、16min 功率密度：650W/L、975W/L和1300 W/L	总甲烷产量平均增加17.87%，峰值时增加34.48%	破坏细胞膜结构，促进细胞内容物释放	Zhu，et al（2018）
	超声强度：250W 时间：40min	累计产气量增加42.6%，甲烷浓度从51.25%提高到58.8%	搅拌作用促进混合，超声空化破坏细胞壁	Feng，et al（2012）
酸化	在室温下用HCl（10mol/L）酸化，直至pH值为2，混合时间为24h	沼气产量增加48%（CH_4增加65%）	促进有机物的溶解	Ma，et al（2011）
	用HCl调节pH值至3.5	累计甲烷产量提高9.1%		Sun（2013）
热酸水解	在室温下用HCl（10mol/L）酸化至pH=2，24h的接触时间，30min预热至120℃+30min高压灭菌+30min冷却至室温	沼气产量增加40%（CH_4增加65%）	促进有机物的溶解	Ma，et al（2011）
增减压强	加压至1MPa，用CO_2作为加压气体经过几分钟的接触时间，减压到0.1MPa	沼气产量增加48%（CH_4增加65%）	物理分解微生物细胞壁	Ma，et al（2011）
冻融	冷冻至8℃。6h后，冷冻的厨余垃圾在55℃±2℃的热烘箱中解冻30min	沼气产量增加56%（CH_4增加65%）	低温冷冻材料会使细胞内形成冰晶，导致细胞膜受损，引起细胞分裂	Ma，et al（2011）
碱化	添加1% CaO	沼气产量增加30.67%，甲烷产量增加15.49%	Ca^{2+}对化学键的破坏促使复杂化合物分解成可溶性蛋白质、单体糖和其他简单化合物	Chen，et al（2020）
膨润土	总膨润土量分别为3g/L和5g/L	甲烷产量分别增加68.52%和56.79%	膨润土具有较大的表面积和多孔性，可以为微生物的生长提供充足的空间；膨润土具有较高的吸附能力和结构阳离子，是提高AD性能的合适添加剂	Wang，et al（2021）
	添加膨润土，有机负载率为1.39gVS/（L·d）	甲烷产量增加17.7%		Zhang，et al（2018）

厌氧发酵的沼气产量受多种因素影响，如组成、盐度、碱度、停留时间、料液比、温度、pH值、C/N值、有机负荷、细菌接种程度、毒性类型、水力停留时间、搅拌/混合、预处理工艺、反应器等。研究表明，米饭、蔬菜、肉类和厨余垃圾混合后产生的沼气量分别为478.2mL/g、433.3mL/g、206.8mL/g和508.3mL/g，表明厨余垃圾的混合有利于产气。盐度会影响甲烷细菌的正常生长，细菌细胞外盐度升高时，细胞水分流失，从而降低微生物的活性，甚至导致发酵系统完全失效。在高盐度系统中，有两种方法可以作为防止细菌细胞失水的对策：第一种方法是合成和积累渗透保护剂；第二种方法是向细胞质中注入钾和氯化物。发酵可产生游离氨、挥发性脂肪酸和硫化物/硫酸盐，这些都是细菌生长的重要营养物质；然而，这些物质的浓度的增加会抑制沼气的形成。例如，在发酵过程中，氨氮主要以游离氨和铵根离子两种形式存在，直接或间接抑制厌氧发酵过程，尤其是游离氨，其毒性更强，可以

穿透细菌细胞膜，扰乱质子平衡，改变细胞内 pH 值，抑制特定酶的活性，最终导致厌氧消化过程恶化。研究人员开发了一种潜水式微生物海水淡化电池，通过原位氨回收和发电来降低氨水平，显著提高了沼气产量。通过逐渐提高氨氮浓度，细菌可以逐渐适应高氨浓度，这也可以降低氨对厌氧发酵的抑制作用。研究表明，通过逐步增加总氨氮，中温细菌可以适应高达 5g/L 的总氨氮浓度。逐渐添加总氨氮（最大总氨氮为 10g/L）的反应器的累计沼气产量是突然添加总氨氮的 1.9～3.1 倍。

除上述因素外，添加第三组分，如生物炭或微量元素，可以提高厨余垃圾的沼气产量。当污泥接种量为 20.98%，初始 pH 值为 7.05，添加 22.14g/L 生物炭时，厨余垃圾厌氧消化沼气产量提升巨大，达 331.7L/kg TS。然而，厌氧发酵中生物炭协同作用的机理仍在讨论中。例如，有人提出生物炭可以促进物种之间的电子转移，提高细胞定植，提高酶活性，从而促进沼气的产生；另一种机制认为，添加生物炭可以提高甲烷生产所需的微量元素和有益元素的有效性，并可以减少发酵过程中营养物质的损失。适当补充微量元素也可提高甲烷产量。半连续驯化时，向厨余污泥中每日添加 Fe（0）进行厌氧发酵，平均日产气量较对照组提高 17.74%，即 Fe（0）更有利于提高厨余垃圾单相厌氧消化沼气的稳定性和产率。在另一项研究中，$FeCl_2$ 和 EDTA 的结合促进了蛋白质多糖的水解，并改善了挥发性酸的降解，反应 13d 气体的产率是只加入 $FeCl_2$ 时的 4.1 倍。

5.2.2.2　生物乙烷

生物乙烷是氢-甲烷混合物，氢浓度为 10%～30%（体积分数）。生物乙烷是在二次厌氧消化过程中从有机可降解产物中提取的。在两阶段厌氧发酵中，虽然产甲烷时间相对较长，但在第一阶段停留时间较短，氢微生物发挥了重要作用。与传统燃料相比，生物乙烷具有市场价值，是公认的用于内燃机和汽车的商业燃料。在环境方面，生物乙烷有利于减少温室气体，因为氢的存在降低了碳含量。

生物乙烷在暗发酵阶段和乙酰氢阶段产生，每个阶段都由微生物控制。每个阶段都有其最佳条件，如 pH 值、发酵温度、甲烷分压、水力停留时间、有机负荷和营养成分。与一级系统相比，二级生物乙烷系统具有更高的 COD 去除率和能量回收率。第一阶段的氢气发酵有利于随后的生物甲烷生产。此外，两级厌氧法比一级法更具商业价值，这是因为暗发酵导致氢气的产量和生产率都很低，并且在经济上是不可持续的。

但是，投资要求高、操作复杂等问题严重限制了两级法的适用性。最近关于厌氧发酵生产生物乙烷的研究仅限于利用一个消化池同时生产氢气和甲烷，而反应器设计、反应器运行策略以及分离模式下生物氢的收集机制尚不清楚。近期对厨余垃圾两相发酵生产生物乙烷的研究表明，低氨氮浓度对氢气的生成有积极的影响，而高浓度会产生负面影响，甚至导致完全反应中断。有机负荷 9.4g VS /（L • d）、水力停留时间 4d、产氢相回流比 1.0、产烷烃相水力停留时间 20d 是捕集生物乙烷的有利条件，该条件下生物乙烷的 H_2/CH_4 值为 14.2%。

生物乙烷的累计产率随有机负荷的变化而变化（表 5-2）。在不同有机负荷下，甲烷体积分数随时间增加，导致反应器顶部存在氢和 VFA。由于产酸菌的残渣是产甲烷菌的底物，故 VFA 是很好的甲烷前体底物。当 COD 为 100g/L 时，最大甲烷含量为 35%。增加有机负荷可以显著增加 VFA 的产量。VFA 产量的提高可归因于饲养阶段对产甲烷活性的抑制。

表 5-2　生物乙烷的累计产率随有机负荷的变化情况

有机负荷（COD）/（g/L）	60（空白）	60	70	80	90	100
生物乙烷累计产率/（g/L）	128.7	144	156	156	159	163
VFA 产量（循环运行 36h）/（mg/L）	4596	5087	5869	6155	6466	6754

5.2.2.3　氢气

氢气被认为是最具提取利用价值的清洁可再生能源之一。厌氧条件下有机物微生物发酵是生物制氢的重要方法。农业垃圾、工业废水、厨余垃圾等高有机废物是生物制氢的经济原料。产氢与垃圾处理相结合是一种很有前途的废物能源回收方法。

许多研究对利用厨余垃圾作为底物生产生物氢进行了研究，但这种方法受到各种因素的限制，如垃圾的组成、微生物的类型和处理环境（pH 值、大气压、温度、水力停留时间、进料速度、操作条件等）。为了提高复杂有机物的生产性能，在制氢过程中进行合理的预处理是必要的。生物氢的产生途径包括生物光解、微生物电解和发酵（暗发酵、湿发酵、干发酵和光发酵）。

暗发酵具有能量需求低、产量高、生产效率高等特点，可考虑大规模制氢。在暗发酵中，只有一个细菌或群落可用，微生物的多样性对氢气的生产至关重要。常用的细菌包括梭状芽孢杆菌、肠杆菌、拟杆菌和好热厌氧菌等。在依赖光的光发酵中，有机底物被光合细菌转化为氢。常见的光合细菌包括紫色硫细菌、紫色非硫细菌和绿色硫细菌等。光发酵的优点是产氢率高，但存在光效差、反应器要求透明、能耗高等缺点。暗发酵产氢速率高，而光发酵产氢率高。因此，两者的适当组合可以产生最大的氢气输出，这需要在未来进一步研究。研究人员利用暗发酵和光发酵各自的优势，以厨余垃圾为底物，实现了暗-光两步耦合发酵。通过对暗发酵和光发酵产氢条件的优化，得到以下结果：

① 在 37℃、50%投料比、初始 pH = 6 条件下，暗发酵产氢 25.18mL/g VS；

② 在 30℃、100 W 光照、初始 pH = 8、10%接种条件下，光发酵产氢 34.62mL/g VS。两种发酵方式产生的氢气总量高达 59.80mL/g VS，显著提高了厨余垃圾的产氢率。

厌氧发酵产氢还分为湿发酵（含固率<15%）和干发酵（含固率>15%）。与湿式厌氧发酵相比，干式厌氧发酵具有耗水量更低、产气量更高、沼液更少、沼渣含水率更低等优点。不同底物协同干发酵可提高产氢效率。例如，当厨余垃圾与园林垃圾的比例为 60∶40 时，55℃干发酵的最大累计产氢量达到 85.28mL/g VS，是单一厨余垃圾的 1.35 倍，是单一园林垃圾的 1.93 倍。

尽管取得了这些成果，但由于技术障碍、成本高、效率差，厌氧发酵生产生物氢尚未实现工业规模化。提高产氢率一直是学术界关注的问题。有人提出了新的思路，如添加底物、连续去除产物以缓解底物和产物积累对反应的抑制。也有人提出通过基因工程来修饰细菌菌株以减少副作用，以及使用纳米颗粒添加剂来增强酶活性。

5.2.3 利用厨余垃圾厌氧消化制备液体燃料的研究

5.2.3.1 生物乙醇

生物乙醇含氧量约为34.7%，是石油基燃料的替代品，可完全燃烧，减少颗粒污染物。美国和巴西是全球生产生物乙醇的主要国家。2020年，美国生产了超过138亿加仑（1加仑=3.79L）的生物乙醇，巴西生产了79亿加仑的生物乙醇。这两个国家的生物乙醇产量占全球生物乙醇产量的87%。

发酵生产生物乙醇的原料分为3类：

① 可直接转化为乙醇的原料，无需复杂的预处理，如糖类、甜菜、糖蜜等。这些材料具有加工简单、对基材要求少的优点，但成本高，实际应用较少。

② 在酶的作用下可水解成糖的物质，如玉米、小麦、土豆和大米。但由于“粮食危机”，这些材料已经很少被用于工业生产。

③ 经预处理可转化为糖类的物质，如纤维素。这些材料具有成本低、产量高的优点，并且不会对食品安全造成威胁。

厨余垃圾是城市垃圾的主要组成部分，其中富含可生产甲烷、氢气和生物乙醇的物质。

生物乙醇的生产过程为：淀粉经过糖化处理转化为葡萄糖，葡萄糖经酵母发酵转化为乙醇。酿酒酵母（*Saccharomyces cerevisiae*）适应性强，是一种常见的酵母菌，可在大多数发酵底物中生长，乙醇产量高，乙醇耐受性强。淀粉和纤维素都可通过碳水化合物糖化间接转化为乙醇。但纤维素很难水解，所以纤维素含量低的厨余垃圾是生产生物乙醇的较好选择。

糖化过程中常用的酶有葡萄糖淀粉酶、α-淀粉酶、β-淀粉酶、脱支酶等。将酿酒酵母和酶添加到厨余垃圾中，同时进行糖化和发酵，发现葡萄糖淀粉酶和蛋白酶对生物乙醇的产量有显著影响。发酵120h后，在添加150 U/g蛋白酶、100 U/g葡萄糖淀粉酶或100 U/g纤维素酶的条件下，生物乙醇的产量可达54.6g/L。以10g/L酵母提取物作为补偿氮源，100g/L厨余垃圾在48h内可制得36g/L的生物乙醇。在相同条件下，不添加补偿氮源也可制得25g/L的生物乙醇，证明厨余垃圾作为发酵原料具有高效率和经济性。

为了在未灭菌的发酵条件下从厨余垃圾中提取乙醇，以可耐受高浓度乙醇和较宽pH值范围的革兰氏阴性产乙醇菌——运动发酵单胞菌（*Zymomonas mobilis*）为发酵菌株（对照菌），在酸性条件下培养耐酸的运动发酵单胞菌（GZNS1）。对照菌株与GZNS1在不同条件下从厨余垃圾中提取乙醇的产率由高到低依次为：对照菌株灭菌后的厨余垃圾（对照菌，52g/L，pH = 6）、灭菌后的厨余垃圾（GZNS1，48g/L，pH = 4）、未灭菌的厨余垃圾（GZNS1，46g/L，pH = 4）。结果表明，在不灭菌发酵条件下，CZNS1用于厨余垃圾生产乙醇是可行的。在不灭菌条件下生产乙醇有利于减少加热和灭菌的能源消耗，同时简化生产过程。

厨余垃圾的水解是直接影响生物乙醇产率的关键环节。两级催化水解可以解决淀粉和纤维素水解及糖化的经济和高效问题。此外，复合催化剂、酸浓度和水解温度都对水解有影响。有实验报道，使用复合催化剂（0.5% H_2SO_4 + 0.01%助催化剂）分别在120℃和180℃下进行一次水解和二次水解，效果更好。

以酿酒酵母和寄生念珠菌为发酵菌、厨余垃圾为原料，经水解发酵制备生物乙醇。可发酵糖的量和糖化率主要受pH值、温度、葡萄糖淀粉酶活性、投料量和水解时间的影响。结果表明，最佳水解条件为：温度60℃，pH = 5，葡萄糖淀粉酶85 U/mL，厨余垃圾60g/L，水解时间22h。在此条件下发酵糖产量超过90%，相当于生物乙醇转化率为82.06%～98.19%。

尽管上面讨论了许多优点，但仍然没有大规模的生物乙醇生产设施使用厨余垃圾作为基质。将厨余垃圾作为生物乙醇生产的基质进行大规模和竞争性生产的主要研究工作还需要与使用其他生物质的成熟生物乙醇生产方法进行仔细比较。

5.2.3.2 生物丁醇

丁醇是一种比乙醇性能更好的燃料，可以与汽油以任何比例混合，而乙醇只能以85%的比例混合。丁醇具有强疏水性，沸点高，腐蚀性差，适合用泵输送，不需要改变现有的管道设施。丁醇分为1-丁醇、2-丁醇、叔丁醇和异丁醇。异丁醇也被认为是一种可能的新型生物燃料，可以作为汽油的替代品。异丁醇的辛烷值（RON=113）高于正丁醇（RON=96），价格略低于汽油。除了上述优点外，丁醇与乙醇和甲醇相比还有其他优点：a.可以在炼油厂直接与汽油或柴油按不同比例混合，不需要任何复杂的设备；b.挥发性低，运输方便，腐蚀性小；c.丁醇的空燃比与现有车辆使用的汽油空燃比接近，虽然用丁醇替代汽油需要改变空燃比，但现有车辆可直接使用丁醇含量超过20%的混合燃料，无需任何改装；d.丁醇的汽化焓略高于汽油，因此乙醇和甲醇燃料遇到的冷启动问题不会发生在丁醇燃料中；e.丁醇在水中溶解度低，对水体的污染较小。

生物丁醇是由糖和淀粉发酵而来的，具有低挥发性和高势能，是生物燃料的理想候选物。尽管丁醇具有诸多优点，但成本高、产量低等问题限制了丁醇的使用。传统的生物丁醇生产是通过预处理从原料中提取糖类，然后在梭菌的帮助下进行厌氧发酵，形成丙酮、丁醇和乙醇的混合物，最后将混合物精馏得到最终产物，这个过程定义为丙酮、丁醇和乙醇（acetone，butanol and ethanol，ABE）发酵。ABE发酵过程除产生丙酮、丁醇和乙醇外，还产生乳酸、异丙醇、乙酸等副产物。

ABE发酵生成生物丁醇的过程分为产酸和产溶剂两个阶段。在产酸阶段，细菌将底物转化为乙酸和丁酸。当酸累积达到一定阈值时，细胞代谢进入溶剂生成阶段，其中丙酮、丁醇和乙醇的形成是通过酸转化完成的。合成产物被回收为副产物、悬浮物和生物量。

目前，用于生产生物丁醇的主要饲料是淀粉化合物，如玉米、大米和干马铃薯，但生产成本很高。木质纤维素废物和厨余垃圾发酵生产生物丁醇是一种很有前途的方法。利用废物生产生物丁醇不仅提供了一种理想的、环保的清洁/绿色能源，而且在更大程度上具有解决污染、全球变暖、温室效应等全球性问题的潜力。

利用木质纤维素（小麦秸秆、大麦秸秆、玉米秸秆、木薯渣、甘蔗渣）制备生物丁醇是可行的；然而，在这个过程中会产生副产物，如羧酸、醛和木质素。同时，硫酸盐离子和氯离子进入反应体系，通过破坏 H^+ 梯度和细胞膜稳定性、抑制酶活性和改变细胞通透性等机制抑制正常发酵产生丁醇。针对上述问题可采取以下几种策略：

① 开发改性的纤维素水解生物和酶；

② 改进生物质预处理工艺；

③ 开发代谢工程生物质，使其更容易水解，减少抑制性化合物的生成；

④ 开发代谢工程微生物，使其能够抵抗木质纤维素水解物中存在的抑制性化合物。

厨余垃圾碳水化合物丰富，碳氮比高，含水量高，被认为是生产生物丁醇的良好替代品。厨余垃圾中的碳源来源于淀粉，因此生产生物丁醇是可行的。以厨余垃圾（干基：淀粉63.5%、葡萄糖4.3%、蛋白质13.9%、油脂4.1%、中性洗涤纤维素5.2%）为原料，通过拜氏梭菌P260经ABE发酵制得生物丁醇。与昂贵的葡萄糖发酵（对照组）相比，使用厨余垃圾发酵的成本更低，产量更高，残留物更少。发酵的最终ABE浓度为18.9g/L，而对照组的ABE浓度仅为14.2g/L；ABE生成率为0.46g/（L·h），高于对照组。

此外，厨余垃圾发酵生产生物丁醇不需要添加水解酶；相反，它是由培养分泌物产生的。ABE发酵配合真空汽提技术将丁醇浓度完全控制在6g/L以下。当厨余垃圾浓度达到129g/L时，发酵液中的糖类几乎被完全利用。真空汽提技术有可能降低能源成本、水消耗和设施空间，从而降低生物丁醇的生产成本。提高生物丁醇转化率和寻找廉价的非食品来源是目前的研究重点。原料的预处理包括理化预处理或酶解。酶解对环境友好，而理化预处理的选择性较差，如蒸汽爆破、有机溶液处理等。厨余垃圾中可能含有葡萄糖、木糖、乳糖、阿拉伯糖等的混合物。然而，梭状芽孢杆菌不能消耗所有这些糖，这限制了丁醇的产生，导致碳分解代谢受到抑制。研究人员试图通过基因工程来避免这种抑制作用。通过修饰梭状芽孢杆菌的基因，葡萄糖和木糖可以同时用于抑制发酵过程中的碳水化合物损失。

以厨余垃圾糖化液为底物，以拜氏梭菌NCIMB 8052为发酵菌，在非控制条件下（不添加任何营养物质，不调节pH值）进行ABE发酵，生成生物丁醇。在非对照条件下，生物丁醇产率仅为6g/L，且存在“酸腐”现象；添加3g/L的 $CaCO_3$ 增强了糖化液的pH缓冲能力，从而解决了“酸腐”问题，从而使生物丁醇收率提高到57.8%，总溶剂收率提高到53.1%，丁醇收率提高到90.6%。

近期有研究人员以蔗糖丁醇梭菌（*Clostridium saccharoperbutylacetonicum*）为发酵菌株，研究了不同来源、不同构型的淀粉和不同底物浓度对丁醇发酵的影响。结果表明，直接发酵的厨余垃圾比糖化发酵效率高，且避免了底物抑制。在料液比为1∶1时，生物丁醇产量达到12.1g/L，最大生物丁醇产率为0.705g/（L·h）；而在料液比为1∶2时，最大产率是糖化发酵的2.05倍，且直链淀粉更易于使用。因此，厨余垃圾直接发酵是可行的，而且在丁醇产率和碳转化率方面优于糖化发酵。

虽然厨余垃圾是生产生物丁醇的合适底物，但仍存在一些挑战，如有效预处理不同来源的厨余垃圾、选择合适的微生物菌株以充分利用不同的糖。因此，必须进行更深入的研究。

5.2.3.3 生物柴油

生物柴油是由动植物油、食用油、非饲料油或微生物脂类与甲醇或乙醇酯化而成的脂肪酸甲酯或脂肪酸乙酯，属于低碳酯类，是一种清洁的可再生能源。高燃烧性能、高闪点、储存安全、低环境危害、可自降解和可再生的生物柴油是人们广泛期望的。传统的生物柴油生产可以追溯到油菜籽、棕榈油和玉米。但种植这些作物需要大量的耕地和劳动力，以及适宜的天气条件，限制了生物柴油的发展。为了克服这一障碍，产油微生物，如酵母、微藻，得到广泛研究。一些真菌可以利用各种废物，如木质纤维素、水果、蔬菜等厨余垃圾，进行脂质合成。酵母等真菌（如油脂酵母属、隐球菌属、短梗霉属和曲霉属）的脂质产率可以达到70%。

废弃食用油因成本较低（比植物油低2.5～3.5倍）而成为生物柴油研究的热点。废油可通过酯交换反应制备生物柴油。酸催化、碱催化、酶催化、超临界萃取和离子液体等方法相继发展，其中以酸碱催化最为成熟。其主要工艺流程为：从厨余废油中提取油脂，经酯化或酯交换将油脂转化为生物柴油；或经酯化交换和酸碱催化，通过真菌水解预处理将油脂转化为生物柴油。真菌水解是从富含碳水化合物、富含磷酸盐、富含氨基酸和富含脂肪酸的厨余垃圾中生产脂质的一种方法。传统的油脂提取是将厨余垃圾和水的混合物转化为类似纸浆的物质，然后进行溶剂提取。提取油脂后，根据其含水量、酸含量和脂肪酸含量进行酸（H_2SO_4或HNO_3）或碱（KOH或NaOH）催化酯交换反应。

研究人员以废油为原料、氢氧化钠为催化剂进行酯交换反应，得到了产率为94.6%的生物柴油。脂肪酸组成会影响生物柴油的性能。废食用油中的游离脂肪酸在碱性水条件下可诱导皂化，消耗催化剂，形成乳剂。因此，研究者提出先使用酸性催化剂进行酯化，再进行酯交换，以减少游离脂肪酸的影响。过量饱和脂肪酸的存在会导致生物柴油的冷流动性能差，限制其在寒冷气候下的使用；而废油中的高度不饱和脂肪酸容易被氧化，会降低生物柴油的稳定性。

与石油柴油、乙醇或其他短链醇等冷流动改性剂共混，可改善生物柴油在低温下的冷流动性能。虽然抗氧化剂不能完全抑制氧化作用，但可以改善生物柴油氧化稳定性，降低生物柴油氧化速率。使用合成酚类抗氧化剂，如丁基羟基甲苯、乙氧基喹啉、邻苯三酚和十二烷基没食子酸酯，以防止生物柴油中的氧化，已被广泛报道。

酶催化是生产生物柴油的另一种方法。脂肪酶可以将厨余废油为原料，在温和条件和有水存在的条件下催化游离脂肪酸和甘油三酯转化为脂肪酸甲酯生物柴油。然而，稳定性、可复用性和成本问题严重制约了脂肪酶在生产中的应用。解决这一问题的一种方法是使用固定脂肪酶，这种方法有利于柴油转化过程的多次循环，便于脂肪酶的分离与回收。固定化脂肪酶的制备包括脂肪酶的表达和纯化、载体的合成以及将脂肪酶锚定在载体上三个步骤。还可以通过修改遗传密码，直接在细菌细胞中产生固定化脂肪酶。也可以通过取向进化来改进脂肪酶，以产生具有更高的热稳定性和/或有机溶剂稳定性的突变体，并提高生物柴油生产的甲醇抗性。上述方法可能导致固定化酶在功能上的差异。

5.3　生物燃料的技术挑战与环境效益分析

5.3.1　技术挑战

厨余垃圾在收集、运输和处理前的临时储存过程中会产生难闻的气味和渗滤液。全球每年产生的厨余垃圾超过 13×10^8t。减量化、无害化和资源化是处理厨余垃圾的基本原则。与其他处理方法相比，回收并将厨余垃圾转化为有价值的生物燃料产品是一种很有前景的解决方案。利用厨余垃圾生产生物燃料被认为是一种环保、经济和可持续的方法。目前已有许多技术，如催化、裂解、发酵、热解和分离，被用于厨余垃圾制备生物燃料。前面介绍了厨余垃圾制备气态燃料（沼气、生物乙烷、生物氢）和液态燃料（生物柴油、生物乙醇、生物丁醇、生物柴油）的最新技术进展，并对其制备工艺及影响因素进行了分析。根据上述讨论可知，将厨余垃圾转化为生物燃料可以减少污染和碳排放，并将其转化为资源，同时增加经济效益。这种方法符合厨余垃圾合理利用的“减量化、无害化、资源化”原则。

目前存在的技术难点在于传统反应器与传统预处理的低效与高耗、高污染。反应器对发酵液的流动模式和三相（固、液、气）传质有较大的影响。连续搅拌槽反应器（CSTR）和上流式厌氧污泥床反应器（UASB）是厌氧发酵常用的反应器。CSTR 可以将有机废物和生物质均匀混合。UASB 具有较高的生物量丰度，不同的底物组成表现出不同的厌氧发酵性能。为了实现生物燃料的大规模生产，需要开发新的反应器。传统的预处理技术主要有物理法、化学法、生物法和联合处理法。不同预处理技术的耦合可以实现功能互补，协同提高废物的预处理效果。物理法、化学法和生物法单独使用时都有一定的缺点。为了相互弥补，常采用联合处理法，如蒸汽爆破-生物组合法、碱-稀酸组合法、蒸汽爆破-生物组合法等。联合处理方法可以获得更高的酶解效率和更大的比表面积，有利于提高厌氧转化率。物理法是指通过物理手段使胞外聚合物断裂。机械破碎、超声波、微波、蒸汽爆破、冷冻等都是物理法。超声波预处理高效、清洁、安全，且开裂程度高。物理法通常产生较少的污染，可用于处理大量的木质纤维素材料。但物理法也存在能耗高、效果不明显的缺点。因此，物理法通常与其他方法结合使用。化学法需要向废物中添加化学物质，以破坏其结构并导致有机物的释放。值得注意的是，化学品的添加可能会导致二次污染。化学法主要有碱预处理、酸预处理、离子液体预处理和氧化剂预处理。有一些化学法在实际应用中存在弊端。例如，酸和碱溶液仍然需要回收，并且容易腐蚀设备；中间代谢物会对后续的厌氧消化系统产生毒性作用，且处理成本过高。

生物法主要是利用具有高催化性能的酶催化废物中的有机物，从而提高废物的可降解性。生物法具有成本低、污染少、作用温和等优点。然而，可用于生物方法的微生物不多，与其他方法相比降解速度较慢。

水热预处理技术可以弥补上述方法的不足。水热预处理法不需要化学试剂和防腐设备，副产物和中间代谢物对微生物的毒性较小，可作为一种绿色预处理方法。另外，废物分解产物直接溶解在液相产物中，便于微生物在后续厌氧消化中利用。

与煤炭、天然气、生物质热化学等燃料技术相比，生物燃料技术尚处于基础研究阶段。由于生物质资源和国情的差异，一些生物燃料技术缺乏通用性。由于资源的特殊性，需要一种系统的全生命周期评价方法来衡量生物燃料技术的产业化成本。未来的研究需要从生物反应、产品分离、储存和运输等各个方面分析生物燃料技术的成本，以确定其可持续性的影响因素。

随着厨余垃圾越来越多，环境保护压力越来越大，人们的回收利用意识逐渐提高，利用厨余垃圾制造生物燃料并回收能源的方法已经成为一种非常有效的技术方案。该方法可制得生物甲烷、生物乙醇、生物氢、生物柴油或生物炭，且转化过程简单、经济。虽然转化过程中的一些因素对转化效率有一定的影响，如废物组成、温度、pH 值、处理时间、抑制剂、反应器类型、微生物种类等，但通过严格的工艺控制和条件优化，再加上合理的反应器配置，这种废物处理方案必将发挥出惊人的潜力。每一种生物燃料制剂都有相应的精制技术，每种技术使用的原料、反应器和预处理方式也不同。厨余垃圾是有机碳的宝贵来源，可有效利用生产多种工业化学品和高附加值产品，具有广阔的发展前景和应用价值。

然而，将厨余垃圾转化为增值产品仍存在局限性。例如，由于垃圾的异质性，缺乏有效的转化技术，厨余垃圾收集和分类困难，投资成本高，基础设施复杂等。因此，需要加强厨余垃圾的收集和分类管理，开发经济、环保的垃圾处理方法，改进技术设备参数。要实现循环经济的目的，必须以最小的能耗和成本投入实现经济效益的最大化。优化生物燃料的制备工艺，提高反应催化剂的效率和使用寿命，合理处理和利用副产物和反应残渣消除二次污染，提高生物燃料的产量，降低生物燃料的成本，是今后厨余垃圾生物燃料转化的发展方向。除了制备生物燃料外，还可以考虑将厨余垃圾转化为生物肥料、生物饲料、生物化学品和生物电能，还需要适当的政策来尽量减少厨余垃圾的产生。

5.3.2 环境效益分析

全球生物燃料产业的发展相当迅速，但中国生物燃料产业起步较晚。为了找到适合生物燃料生产的原料油和加工条件，对该工艺的能耗、污染物排放和经济效益进行评价是非常有必要的。

厨余垃圾的特征（化学和物理组成）在世界范围内各不相同，这是由于区域（国家或地区）饮食的差异，以及准备阶段生产和加工的差异。然而，在同一国家或区域内，在不同季节和同一废物收集来源（即餐馆、家庭、酒店、学校）的厨余垃圾也可能存在差异，但程度较轻。这些差异对制定厨余垃圾处理、回收和增值的国际标准构成了重大挑战。文献中也普遍认为，厨余垃圾回收技术还需要进行改进，以使其在经济上可行。目前，一般有机废物的回收方法有多种。Dahiya 等讨论了将厨余垃圾转化为各种产品（如生物燃料、化学品、动物饲料和肥料）的潜在可持续战略。该研究指出了优化单个生物过程的重要性，有利于综合厨余垃圾生物处理技术的发展。Kibler 等的研究重点关注厨余-能源-水（FEW）关系作为废物管理的概念，讨论了各种厨余垃圾处理和回收方法（填埋、堆肥、厌氧消化和焚烧）。该研究强调了将厨余垃圾转化为能源的好处，并强调了了解后处理或再循环对水资源的影响的重要性。Girotto 等讨论了几种可以在厨余浪费管理中实施的解决方案：优先考虑将厨余垃圾的可食用部分捐赠给社会服务，其次是将废物作为生产生物燃料和生物塑料的原料进行工业利用。Sindhu 等调查了厨余垃圾管理的社会、经济和环境后果，并得出结论：通过适当的管理，厨余垃圾是有价值产品的极好来源；然而，厨余垃圾的异质性、高含水量和难以收集是采用标准化管理方法的挑战。

我们可以将厨余垃圾的管理方法分为处置和回收两大类。图 5-4 显示了这两种分类下的所有子类别。在这里，我们所说的处置是指将厨余垃圾视为垃圾或价值有限的方法，因此在处理或预处理方面几乎没有回收就被丢弃了。而回收是指通过收集和处理将厨余垃圾升级为增值产品的管理方法，如堆肥或生产生物燃料。其中热化学转化相对较新，最近才以中等规模实施，因此仍然是深入研究和开发的主题。

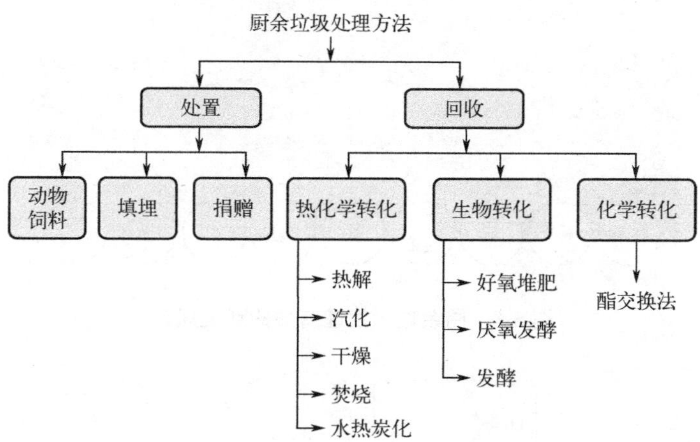

图 5-4　厨余垃圾的主要处理方法

目前厨余垃圾中的大部分有价值组成都与其他生活垃圾一起进入垃圾填埋场。填埋是一种简单的处理方法，但从长远来看，填埋会导致周围环境的污染。图 5-5 显示了垃圾填埋场对空气和地下水的负面影响。除此之外，垃圾填埋场及周边地区不受控制的排放、难闻的气味和渗滤液的扩散将为昆虫、啮齿动物和病原体的生长提供适当的条件，因此可能导致严重的健康问题。在某些情况下，垃圾填埋场还用于露天燃烧废物，增加了对空气的污染。如今，新堆填区的设计和运作都有严格的规定，以尽量减少对环境的负面影响。对于一般的城市生活垃圾，据估计，进入垃圾填埋场的每吨垃圾可产生 0.17～0.25m^3 的渗滤液。除此之外，还有运输和预处理成本的问题。据报道，在许多情况下，需要消耗大量的水来稀释渗滤液，以降低污染物的浓度，以满足地表水和地下水的标准规定。在水资源匮乏的地区，这是一个真正的挑战。另外，一般来说，城市生活垃圾产量的增加将导致场址规模和数量的增加。因此，土地及其容量的稀缺进一步意味着垃圾填埋不是厨余垃圾处理的理想或可持续解决方案。

因此越来越多的厨余垃圾被逐步用于转化为生物燃料。酯交换法是将厨余垃圾回收到生物柴油中最有前途的选择之一。它被认为是两种不混相之间的化学反应；一种是厨余垃圾中的甘油三酯（脂质）；另一种是醇（乙醇或甲醇）。脂质中的有机基团 R"与醇中可用的 R′ 有机基团交换。该反应还需要加热、搅拌和酸/碱催化剂，最终合成生物柴油。生成生物柴油的基本步骤和酯交换反应机理如图 5-6 所示。在酯交换反应前要进行预处理（水解），以从厨余垃圾中提取脂质。

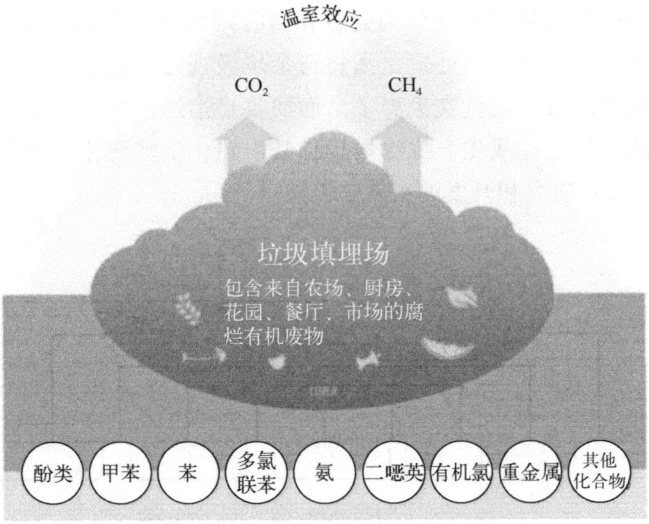

图 5-5　厨余垃圾填埋有关的环境风险

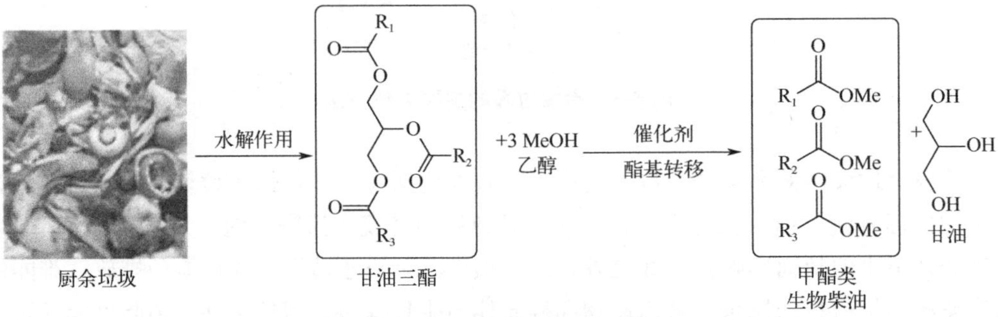

图 5-6　将厨余垃圾转化为生物柴油的基本化学反应

Carmona-Cabello 等对从餐馆收集的厨余垃圾中产生的脂质进行了酯交换研究，发现厨余残渣中的油富含脂肪酸。为此，采用酸催化酯化预处理。最终生产的生物柴油在脂肪酸甲酯（FAME）产率、氧化稳定性和甘油酯含量方面均不符合欧洲标准 EN 14214 的规定，因此建议使用添加剂或与化石燃料柴油混合。在 Carmona-Cabello 等的另一项研究中，他们试图通过响应面法（RSM）来优化这一过程。利用得到的最优条件建立了超声辅助工艺，并与常规加热搅拌工艺进行了比较。结果表明只在反应时间和节能方面改善了工艺，但对氧化稳定性、FAME 收率和甘油酯含量没有任何好处。在另一项关于厨余垃圾酯化的研究中，Karmee 等使用氢氧化钾（KOH）和脂肪酶作为催化剂和甲醇进行了实验。结果表明，当脂质与甲醇的物质的量比为 1：10、温度为 60℃、反应时间为 2h 时，生物柴油的产率为 100%。为了提高厨余垃圾（从印度旅馆厨房收集）中脂质的提取率，Barik 等在酯交换前增加了一个干燥步骤。产品生物柴油的物理性能在 ASTM D6751 标准设定的可接受范围内，但热值（31.38 MJ/kg）低于 EN 14214 标准（35 MJ/kg）。表 5-3 给出了上面讨论的一些研究报告中用厨余垃圾生产的生物柴油的特性。除了 Bhatia 等的数据外，很明显，厨余垃圾生产的生物柴油在密度和黏度方面与石油柴油非常相似，高位热值（HHV）仅低 10%，但着火点相对较高。

表 5-3　厨余垃圾中提取生物柴油的特性

厨余垃圾来源	运动黏度①/（mm^2/s）	密度②/（kg/m^3）	热值/（MJ/kg）	闪点/℃	酸值/（mg KOH/g）	数据来源
餐馆	4.8 ± 0.1	887 ± 1	39.6 ± 0.1	164 ± 3	—	Carmona-Cabello，et al（2018）
	4.1 ± 0.1	870 ± 1	39.5 ± 0.1	166 ± 1	0.16 ± 0.01	Carmona-Cabello，et al（2019）
旅馆	2.2	872	31.4	164	0.60	Barik，et al（2018）
厨余垃圾发酵液	4.0	870	39.4	—	—	Bhatia，et al（2019）
家庭	4.4	875～882	39.2～41.5	180	0.13 ± 0.05	Priyadarshi，Paul （2018）

① 40℃。

② 15℃。

堆肥是在好氧下将有机化合物转化为二氧化碳、氨氮或复杂的腐殖化物质（也称为腐殖质物质）。堆肥产品主要用作土壤的调理剂。图 5-7 为一般有机废物堆肥过程中的化学反应机理。该过程需要水分和机械能进行混合和曝气。表 5-4 显示了一些报道的厨余垃圾堆肥的特性。

通过堆肥，食物垃圾的质量和体积可以减少约 40%。除了增加土壤养分外，堆肥还可以帮助固碳和保水。堆肥还具有热解产生的生物炭的一些特性。世界上有很多关于厨余垃圾堆肥的成功案例。例如，在印度，大约有 70 个堆肥设施，每年可回收约 5.9%的厨余垃圾，相当于约 4.3×10^6t 堆肥。但是，堆肥会导致二次环境污染，如渗滤液的形成、氨气和温室气体的排放，不过，与垃圾填埋场造成的污染相比其数量要少得多。此外，厨余垃圾的堆肥受

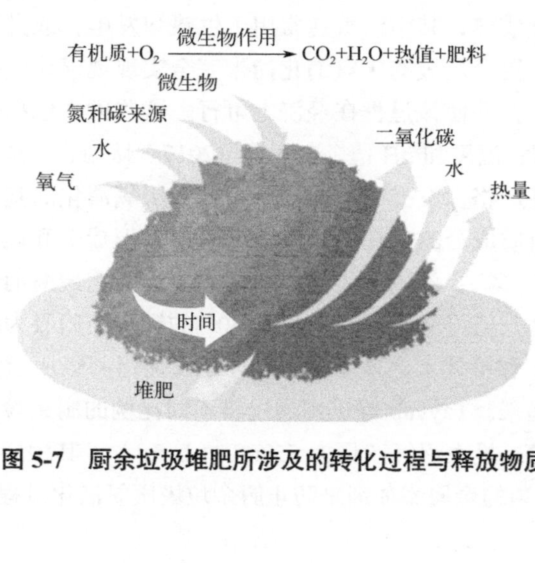

图 5-7　厨余垃圾堆肥所涉及的转化过程与释放物质

表 5-4 厨余垃圾堆肥的特性

厨余垃圾来源	干料	体积密度 /（kg/m³）	含水率 /%	pH 值	电导率 /（mS/cm）	总有机质 /%	总有机碳 /%	数据来源
沙特阿拉伯	—	—	54.0	8.6	2.0	64.2	35.7	Waqas，et al（2018）
西班牙	花草剪枝	—	31.9	7.9	4.9	55.3	—	Martínez-Blanco，et al（2010）
韩国	木屑	390	31.0	8.6	2.6	73.0	34.0	Kim，et al（2008）
加拿大	秸秆	630	35.0	8.0	—	39.0	—	Adhikari，et al（2009）

到厨余垃圾样品组成在时间和地点上的异质性的影响，因此需要定期调整堆肥条件。另外，厨余垃圾与其他废物的分离效率低下，这对堆肥市场构成了挑战，并对最终堆肥的质量产生了不利影响，特别是在尚未建立适当分离机制的发展中国家。相当多的出版物报道了厨余垃圾堆肥。根据 Melikoglu 等的研究，理想的用于堆肥的厨余垃圾应具有以下特点：a.小颗粒尺寸和足够的空隙空间（孔隙度）；b.碳氮比（C/N 值）为（25：1）～（35：1），以允许细菌活动；c.含水率为 50%～65%。Kumar 等的研究表明，提高厨余垃圾堆肥的效率的关键在于优化低碳氮比促使厨余垃圾和绿色垃圾的共堆肥成功。研究发现，60%的含水率和 19.6 的 C/N 比值最适合堆肥，12d 内总挥发性固体质量减少 33%。Li 等对厨余垃圾堆肥进行了综合研究，考虑了含水率、C/N 值、pH 值、温度、粒径、填充剂等多种因素。除了必要的建模和建模后分析外，还需要进一步研究多功能添加剂的筛选和挥发性有机物的排放控制。Chang 和 Chen 研究了稻壳、锯末和米糠等填充剂对堆肥过程的影响。结果表明，原混合料中木屑越多，吸水能力越强，堆肥效率越高，pH 值越低，酸化时间越短。显然，加工条件和厨余垃圾来源的差异，使堆肥的质量有相当大的差异。

厌氧消化是一种在厌氧条件下利用有机物产生甲烷的方法。一般来说，有机物中的蛋白质和碳水化合物部分转化为沼气的速度更快。而脂质的降解率较低，但会产生更高质量的沼气。厌氧消化的主要步骤如图 5-8 所示。厌氧消化装置，特别是水处理设施内的厌氧消化装置，在工业规模上已接近成熟，其中沼气通常用于供热和发电，或升级为更高质量的沼气用于发电并入电网。然而，厨余垃圾的厌氧消化尚未完全实现规模化，因为该过程需要考虑多个因素，以实现最大效益，并使该过程在经济上可行。这些因素包括但不限于反应器类型、加载速率、水力停留时间、温度和 pH 值。Gao 等（2017）认为，一般来说，生物处理的主要缺点是成本高、启动条件严格、发酵时间长。厨余垃圾厌氧消化的其他关键问题是厨余垃圾组成的异质性、富氮蛋白质成分的存在（导致游离 NH_3 的形成）和高盐浓度。后两个因素会对微生物的活性产生不利影响，而厨余垃圾组成的差异会影响最终消化产物的质量，降低其作为肥料的适用性。此外，值得注意的是，只有 40%的饲料被回收为沼气，其余的只是消化物。为了提高能量回收率和整体工艺效率，Ren 等建议使用两级厌氧消化系统，将氢气或乙醇生产与甲烷发酵结合起来。Tayyab 等试图通过将不同比例的厨余垃圾与经预处理的稻草添加剂混合来改善沼气质量，最大沼气产量为 559mL/（L•d），其中厨余垃圾与稻草的比例为 60：40。Zhang 等利用封装的金属添加剂来防止厨余垃圾厌氧消化过程中的金属沉淀。这项研究指出了金属在消化过程中的关键作用——作为供体/受体，帮助酶的合成和影响酶促甲烷生成途径。这些金属添加剂提高了镍的生物利用率，从而使甲烷产量显著增加。在另一项使用混合有机废物的实验性厌氧消化研究中，Panigrahi 等研究了热处理后的庭院垃圾（草、干树叶和木屑）和厨余垃圾（来自印度学生宿舍）共消化的效果。结果表明，当厨余垃圾与微生物的比例为 1.5∶1 时，甲烷产量最高（431mL/g）。表 5-5 给出了厨余垃圾厌氧消化产甲烷的文献数据。有趣的是，尽管厨余垃圾的来源和使用的接种剂有所不同，但数据显示甲烷产量几乎保持一致。

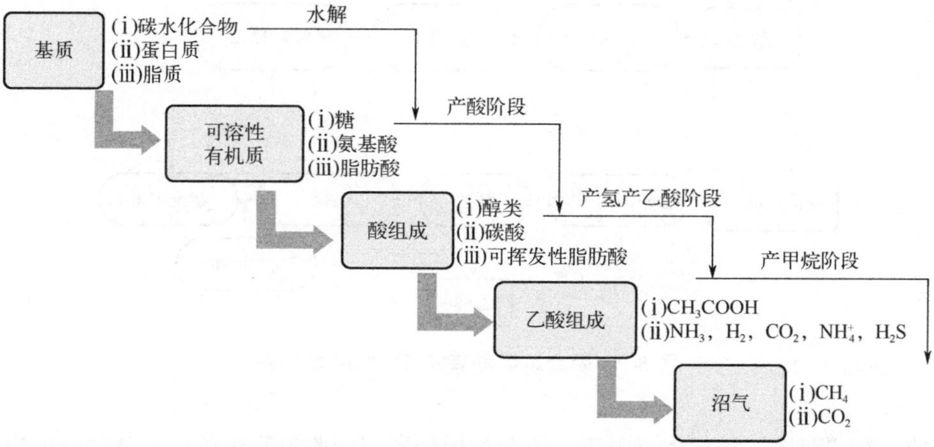

图 5-8　厨余垃圾厌氧消化主要步骤

表 5-5　厨余垃圾厌氧消化产生甲烷的实际案例

厨余垃圾来源	工业类型	甲烷产量/（L/g VS）	数据来源
各种来源的混合物	—	0.40	Banks，et al（2011）
西班牙餐厅	中温消化污泥	0.49	Forster-Carneiro，et al（2008）
日本市场	污泥	0.52	Park，et al（2008）
韩国餐厅	厌氧污泥	0.45	Zhang，Jahng （2012）
日本合成食品链	高温消化污泥	0.46	Nagao，et al（2012）
美国厨余垃圾	厌氧污泥	0.44	Zhang，et al（2007）

发酵是生物处理厨余垃圾的另一种替代方法。该工艺主要包括原料制备、预处理、释放游离可发酵糖、发酵和纯化五个步骤（图 5-9）。预处理步骤通常使用酸、碱、热和酶等处理，以提高厨余垃圾中纤维素成分的消化率。然后在后期添加发酵生物，如酿酒酵母菌（酿酒酵母）和运动发酵单胞菌，以允许发酵，从而生产乙醇。使用厨余垃圾作为发酵原料将显著降低生物乙醇生产行业的原料成本。然而，与厨余垃圾发酵相关的主要挑战有两个，其中一个挑战是与成分异质性有关，这是所有类型的厨余垃圾回收方法的普遍问题。Poe 等对厨余垃圾异质性对最终发酵产物的影响进行了全面研究。另一个挑战与需要进一步处理发酵过程

后遗留的液体排出物（废水）和固体残渣有关。Anwar Saeed 等回顾了不同操作条件的影响，如微生物类型（如酵母和细菌）、pH 值、温度、接种量、含水率和孵育时间。Matsakas 和 Christakopoulos 为了降低该工艺的初始成本，使用了以厨余垃圾为原料培养的嗜热毁丝霉（*Myceliophthora thermophila*），并将其用于发酵前的厨余垃圾的酶糖化。发现所产生的乙醇的质量浓度显著增加（约 222%），表明酶在发酵过程中的有效性。另一项关于厨余垃圾发酵优化的理论研究预测了通过改变糖化和发酵 pH 值、酶的反应和发酵温度、酶浓度和发酵时间进行有效工艺优化的可行性。

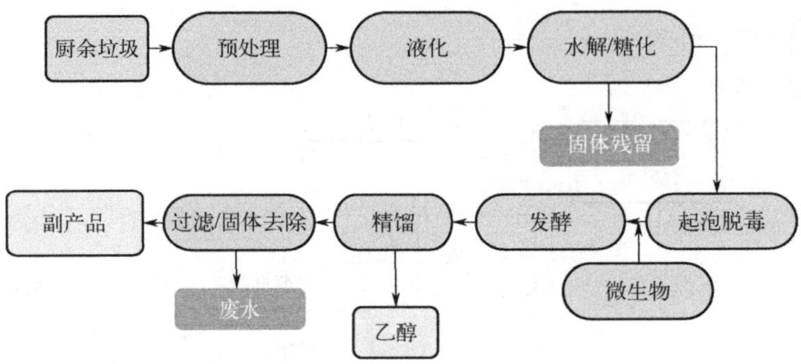

图 5-9　厨余垃圾发酵成乙醇的基本步骤

此外，在“双碳”目标大背景下，厨余垃圾处理与回收过程中的温室气体排放也值得深入分析。如前所述，目前常用的厨余垃圾处理方法是填埋、焚烧和室外无控制燃烧。据估计，这些方法每年造成约 33×10^8t 二氧化碳排放。表 5-6 给出了各种处置和回收方法的碳足迹，用每个功能单位（functional unit，FU）的二氧化碳当量（carbon dioxide equivalent，CO_2-eq）排放量来表示。FU 是生命周期评估（life cycle assessment，LCA）中常用的参考，用于将过程的输入与输出联系起来。用于定义 FU 的术语在不同的研究中有所不同，同样用于计算 CO_2-eq 的方法也存在相当大的差异。例如，Bernstad Saraiva Schott 和 Andersson 的研究中，FU 计算中考虑的焚烧排放包括二次垃圾的运输、预处理和处置释放，而 Lee 等报道的焚烧排放包括额外的排放，例如与热回收设施、先进的空气污染控制装置和废水处理系统有关的排放。为了有一个共同的比较基础，已报道的文献数据被重新计算，并与一个统一修正后的功能单位（$FU_{modified}$）相关，该单位是根据每人每年产生的厨余垃圾量来定义的，如图 5-10 所示。很明显，通过热分解途径回收厨余垃圾的二氧化碳当量 7.88kg CO_2-eq/$FU_{modified}$ 最高，焚烧处理的二氧化碳当量为 2.80kg CO_2-eq/$FU_{modified}$，然后是垃圾填埋的 1.44kg CO_2-eq/$FU_{modified}$，厌氧消化的 1.26kg CO_2-eq/$FU_{modified}$，最后是堆肥的 1.17kg CO_2-eq/$FU_{modified}$。与热分解相关的高排放主要是由于导出吸热热解反应所需的高能耗，而在焚烧情况下，主要是由于燃烧在空气中排放大量 CO_2。然而，有一种观点认为，考虑到热分解和焚烧厨余垃圾的过程可能涉及以生物炭形式进行的碳固存，以及所产生的能源可以替代化石燃料，因此，热解和焚烧厨余垃圾的二氧化碳净排放量可能为负。对于垃圾填埋，除了排放二氧化碳外，还会释放甲烷（占干排放总量的 40%～70%），其不利影响高于二氧化碳排放。因此，将厨余垃圾转化为生物燃料的技术可以通过厌氧消化与堆肥来减少温室气体的排放，由此大幅提高环境效益。

表 5-6 以功能单位（FU）表示的各种厨余垃圾处理方法的二氧化碳足迹

厨余垃圾的处置/回收方法	FU	kg CO_2-eq/FU	数据来源
集中堆肥	1 户/年①	52.0	Lundie，Peters （2005）
与城市固体废物共同填埋		82.0	
厌氧消化	1t 厨余垃圾/a②	199.0	Bernstad Saraiva Schott，Andersson （2015）
焚烧		105.2	
填埋	1t 厨余垃圾/a③	409.4	Lee，et al（2007）
焚烧		580.3	
堆肥		269.6	
热分解	1t 厨余垃圾/a①	683.0	Opatokun，et al（2017）
厌氧消化		144.0	
厌氧消化	0.24t 厨余垃圾/（a·人）④	152.3	Gao，et al（2017）
填埋		992.3	
焚烧		2816.7	
堆肥		177.7	

① 假设每户每年产生 182kg 厨余垃圾，每户 2.1 人。

② 假设每人每年产生 280kg 厨余垃圾，其中只有 34%来源是家庭。

③ 假设每人每年产生 130kg 厨余垃圾。

④ 2t 厨余垃圾/（d·3000 人）。

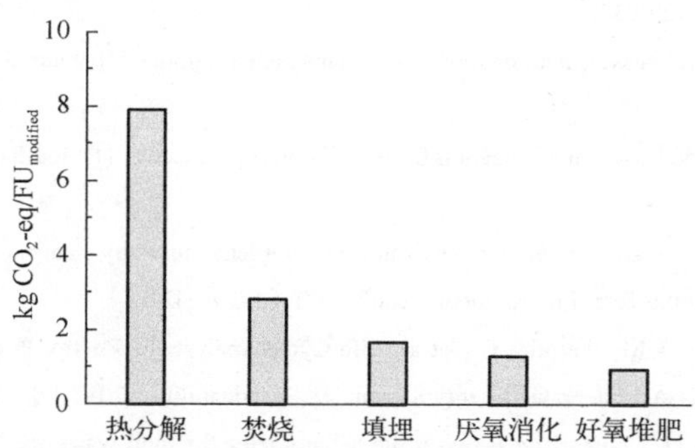

图 5-10 基于统一修正后的功能单位（$FU_{modified}$）计算各种厨余垃圾处理和回收方法的二氧化碳足迹

参 考 文 献

[1] Carmona-Cabello M，Leiva-Candia D，Luis Castro-Cantarero J，et al. Valorization of food waste from restaurants by transesterification of the lipid fraction [J]. Fuel，2018，215：492-498.

[2] Carmona-Cabello M，Saez-Bastante J，Pinzi S，et al. Optimization of solid food waste oil biodiesel by ultrasound-assisted transesterification [J]. Fuel，2019，255：115817.

[3] Barik S，Paul K K，Priyadarshi D. Utilization of kitchen food waste for biodiesel production[J].IOP Conference Series：Earth and Environmental Science，2018，167（1）：012036.

[4] Bhatia S K，Gurav R，Choi T-R，et al. Effect of synthetic and food waste-derived volatile fatty acids on lipid accumulation in Rhodococcus sp. YHY01 and the properties of produced biodiesel[J]. Energy Conversion and Management，2019，192：385-395.

[5] Priyadarshi D，Paul K K. Single phase blend：An advanced microwave process for improved quality low-cost biodiesel production from kitchen food waste [J]. Biochemical Engineering Journal，2018，137：273-283.

[6] Colon J，Martinez-Blanco J，Gabarrell X，et al. Environmental assessment of home composting [J]. Resources Conservation and Recycling，2010，54（11）：893-904.

[7] Waqas M，Nizami A S，Aburiazaiza A S，et al. Optimizing the process of food waste compost and valorizing its applications：A case study of Saudi Arabia [J]. Journal of Cleaner Production，2018，176：426-438.

[8] Kim J D，Park J S，In B H，et al. Evaluation of pilot-scale in-vessel composting for food waste treatment [J]. Journal of Hazardous Materials，2008，154（1-3）：272-277.

[9] Adhikari B K，Barrington S，Martinez J，et al. Effectiveness of three bulking agents for food waste composting [J]. Waste Management，2009，29（1）：197-203.

[10] Banks C J，Chesshire M，Heaven S，et al. Anaerobic digestion of source-segregated domestic food waste：Performance assessment by mass and energy balance [J]. Bioresource Technology，2011，102（2）：612-620.

[11] Forster-Carneiro T，Perez M，Romero L I. Thermophilic anaerobic digestion of source-sorted organic fraction of municipal solid waste [J]. Bioresource Technology，2008，99（15）：6763-6770.

[12] Park Y，Hong F，Cheon J，et al. Comparison of thermophilic anaerobic digestion characteristics between single-phase and two-phase systems for kitchen garbage treatment [J]. Journal of Bioscience and Bioengineering，2008，105（1）：48-54.

[13] Zhang L，Jahng D. Long-term anaerobic digestion of food waste stabilized by trace elements [J]. Waste Management，2012，32（8）：1509-1515.

[14] Kawai M，Kishi M，Hamersley M R，et al. Biodegradability and methane productivity during anaerobic co-digestion of refractory leachate [J]. International Biodeterioration & Biodegradation，2012，72：46-51.

[15] Zhang R，El-Mashad H M，Hartman K，et al. Characterization of food waste as feedstock for anaerobic digestion [J]. Bioresource Technology，2007，98（4）：929-935.

[16] Lundie S，Peters G M. Life cycle assessment of food waste management options [J]. Journal of Cleaner Production，2005，13（3）：275-286.

[17] Schott A B S，Andersson T. Food waste minimization from a life-cycle perspective [J]. Journal of Environmental Management，2015，147：219-226.

[18] Lee S H，Choi K I，Osako M，et al. Evaluation of environmental burdens caused by changes of food waste management systems in Seoul，Korea [J]. Science of the Total Environment，2007，387（1-3）：42-53.

[19] Opatokun S A，Lopez-Sabiron A M，Ferreira G，et al. Life Cycle Analysis of Energy Production from Food Waste through Anaerobic Digestion，Pyrolysis and Integrated Energy System [J]. Sustainability，2017，9（10）：1804.

[20] Gao A，Tian Z，Wang Z，et al. Comparison between the technologies for food waste treatment[J].Energy Procedia，2017，105：3915-3921.

[21] Chen L Y，Qin Y J，Chen B Q，et al. Enhancing degradation and biogas production during anaerobic digestion of food waste using alkali pretreatment[J]. Environmental Research，2020，188:109743.

第6章 生物增值产品与微生物处理

- 生物增值产品的分类与制备
- 生物增值产品的应用
- 微生物处理的机制与优势

6.1 生物增值产品的分类与制备

生物增值产品是通过生物工艺或生物技术处理而得到的具有附加价值的产品。它们通常是利有机废物、农业副产品、污水等生物来源制备的，具有广泛的应用领域。以下是一些常见的生物增值产品。

6.1.1 有机肥料

通过堆肥或厌氧消化处理有机废物，可以制备高质量的有机肥料，例如堆肥产品、沼气水肥、沼气渣肥等，用于改善土壤质量和促进植物生长。

6.1.1.1 堆肥

堆肥（composting）是在人工控制下，在一定温度、湿度、pH 值、碳氮比和通风条件下，利用自然界广泛存在的微生物，促进固体废物中可降解有机物转化为稳定的腐殖质的生物化学过程。堆肥制得的产品称为堆肥（compost）。能用堆肥技术进行处理的废物包括庭院垃圾、有机生活垃圾、有机剩余污泥和农业废弃物等。根据微生物生长的环境可以将堆肥分为好氧堆肥和厌氧堆肥两种。好氧堆肥是指在氧气存在的状态下，好氧微生物对废物中的有机物进行分解转化的过程，最终的产物主要是 CO_2、H_2O、热量和腐殖质；厌氧堆肥是在无氧状态下，厌氧微生物对废物中的有机物进行分解转化的过程，最终产物是 CH_4、CO_2、热量和腐殖质。本节主要介绍好氧堆肥。

堆肥是一种具有成本效益和环境安全性的稳定有机残留物的生物氧化过程。这种简单的技术可以在小型工厂中进行，但需要相对较长的时间和特定的条件。消费前的厨余垃圾比消费后的厨余垃圾具有更有利的碳氮比，但厨余垃圾可以被微生物群落用于堆肥。厨余垃圾与花园垃圾的联合堆肥可产生积极的经济和环境影响，但需要地方政府在环境意识和财务方面的支持。现场堆肥是一种很有前途的策略，但受到空间和高昂的初始投资成本的限制，特别是对于具有广泛景观美化和园艺需求的酒店。用于从废水和有机废物中回收宝贵资源的新型卫生分离可与城市农业相结合，以最大限度地减少城市农业对养分和有机物的需求。

（1）技术原理

在有氧条件下，有机废物中的可溶性有机物透过微生物的细胞壁和细胞膜被微生物所吸收。不溶性的固体和胶体有机物则先附着在微生物体外，然后在微生物分泌的胞外酶的作用下分解为可溶性物质，再渗入细胞内部。微生物通过自身的生命活动——氧化还原和生物合成过程，把一部分被吸收的有机物氧化成简单的无机物，并释放出能量供微生物生长活动所需，把另一部分有机物转化合成新的细胞物质，供微生物生长繁殖，产生更多的生物体。通过该生物学过程，可以实现有机废物的分解和稳定化。

好氧堆肥原理如图 6-1 所示。

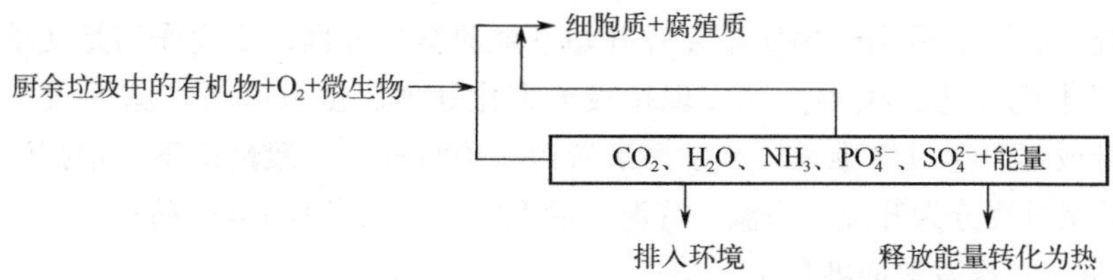

图 6-1 好氧堆肥原理

（2）工艺流程

一个完整的现代化好氧堆肥化工艺通常由前处理、主发酵（一次发酵）后发酵（二次发酵或熟化）、后处理、脱臭和储存 6 道工序组成，如图 6-2 所示。其中主发酵和后发酵最为重要，是整个堆肥过程的关键。

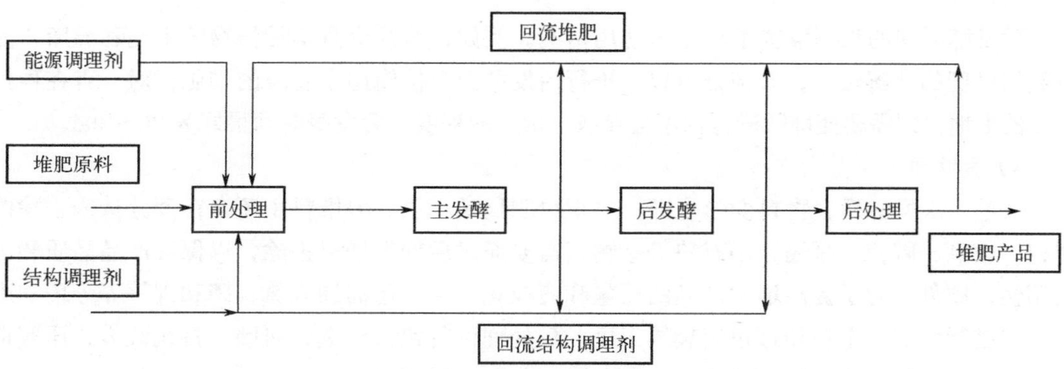

图 6-2 好氧堆肥工艺流程

1）前处理

固体废物成分非常复杂，尤其是我国的垃圾大都未经分类处理，前处理就显得尤为重要。前处理过程包括破碎、分选、筛分、混合以及养分、水分、物理性状调整等。前处理主要有两个方面的作用。

① 去除不可或不宜堆肥物。当以城市生活垃圾为堆肥原料时，垃圾中往往含有粗大垃圾和不可堆肥化物质，如石块、塑料、金属物等，这些物质的存在会影响垃圾处理机械的正常运行，且会增加堆肥发酵仓的容积，影响堆肥产品的质量。因此，需要在堆肥前对原料进行分选除杂。

② 调理原料的营养成分和物理性状。好氧堆肥过程中，微生物的生长需要充足和均衡的养分、水分，对原料的尺寸、孔隙度、均匀性等物理性状也有一定的要求。固体废物成分复杂、性质差异很大，一般都无法满足这些要求，因此需要通过预处理对物料的有机物含量、含水率、碳氮比、pH 值、孔隙度等因素进行调节，以满足生物发酵的要求，使堆肥过程高效

进行，并获得高质量的堆肥产品。

2）主发酵（一次发酵）

将堆肥的中温与高温两个阶段的微生物代谢过程称为一次发酵或主发酵，即从发酵初期开始，经中温、高温然后到达预期温度并开始下降的整个过程，主要作用是使堆肥物料达到初步稳定，是堆肥工艺的核心，以实现垃圾无害化处理。主发酵可在露天或发酵装置内进行，通过翻堆或强制通风向堆积层或发酵装置内供给氧气。一般情况下，根据温度的变化情况，可以将堆肥过程分为升温、高温、降温、后发酵（二次发酵）4 个阶段。

3）后发酵（二次发酵或熟化）

在主发酵工序，可分解的有机物并非都能完全分解并达到稳定状态，因此，经过主发酵的半成品还需送去进行后发酵，即二次发酵，以使有机物进一步分解，达到稳定状态，最终得到完全腐熟的堆肥成品。此阶段，发酵反应速度降低，耗氧量下降，所需时间较长。后发酵一般在敞开的场地、料仓内进行，通常采用条堆或静态堆肥的方式，也可在封闭的反应器内进行。物料堆积高度一般为 1～2m，露天时需要有防止雨水流入的装置，有时还需要进行翻堆或通风。有时为了提高熟化堆肥的发酵效率，使堆肥充分腐熟，可接种微生物以加快腐熟过程。

后发酵时间的长短取决于堆肥的使用情况。例如，对几个月不种作物的土地和温床（能够利用堆肥的分解热），大部分可以不进行后发酵而直接施用主发酵的堆肥；对一直在种植作物的土地，则需要使堆肥进行到不会夺取土壤氮的程度，后发酵时间最好为 20～30d。

4）后处理

经过二次发酵后，物料变形变细，体积也明显减小了。但堆料中还存在预分选未去除的塑料、玻璃、陶瓷、金属、小石块等杂物，需要通过后处理加以去除，以保证产品品质和可使用性；此外，为了提高堆肥产品的质量和商业化水平，还需加入氮、磷和钾等养分增加肥效，并进行研磨、造粒和打包装袋等工序。后处理设备包括分选、研磨、打包装袋、压实造粒等设备，在实际工艺中，根据当地需要来选择组合后处理设备。

5）脱臭

在整个堆肥过程中，因微生物的分解，会产生有味的气体，也就是通常所说的臭气，常见的臭味气体有氨气、硫化氢、甲基硫醇、胺类等。为保护环境，需要对产生的臭气进行处理。去除臭气的方法有投加化学除臭剂、生物除臭、熟堆肥和沸石吸附过滤等。在好氧堆肥时，可在堆肥表面覆盖熟堆肥，以防止臭气逸散。应用较多的除臭装置是堆肥过滤器，当臭气通过该装置时，恶臭成分被堆肥（熟化后的）吸附，进而被好氧微生物分解；也可用特种土壤代替堆肥使用，这种过滤器叫土壤脱臭过滤器。

6）储存

堆肥一般在春播、秋种两个季节使用，冬、夏两季生产的堆肥常需要储存一段时间。因此，一般的堆肥厂都需要建立一个可储存几个月生产量的仓库。堆肥可直接储存在一次发酵仓中，也可储存在包装袋中。堆肥要求储存在干燥、通风的地方，密闭或受潮会影响堆肥产品的质量。

6.1.1.2　沼气肥

厌氧条件下，各种农业废物和人畜粪便等有机物质经过发酵后，除碳、氢组成沼气外，其他有利于农作物的元素如氮、磷、钾几乎没有损失。这种发酵余物是一种优质的有机肥。通常称为沼气肥。其中，沼液称为沼气水肥，沼渣称为沼气渣肥。其主要成分见表 6-1。

表 6-1　沼气肥和其他有机肥成分比较

肥料	有机质/%	腐殖酸/%	全氮/%	全磷/%	全钾/%
沼气水肥	—	—	0.03～0.08	0.02～0.06	0.05～0.1
沼气渣肥	30～50	10～20	0.8～1.5	0.4～0.6	0.6～1.20
人尿粪	5～10	—	0.5～0.8	0.2～0.4	0.2～0.3
猪粪	15	—	0.56	0.4	0.44

沼气肥含有较为全面的养分和丰富的有机物，是一种具有改良土壤功效的优质缓释肥料。实验表明，使用沼渣的土壤中，有机质与氮磷含量比未使用沼渣的土壤均有所增加，而土壤密度下降，孔隙率增加，土壤的理化性质得到改善，保水保肥能力增强。沼液单作基肥效果很好，若和沼液浸种、根外追肥相结合，效果更好，可使作物和果实在整个生育期内基本不发生病虫害，减少化肥和农药的施用量。沼气肥应用试验表明，沼气渣肥应用在水稻上的效果好于旱地作物，沼气水肥用在旱地作物上的效果好于水田。沼气肥与化肥配合施用，效果好于单用一种的增产效果。这是因为有机肥是迟效肥，而化肥是速效肥，二者配合能取长补短。

（1）技术原理

有机物的厌氧发酵过程就是有机物质在特定的厌氧环境下，微生物将有机质进行分解，其中一部分碳素物质转化为甲烷和二氧化碳。在这个转化过程中，被分解的有机碳化合物的能量大部分储存在甲烷中，仅小部分有机碳化合物氧化为二氧化碳，释放的能量满足微生物生命活动的需要。因此，在这一分解过程中，仅积累少量的微生物细胞。

图 6-3 为厌氧发酵三阶段（四阶段）理论图。

（2）工艺流程

典型厨余垃圾的厌氧发酵包括前处理（脱水、破碎等过程）、厌氧发酵、渗滤液处理、气体净化及储存等环节。首先是前处理，通过离心机等机械进行物料的水分调节，利用破碎机对物料中的粗大物体进行破碎，以有利于后续发酵单元的顺利进行。厌氧发酵阶段通过投加兼性和厌氧微生物菌种，强化物料中有机组分的分解，使之生成以甲烷为主的稳定发酵气体产品。利用水处理装置对物料脱水形成的有机废水（渗滤液）进行处理，防止造成二次污染。另外，甲烷是一种具有较高经济利用价值的气体，通过净化装置去除发酵气中 H_2S 等杂质气体，能提高发气的利用价值。厌氧发酵工艺流程如图 6-4 所示。

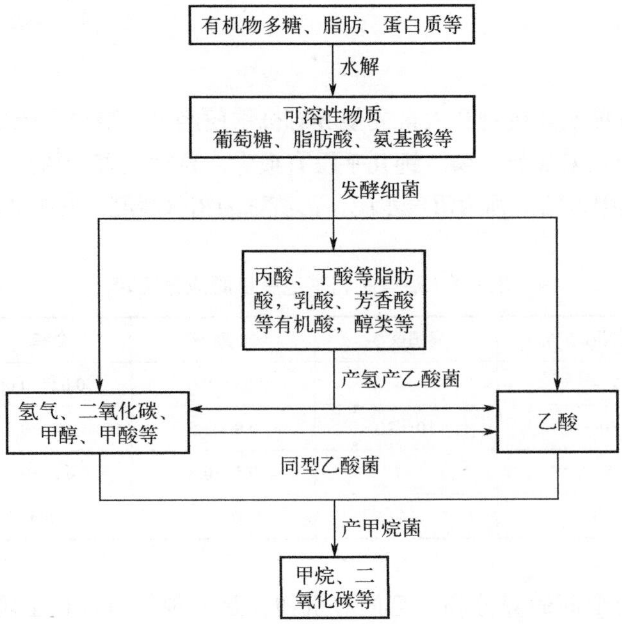

图 6-3　厌氧发酵三阶段（四阶段）理论图

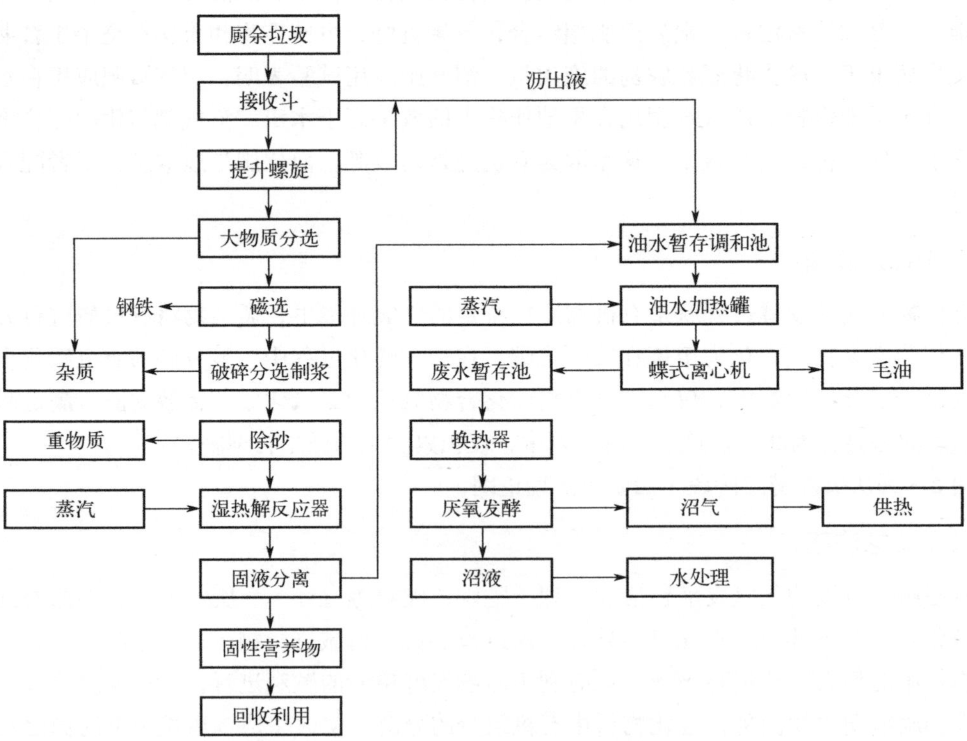

图 6-4　厨余垃圾厌氧发酵处理综合工艺流程

6.1.2　生物气体

6.1.2.1　生物产氢

生物氢作为一种可持续的、可再生的清洁能源，是化石燃料的理想替代品，可减少温室气体排放。暗发酵在生产生物氢方面发挥着至关重要的作用，是最有前景的技术之一。与已知的各类商业燃料相比，生物氢具有较高的热值，为 120～141MJ/kg，1kg 生物氢大约相当于 2.5kg 汽油。此外，暗发酵可利用不同类型的多功能有机废物生产生物氢，不仅有助于降低生产成本，而且还以更低的成本增加了可用性。

厨余垃圾是生产生物氢的良好来源，如纤维素材料、乳制品废物、食品和淀粉基废物、甘油和棕榈油厂废水。为了使生物氢可再生和可持续，必须使用可再生能源生产，而暗发酵技术生产生物氢则是最合适的方法之一。该技术采用环保路线，在适当环境压力和温度下利用有机废物和生物质。暗发酵技术具有产氢率高、生产底物范围广等优点。

（1）技术原理

利用暗发酵技术生产生物氢是要求最高的技术之一，其独特之处在于生产率高，环境操作条件好，能消耗多种底物，如不同的有机废物。这些特点使得暗发酵技术大有可为。但该技术也存在一些缺点，如生物氢产量低，无法获得高效的产氢微生物，缺乏合适的底物，以及在发酵过程中底物未被完全利用。在生物制氢过程中，微生物（主要是细菌）利用不同类型的有机废物进行代谢反应，产生生物氢，发挥着重要作用，如图 6-5 所示。

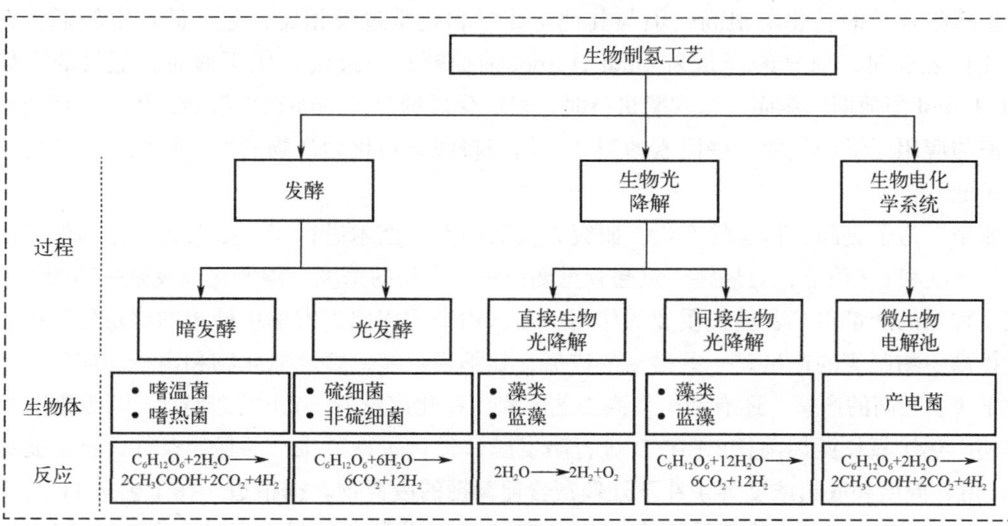

图 6-5　生物制氢过程概述

含有大量碳水化合物的不同原料，包括由糖和淀粉组成的废作物、不同行业产生的废水以及城市固体废物中的有机物，也可以作为暗发酵工艺的原料。生物制氢效率的直接影响因素包括微生物的类型、原料的含糖量等，最重要的是底物的预处理技术。乳酸菌、热厌氧杆菌、梭状芽孢杆菌、红假单胞菌、柠檬酸杆菌和肠杆菌等微生物是生物制氢过程中主要使用的发酵微生物。这些微生物生长在含有大量糖的可生物降解废物上，通过糖酵解技术产生丙酮酸，丙酮酸通过还原铁氧还蛋白（Fd）进一步氧化为乙酰辅酶 A（acetylCoA），同时产生三磷酸腺苷（ATP）和乙酸。最后，铁氧还蛋白在氢化酶的帮助下被氧化为氢。

根据发酵培养基中糖的初始浓度和微生物的代谢途径，理论上可以估计生物氢的产量。利用暗发酵将有机废物转化为生物氢有 3 种不同的途径：a.己糖生成乙酸；b.己糖生成丁酸；c.乙酸生成乙醇。虽然也考虑过丙酸乙酸酯的途径，但由于产率很低，不适合生产生物氢。与乙酸酯-丁酸盐代谢途径相比，乙酸酯-乙醇代谢途径更为稳定。暗发酵的整个过程可以用图 6-6 中的反应表示。

$$C_6H_{12}O_6 + 2NAD^+ \longrightarrow 2CH_3COCOO^- + 4H^+ + 2NADH \quad (1)$$

$$CH_3COCOO^- + CoA{-}H \longrightarrow acetylCoA + HCOO^- (PFLP) \quad (2)$$

$$HCOO^- + H^+ \longrightarrow CO_2 + H_2 \quad (3)$$

$$CH_3COCOO^- + CoA + Fd_{ox} \longrightarrow acetylCoA + Fd_{red} + CO_2 (PFORP) \quad (4)$$

$$Fd_{red} + 2H^+ \longrightarrow Fd_{ox} + 2H_2 \quad (5)$$

$$acetylCoA + H_2O \longrightarrow CH_3COO^- + H^+ + CoA{-}H \quad (6)$$

$$acetylCoA + 2NADH + 2H^+ \longrightarrow CH_3CH_2OH + CoA - H + 2NAD^+ \quad (7)$$

$$NADH + H^+ \longrightarrow NAD^+ + H_2 \quad (8)$$

图 6-6　暗发酵过程中的反应

虽然暗发酵的转化率很高，但与其他电化学和化学过程相比，氢气的产率较低。理论上，生成乙酸时，氢气的产量为 4mol H_2/mol 葡萄糖；当最终生成丁酸时，氢气的产量为 2mol H_2/mol 葡萄糖。然而，当实验进行时，最终生成的是乙酸酯和丁酸酯，生产速率较低。暗发酵的应用还受到其他一些因素的限制，例如将底物转化为产物的效率较低，反应的稳定性也较低。

如今，为了提高生物氢的产量，研究人员对暗发酵技术进行了许多改进。不同的发酵条件，如温度和 pH 值等，对最终产量起着重要作用。底物的浓度、碳氮比以及微生物的类型对提高生物氢的产量也起着至关重要的作用。与自由细胞相比，发酵中使用的固定化细菌也能有效提高生物制氢的产量。一些最新的进展，如纳米颗粒、金属氧化物和离子的应用，不仅有助于实现更高的产量，还有利于提高工艺效率。在此背景下，Yin 等进行了一项实验，旨在通过使用热厌氧杆菌属菌株 RBIITD 进行暗发酵，优化生物氢生产的最佳条件。该实验在不同 pH 值、温度和底物浓度等条件下处理富含葡萄糖的废弃物。据报道，在工艺第 11 天，pH 值为 8.0、温度为 55℃、底物浓度为 4000 COD/L 时，生物氢的最高产量达到 2.13mol H_2/mol 底物。Mahato 等则使用梭状芽孢杆菌 BOH3 菌株进行暗发酵生产生物氢。该研究以水果废弃物为底物，并采用不同方法提高生物氢产量。实验在 37℃、pH 6.8、300r/min 的条件下进行 5～7d。通过发酵 52.57g TS/L 的水果废弃物，获得了最高产量为（10720 ± 137）mL/L 的氢气。

Khamtib 和 Reungsang 使用了一种被鉴定为热厌氧细菌的嗜热产氢微生物——热解糖梭菌 KKU9，对不同底物进行试验，以优化生物氢生产的碳氮比。该微生物可利用不同类型的富碳基质，其中木糖是首选的碳源，蛋白胨是首选的氮源。最佳条件为 pH=6.5、温度 60℃、碳氮比 20∶1、底物浓度 10.0g/L。在此过程中，生物氢的累积产量为（3020±210）mL/L。Sun 等进行了利用纳米颗粒优化生物制氢的实验，以预处理过的玉米秸秆为底物，在 pH=5.0 的条件下水解 105min，进行暗发酵。结果表明，添加 10mg/L 的镍纳米颗粒，使产率从 0.7 提高到 1.118，提高了约 60%。Zhang 等以富含葡萄糖的厨余垃圾为底物，应用氧化铁/碳纳米颗粒来提高生物氢的产量。结果表明，添加浓度为 200mg/L 的氧化铁/碳纳米颗粒可使产率提高 34.12%左右。值得一提的是，早些时候发现，通过补充纳米颗粒可使产量由 163mL H_2/g 葡萄糖增加到 218.63mL H_2/g 葡萄糖。然而，以上方法无法利用生物氢生产过程中产生的副产品。这些副产品的积累会导致底物的 pH 值急剧下降，从而影响生产效率。因此，这些方法在工艺上还需要更多的改进，以进一步提高生物氢的产率。

（2）工艺流程

厨余垃圾生物制氢综合技术流程如图 6-7 所示。Kim 等在 pH=6.0、温度为 308 K 的条件下，对生活污水和厨余垃圾进行厌氧共消化实验，并与梭状芽孢杆菌一起生产生物氢。实验采用不同浓度的挥发性固体（0.5%～5.0%）和不同的底物混合比，发现以厨余垃圾为原料的产氢量大于以污水污泥为原料的产氢量。然而，当污水污泥的挥发性固体浓度混合至 13%～19%时，生物氢的产量增加。当厨余垃圾与污水污泥的混合比为 87∶13 时，最大产量为 122.9mg/L。Pan 等在不同的食物垃圾/微生物比例（F/M）下进行厌氧间歇发酵生产生物氢，其中 F/M=1～10。实验在 308K±2K 和 323K±2K 两种不同温度下进行。在降解的前 44h，最佳 F/M=7～10。初始 pH 值为 6.3～6.6，后期 pH 值为 5.9～6.2，而在中亲水性条件下，F/M = 6、pH = 5.7 时生物氢产量最大。在采用厌氧反应器中接种物的嗜热发酵工艺中，以 7∶1

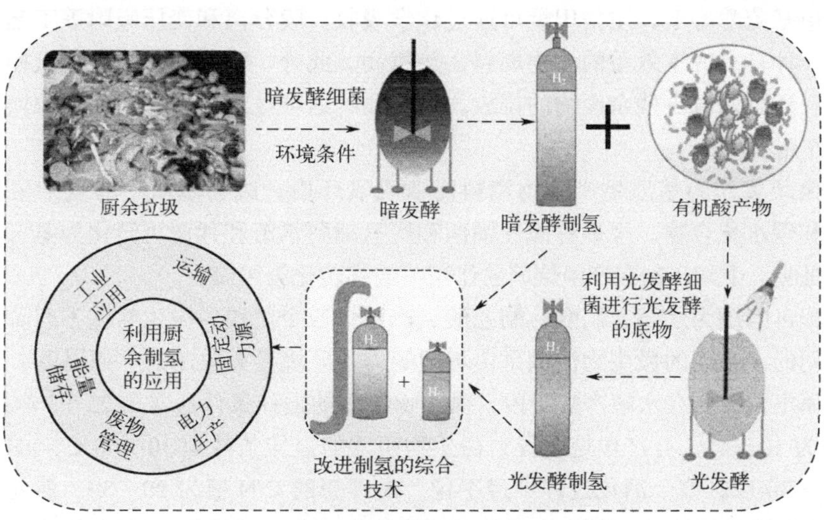

图 6-7　厨余垃圾生物制氢综合技术流程

的比例获得最大产氢量57mL/g。在中温发酵条件下，生物氢的产量在F/M=6时降至39mL/g。

Srivastava等利用乳制品废弃物奶酪乳清水分离出地衣芽孢杆菌AP1，该菌株中含有甲酸氢裂解酶和丙酮酸甲酸裂解酶，可在厌氧条件下分解甲酸和丙酮酸，产生生物氢。在pH值为6.5的条件下，以AP1和厨余垃圾为底物产生的生物氢为（12.29±1.2）mmol H_2/g COD。此外，在34℃±2℃的优化温度下，宏量营养素和微量营养素使生物氢产量从（14.10±1.2）mmol H_2/gCOD增加到（17.62±1.8）mmol H_2/g COD。Fang等利用大米浆液进行了批量生物制氢实验，在pH值为4.5、温度为37℃的条件下，取得了最佳制氢效果。厌氧消化器中的污泥在100℃下处理30min后作为种子污泥。经过36h的厌氧消化后，生物氢的产量达到最高，为346mL/g。Han等测试了利用微生物水解厨房垃圾生产生物氢。实验在连续搅拌槽式反应器（CSTR）中进行，转速为200r/min，pH=4.0，温度为310K。以固液比为10g：100mL的废弃物为底物，在连续间歇式反应器中生产生物氢。生物氢的最大累积产量为5850mL，产率为245.7mL/g葡萄糖。在此过程中，还观察了保留时间对生物制氢的影响，最佳时间为6h，最佳产氢率为8.02mmol/（h·L）。

以上研究清楚地说明了厨余垃圾中含有大量的碳水化合物、蛋白质和淀粉，它们是厌氧发酵技术生产生物氢的有用物质。此外，不同类型的添加剂可显著增加生物氢的产量。酶的应用也可以提高产量，因为它加快了厨余垃圾的降解过程。

6.1.2.2 厌氧消化产沼气

厌氧消化是生产生物甲烷的主要技术，已被广泛接受。可生物降解的厨余垃圾和废水污泥在适宜的温度和pH值条件下，可由厌氧微生物分解产生甲烷、二氧化碳和微量杂质（硫化氢、氢气、甲基硫醇等）。生物甲烷可通过化学吸收、膜分离和变压吸附等工艺进行净化。生物甲烷是一种具有成本效益的生物燃料，热值高。此外，厌氧消化技术不仅操作简单、成本低廉，而且还可以减少残余废物的排放。很明显，这项技术对生产用于能源回收的生物甲烷具有增值作用。

利用厨余垃圾作为基质生产生物燃料需要厌氧环境。废物基质中的复杂聚合物，如脂类、蛋白质和碳水化合物，经多种兼性细菌和厌氧细菌水解和代谢可转化为氢气、二氧化碳和低分子有机酸。中间产物在产甲烷菌的作用下最终转化为甲烷。

整个过程可归纳为水解、制酸、制乙酸、产甲烷四个阶段。微生物在不同阶段所需的最佳条件是不同的，不同的微生物活动是由不同的外部环境参数决定的，如温度、pH值、C/N值、氧化还原电位等。在水解产酸阶段，微生物所需的最佳条件通常为25～35℃、pH=5.2～6.3、C/N值为10～45。在产甲烷阶段，微生物所需的最佳条件为30～60℃、pH=6.7～7.5、C/N值为20～30.12。整个消化过程中最平稳、最理想的C/N值为20～30。然而，在大多数情况下，厨余垃圾基质的C/N值不在最佳范围内通常厨余垃圾的氮含量很低。

高浓度的脂质在水解阶段会产生大量的长链脂肪酸（LCFA），而LCFA的高浓度反过来会抑制消化过程，并可能导致产甲烷系统的失效。此外，废物基质的物理和化学特性，如含水率、挥发性固体和营养物质含量，也会影响厌氧消化的性能。单源底物的消化效率和甲烷产量通常很低。因此，共消化不仅有助于提高消化效率，还有助于增加沼气产量。一些学者在厌氧嗜热反应器中使用牛粪和厨余垃圾作为共底物进行消化。结果表明，共消化效率显著高于单一底物，共消化生物甲烷产量较单一底物提高27%。研究清楚地表明，底物的组成和混合比例是共消化过程成功的关键参数。类似的研究表明，多种底物的混合可显著提高厌氧消化性能。主要原因可能是消化介质中不同的废物和微生物代谢过程中缺失的营养物质的混合产生了协同效应。由此可见，厌氧共消化是一项很有前景的技术，不仅有助于稳定消化过程，而且可以增加生物甲烷的产量。

反应器的配置也影响厌氧消化的效率。以厨余垃圾为底物，厌氧消化过程可分为两个阶段，然后在单独的反应器中分别进行反应，即使用两级反应器。研究表明，与单级反应器相比，使用两级反应器具有更高的消化效率。Grimberg的研究表明，从厨余垃圾底物中生产生物甲烷的两级反应器更有效地解决了单级反应器中普遍存在的pH抑制问题。然而，从经济角度来看，两级反应器的建设成本明显高于单级反应器。而且两级反应器通常比单级反应器具有更高的故障率，这使得单级系统在现实中更为常见。有机负荷率（OLR）是影响产甲烷菌性能和甲烷产量的另一个重要因素。人们普遍认为，较高的OLR可以增加生物甲烷的产量。然而，一些研究发现，高OLR会抑制细菌群落的活性，并可能在反应器中造成不可逆的负面影响。

6.1.3　生物乙醇

生物柴油和生物乙醇是通过生物质转化制备的替代燃料，可用于交通运输和能源生产。近年来，研究的重点是生产包括乙醇在内的第二代生物燃料，以减少世界对化石燃料供应的依赖。许多国家和地区，如巴西、美国、日本、中国和欧洲等都对生产生物燃料感兴趣。产生这种兴趣的主要原因是石油价格上涨、全球石油储备枯竭、《京都议定书》要求实现碳减排，以及提高生物质经济利用率相关政策的推动。

通过发酵过程生产的乙醇通常占世界乙醇总产量的60%。生物乙醇也称为燃料乙醇，是一种清洁的替代燃料，可以减少包括温室气体排放在内的负面环境影响。虽然乙醇燃烧获得的能量略低于石油燃料，但乙醇燃烧可以减少80%以上的碳排放，并且二氧化硫等有毒物质的排放更低。从2009年到2010年，世界乙醇产量已接近1.0×10^{11}L，主要用于燃料（68%）、工业（21%）和饮用（11%）。生物乙醇作为燃料可部分取代了汽油，目前多生产汽油-乙醇混合物，包括E15（15%生物乙醇和85%汽油）和E85（85%生物乙醇和15%汽油）。生物乙醇还被广泛用作生产聚乙烯塑料、饮料工业、制药和化妆品工业所必需的乙烯的化工原料，以及生产乙醛、丁二烯、乙酸乙酯和乙酸等化合物的原料。

生物乙醇生产中涉及的原材料可分为三种主要类型。第一类是糖，如糖蜜和细糖，它们可以通过微生物直接转化为生物乙醇，而不需要任何复杂的预处理。但这种材料数量有限，可能会增加工业生产的成本。第二类是在发酵使用之前需要酶水解转化为可发酵糖的原料，如玉米、小麦、西米淀粉、木薯和其他谷物。然而，这些原料属于人类食物来源，大规模使用会给人类带来风险。第三类是在酸或/和酶水解成可发酵糖之前需要预处理的材料，如木质纤维素。

生物乙醇生产的另一种原料来源可以通过利用厨余垃圾获得。作为一种低成本、丰富和可再生的基质，厨余垃圾在转化为生物乙醇方面展现出的潜力，引发了研究人员的兴趣。尽管如此，关于利用厨余垃圾生产生物乙醇的文献资料还很少。Kim 等报道，厨余垃圾中碳水化合物的含量约占其总固体的 65%，碳含量丰富，因此可以认为是生产生物乙醇的理想底物。

厨余垃圾中的碳水化合物通常通过预处理、酸水解或/和酶糖转化为可发酵的糖，特别是葡萄糖。可发酵糖随后由乙醇发酵微生物如酿酒酵母发酵成生物乙醇。最后对发酵液中的生物乙醇进行分离纯化，通常采用蒸馏-精馏-脱水工艺，以获得高纯度、高质量的生物乙醇。

酿酒酵母被广泛用于将厨余垃圾水解液转化为生物乙醇。耐酸的运动发酵单胞菌，也可用于发酵厨余垃圾生产乙醇。

一些研究人员对厨余垃圾作为生物乙醇生产底物的可行性进行了研究。有报道称，以干厨余垃圾为底物时生物乙醇产量为 0.23g/g，最终生物乙醇浓度为 29.1g/L。在另一项研究中，利用葡萄糖淀粉酶对厨余垃圾进行酶解糖化得到 164.8g/L 可发酵糖，共生产 80g/L 生物乙醇。Uncu 和 Cekmecelioglu 报道，利用淀粉酶对厨余垃圾进行酶解糖化，64g/L 的糖可生产 32.2g/L 的生物乙醇。Yan 等还声称，利用从厨房垃圾中酶糖化获得的糖，在实验室规模（93.86g/L）和半中试规模（98.88g/L）的实验中，均实现了非常高的生物乙醇产量。

将厨余垃圾转化为生物乙醇高度依赖于酶法糖化所获得的可发酵糖的浓度。高浓度的糖可显著提高生物乙醇工艺的整体生产率，液体处理量和设备体积的减小，使生产成本得以最小化。从这个意义上说，生物乙醇生产的挑战是通过在预处理、水解和酶糖化阶段开发更有效的技术，以大规模提高糖的浓度，特别是以厨余垃圾为生产底物。同时，应综合考虑可发酵糖和生物乙醇生产的最佳条件。经济上可行的发酵糖和生物乙醇生产技术被认为是未来生物乙醇发展的有前途的策略，将在世界范围内得到应用。

利用厨余垃圾生物乙醇的生产过程如图 6-8 所示，主要包括以下步骤。

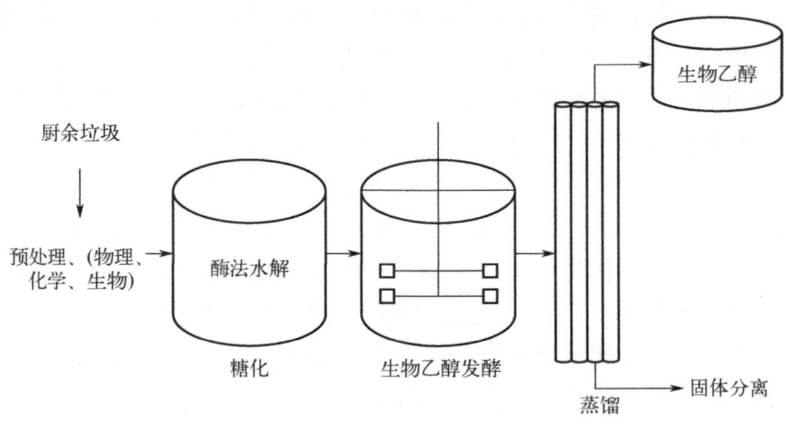

图 6-8　生物乙醇生产过程

(1) 厨余垃圾的预处理

厨余垃圾的预处理可分为物理预处理（研磨）、化学预处理（碱、稀酸和有机溶剂）和生物预处理（真菌预处理和酶处理）。厨余垃圾的预处理旨在改变厨余垃圾的某些结构特征，以提高酶水解成糖单体的可及性。

有效的厨余垃圾预处理对于低成本生产可发酵糖至关重要。预处理与酶解相结合所得的糖浓度应在10%以上，以保证糖的回收及其他下游工艺成本可控。值得注意的是，苛刻的预处理条件会导致糖的部分降解并产生抑制性化合物，这些化合物可能会影响随后的发酵步骤。经预处理的厨余垃圾经酶水解或糖化后的产物称为厨余垃圾水解产物。通常在厨余垃圾水解产物中可检测到降解产物，如弱酸（乳酸、乙酸和甲酸）、酚类化合物（醇、醛和酮）和呋喃衍生物（糠醛和5-羟甲基糠醛）。另外，厨余垃圾中存在的可发酵糖（葡萄糖、戊糖和己糖）与乙醇发酵微生物具有相容性，从而可有效地转化为生物乙醇。在发酵过程中，不同菌种利用不同可发酵糖转化为生物乙醇的能力不同。

(2) 糖化

生物质被加热，并通过酶或酸催化剂分解成糖。

(3) 发酵

糖被酵母或细菌发酵成乙醇。

生物乙醇发酵通常使用一些原生或野生型微生物，如酿酒酵母、大肠杆菌、运动发酵单胞菌、假丝酵母、马氏克鲁维酵母。传统上，工业生物乙醇发酵过程的首选微生物是酿酒酵母。酿酒酵母适应性强，非常适合发酵含有己糖的各类生物质水解物。由于缺乏将降解木糖的酶，与包括木糖在内的戊糖相比，酿酒酵母能够更有效地发酵己糖。研究表明，将100g/L厨余残渣在酿酒酵母中发酵48h，可产生大量生物乙醇（36g/L）。另外，在发酵过程中，使用相同的厨余废渣，除酵母提取物外，不添加氮，生物乙醇的产量降至25g/L。采用194.43g/L的厨余垃圾水解液，酿酒酵母分批补料发酵获得了较高的生物乙醇浓度（90.72g/L）。

除了酿酒酵母外，运动发酵单胞菌因能够从己糖中高效生产生物乙醇，而受到越来越多的关注。此外，与酵母相比，运动发酵单胞菌的发酵速度更快。运动发酵单胞菌和假丝酵母利用厨余垃圾水解液发酵生产生物乙醇的产率分别约为54.2g/L和48g/L。这两种微生物都有可能取代酿酒酵母。

除此之外，嗜热菌在生物乙醇生产中的潜力也得到了广泛的研究。嗜热菌承受极端温度的能力，使其在生产生物乙醇方面具有明显的优势，因为它可以应用于各种廉价的生物质原料，增加水解前底物的溶解度，改善传质和扩散速率，提高生物转化率，并且具有低污染风险。耐热产乙醇酵母菌——马氏克鲁维酵母IMB3以100g NaOH预处理过的大麦秸秆为原料，使用2%纤维素酶进行酶解，然后在45℃下发酵，可产生20g乙醇。

(4) 蒸馏

对乙醇进行蒸馏和精炼处理，以提高其浓度。

从发酵液中回收生物乙醇始于固液分离，这是下游工艺中的主要单元操作，目的是去除水解产物中含有残留糖和生物乙醇的固体部分。固液分离的最佳选择是离心和过滤。将上清液泵入旋转蒸发器，以降低水解产物中水的比例。这一系列的蒸发步骤可产生相当干净的冷凝物，浓缩糖浆为总固体质量的15%～20%。含有生物乙醇的浓缩糖浆将通过蒸馏装置，利用液体混合物中生物乙醇（78℃）和水（100℃）沸点的差异进一步提纯乙醇。稀释后的生物乙醇与水的混合物可以反复蒸馏，得到浓度更高（> 95%）的生物乙醇溶液。通过蒸馏装置回收生物乙醇的效率为99.6%，可以减少生物乙醇蒸发到环境中的损失。

（5）储存和分销

生物乙醇可以与汽油混合，然后储存和分销，用于交通运输。

6.1.4 微生物油脂

微生物油脂（microbial oils）又称单细胞油脂（single cell oil，SCO），是由酵母、霉菌、细菌和藻类等微生物在一定条件下利用碳水化合物、烃类化合物和普通油脂为碳源、氮源，辅以无机盐生产的油脂和其他有商业价值的脂质。在适宜条件下，某些微生物产生并储存的油脂占其生物总量的20%以上，具有这样表型的菌株称为产油微生物。

图6-9为微生物利用生物质产生脂肪酸的过程。

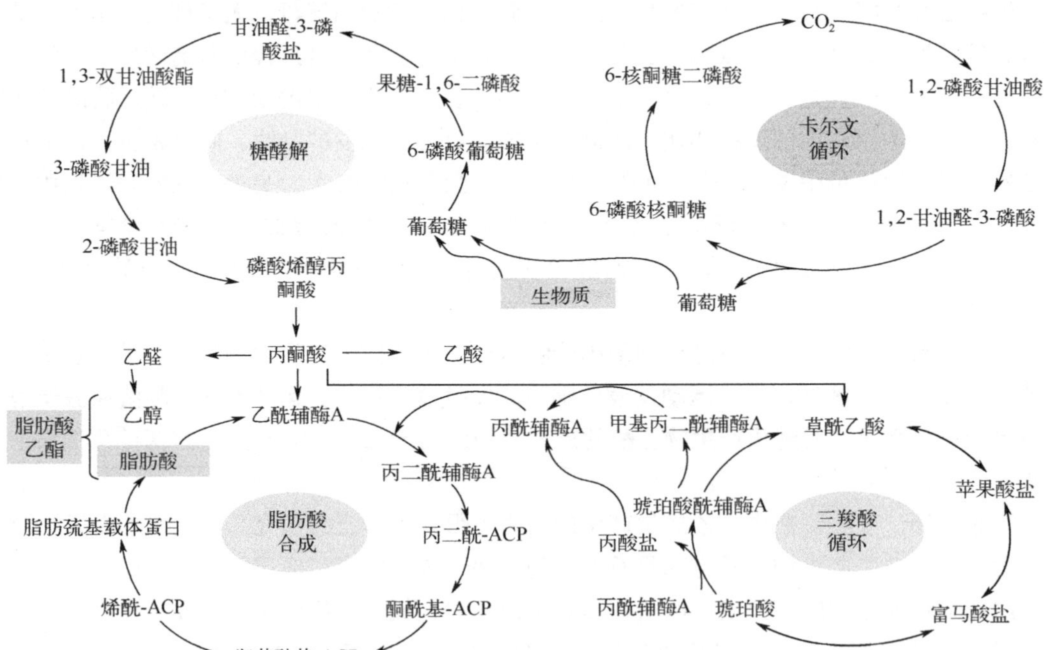

图6-9 利用生物质产生脂肪酸的过程

利用微生物油脂生产的生物柴油自被发现以来，一直被认为是石化工业可行的辅助能源，来自农业来源的植物油和微生物油脂在脂肪酸组成（主要是C_{14}～C_{18}三酰基甘油）方面表现出高度相似性。同时，微生物油脂具有生产面积小、生产周期快、不受气候影响、不与粮食争夺土地、不与人争夺粮食等优点。使用商业产品作为原料通过含油微生物生产生物柴油的主要限制因素是生产成本。据报道，作为最典型的碳源，用于培养微生物的葡萄糖等糖底物的成本占总生产成本的 60%以上，因此使用低成本碳源对于微生物油脂质生产的经济可行性至关重要。

在微生物油脂生物合成研究中，木质纤维素、粗甘油和挥发性脂肪酸（VFA）是替代糖底物的低成本碳源。这些碳源广泛存在于农业和城市垃圾或废水中，可以通过含油酵母转化为具有高附加值的微生物油。利用废弃物作为原料，可以显著降低微生物油脂的生产成本，扩大工业化生产规模。在这些可行的替代碳源中，VFA 在各种有机底物厌氧发酵的产酸阶段无处不在，例如来自暗发酵的氢流出物、木质纤维素底物、工业废水和厨余垃圾。此外，VFA 所需的短转化途径及其高理论脂质转化效率，使其作为碳源在微生物油脂合成中更具优势。使用 VFA 作为微生物油脂生物合成碳源的最大障碍是高浓度 VFA 对含油酵母的抑制作用，研究表明，可以通过调节培养基的 pH 值有效缓解这种抵制作用。溶脂性耶罗菌、糯红菌、斯塔基脂霉菌和弯曲隐球菌是已知的含油酵母的代表，它们可以使用 VFA 作为碳源合成微生物油脂。具有有效遗传工具并能积累高水平脂质的解脂芽孢杆菌被视为生物脂质生产的模式生物。来自这种酵母的脂质具有广泛的脂肪酸谱和高度的不饱和度，具有很高的应用潜力。据报道，当用作碳源时，低浓度的 VFA 和葡萄糖具有相同的产品潜力。这些特性使溶脂性耶罗菌能够利用废物衍生的 VFA 来生产油脂，从而降低油脂生产成本并有助于实现可再生循环经济。

从厨余垃圾中提取的 VFA 可以达到 10～40g/L，利用从厨余垃圾中提取的 VFA 生产微生物油脂在理论上是可行的。Vajpeyi 和 Chandran 使用从餐厅食物垃圾中提取的 VFA 作为原料，通过白隐球菌生产微生物油脂，最终脂质含量为 14.9%。Gao 等以饭店厨余垃圾为原料，通过解脂酵母生产微生物油脂，最终脂质含量为 18.2%。然而，他们的研究结果显示，从厨余垃圾中提取的脂质产品远低于平均水平，这可能是由于厨余垃圾中含有丰富的蛋白质。厨余垃圾中的蛋白质在水解后释放出大量的氨氮，导致底物的碳氮比较低，影响微生物油脂合成中的氮限制过程。此外，厨余垃圾水解液中可变的短链 VFA 含量和金属离子含量也可能影响微生物油脂的合成。因此，优化底物组成，探索可行的脂质生产策略，对于利用厨余垃圾生产微生物油脂至关重要。

Xu 等证明厨余垃圾水解产物是微生物油产品的可行替代培养基，其中产生的细胞团和脂质与合成培养基相当，并进一步探究了厨余垃圾的水解条件。在总固含量约为 65%、pH 值为 5 的条件下，从厨余垃圾中获得的水解产物对微生物油合成效果最好。这种可行的脂质生产策略将有助于降低微生物油的生产成本，并为厨余垃圾提供一种新的处理思路。

6.1.5　生物塑料

生物塑料，如 PHA、聚羟基丁酸酯、聚羟基戊酸等，是很有前景的合成塑料替代品，但需要可扩展的廉价生产工艺来生产具有竞争力的替代品。目前已开发出从厨余垃圾中生产

PHA 的不同方法，例如将废物转化为有机酸后转化为 PHA，通过热解和进一步发酵生产合成气，或发酵生产乳酸，然后用于生产聚乳酸。

6.1.5.1 PHA

PHA 是一类生物聚酯，可以由细菌利用不同碳源发酵产生，是一类结构相似但物理化学特性不同的生物聚合物。PHA 的合成机理为：在生长条件不适宜（如高碳氮比）时，细菌在吸收营养物质过程中会利用多余碳源合成 PHA，作为备用碳源储存起来，以便在营养缺乏时使用。PHA 的物理性质与化石塑料相似，且具有生物可降解性，能够替代化石塑料在日常生活中的使用，减少塑料残留和微塑料的产生。PHA 还具有生物相容性、压电性、光学活性等独特性质，在医学治疗、药物制备、精细化工和光学工业中具有极高的应用价值，可用于制备医用植入材料、药物缓释材料和化学药品等。此外，PHA 还可用作包装、成型品、纸张涂料、无纺布、黏合剂、薄膜和性能添加剂等。

根据 PHA 侧链碳原子的数量不同，可以将其分为短链、中链和长链三类。一般来说，短链 PHA 的侧链碳原子数目为 3～5 个，中链 PHA 的侧链碳原子数目为 6～14 个，侧链有 15 个或更多碳原子的为长链 PHA。根据单体组成可分为 PHA 均聚物（polyhydroxybutyrate，PHB）和 PHA 共聚物 [poly（R）-3-hydroxybutyrate-co-（R）-3-hydroxyvalerate，PHB-co-PHV，PHBV]，单体组成相同为 PHB，单体组成不同为 PHBV。研究表明，PHA 单体或均聚物与共聚物混用可以有效改善塑料的热力学性质和机械性能。PHB 的熔点、拉伸强度等性能类似于聚丙烯（PP），但由于其结晶度高而具有硬而脆的性质。

目前，工业上常以葡萄糖或乙酸等为底物，用纯种微生物（天然或工程微生物菌株）发酵生产 PHA。该法生产成本太高，主要来源于 2 个方面：

① 运行成本。由于使用纯种微生物，且需要进行灭菌处理，所以该过程既昂贵又复杂。

② 原料成本。为了追求较高的 PHA 合成率，使用易被 PHA 合成菌种利用的葡萄糖、乙酸、丙酸等有机物为底物，原料成本占总成本的 40%～50%。

据统计，生产 PHA 的成本约为传统化石塑料的 9 倍。过高的生产成本极大地限制了 PHA 合成向规模化发展，需要针对性地改进相关工艺。

目前，用厨余垃圾厌氧发酵液合成 PHA 已有一些研究。Gong 等将食堂餐厨垃圾和热水解污泥厌氧共消化，利用产生的 VFAs 合成 PHA，获得的 PHA 产量高达细胞干重的 54.8%。Amulya 等提出一种用于废物/废水（食堂餐厨垃圾）价值化的综合多阶段工艺，包括酸化产氢、菌种富集和 PHA 合成 3 个阶段，发现该工艺成本低廉、VFAs 利用率高（>80%），PHA 的合成率最高为细胞干重的 23.7%。这些研究说明利用厨余垃圾合成 PHA 是可行的，但是 PHA 的产率不高。其原因是厨余垃圾成分复杂，不利于具有 PHA 合成能力的菌群生长，富集混合菌群中杂菌的比例较大，造成 PHA 的产率较低。针对这个问题，Korkakaki 等提出一种利用有机垃圾发酵液合成 PHA 的生产工艺：先参照发酵液 VFAs 配制模拟发酵液富集产 PHA 的菌群，再利用富集菌群处理发酵液合成 PHA。该生产工艺既有效提高了 PHA 产量，又降低了生产成本，具有非常广阔的应用前景。

根据菌种富集阶段的进料方式，PHA 合成工艺可分为好氧动态进料（aerobic dynamic feeding，ADF）工艺和好氧动态排水（aerobic dynamic discharge，ADD）工艺。其中，好氧动态进料工艺是目前使用最多、应用最普遍的工艺之一。

（1）好氧动态进料工艺

PHA 作为备用能源，在营养不均衡时（如碳源充足而氮源、磷源受到限制），被 PHA 合成菌合成并储存在菌体内，以备在营养物质缺乏时使用。基于这个过程，很多学者提出使用好氧动态进料工艺来合成 PHA。该工艺也被称为丰盛-饥饿模式（F/F），通常在菌种富集和 PHA 合成阶段使用。在这个过程中，丰盛期即营养不均衡期，饥饿期即营养缺乏期。由于成本低、PHA 合成率高，ADF 工艺被认为是最有发展前景的 PHA 合成工艺之一。最近几年有关 PHA 合成的文献中，绝大多数都是利用 ADF 工艺来进行菌种富集。

ADF 工艺依赖丰盛-饥饿阶段来筛选微生物。丰盛期营养不均衡，PHA 合 成菌在维持正常生命活动时合成 PHA；饥饿期营养物质缺乏，PHA 合成菌种以储存在体内的 PHA 为碳源维持生命活动，而绝大多数其他菌种因长期缺乏营养物质而被逐渐淘汰，PHA 合成菌成为优势种群存在于污泥中，并大量生长繁殖。因此，通过丰盛-饥饿模式，可以筛选出 PHA 储存能力强的菌群。 据报道，利用这种方式筛选出的菌群获得的 PHA 含量高达细胞干重的 90%。

（2）好氧动态排水工艺

Chen 等提出好氧动态排水工艺，在丰盛期后增设短暂的沉淀、出水和进水，在 ADF 工艺基础上进一步施加物理压力来筛选 PHA 合成能力强的菌种。值得注意的是，丰盛期后的进水含有除碳源外的营养物质（如氮源、磷源等），以维持后续的饥饿期。

Chen 等进一步验证了 ADD 工艺的可行性，发现物理选择压力对体系合成 PHA 的作用远大于降低 F/F 所带来的生态选择压力。随后，又建立了包括基质吸收、PHA 分解合成和 PHA 抑制等在内的 ADD 工艺运行的数学模型，用于验证实验数据，发现模型的拟合结果很好。基于 ADD 工艺，Inoue 等优化了氮源添加时间、周期和沉淀时间，在碳氮完全分开补充、丰盛期沉淀时间为 10min 和周期为 12h 的条件下，经过 2d 的培养，获得了 PHA 最高含量为 68.4%的混合菌群。

ADD 工艺被提出后，相关研究略有不足。从现有文献来看，该工艺采用的物理选择压力对菌群筛选十分有效，经过适当改进，能在较短时间内筛选出 PHA 合成效率高的菌群，显示出巨大的应用潜力。如能将 ADD 工艺应用于工程实践，有望大幅降低菌种富集成本。

6.1.5.2　PLA

乳酸（LA）是最有前途的增值基础产品之一，可以从糖中提取并用于生产各种商品和特种化学品。LA 最常见的应用之一是合成聚乳酸（PLA）。由于其环保特性和出色的材料性能，PLA 占生物塑料市场的 35%以上。同时，PLA 聚合过程中的中间体丙交酯，也具有多种用途，如用作聚合物添加剂、黏合剂、涂料、印刷调色剂和表面活性剂等。如今，LA、丙交酯和 PLA 主要来源于甜菜和玉米等可再生生物质资源。为了避免食物资源竞争，已经探索了废料和工业副产品，如厨余垃圾、乳清、咖啡黏液、玉米芯、玉米秸秆、麦麸和啤酒废谷物，作为发酵 LA 生产的替代原料。目前已有人提出了一些生物转化策略，包括酶水解和发酵、同时水解和发酵、开放式发酵和直接发酵，对产生 LA 的不同微生物进行了深入研究。

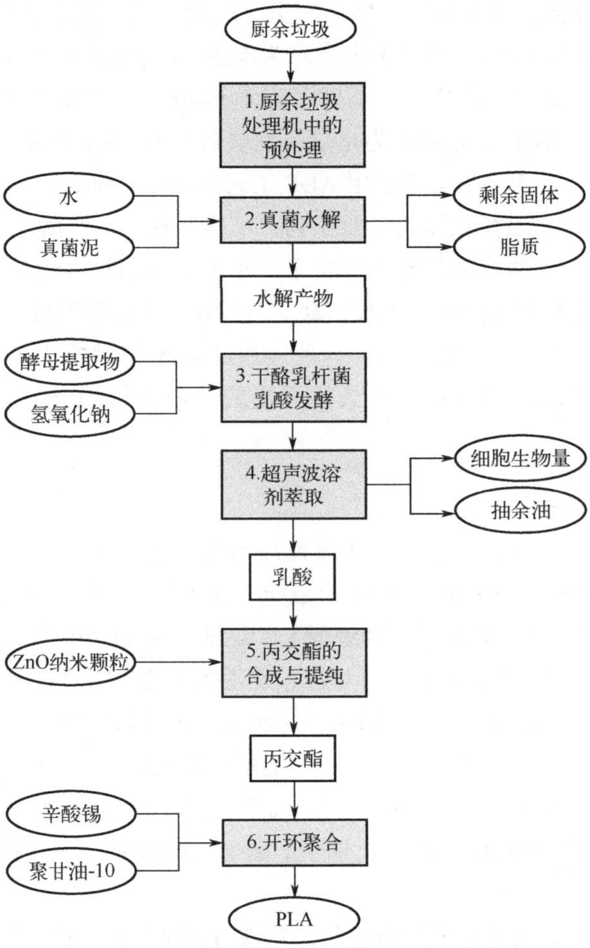

图 6-10　厨余垃圾制乳酸、丙交酯或聚乳酸的生产工艺方案

利用厨余垃圾制备乳酸、丙交酯和聚乳酸的生产工艺方案如图 6-10 所示。厨余垃圾首先由商用厨余处理机在现场进行预处理，生产出厨余垃圾粉末，然后收集并转移到工厂进行生物转化。在工厂中，含有 52.3%碳水化合物，12.8%蛋白质，25.8%脂质和 2.3%灰分的厨余垃圾粉末以 44%的固液比与水混合。然后将其与青曲霉和米曲霉的真菌固体醪液混合，在 30°C 下固态发酵 7d，随后在 55°C的生物反应器中水解 36h，回收葡萄糖、游离氨基氮和磷酸盐。水解后，剩余的固体和脂质离心分离 15min。水解产物被转移到发酵罐中，由干酪乳杆菌进行

LA发酵。以水解物为培养基，在37℃的摇瓶中制备干酪乳杆菌的接种物，以200r/min恒速振荡，然后发酵18h。在pH值为6.0、37℃下好氧发酵36h。NaOH（10mol/L）用于调节pH。LA生产的收率为0.92g LA/g葡萄糖。过滤后发酵液的细胞生物量为6.45g/L。然后将发酵液酸化并通过活性炭柱以除去彩色杂质。将所得发酵液在60℃、2.5kPa下通过旋转蒸发器浓缩，然后与乙酸乙酯混合进行连续溶剂萃取。水相（抽余液）是从乙酸乙酯中分离出的残余发酵液，提取后作为废水收集。结果表明，在乙酸乙酯中提取出了84%的LA，并通过在40℃、2.5kPa下蒸发分离。产生的LA可用于进一步聚合为丙交酯和PLA。

基于Hu等的研究，将乳酸（80%）与氧化锌纳米颗粒分散体（质量分数为0.3%）在反应器中混合，在80～220℃下合成8h。乳酸转化为粗丙交酯的收率为74%（以质量计）。将粗丙交酯在90℃下溶解在乙酸乙酯（固液比为1：1.5）中反应10min，然后在4℃下重结晶。乙酸乙酯在40℃、30kPa下蒸馏回收再利用。最终获得约90%的丙交酯产物。少量残留的低聚物作为固体废物流处理。纯化的丙交酯可进一步聚合为PLA。在聚合过程中，由纯化的丙交酯与引发剂聚甘油-10（摩尔分数为0.013%）和催化剂辛酸锡（摩尔分数为0.05%）在200℃下开环聚合25min合成PLA。PLA溶于氯仿（固液比为1：1）纯化，沉淀于甲醇（固液比为1：3）中。将过滤得到的纯化PLA在40℃的烘箱中干燥。废氯仿和甲醇（98%）通过蒸馏回收并重复使用。

6.1.6　细菌纤维素

细菌纤维素（BC）是一种天然的可再生聚合物，由革兰氏阴性菌产生。由于其独特而优异的性能，BC已被广泛应用于医疗、材料和食品领域。与植物纤维素相比，BC具有更高的纯度、结晶度、机械稳定性和生物降解性，使其成为首选的生物聚合物。然而，BC的培养基成本几乎占总生产成本的30%，限制了其工业规模生产。在BC生产中使用来自各个行业的低成本基质和大型废弃生物质副产品是克服这个问题的一种有效方法。目前，废料可被回收并生产生物产品，如生物燃料和生物聚合物。这些材料大多数都具有丰富的营养物质，可以支持微生物的生长或用于开发产品。在现有的具有成本效益的原料中，厨余垃圾因其高糖浓度而在BC生产中具有巨大的潜力。因此，许多研究人员已经开始研究利用厨余垃圾产生BC（图6-11）。

细菌纤维素制造的主要限制是加工成本高，但植物纤维素对工业仍然具有吸引力，为此，人们一直在努力寻找最佳的细菌菌株、发酵条件和生物反应器，以及使用廉价的原材料，如厨余垃圾。

从康普茶和果汁中分离出六种不同的细菌菌株，其中木糖葡糖酸醋杆菌被确定为发酵细菌纤维素的最佳潜在微生物之一。分别以菠萝汁和玉米淀粉组成的培养基作为培养基生产BC，结果表明，前者的稀释度较低，有利于提高纤维素生产率，最高可达9.10g/L干重。此外，荔枝提取物经过发酵，在2周后获得一种聚合物，该聚合物与从其他经典培养基获得的细菌纤维素相比，具有更规则的网状纳米结构和更高的结晶度。在对操作变量（碳和蛋白质源的量、温度、pH值、孵育时间以及Ca和Na的量）进行优化研究的工作中，用相同的微生物发酵角豆和芸豆提取物以产生 BC。此外，还有一个使用动物源性厨余垃圾作为起始材料的例子。德奥利维拉等报道了使用鸡冠获得富含透明质酸的提取物，用于制造细菌纤维素膜，该膜具有小分散体和非常结晶的结构，能够进行组织再生和细胞黏附。Wu 等通过使用水洗预处理方法降低了厨余垃圾中的盐含量，成功地将 BC 产量从 0.11g/L 提高到 2.07g/L；他们从 1000g 厨余垃圾中获得了 6.88g 干细菌纤维素，表明了对厨余垃圾进行增值的技术可行性。此外，其他食物垃圾，如果汁、蔬菜、糖蜜和面包，也可用作 BC 生产的原料，这表明将食物垃圾转化为 BC 总体上可能是有益的，因为食物垃圾处理在许多国家是一个重要的问题。此外，随着近年来技术的进步，BC 的纳米化和功能化可以很容易地实现，这将有助于进一步扩展其应用。

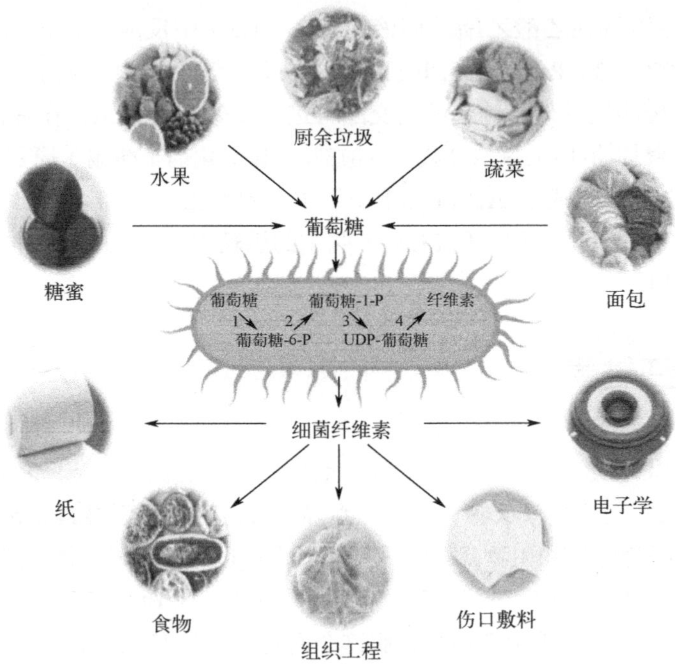

图 6-11　利用各种废料生产 BC 及其应用

1—葡萄糖激酶；2—磷酸葡萄糖变异酶；3—焦磷酸化酶；4—纤维素合成酶

6.2　生物增值产品的应用

6.2.1　有机肥料的应用

6.2.1.1　改善土壤

有机肥料可以增加土壤的有机质含量，改善土壤结构和水分保持能力。高质量的堆肥由许多化合物组成，这些化合物可对土壤中的生物过程产生积极影响，从而改善土壤的物理和化学特性。腐殖质是有机物分解后残留在土壤中的有机物（酸），可改善土壤结构，使土壤更容易被植物根部穿透。土壤质地对土壤的储水能力也有显著影响，尤其是在干旱地区和粗质地（砂质）土壤中。随着根系生长的改善，树木的稳定性增加。根系探索的土壤体积越大，养分状况越好，越不易缺水。有机分子作为阳离子交换的介质，能够增加土壤对养分的吸附和保留能力。堆肥中的微量营养素可以取代昂贵的微肥。

用厌氧发酵液进行根外追肥，其营养成分可直接被作物茎叶吸收，参与光合作用，从而增加产量，提高品质，同时增强抗病和防冻能力。长期使用厌氧发酵液可促进土壤团粒结构的形成，增强土壤保水保肥能力，改善土壤理化性状，提高土温，土壤中有机质、全氮、全磷及有效磷等养分也均有不同程度的提高，还可以减少污染，降低用肥成本。

6.2.1.2　喂猪

厌氧发酵液用作添加剂喂猪效果很好，因为厌氧发酵液中含有常量和微量元素，富含氨基酸，而且均为可溶性营养物质，易于吸收发酵，从而满足猪的生长需要。用厌氧发酵液喂猪既能节省饲料、降低成本，又可缩短饲养期。

6.2.1.3　养鱼

厌氧发酵液还可用于养鱼，厌氧发酵液中的营养成分易被浮游生物吸收，可促进其繁殖生长，改善水质，减少溶解氧的消耗，避免泛塘现象发生，同时防止由于施用新鲜的畜禽粪肥带来的寄生虫卵及病菌较多而引发的鱼病。

6.2.1.4　浸种

厌氧发酵液中含有大量的腐殖酸，各种维生素、生长素，作物所需的氮、磷、钾、微量元素，以及微生物分泌的多种活性物质，浸种时这些可溶性营养物质都会因渗透作用而不同程度地被种子吸收，能有效激活种胚和胚乳中的酶原，增强酶的活力，促进发芽和刺激生长，使种子休眠、萌芽以至成苗过程中加速养分转化，促进代谢。利用厌氧发酵液浸种，能提高种子发芽率、成秧率及抗逆性。

6.2.1.5　作物抗病防虫

Rivero 等认为，堆肥通过提高土壤中最有益腐殖质的水平来提高土壤有机质的质量，这可能会改变有益和有害微生物之间的平衡。Pascual 等也指出，堆肥中的腐殖酸盐部分是影响病原体的重要因素之一，可增强植物的抗病能力，同时改变有害病害生物的活性或土壤生物之间的竞争关系，使得病害对植物的影响较小。Reuveni 等发现堆肥对尖孢镰刀菌的抑制作用本质上是生物性的，而不是非生物性的。Vallad 等的研究表明，将拟南芥种植在用造纸厂堆肥废物改良的土壤中，可使其受丁香假单胞菌侵染时的症状较轻，即抗病性得以增加。Labrie 等表明，最终堆肥中存在的细菌是堆肥材料和堆肥过程的产物。Hoitink 和 Krause 指出，堆肥可能被有害的植物病原体污染，正确处理堆肥对于发挥其对抗植物病害的积极作用很重要。然而，当堆肥中的温度在一段时间内足够高时植物病原体将被有效地杀死。

厌氧发酵液还具有抗病防虫的作用。这一功效已经被大量的实践所证明。将厌氧发酵液直接喷施在作物的茎、杆、叶上，可起到防治病虫害的作用，还可以作为浸种液，从而达到防治病虫害的目的。现已证实厌氧发酵液对 16 种作物种类中的近 30 种病害具有良好的防治效果（表 6-2），能防治 18 种作物的约 20 种虫害（表 6-3）。

表 6-2　厌氧发酵液防治的病害种类

作物	病害
水稻	穗颈瘟、纹拓病、白叶枯病、叶斑病、小球菊核病
小麦	赤霜病、全蚀病、根腐病
大麦	叶锈病、黄花叶病
玉米	大斑病、小斑病
蚕豆	枯萎病
花生	病株
棉花	枯萎病、炭疽病
甘薯	软腐病、黑斑病
烟草	花叶病、黑胫病、赤星病、炭疽病、气候斑点病
黄瓜	白粉病、箱霉病、灰餐病
辣椒	白粉病、箱霉病、灰餐病
茄子	白粉病、箱霉病、灰餐病
甜瓜	白粉病、箱霉病、灰餐病
草莓	白粉病、箱霉病、灰餐病
西瓜	枯萎病
葡萄	病株

表 6-3　厌氧发酵液防治的害虫种类

作物	害虫
水稻	稻纵卷叶螟、灰飞虱、白背飞虱、螟虫、稻蓟马、稻叶蝉、褐色短翅飞虱、褐色长翅飞虱、稻螟织虫、褐飞虱若虫

续表

作物	害虫
小麦	蚜虫
玉米	螟幼虫
黄豆	蚜虫
棉花	棉铃虫
柑橘	红蜘蛛、黄蜘蛛、矢尖蚧、蚜虫、青虫
白菜	蚜虫、菜青虫
莲花白	蚜虫、菜青虫
大芹菜	蚜虫
莴笋	蚜虫
厚皮菜	蚜虫
黄瓜	蚜虫、红蜘蛛、白粉虱
西红柿	蚜虫、红蜘蛛、白粉虱
茄子	蚜虫、红蜘蛛、白粉虱
甜瓜	蚜虫、红蜘蛛、白粉虱
辣椒	蚜虫、红蜘蛛、白粉虱
草莓	蚜虫、红蜘蛛、白粉虱
菊花	蚜虫

6.2.2　生物气体的应用

6.2.2.1　生活燃料

1m^{3}的沼气可以满足一家人的烧水做饭。利用沼气作为生活燃料，不仅清洁卫生、使用方便，而且热效率高，可节约时间，一般做一次饭只需要 0.3m^{3}的沼气。1m^{3}的沼气能供一盏沼气灯照明 5～6h，相当于 60～100W 的电灯亮度，特别适用于偏远地区电力不足的地方。一般来说沼气工程规模小的地方可将制取的沼气供家庭使用。

6.2.2.2　运输工具的动力原料

沼气是一种很好的动力燃料，1m^{3}的沼气热量相当于 0.5kg 汽油或 0.6kg 柴油或 1kg 原煤的热量。沼气的抗爆性较好，其辛烷值高达 125。沼气可以直接用来驱动各种内燃机。沼气作为汽车动力时，通常是将沼气高压装入氧气瓶，一车数瓶。由于热值较低，故启动较慢，但尾气无黑烟，污染较小。沼气用于煤气机时，无需任何改装，但为了获得较好的效果，应改变煤气机的压缩比，因为沼气在高压缩比为 12 时燃烧效果最好。沼气用于汽油机时，只需在原机的化油器前加一个沼气-空气混合器。沼气用于柴油机时，由于甲烷燃点为 841℃，比柴油机压缩终了的汽缸温度高，难以靠压缩着火，故除加沼气-空气混合器外，还需要加一个点火装置，以沼气为主要燃料，少量柴油用于引燃，一般柴油量控制在 10%～20%范围内，柴油机燃烧沼气的效率高于汽油机。

氢燃料汽车可以大大减少对化石燃料的依赖，并显著减少尾气排放。因此，使用氢作为燃料开启了从丰富的国内可用资源中储存和输送能源的潜在手段，同时减少了碳足迹。预计氢燃料应用将以燃料电池汽车的形式顺利进入汽车行业，其能源效率将是同等性能的内燃机汽车的 3 倍，而且不会排放空气污染物。

6.2.2.3 发电

沼气作为内燃发动机的燃料时，通过燃烧膨胀做功产生原动力使发动机带动发电机发电。发动机主要有双燃料发动机、点火发动机和燃气轮机，其热效率依次降低。

沼气中含有硫化氢，对金属设备有较大的腐蚀作用，因此要求设备要耐腐蚀。在沼气进入内燃机之前，可先将沼气进行简单净化，主要去除硫化氢，同时吸收部分二氧化碳，以提高沼气中甲烷的含量。

沼气发电的形式有两种：一种是单独用沼气燃烧；另一种是与汽油或柴油混合燃烧。前者的稳定性较差，但较经济，后者则相反。目前尚无专用沼气发电机，大多由柴油或汽油发电机改装而成，容量由 5kW 至 120kW 不等，每产生 1kW·h 电消耗 0.6～0.7m^3 沼气，成本略高于火力发电，但比油料发电便宜得多，考虑环境因素，沼气发电将是一个很好的能源利用途径。

6.2.2.4 作化工原料

沼气经过净化可以得到纯净的甲烷。甲烷是一种重要的化工原料，在高温、高压或者有催化剂的作用下能够进行很多反应。在光照条件下，甲烷分子中的氢原子能逐步被卤素原子所取代，生成一氯甲烷、二氯甲烷、三氯甲烷和四氯甲烷的混合物。这四种产物都是重要的有机化工原料。一氯甲烷是制取有机硅的原料；二氯甲烷是塑料和醋酸纤维的溶剂；三氯甲烷是合成氟化物的原料；四氯甲烷既是溶剂又是灭火剂，也是制造尼龙的原料。

在特殊条件下，甲烷还可以转变成甲醇、甲醛、甲酸等，还可以在隔绝空气、加热的条件下，裂解生成炭黑和氢气。甲烷可在 1600℃高温下裂解生成乙炔和氢气。乙炔可以用来制取醋酸纤维、化学纤维和合成橡胶。甲烷在高温（800～85℃）且有催化剂存在的情况下能跟水蒸气反应生成氢气、一氧化碳，是制取氮、尿素、甲醇的原料。

6.2.2.5　孵化禽类

沼气孵化技术可靠，操作方便，孵化率高，可避免传统炭孵、炕孵工艺造成的温度不稳定和一氧化碳中毒现象，且不产生污染物。

6.2.2.6　蔬菜种植

把沼气通入蔬菜大棚或温室内燃烧，利用沼气燃烧产生的二氧化碳进行气体施肥，不仅具有明显的增产效果，而且生产出的蔬菜是无公害蔬菜。

6.2.2.7　储粮防虫

沼气中含氧量极低，当向储粮装置中输入适量的沼气并密闭停留一定时间后，即可排出空气，形成缺氧的环境，使得害虫因为缺氧而窒息死亡。此法可保持粮食品质且对粮食无污染，对人体和种子发芽均无影响。此项技术可节约贮存成本 60%以上，减少粮食损失 10%左右。

6.2.3　生物乙醇的应用

6.2.3.1　汽车燃料

生物乙醇通常与汽油混合制成生物乙醇汽油，用于汽车燃料，减少温室气体排放。世界汽车车队的主要推进系统是内燃机，乙醇在减少有害排放方面已经变得相当重要。它也是唯一一种拥有完整配送基础设施的液体生物燃料。

最近，乙醇已与先进的燃烧方法结合使用，以提高性能并满足新的法规。涡轮增压发动机采用乙醇直喷和废气再循环（EGR）技术，可提高发动机整体效率，减少污染物排放。直接喷射能够实现燃油分层，从而在保证高性能的同时降低油耗和废气排放。有人对在稀薄混合物中使用乙醇作为燃料的预室点火系统进行了分析。结果表明，与汽油燃烧相比，该系统的性能有了显著提高，氮氧化物排放量减少了 70%。乙醇还被用于先进的双燃料和双模式燃烧技术，以充分探索不在油箱中掺入汽油的潜在益处。在单缸火花点火发动机上进行的实验表明，在相同的乙醇汽油比（30%，体积比）下，乙醇双燃料模式的燃烧速度更快，热效率更高，这是因为火焰传播速度更快，气缸内达到的最大压力更高。更好的混合气形成和蒸发也降低了烟尘排放。当汽油口喷射与乙醇直接喷射相结合时，由于含氧燃料的物理化学特性，可实现更高的燃油经济性。使用乙醇进行双燃料喷射，可以探索增压冷却的效果，并支持使用高压缩比，从而实现纯汽油无法实现的燃料转换效率。

6.2.3.2 发电

生物乙醇也可用于发电。生物乙醇燃料电池是一种利用生物乙醇作为燃料的电化学装置，将乙醇氧化以产生电能。生物乙醇燃料电池通常可以分为两种类型：直接醇燃料电池（direct ethanol fuel cell，DEFC）和醇转化燃料电池（reformed ethanol fuel cell，REFC）。

DEFC 是一种将乙醇直接氧化产生电能的燃料电池。它不需要预先对乙醇进行转化或重组，因此相对简单，而且能够实现高效率能量转化。DEFC 主要用于小型应用，如便携电子设备和小型移动电源。

REFC 则需要将乙醇重组成氢气后用作燃料。这个过程一般需要使用催化剂，例如甲醇重整反应或蒸汽重整反应。REFC 可以实现更高的功率密度，因此更适合用于一些要求更大能量输出的应用，如汽车或家庭电力系统。

6.2.3.3 工业用途

生物乙醇是一种可用作溶剂的绿色替代品，在工业生产中被广泛应用，例如用于制造涂料、油墨、沥青、树脂和胶水等。作为溶剂，生物乙醇的优点为具有可生物降解性、低毒性和低挥发性，这使得它在一些应用中比传统的有机溶剂更环保。

生物乙醇可以用作清洁剂和去污剂的成分，取代了许多含有有害化学物质的传统清洁产品。生物乙醇清洁剂对环境更友好，同时也更安全，因为它们通常不含有 VOCs 或其他有害物质。

在制药领域，生物乙醇可以用于药物制备和提取过程。作为一种无毒的溶剂，生物乙醇可以用于提取植物中的药用成分，也可以在药物制剂的制备中用作载体。生物乙醇的用途还包括药品溶解、稀释、冷冻保存和消毒等方面。

6.2.4 微生物油脂的应用

6.2.4.1 食品

酵母脂质生产的一个主要工业应用是合成可可脂的微生物替代品。可可脂通常用于巧克力制造过程，同时也用于各种美容产品。它主要在一些非洲和中美洲国家生产，如科特迪瓦、尼日利亚、牙买加等。这种脂质主要由 P-O-S 和 S-O-S 型 TAG（P：棕榈酸、O：油酸、S：硬脂酸）组成。

在 1980～1990 年期间，可可脂替代品（CBS）的生产在经济上是可行的（当时可可脂的价格为 8.0 美元/kg）。在 1990～1994 年期间，可可脂价格大幅下跌（2.5 美元/kg），对 CBS 生产商造成了巨大的负面影响。然而，在 2000 年之后的几年里，由于有害昆虫和病毒的流行，其价格再次上涨，据报道，这些昆虫和病毒对可可脂生产造成了一些问题。目前，可可脂的价格约为5.0美元/kg，而且这个价格在不久的将来还会出现大幅度上涨。最近在国际媒体上提出的一个“极端”现象表明，由于可可植物的栽培技术普遍失败，可可脂有可能在未来几年消失。因此，各种CBS的利用和应用将推广到食品工业。

为了生产与可可脂成分相似的脂质，已经尝试了许多方法。其中一种策略是指利用外来植物的不同脂肪（如黄油、芒果脂）与棕榈油的馏分制备混合物，以制造成分和技术特性相对接近可可脂的脂肪材料。然而，值得注意的是，其中一些外来脂肪的价格已经非常高。此外，不同的生物技术方法，如酶解法、发酵法，已被用于生产CBS。酶解法是20世纪80年代后期开发的脂质生物技术的重要成果之一，是在含水率较低的培养基中利用水解酶（主要是脂肪酶），以便通过各种植物脂质的反式和/或酯间化反应（如棕榈油与硬脂酸进行酯交换）来合成特定的TAG。在过去的几年中，上述类型的反应已经得到改进、优化和更大规模的发展，主要是利用各种低成本脂质材料（如猪油、果渣橄榄油等）作为底物，以制造各种CBS。

许多研究人员已经对产油微生物（主要是酵母菌）展开了研究。这些微生物可以被认为是用于生产CBS的“完美”候选者。这些微生物主要以不饱和脂肪酸在sn-2位酯化生成TAG的形式储存其脂质。这种方法的关键是如何增加酵母细胞内的不饱和脂肪酸含量，而在大多数情况下，含油酵母在其总脂质中积累的不饱和脂肪酸不超过65%（质量分数）。到目前为止，已经实现了许多关于增加酵母中不饱和脂肪酸含量的策略，这些策略将在下文中介绍。

哺乳动物不具备合成必需脂肪酸（如 α-亚麻酸、亚油酸）的能力必须由饮食提供。多不饱和脂肪酸（PUFA）可用作不同食品和营养保健品的添加剂，如Omega-3脂肪酸和Omega-6脂肪酸。Omega-3和Omega-6脂肪酸由各种野生型和转基因含油微生物商业化生产，例如高山被孢霉ST1358和解脂耶氏酵母生产的二十碳五烯酸、毛霉菌生产的 γ-亚麻酸、高山被孢霉生产的二高-γ-亚油酸、高山红霉菌生产的花生四烯酸等。类花生酸是能够影响心血管系统、免疫系统、中枢神经系统和大脑的激素样物质，同时还参与炎症反应。在食品工业中，富含脂质的多不饱和脂肪酸需求量很大，常被用作食品添加剂，以增强或补充特定食品（如婴儿食品）的脂肪酸组成。如二十二碳六烯酸（DHA）和花生四烯酸，对新生儿的视力和神经发育至关重要。脂质在活性药物成分（API）的递送中起着重要作用。此外，酸奶和液态奶等商业乳制品目前使用从海洋微藻中提取的Omega-3脂肪酸进行强化。乙二醇、丙二醇（1, 3-PDO）、1, 3-二羟基丙酮和2, 3-丁二醇等可用于制药。1, 3-PDO在黏合剂、洗涤剂、溶剂和树脂中也有应用，可在甘油厌氧发酵中获得。2007年，D. Szymanowska-powa和K. Leja利用丁酸梭菌DSP1，以甘油作为唯一碳源生产1, 3-PDO，产率为 67g/L。巴氏梭菌、迪奥沃兰乳酸杆菌和狄奥利梭菌分别通过消耗甘油、粗甘油和甘油加木质纤维素水解物产生21g/（L・h）、85g/L和0.85mol/mol的1，3-PDO。研究表明，解淀粉芽孢杆菌B10-127和大肠杆菌菌株可将分别转化为1.16g/（L・h）和12.8g/L的2, 3-丁二醇。研究人员还证明了氧化葡糖杆菌（*G. oxydans*）、木葡糖酸醋杆菌（*Gluconacetobacter xylinus*）和弗氏葡糖杆菌（*G. frateurii*）可将甘油分别转化为17.83g/L、6.3g/L和73.1g/L的1, 3-二羟基丙酮。

6.2.4.2 化妆品

各种脂肪、油、蜡和磷脂都是化妆品赋形剂。矿物油和蜡具有能清洁和保护皮肤、良好的皮肤耐受性和适当的黏度等特性。亚油酸和 α-亚麻酸等油可减少湿疹的形成，而不饱和脂肪酸可缓解皮肤炎症，因此常用于药妆配方。必需脂肪酸可通过将受损的表皮脂质屏障掺入细胞膜来促进其再生，从而减少皮肤水分流失。藻类菌株可用于护肤品中，如防晒霜、质地增强剂、保湿霜和抗皱霜。微藻产生的代谢物，如 PUFA、DHA、饱和脂肪酸、二十碳五烯酸和单不饱和脂肪酸（MUFA），可用于化妆品工业，制造口红、眼影、沐浴露、洗发水、抗衰老霜、面部化妆水、防晒产品等。研究发现，海洋微藻物种（如 *Neochloris oleoabundans*、*Porphyridium cruentum*、*Dunaliella tertiolecta* 和 *Nannochloropsis sp.*）和淡水物种（如 *Chlorella emersonii* 和 *Botryococcus braunii*）的脂质含量非常高。隐球菌（*Crypthecodinium cohnii*）、螺旋藻（*Spirulina platensis*）、星状螺旋藻（*Thalassiosira stellaris*）、塞蒂格根瘤菌（*Rhizosolenia setigera*）和球等鞭金藻（Isocrysis）产生的 DHA，占总脂质的 17%～30%。

6.2.4.3 生物燃料

微生物油作为一种潜在的生物柴油原料，在向可持续能源生产迈进时，对食物链没有影响，因此引起了人们的关注。生物柴油以农作物为原料是食用油价格上涨的部分原因，也是食用油与食物来源利用的冲突所在，使微生物油作为替代油原料脱颖而出。与废油和非食用植物油相比，微生物油因质量高、可合成生物柴油和易于生产而特别受关注，其脂肪酸含量与普通植物油相似，微生物脂质也被酯交换为甘油和脂肪酸甲酯。

大部分微生物都能够在一定程度上产生具有功能作用的脂质，但只有少数微生物能在体内积累超过其质量 20%的油脂，故被归类为含油脂微生物。其中含油酵母具有一系列优势：a.易于培养，对细菌污染具有良好的抗性；b.此外，还能够消耗各种廉价的原料。因此，含油酵母成为极好的潜在替代石油来源。

6.2.5 生物塑料的应用

6.2.5.1 PHA 基木塑复合材料

为了解决垃圾填埋场和海洋中不可降解塑料废物的过度积累问题，生物可降解高分子材料的应用日益增多。随着木塑复合材料（WPC）市场的扩大，将这些高分子材料掺入木塑复合材料的研究和应用备受关注。这些材料具有价格低廉、可生物降解等优点。PHA 是最常用的聚合物，可以由多种古生菌和细菌利用不同废物资源在细胞内合成。

目前，多项研究正在开展，旨在探究 PHA/WPC 的机械性能和物理特性。其中，PHB

及其共聚物PHBV是WPC中应用最广泛的聚合物之一。通过木材预处理或与马来酸酐、聚丙烯等塑料材料混合进行马来酸酐接枝，可以改善木塑材料的力学性能，提高其物理和机械性能。随着市场需求的不断增长，明确评估其防潮性、抗真菌侵袭性和耐候性变得十分必要。随后，人们进行了大量的研究来研究木塑复合材料在加速和正常风化过程中的耐候性。

最近的一项研究对基于PHBV和不同木材含量的蒙特利松木粉的复合样品进行了研究。此外，还包括含有50%木纤维的聚乙烯（PE）和聚乳酸（PLA）复合材料作为参考。结果表明，PHBV和PHBV/WF（木粉）复合材料会受自然风化的影响。所有样品暴露于日光紫外线照射下均发生漂白现象，但机械性能无显著变化。此外，在所有含有50% WF的复合材料的避光表面上，霉菌生长缓慢，导致复合材料的质量减轻。其中PHBV复合材料的干重损失可以忽略不计，因为没有霉菌生长的迹象。PHA20W（PHA +20%木粉）与PHA50W相比，其干重损失更低，真菌生长密度也更小。表明在木材含量较低的情况下，PHBV基质可作为屏障，将木材颗粒包裹起来。所有含有PHBV的样品表面的真菌生长密度都很小，表明PHBV不会促进真菌的定植。PHBV和PHBV/20W在一年多的时间里表现出稳定的机械性能。

6.2.5.2 食品包装

在当今时代，食品包装被认为是食品产业链的主要步骤，可以延长保质期。由于加工简单、机械性能好、成本低等原因，石油化工聚合物在食品包装中得到了广泛的应用。这些聚合物被纳入多种包装工艺，如聚乙烯（PE，如水、牛奶和食用油的容器）、聚丙烯（PP，如人造黄油、香料冰茶和酸奶的包装）和聚酰胺（PA，如奶酪和肉类等易腐烂食品的软包装）。但在食品包装过程中，一些有毒成分会迁移到食品基质中，同时还会污染环境。除了食品包装材料的缓慢降解问题外，其与食品可能产生的相互作用的问题也不容忽视。这些弊端促使研究人员致力于寻找无毒、可再生和廉价的替代材料。用可生物降解的塑料代替传统塑料用于食品包装领域，已成为当前研究热点。

PHB具有与传统塑料非常相似的性能，可以被模压、挤压、纺成纤维、制成薄膜和用于制造异质聚合物。其中，聚（3-羟基丁酸盐-co-4-羟基丁酸盐）[P（3HB-co-4HB，P34HB）]由于4HB线性链的存在而具有优异的韧性和加工性能。该链段降低了聚合物的熔化温度和结晶度。此外，4HB单体的高摩尔分数使P34HB具有相对的柔韧性。因此，P34HB可以作为弹性橡胶，有效地改善脆性热塑性聚合物的力学性能。此外，PHB与PLA具有相近的熔融温度，可以进行熔融。PLA-PHB（75：25）因其独特的力学性能和良好的混相性而备受关注。PHB作为成核剂，可提高PLA的结晶度。

最近，一项新的研究表明，PHB薄膜具有较好的抗拉强度、优异的透氧性（OP）、高自由基清除率、高水蒸气透过率（WVTR）以及抗氧化和抗菌能力，可以作为可生物降解的活性包装材料，替代不可降解的冷冻三文鱼包装材料。

6.2.5.3 医疗器械

由于成本的增加，一些新型材料被用于各种生物过程，但部分材料存在安全隐患，例如可能会致癌的有机硅。PHA 因其优异的生物相容性而成为医学领域的重要化合物。作为生物材料，它可以与生物系统相互作用，使药物产生适当的宿主反应。PHA 作为生物材料具有广泛的适用性，已被用于骨骼、软骨、神经、皮肤和肌腱等多种组织工程。此外，在压缩成型、挤出和注射等医疗技术中，PHB 和 PHVB 被广泛使用。PHA 聚合物已被用作骨折固定装置、销钉和钢板等医疗器械。FDA 早在 2007 年就发布了相关信息，指出 PHA 在生物医学领域的广阔应用前景。

Sabarinathan 等报道了 PHB 通过其固有的生物相容性在癌症检测中的应用。将生成的 PHB 制成薄膜，以研究其与癌细胞结合的能力。研究表明，正常细胞不容易黏附在 PHB 薄膜上，而癌细胞与 PHB 薄膜结合良好，这很容易通过接触角技术检测到。与活检相比，PHB 用于癌症检测是一种更省时和无痛的方法。

伤口敷料是治疗急性和慢性皮肤伤口最有效的方法之一。伤口敷料必须具有以下几个特点：a.吸收多余的伤口渗出物的能力；b.生物相容性和无毒性；c.除了防止伤口感染外，还能保持伤口的水分。静电纺纳米纤维在伤口敷料中得到了广泛应用，其药物递送能力是用于伤口愈合敷料的重要优势。生物可降解和生物相容性高分子材料制备纳米纤维伤口敷料引起了广泛的研究和关注。

PHB 具有良好的力学性能、生物相容性和高弹性等特点，被广泛应用于给药领域。然而，其低降解率和疏水性限制了其应用。PHB 与壳聚糖共混是克服这些局限性的有效方法。PHB/壳聚糖纳米纤维已被用于软骨组织工程；另一项研究使用聚偏氟乙烯（PVDF）纳米纤维膜作为抗菌药物用于伤口敷料。

2019 年，有研究报道了不同壳聚糖配比的 PHB/壳聚糖纳米纤维膜在术后创面敷料中的应用，并设计出了一种新型双层电纺纳米纤维膜。该研究通过在 PHB/壳聚糖层中加入 PVDF 纳米纤维，提高了 PHB/壳聚糖层的机械强度。这种敷料还能够促进其结构中负载药物的可持续释放。

PLA 膜具有生物降解性和生物相容性，可用于注射胶囊、手术缝合线、伤口涂层和骨固定材料等。它也是用于药物控制释放的眼科植入材料和微球，可用于载药、组织工程支架和血液透析等。支架的生产是 PLA 膜在医疗领域的主要应用。PLA 膜的大表面积以及高孔隙率可促进细胞的快速浸润，提供有效的组织再生和血液相容性。PLA 膜的孔隙率和结晶度使药物的控制释放成为可能。纳米颗粒的复合和引入等修饰拓宽了在 3D 基质中用于药物开发和评估的应用，提高了透析性能。

6.2.5.4 农业应用

PHA 可生物降解膜具有可堆肥性，可以直接处理土壤中的生物塑料。商用农用地膜常用的材料是高密度聚乙烯（HDPE），其抗拉强度为30～40MPa，断裂伸长率为55%～600%。这些力学特性是形成膜的基本特性。PHA或PHA-共混物具有与HDPE相似的断裂伸长率和抗拉强度。此外，聚（4-羟基丁酸酯）[P（4HB）]也可用于农用地膜，P（4HB）的断裂伸长率为25%～1000%，拉伸强度为50～800MPa。

使用PHA农用地膜具有许多优点。首先，这种可生物降解的聚合物不会在土壤中产生任何有毒残留物，而传统塑料膜会释放有毒有害物质。其次，PHA地膜可以有效去除水中的氮。因此，使用PHA地膜不会污染周围水体。与PE膜相比，PHA地膜不会造成根系畸形，对植物根系更加友好。而传统PE膜可能会影响作物的生长、致病免疫和植物移栽后快速成活的能力。此外，使用PHA地膜无需在使用后进行二次处理和回收。

农用地膜的使用除了能保护作物外，还可提高作物产量。地膜能保持良好的土壤结构，保持水分，抑制杂草生长，防止污染。

6.2.5.5 污水净化

PLA多孔膜已被广泛用于水体净化、液体分离。PLA多孔膜具有出色的空气过滤性能。将聚倍半硅氧烷（PSQ）固定在膜上可进一步提高膜的性能。壳聚糖纳米颗粒在复合纤维膜中的均匀分布进一步提高了膜的抗菌活性。PLA膜的孔隙率、形貌和工程疏水性满足了通过生物降解材料进行油水分离的要求。目前，科研人员正在探索该膜在有机混合物环保分离方面的应用。微滤是生物技术、化学和电子领域固液分离的关键过程，利用PLA膜可以实现有效分离。

6.2.6 细菌纤维素的应用

（1）医疗器械

BC具有良好的机械强度、高持水能力（WHC）、高孔隙率、抗菌性，无毒，对气体和液体有良好渗透性，还能与活组织实现良好的生物相容，适用于各种医疗应用，如皮肤修复材料、伤口敷料、组织工程、药物释放或药物递送、血管和软骨等。先前的研究报告指出，BC是一种极好的伤口敷料，能够增强烧伤和慢性损伤的愈合过程。当BC与松柏醇的脱氢聚合物混合，并与壳聚糖和海藻酸盐均质化时，所得凝胶显示出良好的伤口敷料性能。如果与氧化锌纳米颗粒结合，BC还表现出良好的伤口愈合特性。BC还可以通过物理或化学方法与抗菌剂结合，以生产基于BC的抗菌复合材料。BC与无机材料（如Ag、ZnO和CuO颗粒）及其衍生物、有机抗菌剂（如溶菌酶）结合，通常被归类为基于BC的抗菌材料。除上述应用外，BC还被研究用于将抗生素递送至伤口、对映选择性控制药物递送的分子印迹聚合物基质系统、透皮药物递送和残留物吸收中的支持材料，以及牙管治疗中的药物递送剂。最近，BC也被研究用作口服药物递送的基质和胶囊壳，还开发了使用BC进行眼部治疗的方法。BC/聚乙烯醇（PVA）复合材料和BC/透明质酸（HA）复合材料具有更高的可见光透射率，可用作人工角膜。BC/膀胱基质对视网膜色素上皮的黏附和增殖高于未涂层的BC。

（2）食品包装

为了满足对食品安全的高要求，延长食品保质期并为健康食品行业做出贡献，BC已被开发用于食品包装。为此，使用牛乳铁蛋白对BC进行改性，所得薄膜被评估为具有抗菌活性的可食用包装，可与产品直接接触。当用羧甲基纤维素、甘油和各种柑橘精油处理BC时，所得的可食用膜表现出更好的弹性。值得注意的是，BC、芒果泥或番石榴泥和果胶的混合物显示出在可食用薄膜袋应用中的巨大潜力。BC已被用作高吸水性材料，可有效吸收添加了百里香精油的新鲜食品中渗出的水分和其他液体。此外，用己酰氯对BC膜进行改性，发现改性后的膜对所评估的水蒸气和气体的阻隔性能得以改善。这种效应在食品包装材料中很重要。BC在食品工业中还可用作甜点、低胆固醇饮食、素食等的食品添加剂和膳食辅助剂。

（3）吸附剂

凭借其纳米多孔结构，BC已被用作各种吸附剂，例如脱胶系统中的金属去除、从水溶液中去除铅离子和通过聚（间苯二胺）纳米颗粒原位聚合去除铬。此外，通过原位和非原位技术制备了3D纳米膜，可作为去除废水中铜的潜在环保膜。另一种新型纳米吸附剂是以BC和活性炭为原料通过氨基功能化磁性技术制备而成的。所得吸附剂既便宜又高效，可根除废水中的甲基橙和Pb^{2+}。

（4）电子学

随着技术的发展，现在已经成功地制备出具有磁性、导电性等辅助特性的纸张。此外，用氧空位调制钛氧化铌制备导电BC碳，获得了适用于锂离子电池的高性能负极材料。由BC、石墨烯和聚苯胺组成的复合材料显示出优异的导电性、电磁屏蔽性和柔性电极的潜力，而多壁碳纳米管水凝胶与BC进行原位生物合成，可制备出导电纳米复合气凝胶，这种凝胶具备成为柔性轻质应变传感器的潜力。在过去的几十年里，对柔性电子材料的需求引起了全世界的关注。用Si-O隔膜沉积的BC纳米复合材料被认为是柔性有机发光二极管显示器的良好基板。将碳纳米管接枝在BC上，可用于柔性触摸屏。在生物能源和废水处理方面，Li等研究了铜和磷掺杂的BC作为膜燃料电池阴极催化剂的应用。结果表明，BC的催化活性显著提高，最大输出功率高于铂等过渡金属。

（5）复合材料

目前已成功制备出了一种基于BC-石墨烯复合材料的具有柔性、高强度和高导电性的纸张。还根据铁磁流体溶液的扩散原理发明了一种具备磁响应的柔性BC膜。此外，还开发了由石墨烯、碳纳米管、BC组成的复合材料，这种复合材料具有优异的柔韧性和高导电性，且电化学性能稳定，在可穿戴电子产品领域具有广阔的应用前景。

表6-4总结了BC的优点和应用。

表 6-4　BC 优点及应用

BC 优点	应用领域	具体应用	常见的化学添加剂
（1）良好的生物亲和力； （2）生物相容性； （3）生物降解性； （4）高孔隙率； （5）出色的柔韧性； （6）成型性； （7）高保水性； （8）高纯度； （9）高抗降解性； （10）优异的结晶度； （11）各种形状聚合度高； （12）体积小	生物医学	伤口愈合过程、抗菌伤口敷料、牙科植入物组件、药物输送系统、药物赋形剂、组织工程、血管置换、生物传感器	松柏醇（DHP）、氧化锌纳米颗粒、壳聚糖、海藻酸盐、聚二甲基硅氧烷、替扎尼定的脱氢聚合物
	化妆品	乳化稳定剂	—
	纺织业	运动服装、高级伤口敷料材料	—
	采矿和炼油厂	海绵收集泄漏油污的海绵，毒素吸收器	—
	废物处理	矿物和油的回收	二氧化钛纳米粒子
	通信	音频扬声器的振膜	三氧化二铁（Fe_2O_3）
	食品工业	增稠剂、稳定剂、悬浮剂、低热量食品配料产品、低胆固醇产品、食品包装材料	牛乳铁蛋白（bLF）、聚乙烯吡咯烷酮（PVP）、柑橘精油
	造纸行业	人造木材、耐弯曲和高填充物含量的纸张	葡萄糖-6-磷酸
	电子学	光电子材料（液晶显示器），医疗植入物的电源	芳纶纳米纤维（ANF）、二甘醇双烯丙基碳酸酯聚合物（DEAC）、二甲基乙酰胺（DMAc）、石墨纳米片
	能源	膜燃料电池	聚（4-苯乙烯磺酸）（PSSA）、N-丁基胍四氟硼酸盐、聚苯胺

6.3 微生物处理的机制与优势

6.3.1 机制

6.3.1.1 分解

在微生物处理的初始阶段，厨余垃圾中的复杂有机物被微生物分解为更简单的分子，如碳水化合物、脂肪和蛋白质。这一步骤通常需要特定类型的微生物，如细菌和真菌，它们可分泌各种酶来分解废物中的大分子。

（1）微生物介绍

微生物是微小的生物，包括细菌、真菌、古细菌等。它们具有多样的代谢途径和分解酶，可以分解不同类型的有机物。不同类型的微生物对不同种类的有机废物有不同的降解能力，因此在微生物处理中通常会选择适当类型的微生物。

（2）复杂有机物分解

有机废物通常包括食物残渣、厨房废物等，其中包含大量复杂的有机化合物，如淀粉、蛋白质、脂肪、纤维素等。微生物通过分泌特定的酶将这些复杂有机物质分解成更简单的分子。例如，淀粉酶可以将淀粉分解成葡萄糖，蛋白酶可以将蛋白质分解成氨基酸。

（3）分解产物

分解过程产生的简单分子通常是微生物的主要能源和代谢产物，包括碳水化合物、脂肪酸、氨基酸等，同时还产生了一些副产物，如二氧化碳、水、热能等。这些产物为微生物提供了所需的能量。

（4）控制分解过程

微生物处理的成功与否依赖于分解过程中环境条件的控制，包括温度、湿度、氧气水平和 pH 值。不同类型的微生物对这些条件有不同的要求，因此需要适当的管理来维持微生物活动的最佳状态。

6.3.1.2 转化

分解过程产生的简单有机分子随后被微生物转化为有用的产物，包括有机酸、气体（如甲烷）、热能和其他代谢产物。例如，某些微生物可以将有机废物中的碳化合物转化为甲烷，这是一种重要的生物天然气。

（1）代谢途径

不同的微生物具有不同的代谢途径，具体取决于废物的成分和微生物的特性。例如，甲烷发酵是一种代谢途径，微生物通过该途径可将有机废物中的碳化合物转化为甲烷气体。

（2）产生有机酸和气体

在微生物处理中，部分分解产物可能被微生物转化为有机酸（如乙酸、丙酸等）和气体（如甲烷、二氧化碳等）。这些有机酸可以用于生产生物肥料或其他产品，而气体可以用于能源生产，例如发电或加热。

（3）生物能源生产

微生物处理的一个重要应用是生产生物能源。甲烷（天然气）是一种重要的生物气体能源，可以通过微生物代谢产生。甲烷气体，可以用作能源供应，减少对化石燃料的依赖。

（4）有机肥料生产

分解产物中的有机物和养分可以被微生物转化为富含养分的有机肥料。这些肥料可以改善土壤质量，增加农作物产量，并减少对合成化肥的需求，有助于推动农业的可持续农业发展。

（5）生物塑料和其他化学品生产

分解产物中的有机酸或其他化合物可用于生产生物塑料、生物聚合物和其他生物基化学品。这有助于减少对石油化学品的需求，推动生物可降解和环保产品的生产。

6.3.1.3　产物获取

在微生物完成分解和转化后，可以收集产生的有用产物，如沼气、有机肥料、生物柴油、生物塑料等，这些产品可以用于能源生产、农业和工业。

（1）收集

在微生物处理的转化过程中，产生的有用产品，如沼气、有机肥料或生物聚合物，通常以液体、气体或固体形式存在。收集是将这些产物从反应器或发酵罐中移出的过程。沼气可通过气体收集系统进行收集，而有机肥料通常是液态或固态，可以通过相应的系统进行收集。

（2）分离和提纯

产物被收集后，可能需要进行进一步的分离和提纯，以去除不需要的成分，获取更纯净的产物。这个过程涉及过滤、离心、蒸馏、沉淀等化学或物理方法。例如，沼气中可能含有杂质气体（如二氧化碳或硫化氢），需要通过分离步骤将其去除，以获得更高纯度的甲烷。

（3）储存和处理

完成分离和提纯后，即可将产物储存起来。如将沼气存储在气体罐中，将有机肥料储存在容器中，或将生物聚合物进一步处理成可用的形式。储存方法因产物类型而异，但通常需要采取适当的措施以确保产物的质量和稳定性。

（4）产品的利用

最终产物可以用于多种不同的应用。沼气可以作为生物天然气用于供能或发电。有机肥料可以在农业中用于改良土壤和促进植物生长。生物聚合物可以用于制备生物塑料或其他生物基化学品。产物的利用取决于其性质和市场需求。

6.3.1.4　微生物群落管理

微生物处理的成功还需要适当管理微生物群落，包括维持适当的温度、湿度和氧气水平，以及提供足够的营养物质，以促进微生物的生长和代谢活动。

（1）选择微生物种类

不同类型的有机废物需要不同类型的微生物来进行处理。因此，首先需要选择适合特定任务的微生物种类，可以通过分离和筛选适合的微生物株，或者通过采用混合微生物群落（通常称为种群）来实现。微生物的选择应考虑其对特定废物和环境条件的适应性。

（2）控制环境条件

微生物群落管理的关键是维持适当的环境条件，包括温度、湿度、氧气水平、pH值和其他因素。不同微生物对这些条件有不同的要求，因此需要对其进行监测和调控。例如，厌氧微生物需要低氧或无氧环境，而好氧微生物则需要充足的氧气。

（3）提供足够的营养物质

微生物需要适当的营养物质来生长和繁殖，包括碳源、氮源、磷源和微量元素等。提供足够的营养物质有助于维持微生物的生长和代谢活动。通常，废物中包含一部分可用的营养物质，但可能还需要额外补充以提高微生物处理的效率。

需要注意的是，微生物处理是一个复杂的生物化学过程，不同类型的有机废物可能需要不同的微生物处理策略。因此，针对不同类型的厨余垃圾和产品，可能需要选择特定类型的微生物和调控条件。微生物处理在减少废物、减少环境污染以及生产可再生能源和有机肥料等方面非常重要，因此被广泛研究和应用。

6.3.2 优势

（1）生物转化

微生物能够高效地将有机废物转化为有用的产物，如沼气、有机肥料、生物柴油等。

（2）减少垃圾填埋

微生物处理可以减少垃圾填埋的需求，减轻填埋场的压力和环境污染风险。这有助于延长填埋场的寿命，并减少与填埋相关的环境问题。

（3）生物能源生产

微生物处理可以产生可再生的生物能源，如沼气（甲烷）和生物柴油。这些能源可以用于发电、供热或驱动交通工具，减少对传统化石燃料的依赖。

（4）有机肥料生产

微生物处理可以生成富含养分的有机肥料，这些肥料可以用于改善土壤质量，增加农作物产量，并减少对合成化肥的需求。

（5）减少温室气体排放

微生物处理过程中产生的甲烷可以被收集和利用，从而减少温室气体排放。这有助于应对气候变化。

（6）循环经济

微生物处理厨余垃圾符合循环经济原则，将废物转化为资源，减少了资源浪费，促进了可持续发展。

（7）应用广泛

微生物处理的方法可以适应多种类型的有机废物，如食物残渣、厨房废物、农业废物等。这使得微生物处理在不同环境和地点都有应用潜力。

总的来说，微生物处理是一种环保、可持续的废物管理方法，具有广泛的应用前景，有助于减少废物数量、提高资源利用效率、降低环境负担，并推动可再生能源和有机农业的发展。

参考文献

[1] 高宁博，胡雅迪，全翠.餐厨垃圾的热转化和生物处理研究进展[J].化工进展，2022，41（S1）：507-515.DOI：10.16085/j.issn.1000-6613.2022-0356.

[2] 刁佳兴．餐厨垃圾发酵液培养颗粒污泥及其产聚羟基脂肪酸酯研究[D].重庆：西南大学，2023.DOI：10.27684/d.cnki.gxndx.2023.003511.

[3] Zeng J，Zeng H，Wang Z. Review on technology of making biofuel from food waste[J].International Journal of Energy Research，2022，46（8）：10301-10319.

[4] Kwan T H，Hu Y，Lin C S K. Techno-economic analysis of a food waste valorisation process for lactic acid，lactide and poly（lactic acid）production[J].Journal of Cleaner Production ，2018，181：72-87.

[5] Ma X，Gao Z，Gao M，et al. Microbial lipid production from food waste saccharified liquid and the effects of compositions[J]. Energy Conversion and Management，2018，172：306-315.

[6] Parthiba Karthikeyan O，Trably E，Mehariya S，et al. Pretreatment of food waste for methane and hydrogen recovery：A review[J]. Bioresource Technology，2018，249：1025-1039.

[7] Mendiburu A Z，Lauermann C H，Hayashi T C，et al.Ethanol as a renewable biofuel：Combustion characteristics and application in engines[J]. Energy，2022：257.

[8] Esteban-Lustres R，Torres M D，Piñeiro B，et al.Intensification and biorefinery approaches for the valorization of kitchen wastes – A review[J]. Bioresource Technology，2022，360：127652.

第7章

厨余垃圾生物处理污染物控制

- ▶ 厨余垃圾生物处理温室气体排放估算
- ▶ 厨余垃圾生物处理废水处置技术
- ▶ 生物处理的减量增值与厨余垃圾污染物的环境风险评估

7.1 厨余垃圾生物处理温室气体排放估算

经修订的欧盟《废物框架指令》要求欧盟成员国制定废物管理政策，保护环境和人类健康，并确保自然资源的可持续利用。《废物框架指令》还鼓励生物废物的单独收集和回收，并规定对于无法阻止的生物废物，成员国应根据其具体情况（例如人口密度、对堆肥或能源的需求等）选择最佳管理方案。此外，在世界其他地区，也制定了相关法规以寻找生物废物管理的新解决方案。生物废物作为能源和养分回收资源，在世界各国的应用有所增加。例如，丹麦政府的政策致力于实现到 2050 年实现无化石国家能源矩阵的目标。这些政策强烈影响了优化厨余垃圾和其他生物源废物流管理的框架条件。我国也制定并提出了“双碳”目标：力争于 2030 年前实现碳达峰，2060 年前实现碳中和。其中，碳达峰是指在 2030 年前，二氧化碳排放不达到峰值之后逐步回落；到 2060 年，针对排放的二氧化碳，要采取植树、节能减排等各种方式，全部抵消掉，这就是碳中和。

在这些发展的同时，使用生命周期评价（LCA）方法对不同生物废物组分的不同处理方案进行环境效益分析与比较的研究在过去几年中有所增加。ISO 标准（ISO 14040 和 ISO 14044）提供的 LCA 方法旨在提高环境评价的透明度和增加研究之间的可比性。《废物框架指令》强调了在决定不同废物流的最佳处理方案时，生命周期思维的重要性而 ISO 标准被认为是不全面的，没有考虑到所有类型的 LCA 应用，且在系统边界和分配程序的建议中不一致。因此，现有标准中的通用语言难以对特定领域（例如不同类型生物废物的管理）的生命周期评价提供有效指导。

作为生物垃圾的一个子类，厨余垃圾的管理一直是 LCA 研究的重点。不同的研究人员在比较处理方案的温室气体排放方面得出了不同的结论。Laurant 等对固体废物管理系统的 LCA 研究进行了回顾，其中 29 项研究涉及有机废物（主要是厨余垃圾），且这类特定废物的不同处理技术的排名存在很大差异。他们对这种多样性背后的原因进行了分析，例如系统边界设置的差异、废物组成的异质性以及每种废物处理技术的异质性。然而，目前还没有一项研究清楚而详细地调查和确定决定性因素及其对模拟净排放量的影响，以及与全球增温潜能值相关的厨余垃圾处理方法排名。

因此，目前的重点在于对以往进行的与全球增温潜能值相关的厨余垃圾不同处理/处置方法的生命周期评价进行系统和分析性审查，同时确定、系统化和分析关键问题（即系统因素和边界假设），这些问题对模拟不同厨余垃圾处理方案产生的温室气体净排放量具有决定性作用。研究范围仅限于与全球增温潜能值相关的系统调查，因为这是在足够数量的研究中使用相同方法（基于 IPCC 建议）处理的唯一环境影响类别，以便实现全面的审查和分析。

7.1.1 生命周期评价方法与气体检测方法

7.1.1.1 生命周期评价方法

按照 Villanueva 和 Wenzel 提出的方法，厨余垃圾的生命周期评价主要分为以下几个阶段：

① 根据一组预先选定的标准确定相关的 LCA 研究。

② 评价因素的建立。

③ 调控厨余垃圾废物管理系统的选定 LCA 方法，获取与每吨经处理的厨余垃圾的温室气体排放量有关的定量结果，以及与预先选定的评价因素有关的数据。

④ 根据预先选定的评价因素对研究进行分组，并对每一组处理方案的平均温室气体排放量进行分析。

⑤ 通过构建数据频率直方图，确定对结果至关重要的其他因素，说明每项研究中与各自处理方案相关的绝对净温室气体排放量。

⑥ 讨论已确定的与各自处理方案产生的温室气体净排放有关的关键因素。

7.1.1.2 气体检测方法

气体检测方法一般分为直接测量法与仪器测量法。温室气体检测是监测和测量大气中各种温室气体（GHG）浓度的过程。温室气体包括二氧化碳（CO_2）、甲烷（CH_4）、氮氧化物（N_2O）等。以下是一些温室气体检测的常用方法。

（1）气相色谱法

气相色谱法（gas chromatography，GC）是一种具有高精确度和选择性的技术，可用于测量和监测大气中的温室气体，如二氧化碳（CO_2）、甲烷（CH_4）、氮氧化物（N_2O）、氟利昂（CFCs）等，在科研、环境监测、工业和政府监管等领域得到广泛应用。气相色谱仪主要由色谱柱、进样系统、检测器和气相载气系统组成。其中色谱柱是最关键的组件，通常为长且细的管子，内部有涂层或填料，可以分离气体成分。以下是气相色谱法检测温室气体的基本步骤。

1）样品采集和制备

首先，需要采集大气或气体混合物的样品，通常使用气体采样系统。样品需要制备成可注入气相色谱仪中的气体状态。

2）样品注射

样品气体被注入色谱仪的注射口，通常是通过气体取样瓶、气体注射器或自动进样品器进行的。

3）柱分离

样品气体在色谱柱内进行分离。分离基于气体成分在柱内的相互作用，包括吸附、分配、分子筛和化学亲和力等。

4）检测

检测器用于检测每种分离的气体成分。不同的检测器可用于不同类型的分析，常见的检测器包括火焰离子化检测器（FID）、电子捕获检测器（ECD）、质谱检测器（MSD）和热导检测器（TCD）等。检测器能够将每个分离气体成分的浓度转化为相应信号。

5）数据分析

检测器的信号被转化为气体成分的浓度，并与标准曲线或数据库进行比较，以确定各个组分的浓度。

6）结果报告

分析结果以图形或表格形式呈现，显示各组分的浓度。

（2）红外光谱法

红外光谱法（infrared spectroscopy）是一种基于分子在红外辐射下吸收特定波长的红外光谱的，用于检测温室气体浓度的分析技术，精确度高，样品处理简单，广泛应用于科研、环境监测等领域。以下是红外光谱法检测温室气体的基本原理。

1）分子振动

分子由原子组成，原子之间通过化学键结合。这些键在分子中以不同方式振动，包括伸缩、弯曲和扭曲。这些分子振动模式会与红外辐射相互作用。

2）红外辐射

红外辐射包括红外光谱范围内的电磁辐射，波长为 2.5～100μm。这个范围包括了大部分分子的振动吸收频率。当红外辐射通过样品时，特定波长的光被吸收，其能量与样品中的振动模式匹配。

3）吸收谱

红外光谱法通过记录光的吸收谱来测量样品对红外辐射的吸收。光谱显示了不同波长下吸收的强度或振幅。

4）指纹区域

在红外光谱中，存在被称为“指纹区域”的特定波长范围。每种分子都有其独特的红外指纹，因为它们的振动频率取决于分子的组成和结构。通过检测样品在指纹区域的吸收峰，可以确定样品中存在的分子种类和浓度。

5）温室气体检测

红外光谱法可以用于检测大气中的温室气体，如二氧化碳（CO_2）、甲烷（CH_4）、氮氧化物（N_2O）等。这些气体具有独特的红外吸收频率，可在红外光谱中显示出特定的吸收峰。通过测量这些吸收峰的强度，可以确定温室气体的浓度。

6）检测器和数据分析

红外光谱仪使用检测器来记录样品吸收的光谱。这些数据通常与已知浓度的标准曲线或数据库进行比较，以确定待测样品中温室气体的浓度。

(3)便携式传感器网络

便携式传感器网络是基于多个传感器的协同工作，以测量、监测和报告不同类型的气体浓度。

1）多传感器布局

便携式传感器网络通常包括多个传感器节点，每个节点可以测量特定气体的浓度。这些节点可以分布在需要监测的区域内，以提供更全面的覆盖范围。

2）传感器类型

不同类型的传感器用于检测不同的温室气体。例如，针对二氧化碳的传感器通常是红外传感器。其他类型的传感器可用于检测甲烷（CH_4）、氮氧化物（N_2O）等温室气体。

3）数据采集

传感器网络定期或连续地采集气体浓度数据。这些数据可以以数字形式记录在传感器节点内，或传输到中央数据处理单元。

4）数据传输

传感器网络通常使用通信技术（如 Wi-Fi、LoRa、蜂窝网络等）将采集到的数据传输到中央数据处理单元或云端服务器。这使得数据实时或定期传输和监测成为可能。

5）数据分析和处理

接收到的数据在中央数据处理单元或云端服务器上进行分析和处理，包括检测异常值、计算平均浓度、生成趋势图和发送警报。

6）警报系统

当被测气体的浓度超出事先设定的阈值时，传感器网络就会触发警报系统，向相关人员发送通知。这有助于实时应对潜在的气体泄漏或高浓度情况。

7）用户界面

用户可以通过应用程序或网络界面来监测传感器网络的状态和数据。这些界面通常提供实时数据、历史记录、地图可视化等功能，以便用户能够更好地掌握温室气体浓度情况。

便携式传感器网络的优势在于其灵活性、便携性和实时性，适用于各种应用场景，包括室内空气质量监测、工业过程控制、环境监测、农业等领域，有助于应对气候变化、减轻环境污染等。

(4)化学吸收法

化学吸收法是检测温室气体浓度的方法之一，通常用于测量二氧化碳（CO_2）、甲烷（CH_4）和氮氧化物（N_2O）等气体。该方法利用气体与特定吸收剂之间的化学反应或物理吸附来将气体分子从气相中转移到液相或固相中。吸收剂通常是选择性地捕获目标气体，并将其转化成可测量的化合物。检测器用于测量吸收剂中的气体产物的浓度，从而确定原始气体的浓度。具体步骤如下。

1）采样

首先，需要采集气体样品。气体采样系统通常包括气体收集器和取样管。

2）吸收剂制备

准备液体或固体吸收剂。吸收剂通常是选择性地捕获目标气体。

3）反应和吸收

将气体样品引入吸收剂中，让它们与吸收剂发生化学反应或物理吸附，使目标气体从气相中被吸收到液相或固相中。

4）产物分析

使用适当的检测方法来分析吸收剂中的气体浓度，包括色谱法、光谱法、电化学法和其他适用的方法。

5）校准和数据处理

对分析结果进行校准，以确保测量结果的准确性。然后，处理数据并转换为目标气体的浓度。

化学吸收法可以用于监测温室气体排放、大气中的温室气体浓度以及气候变化研究。该法通常需要合适的仪器和实验室条件，一般用于科研、环境监测和政府或行业的监管。

（5）电子鼻

电子鼻（electronic nose）可以用于检测温室气体。电子鼻是一种传感技术，通过一系列化学传感器来模拟人类嗅觉系统，用于检测和辨别气味和挥发性化合物的变化。电子鼻最初设计用于检测气味，现在已经被扩展应用于多个领域，包括环境监测，其中温室气体的检测是关键应用之一。电子鼻使用一组不同的传感器，每个传感器对特定气体或气味成分具有不同的灵敏度。这些传感器记录样品中各种化学物质的存在并产生一个特征信号，可以用于区分不同的气味或气体。对于温室气体检测，电子鼻可以根据温室气体的特征气味或化学成分，检测和区分二氧化碳（CO_2）、甲烷（CH_4）、氮氧化物（N_2O）等气体。电子鼻可以监测大气中这些气体的浓度，以帮助了解温室气体排放和气候变化。尽管电子鼻在检测和区分气体方面具有潜力，但需要特别校准和验证以确保准确性和可靠性。电子鼻通常与其他气体分析方法（如气相色谱法或红外光谱法）结合使用，以进行精确的温室气体检测，可以在科研、环境监测和工业应用中发挥作用。

随着科学和技术的发展，温室气体检测方法变得更加全面、精准和便捷。微型传感器和微机电系统（MEMS）技术的发展使得更小型、便携式和经济高效的温室气体传感器成为可能。这些传感器可以集成在移动设备（如智能手机）中，使人们能够实时监测环境中的气体浓度。卫星和遥感技术可监测大范围的地表气体浓度。这种方法适用于远程地区或大气层的温室气体监测。生物传感器，如细菌、酵母、酶等，可以响应特定气体并产生可测量的生物信号，也可用于检测温室气体。随着智能手机和移动应用的普及，还可以使用便携式传感器和应用程序来进行温室气体监测，这种方法可提供实时数据。

这些先进的温室气体检测方法不仅更全面、精确和便捷，还有助于更好地理解温室气体的来源、分布和影响。它们在气候研究、环境监测和工业应用等领域都发挥了重要作用。

7.1.2 建立厨余垃圾管理系统

如 ISO 14044 标准所述，要建立一个可比较的、广泛应用的 LCA 系统，应尽可能反映在选择一种替代方案时所产生的环境后果。这就要求所比较的系统在它们提供的商品和服务方面是等效的，包括主要服务（废物管理）和次要服务/副产品（回收材料、肥料、热能和电力）。因此，从所研究的系统中识别出所有基本的功能输出，并确保所比较的系统以这样一种方式建模，即它们总体上提供相同的功能输出，这一点很重要。

现在已经确定了生物废物管理系统的一些潜在重要活动/过程。基于这些，厨余垃圾管理系统的不同阶段如图 7-1 所示。

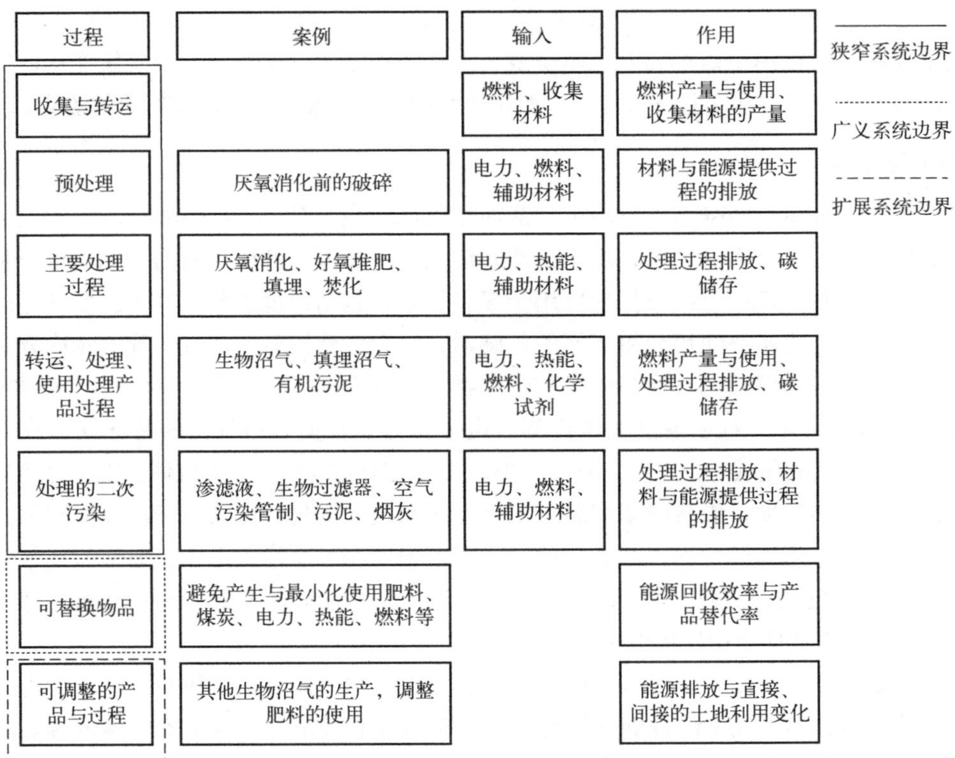

图 7-1 厨余垃圾管理系统

基于 Villanueva 和 Wenzel 提出的先决条件与基础模型，我们提出了一些新的见解，比较系统的构建要求只考虑与每个比较情景相关的净影响。例如，厨余垃圾的生物处理替代品可能需要单独收集厨余垃圾，否则很难保证产生的生物处理产品用于土壤应用的足够质量。厨余垃圾的分类收集可能导致对收集材料（袋子等）的需求增加。然而，生物废物的单独收集可以减少对收集材料和残余废物运输的需求，因此可以认为，单独收集系统的环境影响应该归功于减少了残余废物收集材料的使用，以便反映净影响。在生物处理产品的使用方面也可以看到类似的例子。生物处理产品（UOL）的使用会通过矿化、硝化、反硝化和微生物固定化等反应产生直接和间接的温室气体排放，从而对环境产生负面影响。但是，通过矿物肥料的替代，部分避免了这种影响，为了便于比较应反映这种影响。

一般来说，通过废物管理作业获得的商品取代传统商品的比例是由特定投入和特定过程因素的组合来确定的。例如，厨余垃圾中的能量含量与焚烧炉中的能量回收效率相结合，将定义通过焚烧替代的能量。根据 Bernstad 和 la Cour Jansen 的说法，即使在考虑相同类型的处理方案时，对厨余垃圾处理中潜在可回收能源量的假设也可能相差很大。这会对系统的全球增温潜能值产生影响。替代商品的选择，以及与之相关的环境影响，将由所采用的 LCA 建模方法以及应用的时间视角来决定。

7.1.3　处理方案的平均温室气体排放量

表 7-1 列出了经审查的不同处理方案的平均全球增温潜能值与各研究中普遍存在的背景条件的关系。在许多情况下，通过废物转化为能源技术所产生的电力，由不同能源载体混合供应。为了对这些研究进行分类，有必要对其进行简化，仅区分“主要化石能源”（混合能源中化石能源输出占比超过 50%）和“主要是非化石能源”。

表 7-1　基于所审查情景的结果，不同厨余垃圾处理方案的平均全球变暖潜值

单位：kg CO_2-eq/t 湿厨余垃圾

处理技术	实景系统	背景系统					
		能源系统替代			生物材料系统替代		
		化石能源	非化石能源	无能源替代	矿物肥料	矿物肥料+煤炭	无种类区分
填埋	能源可替代	111 （13）**290** −230～700	872 （2）**40** −843～900	493 （11）**360** −20～1140			
厌氧消化	没有能源替代			58 （2）**19** 45～71			58 （2）**19** 45～71
	能源可替代	−318（24）**538** −2084～200	−23 （3）**54** −78～30		−340 （23）**540** −2084～57		28 （4）**125** −73～200
堆肥	没有能源替代				122 （10）**91** 25～270	−44 （8）**97** −150～135	282 （10） **457** −65～1500
焚化	能源可替代	−44（10）**349** −348～599	64（3）**48** −96～114	385（2）**360** 131～640			

注：括号内数值表示背景值，粗体表示标准差。

与厨余垃圾填埋和焚烧相关的结果呈现出显著规律：替代能源系统对绝对温室气体排放具有重要影响。替代大部分化石能源时的温室气体平均排放量远低于无能源替代或主要替代非化石能源的情景。

因此，能否实现能源回收和替代能源的类型（主要是化石能源还是主要是非化石能源）都很重要。

同样，在堆肥的情况下，绝对温室气体排放与被取代的生物系统之间存在联系，而在厌氧消化中，绝对温室气体排放在大多数情况下是被取代能源系统和被取代生物系统混合作用的结果，其中化石能源替代和矿物肥料替代的组合可使的温室气体排放达到最低。表 7-1 所列的结果表明，不同处理方案的温室气体排放在很大程度上可以用实景和背景系统条件相关的差异来解释，这些差异都与商品替代有关。然而，数据的标准偏差表明，每组结果的离散程度都很大。这意味着除了表中列出的因素之外，还有一些因素会对总体结果产生很大的影响。

7.1.4 其他因素的影响

针对每种具体处理替代方案评估了若干其他因素对温室气体排放的影响。对全球增温潜能值具有潜在重要性的因素的识别主要基于先前对厨余垃圾管理 LCA 相关因素的评估，以及之前的研究中的热点识别信息。最终确定了 6 个相关因素，其中系统边界条件（即从评估中纳入/排除不同过程）为主要考量内容。但并非所有因素都与所有处理方案相关。随后分别对表 7-2 中每个因素的相关处理方案进行了测试。在表 7-3 中，各情景的平均温室气体排放量分别与表 7-1 中所列的背景系统条件以及表 7-2 中所列因素所产生的子组有关。实景因素是否对仅基于背景因素的平均值有很大影响，以及与表 7-1 中所列的分组相比，子组中的标准差是否更低，这些结果可以用来指示特定实景因子与总体全球增温潜能值结果的相关性。然而，由于在某些子组内的情景数量相对较少，在某些情况下可能无法计算标准差。因此，采用了图形分析方法，以进一步明确决定性因素的关系。

表 7-2 基于 Bernstad 和 la Cour Jansen 以及 Morris 等的研究评估的实景因子

序号	因子	因子类型		
		一类	二类	三类
1	热能回收	√		
2	使用有机污泥的排放气体	√		
3	生物的二氧化碳排放	√		
4	碳储存	√		
5	消化发酵材料的可替代生产			√
6	堆填气体收集效率		√	

表 7-3　与表 7-1 所列的背景系统条件以及表 7-2 所列的实景因子相关的情景的平均温室气体排放量

单位：kg CO_2-eq/t 湿厨余垃圾

处理方案和实景方案特征		能源系统替代						生物材料系统替代					
		化石能源	标准差	非化石能源	标准差	无能源区分	标准差	矿物肥料	标准差	矿物肥料+煤炭	标准差	无种类区分	标准差
填埋	热能回收	111	290	872	40	493	360						
	碳储存	−117	80	ND		42	88						
	生物的二氧化碳排放	408	NR	ND		ND							
	热能路径替换	37	NR	ND		ND							
	堆填气体收集效率	395	289	872	40	757	276						
厌氧消化	热能回收	−318	539	−23	54	58	19						
	矿物肥料替代							−340	540	ND		38	98
	热能路径替换	−444	710	−78		ND		ND		ND		200	NR
	碳储存	−440	652	ND		ND		−459	636	ND		ND	
	使用有机污泥的排放气体	−399	592	−78		ND		−396		ND		ND	
	生物的二氧化碳排放	200	NR	ND		ND		ND		ND		ND	
	扩展系统边界	−2010	104	ND		ND		−2010	104	ND		ND	
	CH_4 排放	−1360	NR	−49	NR	71	NR	−53	NR	ND		71	NR
堆肥	矿物肥料替代	ND		ND		ND		122	91	−44	97	282	457
	生物的二氧化碳排放	ND		ND		ND		142	123	ND		ND	
	碳储存	ND		ND		ND		83	68	−32	98	−57	12
	使用有机污泥的排放气体	ND		ND		ND		163	112	15	107	ND	
焚化	热能回收	−44	349	64	48	385	360						
	热能路径替换	−229	93	64	48	ND							
	生物的二氧化碳排放	590	13	ND		ND							

注：NR 表示不相关（只有一种情景）；ND 表示没有数据（没有确定这些条件组合的情景）。

在图 7-2～图 7-5 中，每个方框代表调查研究中的一个情景。y 轴表示每个处理方案所调查的方案数量，旨在说明不同因素组合的常见程度。x 轴表示根据每个情景计算出的全球增温潜能值。采用颜色和符号相结合的方式，对影响总体温室气体排放的不同因素进行分析。在表 7-1 所列的相关背景系统条件下，使用颜色来区分不同的情景，使用符号来表示表 7-3 所列的因素。通过这种方法，可以将不同因子组合对总体温室气体排放量的影响可视化，并识别出不同因子的影响。

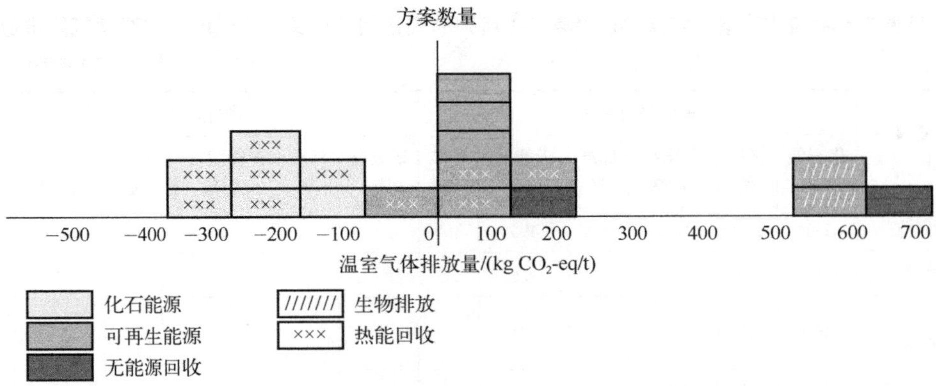

图 7-2　每吨厨余垃圾焚化产生的温室气体排放量

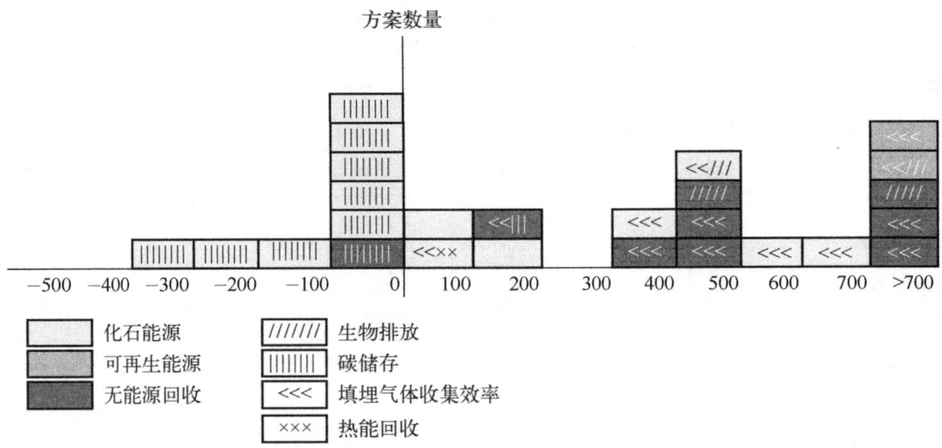

图 7-3　每吨厨余垃圾填埋产生的温室气体排放量

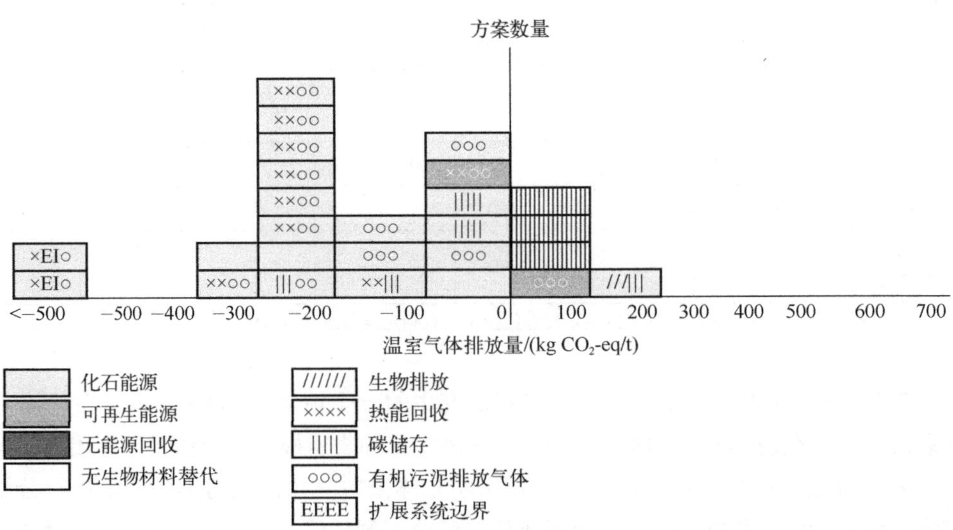

图 7-4　每吨厨余垃圾厌氧消化产生的温室气体排放量

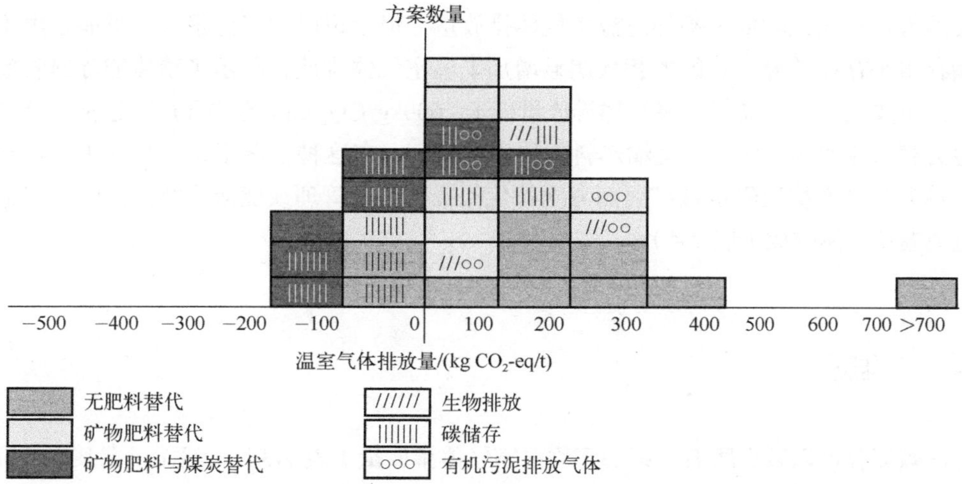

图 7-5　每吨厨余垃圾堆肥产生的温室气体排放量

7.1.4.1　焚烧

厨余垃圾焚烧产生的温室气体排放差异主要通过替代能源系统的选择来解释。从图 7-2 和表 7-3 中可以看出，替代热能的方案有进一步减少温室气体排放的趋势。焚烧会立即释放二氧化碳，因此生物源二氧化碳排放对于这种处理方案的总体温室气体排放非常重要。

7.1.4.2　填埋

从表 7-3 和图 7-3 可以看出，碳储存对于填埋总体温室气体排放非常重要。此外，低填埋气体（low landfill gas，LFG）收集效率同样会影响研究结果。即使回收的能源主要用于替代化石燃料，如果 LFG 捕获率低，温室气体排放量也会很高。分析中使用的阈值水平（即定义低捕获率）基于 World Bank 的数据，LFG 收集效率超过 70%时即认为成本效益较低。收集效率低于 70%时则不会导致总体负温室气体排放，并且平均温室气体排放量高于所有填埋场情景的平均值（表 7-3）。仅在一个情景中考虑了热能替代，故无法评估该因素的总体重要性。

7.1.4.3　厌氧消化

厌氧消化过程的温室气体排放变化在很大程度上可以用表 7-1 中所列的因素来解释。除不考虑生物系统替代的情况外，生产的沼气主要替代化石能源可减少温室气体排放。当然，生物处理的排放只与替代生物系统的情况有关。因此，由表 7-3 可知，当只包括这些情景时平均排放较低。碳储存仅在生物系统替代和主要替代化石能源的情况下才得到解决。尽管将碳储存纳入这一亚组降低了平均总温室气体排放量，但该组内的差异很大，可能是由于假定的碳储存水平存在差异。热能的替代明显增加了温室气体排放，显示了整体能源回收效率的重要性。事实上，唯一能使温室气体排放量低于 2000kg CO_2-eq/t 的情况是不包括热能替代、假设电力替代水平（42%）或运输燃料替代水平升高，在这种情况下替代是基于能量含量进行的。然而，当系统边界也被扩展到考虑替代传统的粪肥管理或能源作物生产时，可最大限度地避免温室气体排放（图 7-4）。

7.1.4.4 堆肥

考虑碳储存可以减少所有子组的平均温室气体排放量（表 7-3）。然而，在某些情况下，子组之间的偏差很大，可能是由于每吨投入废物的假定储存量差异很大。如图 7-5 和表 7-3 所示，仅在评估的一个亚组中考虑了生物源性二氧化碳排放。由于差异很大，无法得出关于这一因素对厨余垃圾堆肥总温室气体排放的总体重要性。

7.1.5 温室气体排放模型结果探讨

根据上述的汇总结果，在大多数情况下，厨余垃圾处理产生的温室气体排放可以通过与背景系统相关的选择（即能源和/或生物系统替代）来解释。然而，一些研究也表明，一些额外的因素可能是关键因素。下面，根据相关文献和作者的 LCA 专业知识，从 LCA 方法论的角度讨论表 7-1 和表 7-3 中的因素。此外，根据表 7-3 和图 7-2～图 7-5 所示的数据，讨论与不同处理方案相关的每个因素对 LCA 结果的重要性。

7.1.5.1 背景系统的替代优化

（1）替换能源系统

以前的一些研究强调了能源系统替代在废物管理系统 LCA 中的重要性。这些研究经常将结果性方法（假设替代边际能源）与归因方法（假设替代平均能源）进行比较，其中边际通常由更具环境破坏性的能源载体代表。然而，由于电力必须在消耗的同一时刻产生，因此还必须考虑到不同电力生产技术的具体生产模式。许多可再生能源，如风能和太阳能，具有非连续和非灵活的生产方式，即它们不能作为顺应需求的调节力量。假设能源矩阵中可再生能源的比例不断增加，为了平衡可再生能源生产的波动，能源载体的可储存性将变得越来越重要。这在评估研究中没有直接体现，但可以间接看到：通过焚烧回收的能量必然是连续的，因此在未来的可再生能源系统中，它在很大程度上可取代风能和太阳能等连续/非灵活的可再生能源。这种战略的影响可以通过主要以废物为基础的能源生产取代可再生能源的情景来说明。另外，可储存能源载体的生产（如沼气）可以用来平衡非灵活的可再生能源，从而替代平均能源。这种可替代的平衡力量可能来自化石燃料（例如天然气）。天然气发动机与生物质能发电设备都是平衡电力的理想选择，采用何种方式取决于未来的发展情况。无论哪种情况，平衡电力的碳足迹很可能比风能或太阳能高得多。碳储存还允许灵活地使用最终生产的沼气，可用于运输、电力和热力生产以及生产生物基化学品。此外，沼气是将电解产生的氢吸收到系统中的良好介质，因为沼气加氢是将电解产生的氢转化为燃料的有效途径之一。这可能是一个完全可再生能源系统的关键能源。目前的研究表明，热能回收对焚烧产生的温室气体排放总量具有决定性作用。在焚烧厨余垃圾导致温室气体排放的 8 种情况中，有 7 种假设是热能替代。在热能替代导致温室气体排放总量贡献的 3 种情景中，非化石能源为焚烧替代的假设热能。因此，焚烧所替代的热能类型也是至关重要的。但在厌氧消化的情况下，热能回收的重要性并不那么重要，因为与通过直接燃烧相比，燃气发动机的电力回收率通常更高。通常认为热能可以 100%替代其他能源载体，将产生的热量用于区域供热的系统中。Villanueva 和 Wenzel 认为，向电网提供的热量往往是过剩的，这意味着垃圾处理厂产生的热量实际上并没有节省太多的替代热量。这意味着，与高度依赖化石热能替代的处理方法有关的环境效益可能被高估了。目前存在的问题是，尚未充分关注到通过不同的垃圾处理技术回收电能可以填补电力供应中缺口这一重要事实。今后的研究应认识到不同处理替代方案之间的差异，以便对废物转化为能源的替代方案对整个系统温室气体排放的实际影响进行更深入的分析。

（2）替代矿物肥料

如表 7-1 所列，矿物肥料的替代通常对厌氧消化和堆肥的总体温室气体排放非常重要。然而，图 7-4 和图 7-5 显示，矿物肥料的替代本身并不是减少温室气体总排放量的决定性因素。这可以用影响温室气体总排放量的其他几个因素来解释，例如替代比率、矿物肥料生产中假定的温室气体排放量以及包括/排除土地使用排放。生物处理产品（消化物和堆肥）中 N、P 和 K 的含量不一定能满足作为肥料使用的要求。这将受到其他因素的影响，例如重金属或塑料污染、当地政策以及肥料中的养分可用性。在以前的研究中，假设消化液和堆肥的替代率（即由生物处理产品替代的矿物肥料的数量）分别为 40%～100%和 20%，而一些研究则认为根本没有替代。在某些情况下，生物处理产品中的磷和钾也被认为可以代替矿物肥料。在上述所有情况中，都是在假设与 P 和 K 相关的替代率为 100%的基础上进行讨论的。然而，实际的替代比例将取决于几个不同的因素，例如所施用的生物处理产品中有机物和矿物质化合物的含量、土壤 pH 值、施药的时间和技术，以及施药地区的作物类型。此外，氮的损失主要发生在堆肥和消化物储存过程中。因此，应将矿物肥料的替代与生物处理产品中的肥料量联系起来，而不是与处理前厨余垃圾中的肥料量联系起来。

从全球增温潜能值的角度来看，由于生产过程中 N_2O 的高排放，矿物氮肥的替代是主要的研究方向。可以通过使用非选择性催化还原（NSCR）工艺来减少 N_2O 排放，也可以通过使用最近开发的二次催化剂技术来更有效地减少。这项技术的应用越来越多施上，随着时间的推移，将减少矿物氮肥生产对气候的影响。虽然 90%的厌氧消化情景和近 70%的堆肥情景都包括化肥的替代，但只有 70%的厌氧消化情景和 24%的堆肥情景包括使用生物肥料产生的土地排放（图 7-2）。在土地上施用生物肥料时，通过生物固体中氮的矿化、硝化、反硝化和微生物固定化产生的 N_2O 排放与温室气体排放有关。从方法的角度来看，如果将堆肥和厌氧消化的生物产品排放包括在评估中，则也应考虑与生物产品有关的替代肥料的相同过程。在近期的一项研究中，基于施肥后土壤生物过程的建模，发现在农田中使用消化物和堆肥产生的温室气体排放量远远高于使用矿物肥料产生的温室气体排放量。总之，废物衍生肥料替代矿物肥料的比例以及生产替代肥料所假定的环境影响对生物处理替代品的总体温室气体排放非常重要，应予以详细描述。使用化肥（有机和矿物）产生的排放可在不同程度上得到处理，可能导致对不同处理方案间的不公平比较。如果只计算土地施用生物处理产品产生的排放，而不考虑使用化学肥料时产生的同类排放，则不符合 LCA 的标准。由于与该地区有关的不确定性很大，建议使用不确定性分析来评估选定排放比例的影响。

（3）泥炭的替代

在目前研究中，堆肥被认为可以替代泥炭和矿物肥料。与堆肥相比，泥炭的营养成分通常较低。因此，可以鼓励在生产商业生长培养基时用堆肥替换泥炭和矿物肥料。先前的一些研究表明，与泥炭生产相关的温室气体排放量为 550～1197kg CO_2-eq/t 泥炭，而其他报告的排放量为 330kg CO_2-eq/t 泥炭。替换通常是批量进行的。因此，根据 Boldrin 等的说法，1t 堆肥可以替代 0.2～1t 泥炭，每吨堆肥可以减排 66～1197kg CO_2-eq/t。在 Andersen 等的研究中，家庭堆肥的泥炭替代水平是基于用户调查的结果，在应用于花园时，只有 21%的堆肥真正替代了泥炭，这意味着实际上只有约 1/5 的潜在温室气体减排通过泥炭替代实现。因此，与泥炭替代相关的假设收益可能会有很大差异，这取决于泥炭生产的假设替代率和全球增温潜能值，这表明泥炭替代并不是厨余垃圾堆肥产生的总温室气体排放的决定性因素。由于与地区有关的不确定性很大，建议使用不确定性分析来评估选定排放比率的影响。

（4）澄清处理系统相关边界联系

在上述研究中，假设通过厨余垃圾的厌氧消化避免了传统的粪便管理或能源作物生产，可以最大限度地减少温室气体排放。为了在评估中考虑这些因素，必须了解厨余垃圾管理系统与粪便/能源作物系统之间的联系。要明确厨余垃圾管理系统替代传统粪便管理系统的前提是厨余垃圾等可降解碳源的可用性是粪便生产沼气的先决条件。这一假设是合理的，因为一些粪便/泥浆含水率很高，如果没有更浓缩、更容易降解的共同基质，很难实现沼气生产的充分成本效益。当单独收集的厨余垃圾被视为共同基质时，传统的粪便管理系统可被视为一种可替代的系统。这一思路适合粪肥生产沼气目标较高的国家，在这些国家，共同基质的可用性有限。在厨余垃圾的厌氧消化过程中，能源作物的生产也可以被替代。以德国和丹麦为例，若遵循粪肥沼气策略，允许添加一定程度的能源作物作为共同基质，那么单独收集的厨余垃圾有可能取代这种能源作物的添加，从而以较少的能源作物添加实现粪肥生产沼气目标。用厨余垃圾的厌氧消化替代能源作物生产的前提是对固定数量的生物能源的需求，其中通过厌氧消化减少能源生产意味着必须通过其他方式生产生物能源。如果考虑间接的土地利用变化，这可能会导致相当大的温室气体排放量将相当可观，但这种情况下实现的减排效果，也可能比其他处理方案高出几倍。根据具体情况，在比较 LCA 中反映相关性的后果时可以考虑与研究中评估的实际厨余垃圾管理系统没有直接联系的系统，例如替代传统的粪肥管理或生产能源作物。为了提高研究作为决策支持工具的相关性，应深入研究厨余垃圾管理系统与其他系统之间的联系。

7.1.5.2　碳核算中的方法问题

（1）二氧化碳的生物排放

正如 Christensen 等所总结的那样，只要在特定系统和比较系统之间存在一致性，生物源性二氧化碳排放可以被视为中性或有助于全球增温潜能值。为了保持一致，就全球变暖而言，生物源性二氧化碳排放应被认为是中性的（即在计算全球增温潜能值时记为 0），封存的碳应被视为完全减排（即记为−1），如果替代能源的来源是化石，则通过在城市生活垃圾系统中燃烧生物源性碳取代的能量应被视为完全减排（即记为−1）。如果生物源性二氧化碳排放被认为是导致全球变暖的原因（即记为+1），封存的碳必须被视为中性（即记为 0），而通过在城市生活垃圾系统中燃烧生物碳所替代的能量视为完全减排（即与所替代能源的来源是生物源还是化石无关，记为−1）。只有将生物源性二氧化碳排放纳入全球增温潜能值平衡，才能确保整体 LCA 温室气体排放量模型的更加合理，有效减少 LCA 系统中碳平衡计算偏差的风险。

（2）碳储存

目前的研究中，一般假设的碳储存水平差异很大，例如 10～89kg CO_2-eq/t 厨余垃圾用于堆肥，10～27kg CO_2-eq/t 厨余垃圾用于厌氧消化，67～168kg CO_2-eq/t 厨余垃圾用于填埋。在几项研究中，假定在厌氧消化和堆肥过程中，储存 100 年以上的生物处理产品中初始碳的含量是相等的。其他研究认为，与厌氧消化相比，堆肥的固碳能力是厌氧消化的两倍以上，填埋的固碳能力甚至更高。在这些研究中，固碳能力被认为与在农田中使用生物质的情况有关，但与垃圾填埋无关。在考虑碳储存的情况下，确定了三种不同的方法来计算评估时间框架（大多数情况下为 100 年）之后的剩余碳量：第一种是基于处理过的厨余垃圾中不同类型碳结构的不同降解率；第二种是基于假设的一般碳周转率；第三种是基于文献参考。三种方法可以组合使用。第一种方法是基于这样的假设：从 100 年的时间尺度来看，很可能只有碳基质中降解最慢的可生物降解成分，即木质素，将保持不降解。这是一个合理的假设，因为使用来自草和硬木的放射性标记木质素纤维素的研究已经证实，木质素的厌氧降解非常缓慢，其降解速率取决于木质素降解真菌的可用性和土壤中的盐浓度等因素。先前的研究表明，厨余垃圾的木质素含量变化很大，范围为 0.9%～12.0%。因此，假设 VS 约为湿重的 31%，使用这种方法计算的每吨垃圾固碳量为 3～38kg。第二种方法基于碳周转率展开计算，即有机质中的所有碳在 100 年内都参与周转过程。土壤中碳的周转因子受温度、湿度、碳氮比、粒度和碳类型等因素的影响。Jenkinson 提出了全球土壤碳周转周期为 27 年，而 Smith 等假设欧洲土壤碳周转时间为 40 年。使用这种方法，可以计算分别经厌氧消化、堆肥和填埋处理的厨余垃圾，在 100 年后储存的碳量占初始总碳量的比例。在上述两种方法中，厨余垃圾的特征、处理工艺条件和假定的碳储存之间存在明显的联系。这两种方法比使用文献数据更可靠，因为文献数据可能不能代表所研究系统的情况。强烈建议根据使用系统特定参数的计算来确定碳储存。此外，对于所有相关的处理方案应采取相同的方法，以避免偏倚比较。

7.1.5.3 与处理过程有关的排放

目前还没有对控制废物处理排放重要性的具体评估。虽然这种排放可能会对总体结果产生很大影响，但受限于两大因素，无法对这一因素进行评估：首先，在大部分评估的研究报告中，废物处理产生的排放量没有透明地列出；其次，排放类型和水平差异明显，因此将研究分为明确的类别实际上是不可能的。

以包括处理过程在内的研究为例，许多研究都考虑了几种不同的温室气体（即 CO_2、CH_4 和 N_2O）的排放，而有些国家考虑的排放仅限于 CH_4。此外，单位质量处理过的厨余垃圾的不同排放量的假设水平存在很大差异（以甲烷的排放量为例，为 0.03～71.4kg/t 厨余垃圾）。这是普遍的现象，因为这些排放量会因工艺条件的不同而产生波动。由于在许多情况下没有明确说明有关堆肥过程排放的确切假设，所以无法得出关于该过程排放的阈值。

同样，在厌氧消化过程中，有时尚不清楚是否考虑了厌氧消化产生的弥散性甲烷排放。当然，是否包括这些排放的影响也取决于假设的排放水平。在明确说明存在弥散性排放的情况下，这类排放占甲烷总产量的 1%～5%。在所有情况下，假设的排放量都低于《联合国气候变化框架公约》（UNFCCC）在评估残留物厌氧消化产生的温室气体排放时给出的默认值。Kirkeby 等表明，弥散性排放占甲烷总产量的比例从 3%减少到 1%，厌氧消化产生的全球增温潜能值将下降 4.4%，而 Sanscartier 等指出，弥散性排放从甲烷总产量的 5%减少到 2%的影响远不如将替代煤电的比例提高 4%的影响。因此，基于本综述的结果，现代厌氧消化过程的弥散性甲烷排放相对较少，对总体温室气体排放的影响相对有限。

针对焚烧产生的直接排放对全球增温潜能值产生影响的研究有限。只有两项研究明确指出了焚烧厨余垃圾时产生的除二氧化碳以外的排放情况。因此，无法评估该因素的重要性。

在今后的工作中，应改进目前许多研究存在的过程排放信息透明度低的问题，以便进行交叉研究比较。

7.1.5.4 对相关处理方案比较的相关问题

表 7-1 和表 7-3 所列情景的平均全球增温潜能值表明，与焚烧、堆肥和填埋相比，只要在处理过程中回收能源，厌氧消化在多数情况下是更好的厨余垃圾处理方案。利用厌氧消化产生的生物产品替代矿物肥料可以减少温室气体排放量。反之，如果不对厌氧消化过程中的沼气等温室气体进行回收与利用，与进行热能回收的焚烧、实现高效能源回收的垃圾填埋和考虑碳储存以及替代矿物的堆肥相比，厌氧消化产生的温室气体排放量更高。

因此与能源替代相关的处理方案选择对垃圾处理管理的 LCA 中与温室气体排放有关的结果具有决定性作用。将 LCA 作为决策支持工具，由于立法程序、投资决策和处理设施建设过程的自然延迟，可以对从现在起到未来几十年的废物处理产生影响，厨余垃圾管理必须与未来的能源情景相关联，而不是局限于历史数据。当然，这不可避免地会导致内在的不确定性。基于几个具有约束力的旨在推动可再生能源生产的国际和国家目标，长远来看，太阳能和风能的产量将相当可观。这将增加对平衡电力的需求，也使可储存的甲烷与其他废物转化为能源的替代品相比极具吸引力。风能和生物质能的结合在风力发电潜力巨大的国家已取得显著成效，如丹麦。也有人指出，设计 100%可再生能源系统的两个主要挑战是将高份额的间歇性资源整合到能源系统中，并将运输部门纳入战略规划。在这种情况下，沼气凭借其可储存性和将电力/热力系统与运输系统互连的潜力，展现出显著优势。生产出的沼气可以根据需求在每个特定时刻被输送至最终目的地，这有助于实现可再生能源载体的优化。

7.1.6　关键因素结论

对现有的厨余垃圾/城市固体废物有机部分管理的温室气体排放的 LCA 进行了分析调查，目的是找出焚烧、填埋、厌氧消化和堆肥处理方案中系统排放温室气体的关键因素。结果表明，不同厨余垃圾处理方案产生的全球增温潜能值在很大程度上可以通过与背景系统（即能源和/或生物系统替代）相关的选择来解释，而不是只考虑处理方案表象激增的排放量。这意味着系统内替代能源和土壤改良剂的类型和用量对结果起决定性作用。

此次分析调查也确定了在厨余垃圾处理系统中可能非常重要的几个因素。在不同的处理方案中，关键因素各不相同：考虑碳储存对于垃圾填埋和堆肥是非常重要的，但在厌氧消化过程中则是次要的；生物源性二氧化碳排放对填埋、焚烧和厌氧消化产生的总体温室气体排放有相当大的影响；在堆肥方面，利用堆肥产生的陆地碳排放不容忽视；垃圾填埋时，填埋气体的收集效率也非常重要；热能的替代在焚烧和厌氧消化过程中也是至关重要的。

目前的研究表明，替代传统的粪便管理或生产能源作物与厨余垃圾厌氧消化产生的净全球增温潜能值密切相关，应该进一步研究。此外，还需要增加厨余垃圾处理系统碳质量平衡的一致性，以保证比较方案之间的系统等效。

在未来厨余垃圾管理生命周期评价中，与能源和生物系统替代相关的假设非常重要。增加透明度，并针对背景系统建模中所做假设进行相关性分析，可增加结果的真实性。处理方案的多因素考虑，以及对未来能源系统特征的更多要求，将导致厨余垃圾厌氧消化与焚烧，填埋和堆肥相比，在生产清洁能源、提高能量产出、减少温室气体排放量方面的优势更加显著。

7.2　厨余垃圾生物处理废水处置技术

可持续的厨余垃圾管理是一个全球性问题，对改善粮食安全、保护自然资源和生态系统至关重要。将厨余垃圾从固体废物处理转移到废水处理是一种很有前途的厨余垃圾源头分离、收集、处理和处置方法。随着污水处理技术的进步，这种综合系统在水、资源和能源的协同回收方面展现出很大的潜力。为此，从实验室规模到全面研究的许多努力都致力于评估对固体废物和废水系统的可行性和相关影响。为了进一步揭示近年来厨余垃圾生物处理废水处置技术的原理与发展现状，本节从原理和应用方面综述了厨余垃圾经废水处置后的资源化利用现状。首先对厨余垃圾导流处理在固体废物处理、污水系统、污水处理和环境效益方面的影响进行了全面的综述和分析。在“双碳”目标的背景下，厨余垃圾处理向废水处理转移面临诸多挑战，包括统一定义、下水道网络评估、新兴废水处理技术、规模化研究和政策驱动等，还需要重新定义“厨余垃圾-废水-能源/资源”的联系。研究认为，厨余垃圾处理向废水处理技术方向转移可以促进城市的可持续发展，但需要充分评估具体的区域因素（如家庭习惯、水资源、污水系统条件和处理技术）后确定实施方案。未来的研究结果可为城市可持续发展中厨余垃圾管理的实践和政策制定提供参考依据。

7.2.1 将厨余垃圾处理转化为废水处理的现状

污水处理方面有望通过提高污水管理中能源利用和资源回收的潜力来满足更可持续社会的需求。生物废水处理可实现封闭循环和水、化学品及能源的再利用。利用现有的废水处理系统，将厨余垃圾从固体废物处理技术转移到废水处理技术中，有望提高处理效率，获得经济效益，并减轻对环境的影响。然而，厨余垃圾与废水管理的整合可能会在一定程度上影响当地的固体废物和废水处理系统，包括收集、运输、处理和处置。在此背景下，我们需要对固体废物和废水流的影响进行综合分析。首先需要解决的问题就是厨余垃圾废水分流的基本原理和全球范围内的应用现状。在此基础上，探讨了引水工程面临的挑战和机遇，并从多个角度阐述引水工程的可实施性及其对引水工程可持续管理的贡献。

利用厨余垃圾处理机（food waste disposers，FWD）将厨余垃圾分流到下水道系统和污水处理厂，如图 7-6 所示。FWD 是一种安装在厨房水槽下方的设备，从源头将厨余垃圾磨成细颗粒，并将所得浆液释放到下水道系统中，收集至污水处理厂并与城市污水共同处理。FWD 在美国、加拿大、英国、澳大利亚、新西兰和日本等许多国家广泛使用。美国的 FWD 普及率最高，至少有 50%的家庭安装了 FWD。FWD 的使用主要针对家庭的厨余垃圾，家庭厨余垃圾占比很高，在许多大城市的厨余垃圾总量中占比高达 48%～67%。通过评估生物物理、环境和经济指标，从源头上减少家庭厨余垃圾是有利的。这是因为家庭厨余垃圾难以分离、收集和运输，这些困难与人口因素（如性别、年龄、居住类型和社会经济背景）、经济激励（如对剩余废物按质量征税）、个人习惯和社会规范以及环境意识直接相关。考虑到这些棘手的过程，采用 FWD 可以有效地从源头转移家庭厨余垃圾，将相当一部分有机废物从固体废物处理系统中转移到污水处理厂，然而，由于 FWD 具有许多不确定的影响，其实际应用一直都存在争议。

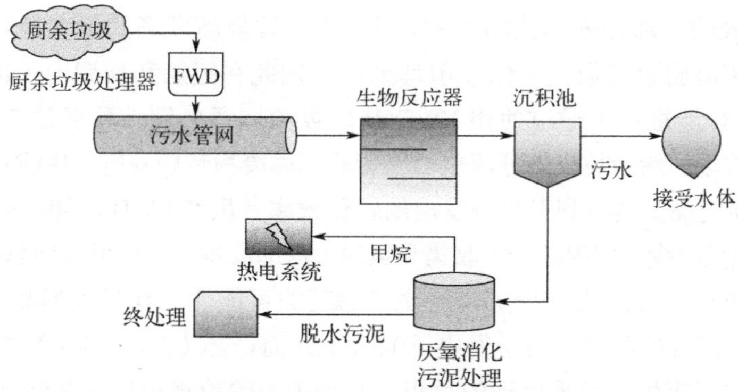

图 7-6　将厨余垃圾转移到下水道系统和污水处理厂的流程

7.2.2　厨余垃圾分流的现实综合影响

7.2.2.1　固体废物管理

厨余垃圾的分流可以为城市固体废物管理带来许多好处。最直接的好处是将生活垃圾从城市固体废物处理（如堆填和焚烧）系统中转移出来。不同城市厨余垃圾的产生及处理方法汇总见表 7-4。许多城市的生活垃圾主要通过填埋和焚烧处理。此外，厨余垃圾在固体废物总量中的占比因地区而异，范围为 18%～60%，这归因于不同的固体废物管理策略。家庭厨余垃圾在固体废物总量中占比很大，通常会考虑使用 FWD 将其转移到废水流中。就垃圾填埋而言，当 FWD 装机率为 25%～75%时，预计运往垃圾填埋场的厨余垃圾会减少 7%～43%。在英国的盎格鲁地区，在使用 FWD 的三种不同情况下，将垃圾从垃圾填埋场转移到下水道系统可以使垃圾填埋场的垃圾分别减少 12%、81%和 94%。在瑞典，一项涉及 211 名居民、100 套

表 7-4　不同城市厨余垃圾的产生和主要处理方法

城市	厨余垃圾产量		来自家庭的厨余垃圾占比/%	处理方式	数据来源
	t/d	kg/（人·d）			
北京	10865	0.50	67	堆肥、焚烧、填埋	Wei（2018）
香港	3662	0.49	65	填埋	HKEPD（2019）
伦敦	4500～4800	0.51～0.59	50	焚烧、填埋	City of London（2019）
纽约	6904	0.80	51	焚烧、填埋	Anton（2011）
首尔	3070	0.32	63	直接回用、动物饲料、堆肥、焚烧、填埋	Seoul Metropolitan Government（2016）
上海	8750	0.36	>50	焚烧、填埋	Orient Securities（2019）
深圳	8929	0.71	>50	焚烧、填埋	SZCGJ（2019）
东京	5397	0.14	50	动物饲料、堆肥、焚烧、填埋	Masami（2014）

公寓的案例研究表明，部分家庭使用 FWD 后，送往垃圾填埋场的厨余垃圾减少了 8%。此外，中国香港的家庭厨余垃圾完全依靠填埋处理，因此在短期和长期内（即 30%和 100%的 FWD 普及率），香港每年可通过使用 FWD 从垃圾填埋场分别转移多达 2.6×10^5t 和 8.8×10^5t 的家庭厨余垃圾。厨余垃圾的分流也可能影响固体废物焚烧发电的性能：固体废物的热值会因含水率降低而提高，这有利于焚烧发电的转化效率。虽然 FWD 的使用减少了固体废物的焚烧量，导致发电量减少，但因减少了收集和运输方面的成本，最终可以使总净利润增加 5%。

此外，厨余垃圾的分流将减少焚烧产生二噁英的可能性。在丹麦奥胡斯市，使用 FWD 后，污水处理厂的能源回收率略高于发电（0.3%），而产热（2%）低于焚烧。因此，厨余垃圾的分流可以减轻城市生活垃圾处理的负担，有助于消除垃圾填埋或焚烧处理对环境的负面影响，减少废物运输的能源消耗和温室气体排放，并最大限度地减少致病媒介。据估计，与垃圾填埋处理相比，厨余垃圾分流和废水共处理可使每吨垃圾产生的温室气体排放量减少近 87%。

7.2.2.2 污水管道系统

几十年来，厨余垃圾对下水道系统的影响一直是一个有争议的问题，涉及固体沉积、脂肪、油和油脂（FOG）的形成以及硫化物的产生等。厨余垃圾的高悬浮物负荷可能导致污水管道内出现沉积物堆积现象。使用不同类型的 FWD，厨余垃圾的粒径呈现显著差异：平均粒径范围为 0.76～0.85mm，其中部分设备处理后，粒径<0.84mm 的占 50%以上，粒径<1mm 的 80%以上；而有些设备处理后的垃圾中，有 50%～69%的固体颗粒粒径高达 2～4mm。理论计算表明，在设计流速为 0.6m/s 的下水道中，厨余垃圾不能沉降。中试也证实，在流速为 0.1～0.3m/s 的重力下水道中，厨余垃圾浆体中的悬浮物可能不会沉降到管道中。厨余垃圾可以通过下水道生物膜在下水道系统中分解。一项实验室测试表明，污水反应器中厨余垃圾的转化过程可以促使大分子有机物水解转化为小分子有机物，从而引起底物浓度的增加。此外，厨余垃圾携带的 FOG 会固化并附着在管道上，导致下水道堵塞。FWD 出水中 FOG 的含量可占干固体质量的 40%。工程可行性报告显示，大规模实施深水排污系统会增加管道堵塞的可能性，导致污水管道维护成本增加。然而，FWD 的安装率、厨余垃圾引发的沉积物堆积与下水道堵塞可能性之间的明确关系尚未建立，还需要进一步研究。

硫化物和甲烷的积累是下水道管理的一个主要问题。厨余垃圾分流对污水处理过程的影响一直没有得到足够的重视。最近的研究表明，厨余垃圾的转移可能会增加下水道系统中硫化物和甲烷的产生和排放。此外，厨余垃圾和硫酸盐浓度的变化都会影响压力下水道中硫化氢和甲烷的产生和排放（图 7-7）。在中试规模的重力下水道中，厨余垃圾会导致下水道中生物膜厚度、干密度及细胞外聚合物（EPS）的增加。添加厨余垃圾形成的生物膜密度更大、厚度更厚，限制了氧的扩散，扩大了生物膜厌氧区，有利于硫酸盐还原菌（SRB）的生长，会增加重力下水道中硫化物的排放。在模拟压力下水道的实验室规模下水道系统中，厨余垃圾的转移可以使甲烷产量提高高达 60%，而硫化物的产量取决于污水中硫酸盐的浓度。

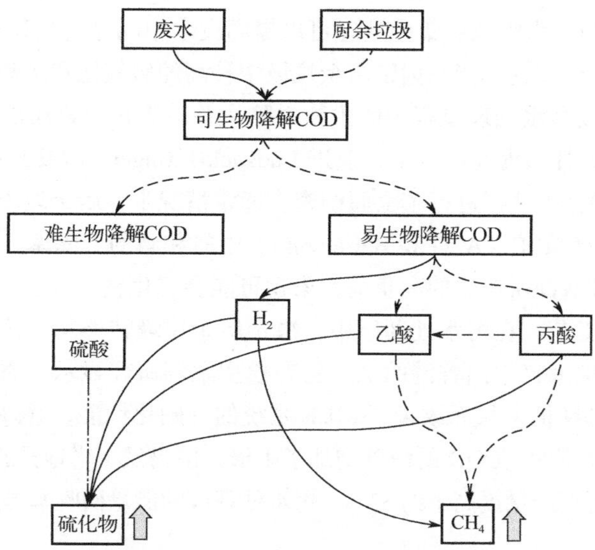

图 7-7　污水处理系统中添加厨余垃圾产生硫化物和甲烷的机理

深入研究表明，厨余垃圾的添加显著增加了下水道生物膜中产甲烷菌的积累，并改变了 SRB 和产甲烷菌的空间分布。此外，厨余垃圾的分流量和水力滞留时间的增加，都会增加下水道中硫化物和甲烷的产量，从而造成下水道严重的环境、卫生和物理风险。为此，还需要更多的研究来提高对实际下水道中厨余垃圾分流影响的认识。

7.2.2.3　污水处理厂

使用 FWD 对污水处理厂运作的影响因各地污水处理厂规模和工艺流程而异。第一个问题是污水处理厂的处理量增加。由于不同家庭的使用习惯不同，所以很难准确地确定 FWD 的实际用水量。以中国香港为例，如果 FWD 普及率达到 100%，厨余垃圾分流的额外用水量将提升至 3.2L/（人・d），只占目前用水量[160L/（人・d）]的 2%。其他国家使用 FWD 产生的额外用水量为 1～7L/（人・d），占均日用水量的 0.3%～4%。一项研究显示，无论是干燥天气还是潮湿天气，污水处理厂在运行过程中流量均无太大变化。这意味着厨余垃圾分流对用水需求的影响不是太严重。然而，在年供水量低于 500m³/人的缺水地区，使用 FWD 可能意义重大。鉴于水资源有限，不建议对 FWD 进行改造或弃用。

世界范围内最关注的问题是厨余垃圾对污水处理厂处理性能的影响，这将直接影响污水处理厂的能耗和运营成本。许多研究，从实验室规模到全面调查或工厂范围的建模，都致力于评估厨余垃圾分流对不同废水处理工艺的影响。污水处理厂接收厨余垃圾的不同方式如图 7-8 所示。通过源分离（如化粪池）进行后续处理或通过下水道收集进行下游废水处理，都可以实现厨余垃圾用于废水处理的分流。用不同的方法估算出的废水中厨余垃圾浓度（或厨余垃圾/污水比）为 0.2～200g/L。厨余垃圾浆液的源分离依赖于分散设置的沉淀池[或化粪池，图 7-8（a）]，其中沉淀的污泥被输送到厌氧消化工艺系统，而池出水流入下水道。总体而言，将厨余垃圾分流的废水收集后集中处理可以提高废水中固体含量和 COD，而对氮和磷的影响不显著[图 7-8（b）]。这可能归因于厨余垃圾中较高的碳氮比和碳磷比。厨余垃圾中的有机物负荷将有助于提高污水处理过程中的生物去除率并减少化学物质消耗量。此外，对不同工艺的建模，如传统活性污泥（CAS）、改进 Ludzack-Ettinger （MLE）、Bardenpho 工艺和厌氧-缺氧-好氧（A2O）工艺，进行了全面调查。通常情况下，厨余垃圾的转移有助于提高生物废物去除过程（例如 MLE、A2O 和 Bardenpho）中氮和磷的去除率，从而提高出水质量。然而，据报道，使用 FWD 所产生的高负荷污染物可能会恶化废水处理的性能，因此需要升级污水处理厂的规模和工艺。在污水处理厂中，决定厨余垃圾转移与工艺性能之间相关性的关键因素尚不清楚。一项来自中国香港的全厂稳态模型案例研究显示，添加厨余垃圾改善了进水废水中的 COD 与 C/N 值，从而改善了 MLE 系统的反硝化性能，并降低了污泥年龄。出水总氮和总磷的浓度变化不大，COD 的浓度增加了 1 倍，但仍低于当地排放标准。此外，随着厨余垃圾的引入，最终污泥产量提高了约 33%，污水处理厂的能量回收率提高了 80%～400%。

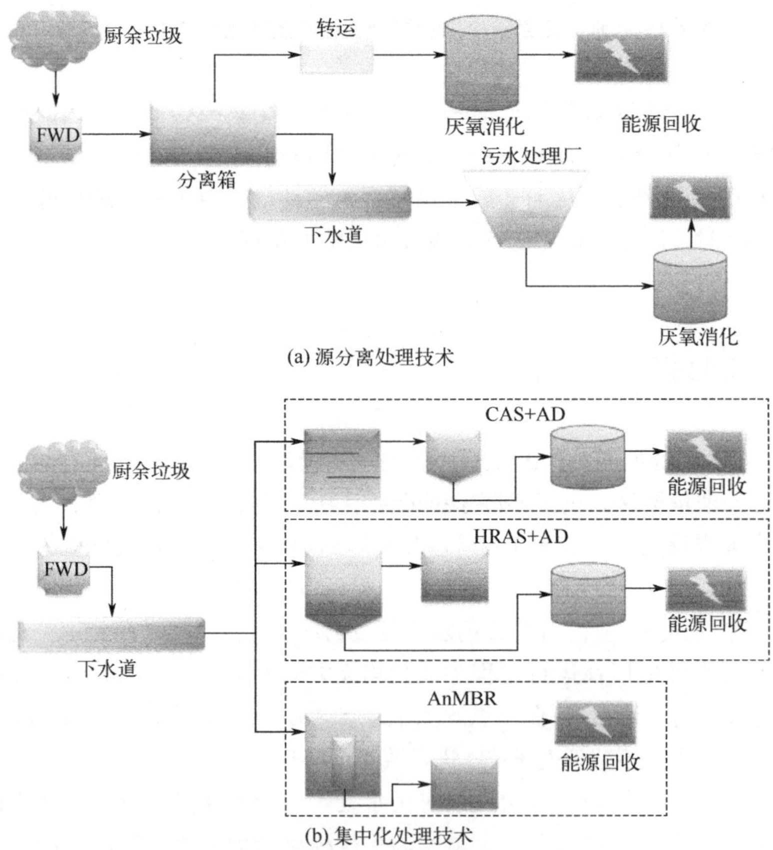

图 7-8　厨余垃圾转移到污水处理厂的不同方式

新兴的处理工艺，如厌氧膜生物反应器（AnMBR）和高速率活性污泥厌氧消化（HRAS/AD）工艺，由于其高能量回收潜力而越来越受到学术界的关注。与常规工艺相比，采用 AnMBR 和 HRAS/AD 工艺对氮、磷的去除率无影响，甚至会增加氮、磷污染。采用

HRAS/AD 和 AnMBR 工艺的目的是提高污水中厨余垃圾的能量回收效率，如图 7-8（b）所示。HRAS 工艺能够在较短的停留时间内最大限度地提高污泥产量，从而最大限度地减少生物氧化。因此，HRAS 工艺与厌氧消化工艺相结合，可以提高污泥的能量回收效率。然而，HRAS/AD 和 AnMBR 工艺仍处于起步阶段，需要更多的研究和大规模应用来验证其在主流废水处理中的应用及其对厨余垃圾分流的影响。

在生物污水处理厂中，污泥可以通过两个阶段产生：一是在初级处理阶段产生初级污泥；二是在生物处理阶段产生活性污泥。在初级处理中，厨余垃圾中 75% ～ 90%的固体和 55%～80%的 COD 可以被去除，并产生初级污泥。在二级处理（即生物处理）中，剩余的 COD 可以通过生物过程转化为生物质，这有助于产生活性污泥。由于大部分厨余垃圾沉积在初级沉淀池中，因此厨余垃圾分流的废水处理的初级污泥产生量远高于活性污泥产生量。当渗透率为 10%时，初级污泥和活性污泥的产量分别可增加 11%和 2%。然后将产生的初级污泥和活性污泥混合在厌氧消化系统中进行污泥消化。在厌氧消化工艺之后，消化污泥被脱水以进行最终处理。通过使用 FWD，消化污泥产量可增加 3%～70%。这可归因于污水处理厂中渗透率和处理工艺的变化。考虑到对污泥生产的影响，应特别重视污水处理厂的污泥处理能力应得，以确保厨余垃圾分流废水处理的正常进行。

传统上，生物污水处理厂采用厌氧消化工艺可以将污泥中的有机物转化为甲烷形式的生物能源，并减少污泥体积以稳定污泥。产生的甲烷可以通过热电联产（combined heat and power，CHP）系统进一步用于发电。在这种情况下，厨余垃圾的转移可以抵消化石燃料的消耗以及污水处理厂因额外负荷而产生的额外运营成本。厨余垃圾分流废水处理的能量回收潜力不仅取决于 FWD 的普及率，还受当地厨余垃圾组成（如肉类、水果、蔬菜和淀粉类食物）和特征（如有机固体、蛋白质、碳水化合物和脂质含量）的影响。初级和二级处理的污泥产量增加，可以使厌氧消化过程的甲烷产量提高 13%～193%。这将促进热电联产系统的发电和热回收效率。

最近，污水处理厂处理的重点已转移到 AnMBR 和 HRAS/AD 工艺[图 7-8（b）]，这两种工艺能够最大限度地利用厨余垃圾和废水的联合处理产生甲烷。通过在 AnMBR 工艺处理厨余垃圾和废水，可以使甲烷产量增加 190%～388%。厨余垃圾的分流提高了基质（即厨余垃圾与废水）的生物可降解性，并延长了水力停留时间。在 HRAS 工艺中，较短的停留时间可以增加有机物浓度和污泥产量，有利于提高 AD 工艺的甲烷产量。收集 HRAS 系统产生的剩余污泥可以使 AD 工艺的甲烷产量提高 51%。然而，污泥产量的增加可能会影响浓缩、脱水和沼气池的能量需求，因此应在分析污水处理厂的净能量平衡后做出决定。

7.2.2.4 环境效益

了解厨余垃圾废水处理工程对环境的影响，对评估对全球增温潜能值的贡献，以及协助制定有关厨余垃圾废水处理的政策，都十分重要。这主要是通过对不同处理方案进行 LCA 来实现的。这种 LCA 研究的重点已经逐渐从固体废物处理转移到废水处理。通常，厨余垃圾被填埋或通过焚烧、堆肥和/或厌氧消化处理。与传统方案相比，使用 FWD 可使温室气体

（GHG）产生量减少 24%～88%。与填埋相比，厨余垃圾分流的环境友好性还表现在可减轻水体富营养化和生态毒性。然而，处理厨余垃圾的厌氧消化系统在经济、环境和资源效率方面可能优于 FWD 的使用，因为使用 FWD 会导致下水道和废水处理中有机物的损失。但是，厨余垃圾的源头分离问题是限制集中式厌氧消化系统生产力的潜在因素。另外，随着处理配置和工艺的升级，厨余垃圾废水处理工程的环境影响越来越受到关注。虽然分散式处理可以提高能源回收潜力，但总体经济效益和环境效益低于集中处理。在污水处理厂中，人们普遍认为 AnMBR 和 HRAS 工艺与不同的后续工艺相结合，可以最大限度地从厨余垃圾中回收能量。与 HRAS 工艺相比，由于出水甲烷排放，AnMBR 产生的全球增温潜能值较高，而 HRAS/AD 工艺的全球增温潜能值较低。然而，在酸化、富营养化、烟雾和呼吸效应方面，AnMBR 存在极大的优势与可发展空间。在 HRAS/AD 过程中添加厨余垃圾可以在气候变化、酸化、生态毒性和化石能源消耗方面提高环境效益。然而，目前该工艺的污泥输送距离可能是影响 HRAS/AD 工艺在生态毒性、烟雾和非致癌物质等方面环境性能的关键因素。

7.2.3 挑战与机遇

7.2.3.1 评价厨余垃圾分离影响的统一定义

尽管在探索厨余垃圾源头分离的可能性方面已经付出了许多努力，但它仍然缺乏一个统一的定义，使人难以更好地理解该领域的研究成果和发展趋势（图 7-9）。

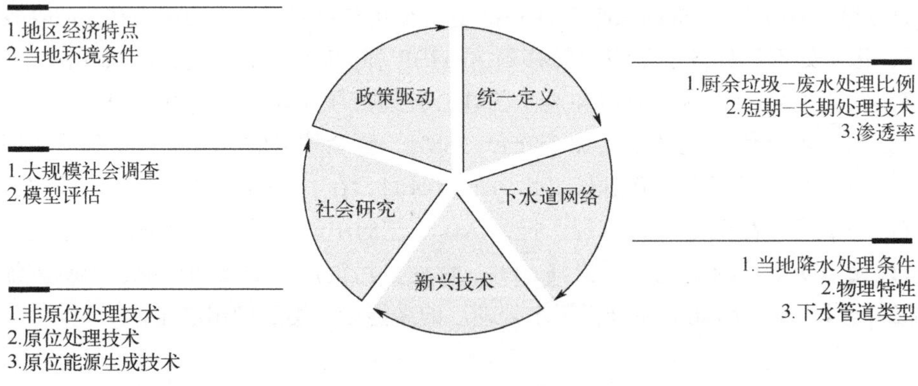

图 7-9　不同方面厨余垃圾处置的挑战与机遇

首先，污水分流的量是厨余垃圾处理和废水处理的关键，这直接关系到污水处理厂的使用，通常被定义为渗透、渗透率或渗透因子。我们建议使用渗透率作为污水处理厂使用的标准术语，表示从固体废物中分流到废水处理系统的污水量占家庭污水处理厂总处理量的比例。其次，污水中厨余垃圾浓度（或厨余垃圾与污水比，g/L）高度依赖于厨余垃圾分流量和污水流量，这对污水处理厂的运行有显著影响。一个关键的问题是明确 24h 内厨余垃圾浓度的变化，因为日流量随水量的变化而变化。废水浓度的变化可能与地面废水排入下水道的时间有关，这可能导致污水浓度达到峰值。然而，这些信息目前仍然不清楚。因此，我们建议在之后的影响评价中应特别注意厨余垃圾浓度或废水流量对厨余垃圾/污水比的影响，并通过相关性分析进行测试。

此外，实施厨余垃圾废水收集分流对城市整体管理具有重要意义。厨余垃圾废水处理工程的总体影响需要在城市尺度上进行综合评估，以使规划有效实施。迄今为止，美国的渗透率约为 50%，新西兰为 30%，澳大利亚为 12%，加拿大为 10%，英国为 5%。大多数地区的总体渗透率在 5%～30%之间。结合 FWD 的应用经验，我们建议将安装 FWD 对厨余垃圾废水处理的影响分为两个阶段，即短期（0～30%）和长期（30%～100%）。这对制定城市短期和长期规划具有重要意义。然而，拟议的分类并没有随着时间的推移而改变，而是随着 FWD 的普及率而改变。这可能归因于许多因素，如文化、饮食习惯、对 FWD 的接受程度和政策，这些因素导致渗透率与时间的关系不明确。

7.2.3.2 收集厨余垃圾的下水道网络评估

评估当地下水道网络的类型是确定厨余垃圾是否适合大规模废水处理源头分离的先决条件。通常，按照收集的污水类型将下水道分为单独下水道和组合下水道，或者按照污水输送方式将下水道分为重力下水道和压力下水道。下水道组合因预算、地形和规模而异，这给复杂的下水道网络带来了很大的不确定性。重力下水道的坡度能保持一定的自洁速度，其自洁速度随设计标准的不同而不同。在这方面，有必要仔细研究当地下水道的情况，以分析使用 FWD 的可能性。排水管的直径很重要，因为冲洗地面厨余垃圾可能会增加直径较小的排水管的堵塞潜力。Rosenwinkel 和 Wendler 提出了接收地面厨余垃圾必须满足的下水道网络评估的 3 个标准：

① 独立的下水道系统；

② 状况良好，无裂缝、渗漏和沉积；

③ 重力下水道的最小坡度>0.02%。

在建设地面污水处理厂前，必须彻底检查当地的污水系统是否满足这些基本的先决条件，以此决定是否适合建设地面污水处理厂。

7.2.3.3 有效处理厨余垃圾废水的新兴技术

不同的废水处理技术已经被广泛研究，以提高厨余垃圾和污水中回收能源和资源的回收率。考虑到污水处理厂的污水处理转移，污水处理厂的新兴技术需要进行充分的调查，以验证其不仅有效地处理额外的负荷，还具有能源/资源回收的潜力。添加厨余垃圾共处理废水背后的概念可以是原位能源生成，也可以是有机物富集以进行非原位处理。一些研究已经通过使用 AnMBR 和 HRAS 工艺进行共处理来努力实现这一目的。

另一种涉及微生物电化学电池（MEC）的选择可能受益于厨余垃圾转移。MEC 能够以微生物燃料电池的方式直接发电，或者在微生物电解电池中产生氢气等富含能量的化学物质。MEC 的产物（如电力或氢气）比甲烷更有价值，使用更便捷。

然而，MEC 中的初始分解反应缓慢，需要进行优化。此外，颗粒污泥技术是一种紧凑且具有成本效益的废水处理方法。颗粒污泥技术采用具有不同功能微生物群的独特结构生物膜，可处理高强度有机废水。此外，最近的研究揭示了从颗粒污泥的 EPS 中回收有价值化学物质的潜力。厨余垃圾源头分离废水处理可以增加生物膜中 EPS 的含量，从而提高污水处理厂颗粒污泥资源回收的能力。因此，利用颗粒污泥技术处理污水，回收有价值的资源还需要进一步的研究。

7.2.3.4 未来厨余垃圾废水处理的扩展

厨余垃圾的源头分离废水处理收集对固体厨余垃圾处理和厨余废水处理都有影响。以前的研究大多在实验室和中试规模进行，重点关注固体废物管理或废水处理的特定部分。Zan 等对厨余垃圾分流的总体影响进行了评估，但仅限于基于模型的评估，缺乏实地验证。此外，Battistoni 等和 Evans 等对意大利 Gagliole 和瑞典 Surahammar 的污水处理进行了全面研究，他们在家庭中安装了 FWD，并评估了对下水道和污水处理厂运行的影响。鉴于对污水处理厂的影响，分流污水处理厂可能需要升级现有的程序，以解决额外的负荷所带来的问题，并优化污水处理厂的运作。在这些研究中得到的结果因地点的具体情况而异。更重要的是，关于大规模使用 FWD 的研究仍然有限，需要充分的资料来提高对当地固体废物和废水系统的整体影响的认识。

7.2.3.5 推行的政策驱动因素

政策的制定对于实施使用 FWD 进行厨余垃圾源头分流至关重要。FWD 作为一种废物管理选择，其使用效果差异很大，且潜在效益存在不确定性。在决定是否限制或准许 FWD 的使用时，对污水渠网络的额外负荷和本地污水处理厂的运作的关注通常起着至关重要的作用。在美国，使用 FWD 是受到高度鼓励的，甚至在某些地区是强制性的。欧盟各国关于污水处理厂分流的立法和政策各不相同，环境意识、污水处理厂的容量、污泥处理、沼气利用和对技术发展的文化态度等因素都会产生影响。此外，许多地区特有的因素，例如家庭习惯、采用的固体废物处理技术、水资源的使用和类型、污水系统和处理过程的条件以及经济可行性，导致政策执行的不确定性。在制定污水处理厂相关政策，或将其纳入大规模废物管理方案之前，必须考虑上述因素。为此，有必要评估厨余垃圾废水处理对当地固体废物和废水管理系统的消极和积极影响。政策干预可能最终决定限制 FWD 的使用，或将其作为另一种选择加以推广，或将其视为对污水系统和废水处理的威胁而予以禁止。因此，全面的评估将极大地促进可持续的资源管理的多方面政策体系。

7.2.4 未来展望

要实现可持续的废物管理，首要任务是处理废物处理问题。为此，通过对一组优先事项进行排序以减少对自然系统的压力，建立厨余垃圾管理层级结构具有重要意义。这将实现有效的资源利用并减轻环境影响。技术和系统创新可以显著加快实现厨余垃圾管理可持续性的进程。引入 FWD 技术，可以促进能源/资源回收和废物能源处理，并通过综合的厨余垃圾和废水管理加强厨余垃圾、废水和能源/资源的联系（图 7-10）。从废水或厨余垃圾中收集能源和回收资源，为可持续的废水和固体废物管理技术和研究注入了强大动力。

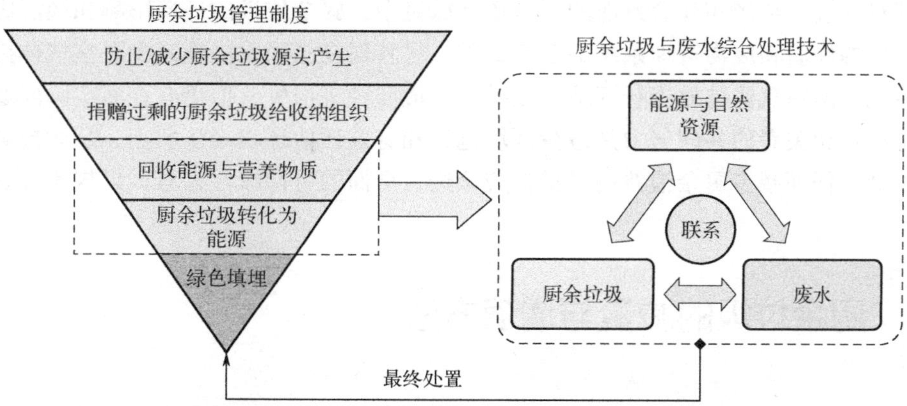

图 7-10 厨余垃圾废水处理综合处理技术对厨余垃圾管理制度的潜在影响

根据一个国家或地区的社会经济发展水平以及其他体制和政治制约因素，FWD 的应用和方法组合可能会有很大差异。其他地区的成功经验证明了使用 FWD 的可行性，但应用需要充分的评估，以优化废水和污水处理厂管理的可持续性。具体来说，不同技术的组合适合特定的城市，这需要特别注意当地厨余垃圾的特点、处理框架和污水处理的下水道系统。例如，应根据当地固体废物的特点设计一个由几种方法组成的适当处理系统（例如填埋、焚烧、堆肥、厌氧消化和 FWD）。因此，现有的处理系统可以在可持续性、经济性和环保性的前提下，升级为灵活、先进的系统。此外，评估当地的下水道系统、废水特性、污水处理厂的容量和处理工艺，以验证长期和大规模使用污水处理厂的可能性也具有重要意义。同时，应根据当地的实际数据进行全生命周期评价，以评估污水处理厂对环境、经济和能源消耗的影响。为此，应该在不同的尺度上测试 FWD 的使用以确定优化的方向。

由于厨余垃圾与文化、社会人口差异和政策制定的高度相关性，使用 FWD 需要符合相应各种社会结构。需要减轻固体废物处理负担的城市可以从使用 FWD 中受益。使用 FWD 可以在这种厨余垃圾分离和处理政策中发挥作用。此外，使用 FWD 还可降低成本，减少垃圾分离、收集和运输过程中产生的气味和卫生问题。因此，厨余垃圾废水收集集中处理的收益是否能抵消其在固体废物和废水流中的成本，或者使用污水改道的利是否真的大于弊，目前还无法得出确定的结论。

7.3 生物处理的减量增值与厨余垃圾污染物的环境风险评估

厨余垃圾的高值化有助于减轻厨余垃圾对环境和经济的负担，并向循环经济过渡。为了生产各种终端产品，对厨余垃圾增值生物工艺进行了广泛的研究并进行了总结。然而，目前的研究中，它们的经济、环境和社会方面的研究与深入讨论是有限的。在实际应用中，部分厨余垃圾增值处理技术已经生产出增值产品，并应用于多个领域；同时，还开发了许多新型技术，其对环境、经济和社会方面的影响还在探讨中。厨余垃圾的环境影响和经济影响取决于厨余垃圾的性质和废物管理系统的多个参数。尽管现在已采取措施减少温室气体排放，并对不可避免的温室气体排放进行评估，以减少环境和经济损失，但仍有许多实际问题需要解决。环境产业相关者的共同努力是减少环境危害和有效评估环境经济负担，从而提高其可持续性的关键。任何减少厨余浪费的举措都应该进行全面的可持续性检查，以规避投资和环境风险。

7.3.1 厨余垃圾的减量与增值方法

7.3.1.1 减少厨余垃圾浪费措施

目前已采取各种源头防控，以减少厨余垃圾措施，例如升级储存系统、提高加工效率、改进包装和分销、开发耐压食品（特别是水果和蔬菜）以延长其保质期，以及制定政策。延长保质期可以减少零售和家庭层面的厨余垃圾。最新研究中，一些与食品链中配套的智能检测器也被开发出来，用作数字检测工具（智能工具和可追溯性），如包装中的传感器/指示器（检测温度、泄漏、新鲜度和 pH 值等）。智能工具可监测各个方面的质量标准，并将产品质量状况同步给食品链（生产者到消费者）中的利益相关者，可有效减少食品腐败，例如，气体传感器可以通过检测气体浓度来判断腐败的状况。智能包装传感器在食品系统中的应用可以发挥至关重要的作用，能够尽量减少腐败，并向消费者预警食品腐败情况，有助于减少厨余垃圾。此外，利用厨余垃圾生产可生物降解的聚合物，然后应用于食品包装是一种更有发展前景、更具经济可持续性的方式，可减少厨余垃圾，并最大限度地减少其对环境的影响。人们还开发了各种应用程序，将多余的食物转移到当地社区或食物储蓄集中地，以减少粮食短缺和对环境的影响。例如，在加拿大，Second Harvest Food Rescue App 将拥有剩余粮食的企业与分发剩余粮食的社会组织（约 2300 个组织）联系起来，以减少粮食浪费。消费者可以通过合理的采购计划和适当的储存方式，在减少家庭粮食浪费方面发挥关键作用。此外，从源头上对厨余垃圾进行分类也是一种有效的方法，可以将一些浪费的食物重新分配或用作动物饲料，从而有助于减少厨余垃圾。政府部门也可以采取各种政策举措，以减少食物链中的厨余垃圾。例如，加拿大颁布了一项食品捐赠法律和政策，以保护食品捐赠者和减少粮食浪费。在美国，餐馆和杂货店可以将多余的食品捐赠给致力于救济饥饿者的慈善组织，而不是将其倾倒在垃圾填埋场。联合国还敦促各国到 2030 年将整个食物链中的厨余垃圾减少 50%。

7.3.1.2 厨余垃圾高值化

将废物或副产品或低估的生物质通过转换技术转化为有价值的产品并有效应用是目前厨余垃圾高值化的主要研究方向。图 7-11 展示了一些常用的转换技术、产品和潜在的增值应用（书后另见彩图）。通常情况下，厨余垃圾的含水率较高，在厌氧消化、发酵、水解、水热碳化（HTC）等转化过程中具有积极作用，但有时需要破碎或预处理（超声、微波、脉冲电场等），以改进转化工艺，提取更多的高附加值产品。厨余垃圾富含碳水化合物、蛋白质、营养物质、油、水和天然酸等，具有成为发酵原料的潜力。目前各种高附加值产品以及生物能源已经从厨余垃圾中开发出来，其产量取决于厨余垃圾的成分。表 7-5 显示了不同厨余垃圾的组成，随着来源的不同而有所不同。在预处理方面，脉冲电场预处理具有优势，产品质量更好。干燥和破碎的食物废物和副产品，如麦麸、马铃薯纤维和豌豆纤维可以与聚合物基质一起使用，生产生物复合材料，应用于可持续的容器、无纺布组织和薄膜。Fritsch 等总结了在最佳条件下从不同品种马铃薯皮中获取最大酚类化合物产量的各种提取方法，经马铃薯品种筛选和提取方法优化后，酚类化合物的产量为 10.3～593.3mg/100g（干基）。从各种厨余垃圾（特别是水果和蔬菜副产品）中提取的有机化合物可以再气化，并用于抑制腐蚀性介质中的腐蚀。此外，厨余垃圾也被用于动物饲养，这通常被认为是食品供应链中厨余垃圾成本效益增值最简单的方法。然而，出于监管方面的考虑，这种方法有时会受到限制。虽然这是最具成本效益的选择，但实际上，在美国，只有 2.9%的厨余垃圾被喂给动物，而 55.9%被送到垃圾填埋场。将浪费的厨余垃圾生物转化为以昆虫为基础的蛋白质，用于食品或饲料，是实现循环经济的一种潜在途径，也是近年来新兴的生物处理技术。

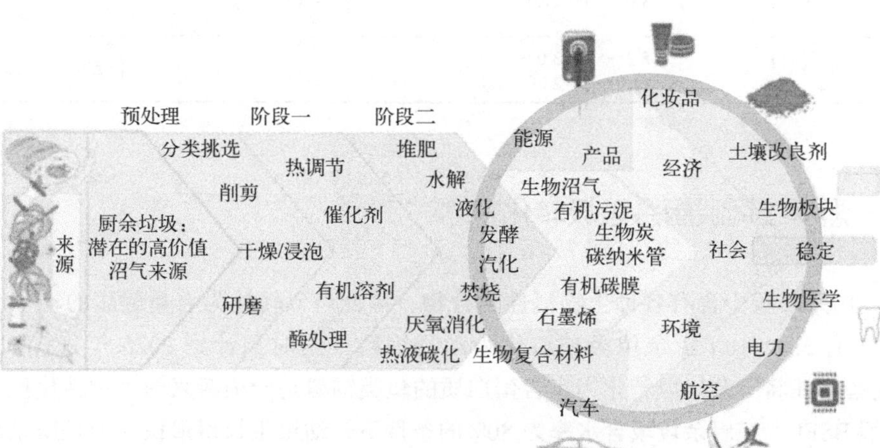

图 7-11 厨余垃圾价值化过程、产品和应用

表 7-5 不同来源厨余垃圾的组成成分

厨余垃圾来源	组成（干重）/%								数据来源
	蛋白质	淀粉	碳水化合物	脂肪	纤维素	半纤维素	木质素	灰分	
食堂	21.02	31.87		17.56	23.21				Yu，et al（2018）
食堂	18.72	35.61		19.11	20.82				Yu，et al（2018）
餐馆	54.4		9.9	35.7	3.9				Kobayashi，et al（2012）
家庭厨余	21.6		59.0	19.4	21.6	9.0			Kobayashi，et al（2012）
其他厨余	23.1		57.6	19.2	7.5	2.7			Kobayashi，et al（2012）
学生食堂	16.21～17.59	22.59～25.06	53.96～56.04		16.54～17.26	7.69～7.71	16.43～17.57	5.88～5.92	Vavouraki，et al（2013）
餐饮饭馆	18.3～23.5	16.2～29.4						3.4～5.2	Vavouraki，et al（2014）
厨余垃圾	10.1～22.5	35.8～44.6							Carmona-Cabello，et al（2020）
厨余垃圾	13.8	44.0							Nishimura，et al（2017）
家庭厨余	10.39～17.01	10.61～10.75			10.24～10.38	11.30～11.34			Wang，et al（2017）
自助餐馆	7.93～9.57	33.47～36.53	52.57～59.69	5.85～7.29	15.4～20.8	3.31～3.75			Prasoulas，et al（2020）
零售商店	13.9	63.5							Bibra，et al（2020）
源头分离后的厨余垃圾	19.7		45.8		6.61	8.86	2.17		Huang，et al（2015）
厨余垃圾	7.0		67.0	10.0					Chen，et al（2019）
厨余垃圾	27.8		35.1	22.4					Masih-Das，et al（2018）
厨余垃圾	15.0		55.2～61.9	23.0～24.0					Zhang，et al（2014）

7.3.1.3 黑水虻饲喂厨余垃圾转化技术

通常，厨余垃圾中含有各种生物活性化合物，因此可以转化为有益健康的动物饲料。在欧盟，每年有 3.5×10^6t 厨余垃圾被转化为动物饲料，当时预计到 2025 年将扩大到 7.0×10^6t。利用黑水虻将厨余垃圾转化为富含蛋白质的鱼类饲料是一项新兴的生物转化技术。用厨余垃圾饲喂 BSFL，在厨余垃圾含水率为 80%的条件下，幼虫生长得最快。但是厨余垃圾在用作动物饲料之前需要进行适当的处理和加工，以减少疾病的风险。生物养殖和生物转化活动会排放温室气体和氨气，这可能会影响其产品的整体环境性能。影响黑水虻养殖处理厨余垃圾过程中温室气体排放类型和浓度的因素有基质质量、饲喂设计参数、环境条件以及气体测量方法等。基质质量对 BSFL 的生长速度和质量起着至关重要的作用，也会影响温室气体排放总量。饲料参数、水分含量、感官特性、化学特性、流变学、孔隙度和预处理有助于消化率、流动性和微生物的生存和增殖，从而影响温室气体排放。实验参数包括实验前幼虫龄、幼虫密度、进给速率、饲养策略（如连续、间歇和大量饲养）、壳体室等，也可以影响温室气体的排放。外部参数，如环境温度、环境湿度、通风量和光照强度，也会影响 BSFL 和微生物的代谢活动。

图 7-12 显示了利用黑水虻处理厨余垃圾 LCA 研究中计算的全球增温潜能值。

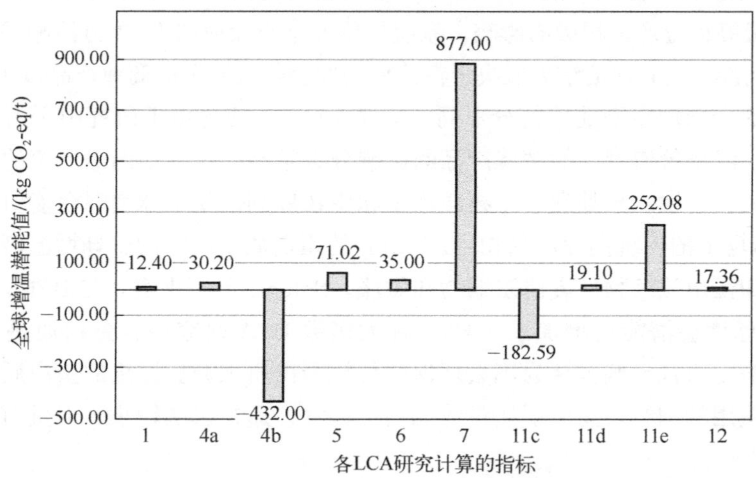

图 7-12　利用黑水虻处理厨余垃圾的 LCA 研究报告的全球变暖潜值

4a—厨余垃圾；4b—生物产物；11c—啤酒谷物；11d—过期食品；11e—马铃薯皮

LCA 的影响分数很大程度上依赖于系统边界中包含的系统。如果考虑到所有过程和直接排放，功能单元的潜能值通常更高。Komakech 等和 Guo 等分别报道了相对较低的全球增温潜能值，分别为 12.40kg CO_2-eq/t 和 17.36kg CO_2-eq/t，这主要是因为系统边界中排除了其他几个影响阶段，如基质收集、运输、预处理和幼虫生产。另外，Smetana 等发现了非常高的影响分值，为 877kg CO_2-eq/t 干燥有机肥料，包括与其他阶段相关的材料和能源，如加工设施的建设、幼虫的生产以及获得最终干燥有机产品的进一步加工。此外，值得注意的是，一些研究没有考虑 BSFL 的直接温室气体排放，这是因为在研究时，通常认为这种昆虫的排放量很低，而且无法获得具体的数据。部分研究以其他文献中报道的其他昆虫的直接排放，如黄粉虫、家蚕（*Acheta domesticus*）、迁徙蝗（*Locusta migratoria*），来作为其清单的背景数据。

关于影响最大的阶段和过程，大多数研究认为 BSFL 生物转化阶段的直接排放和能源消耗对全球增温潜能值的影响最大。虽然直接温室气体排放通常较低且影响较小，但 Mondello 等发现，BSFL 生物转化阶段的电力消耗和温室气体排放分别占全球增温潜能值的 56.4%和 24.2%。

Salamone 等报道了类似的发现，并指出最重要的贡献是将厨余垃圾运输到设施（18%）

和幼虫干燥阶段（75%）。生物转化产生的温室气体排放（57.2%）和电力消耗（16%）是造成后一步影响的主要原因。Mertenat 等将 72%的全球增温潜能值归因于 BSFL 处理设施的直接排放，19% 归因于电力消耗的间接排放。Guo 等也报道了直接排放和电力消耗的全球增温潜能值，分别为 17.24kg CO_2-eq/t 和 72.81kg CO_2-eq/t。

在纳入可避免的产品方面，Salomone 等发现，当将可避免的氮肥和豆粕产品分别作为 BSFL 堆肥和干燥产品的替代品时，生物处理厨余垃圾的净全球增温潜能值为−432kg CO_2-eq/t。Ites 等分析了啤酒糟和马铃薯皮以及过期食品的废物处理，其中以啤酒糟为饲料的系统的全球增温潜能值的净影响得分为−182.59kg CO_2-eq/t。原则上，避免的产品用于系统扩展，这是一种分配的替代方案。在系统扩展中，联合产品被认为是全球市场上其他产品的替代品。通过使用副产品代替主产品可以影响全球增温潜能值：这种替代减少了主要产品的影响，并可能对最终得分产生积极的影响。系统扩展通常与相应的 LCA 方法相关联。副产物通常具有多功能属性，因此评估结果取决于在建模期间替代或避免的商业产品或生产过程。

不同产品的全球增温潜能值得分不同（表 7-6），主要是由于研究中采用的处理方法不同。一般来说，经济价值越高的精炼产品的影响分数越高。全球增温潜能值的主要贡献来自饲料生产、收集、运输、预处理、生物质加工和生物炼制。就全球增温潜能值值而言，一些 BSFL 产品与市场上的传统商业产品相当。BSFL 的蛋白质所具有的全球增温潜能值低于其他蛋白质来源，如蛋白浓缩物、乳清浓缩物和微藻。Salomone 等报道，与 BSFL 脂质相比，油菜籽脂质的全球增温潜能值增加了 7.4%。在大多数 LCA 研究中，蛋白质是主要的昆虫产品，有很大的潜力取代一些被认为不太环保的传统蛋白质来源。昆虫的蛋白质含量主要取决于饲养昆虫所使用的饲料。虽然低质量的饲料更便宜，通常影响较小，但蛋白质质量和产量可能受到负面影响。

表 7-6　不同黑水虻的昆虫产品的全球增温潜能值

指标数	全球增温潜能值/（kg CO_2-eq/FU）	FU（1kg）
2	1.36～15.1	昆虫蛋白粉
3	0.17	昆虫粉（湿重）
4	2.1	昆虫蛋白（干幼虫）
	2.9	昆虫脂肪（干幼虫）
7	5.3	昆虫粉（脱脂浓缩蛋白）
	1.16	昆虫汤泥（新鲜昆虫制品）
8	1100	虫蛋白中获得的生物塑料
9	1	新鲜幼虫
	19	食用蛋白
	3	饲喂蛋白
	6	残渣蛋白
10	698	化学提取虫体蛋白
	1884	酶辅助提取虫体蛋白

因此，使用低质量的昆虫饲料可能会导致潜在的影响增加，因为与使用高质量饲料相比，为了获得相同的蛋白质产量，需要更多的收集、运输和饲料预处理。Bosch 等报道了从残留材料饲养的 BSFL 中获得的蛋白质的全球增温潜能值（68%）低于人类食用食品。其他因素，如提取方法适用获得昆虫产品，也能影响全球增温潜能值。Rosa 等报道使用化学提取方法比使用酶辅助方案提取 BSFL 蛋白的全球增温潜能值影响更小。

能源消耗是与 BSFL 生物转化系统相关的主要环境问题之一。表 7-7 显示了经不同 LCA 分析研究报告中的不同能源使用结果。一般来说，在包括下游操作（如干燥和系统边界内的其他生物精炼过程）的研究中，一般具有更高的能源消耗。因此，生物处理的能源消耗相对低于蛋白质等昆虫产品。在生产和生物转化阶段，需要加热来维持适宜的环境温度条件。具体加热需求取决于当地的气候条件。例如，成年黑水虻的交配需要足够的光照，这通常依赖电力供应实现。大多数下游过程，如生物质干燥和碾磨，会消耗大量的能源。Onincx 和 De Boer 以及 van Zanten 等在饲养黄粉虫和家蝇过程中也分别报道了类似的发现。由于生产过程中的高能耗，进料方式也会显著影响能耗。关于不同废物管理系统的能源使用，包括 BSFL 生物废物处理，Komakech 等报道，厌氧消化和堆肥消耗的能量高于 BSFL 堆肥处理。Mondello 等也得出结论：厨余垃圾的 BSFL 生物处理比填埋、焚烧、堆肥和沼气方案更节能。

表 7-7　不同 LCA 分析研究报告中对能源和土地使用的影响结果

指标数	能耗/MJ	占地面积/m^2	FU
1	15.12	—	1t 厨余垃圾
2	21.20～99.60	0.03～7.03	1kg 昆虫蛋白粉
4	215.30	0.67	1t 厨余垃圾
	15.10	0.47	1kg 蛋白质（干重虫体）
	20.80	1.38	1kg 脂质（干重虫体）
5	772.62	0.89	1t 厨余垃圾
7	13.00	0.47	1kg 虫肥（干燥及制粒）
	61.29	1.38	1kg 脂质
	17.90	0.48	1kg 果肥（新鲜昆虫）
9	8.00	2.00	1kg 虫卵
	174.00	67.00	1kg 食用蛋白
	84.00	3.00	1kg 饲喂蛋白
	26.00	0.00	1kg 残渣蛋白

土地利用变化和土地占用构成土地利用的两个方面。土地利用变化是指将一种土地利用类型转变为另一种土地利用类型。土地占用被定义为在特定时期内土地被连续用于特定用途。这两种情况都可能导致严重的生态问题，例如，当森林被开发用于建筑时会导致生物多样性的丧失。然而，当转型导致生态友好的结果时可能会对环境产生积极影响。土地利用问

题在农业粮食领域备受关注，因为森林向农田转化的速度惊人，这一过程可满足人类和牲畜的营养需求。土地利用方式的选择在寻找环境可持续性强的食物来源，特别是蛋白质生产方面，发挥着关键作用。由于相对较高的土地利用效率，昆虫生产在农业用地稀缺时期具有主要优势。事实证明，在土地利用方面，用食物或饲料废料饲养的 BSFL 产生蛋白质和脂质的效率比豆粕和油菜籽等传统来源的效率要高得多。然而，当以适合人类和牲畜食用的食物或饲料喂养 BSFL 时，其土地利用得分更高。当 BSFL 用于厨余垃圾的生物处理时，土地利用得分最低，而精制 BSFL 产品（如蛋白质和生物塑料）的土地利用得分较高。

为了更好地了解不同的建模方法对评估未来减排策略的作用机制，应研究更为复杂的预测模型。应该对 BSFL 生物加工可获得的各种商业产品（如生物柴油和可食用薄膜）进行更多的 LCA 研究，以便对 BSFL 价值链进行更全面的评估，并与传统来源进行比较。鉴于 BSFL 饲料的主要功能是提供营养，因此建立影响昆虫饲料营养价值的因素与其环境影响之间的定量关系是一项有意义的研究。显然，在各种研究中全球增温潜能值是评估最多的影响。然而，其他影响类别，如水资源消耗，同样具有重要意义，必须予以报告，尽管其中一些影响类别在 BSF 生产中似乎不那么重要，但其影响评分能够体现出与替代产品相比使用 BSF 产品的优势。尽管大多数研究表明生物转化和处理阶段影响最大，但全球增温潜能值、能源利用和土地利用结果的显著差异主要是数据质量和方法差异导致的，例如系统边界和假设中包含的阶段。获得完整和准确的 LCA 研究可以增加评估结果的可信度，可以指导相关产业从业者、投资者、生产者和消费者对黑水虻的产品做出合理决策。

7.3.1.4 传统生物处理转换技术

厨余垃圾是城市固体废物（MSW）的一个组成部分，通常被送到垃圾填埋场。根据不同的司法管辖区，城市固体废物包含 25%～65%的厨余垃圾。在加拿大，95%的 MSW 被送往填埋场。最近的一项研究显示，在加拿大，厨余垃圾的主要归宿是填埋、动物饲料和堆肥。然而，厨余垃圾含有木质素和木质纤维素材料，它们在厌氧条件下具有顽固性，从而抑制了这些材料的生物利用率，导致甲烷产量低，并且厨余垃圾的填埋会造成其他二次污染，并占用极大的土地资源。

有机废物的厌氧消化（AD）是一种有效的资源和能源回收技术。Banks 等指出，厨余垃圾由碳水化合物、脂肪、蛋白质和必需元素组成，因此显示出生产沼气的巨大潜力。因此，厌氧消化的工业应用为厨余垃圾转化为沼气等可利用资源和能源提供了极大的机会，被认为是厨余垃圾处理技术的第一选择。热处理厨余垃圾的甲烷产率为 342～398mL/g VS，由于热处理促进了可溶性糖的转化，H_2产量显著提高（达到 113mL/g VS）。Abbas 等研究了在中温条件下（30℃ ± 1℃），碳钢反应器中厌氧消化厨余垃圾和牛粪，厨余垃圾产生沼气的速度比牛粪快，产生的沼气也比牛粪多。生物炭和微量金属的加入也提高了厨余垃圾的沼气产量和甲烷产量例如，当生物炭添加量为 2.0g/L 和 5.0g/L 时，沼气的产率从 11.2% ± 6.5%提高到 27.3% ± 9.5%，甲烷的产率从 8.3% ± 6.8%提高到 33.2% ± 2.8%。此外，协同处理的协同作用

（两种或两种以上活性成分的联合作用大于各成分单独产生的作用的总和）降低了毒性潜力，稳定了消化过程，并提高了甲烷产量。营养丰富的沼液有潜力用于土壤改良剂。Yu 等利用模型对厨余垃圾 AD 工艺的甲烷产率进行了评价。模拟结果表明，AD 工艺的产率在 528.22～545.29mL/g（TS）之间变化，这可能是由于厨余垃圾的组成不同。在厨余垃圾的两阶段 AD 工艺中，将 AD 工艺的部分硝化废水进料，实现了高氮去除率（89%），从而增强了 AD 工艺的环境可持续性。

堆肥技术已被认为是一种环保的厨余垃圾处理和回收方法。堆肥技术可以有效处理厨余垃圾，并产生高价值的、稳定的、卫生的副产品（堆肥）。堆肥可以改善农业和家庭层面的土壤养分，从而减少厨余垃圾的填埋处理量，还能通过出售堆肥提高农场收入。此外，来自厨余垃圾的堆肥营养丰富，是一种潜在的土壤修复材料。

7.3.1.5　复合增值技术（生物-热化学转换）

在复合的生物处理方法中，热水解、AD 和光发酵结合在一起，可以将厨余垃圾高效转化为生物能源以及增值产品（如聚羟基烷烃酸酯）。热水解可以溶解厨余垃圾中约 40.4%的固体，促进水解产物的提取，改善 AD 过程，减少约 78.6%的固态处理量。需接种菌株的光发酵处理可促进富蛋白生物量的生长。微生物电解池（MEC）与 AD 联用也是一种高效的厨余垃圾制氢工艺。AD-MEC 和 AD 的氢回收率分别为 511.0mL/g VS 和 49.4mL/g VS，因为 AD-MEC 工艺对碳水化合物和挥发性脂肪酸的去除率更高，可提高可溶性有机组分的利用效率。水热碳化与 AD 相结合也被认为是一种高效处理工艺。例如，有研究报道，该技术的能量回收分别为（19.92 ± 0.46）MJ/kg TS 和（21.49 ± 0.57）MJ/kg TS。相比之下，AD 单独处理产生（17.47 ± 0.17）MJ/kg TS 能量。此外，将分选后的厨余垃圾进行 AD 处理，可以产生富氢合成气和富甲烷沼气。复合生物处理方法在现实处理厨余垃圾中可以生产多种产品，也为创造更高的收益。厨余垃圾的分解速度取决于所使用的技术以及厨余垃圾的成分及分解参数。例如，大多数蔬菜废物在 5～30d 内分解，而香蕉皮或苹果核需要超过 30d 才能分解。生物炭在厨余垃圾处理的应用已被广泛报道，包括用作土壤改进剂、水净化剂以及支持催化转化过程的催化材料，还可作为厨余垃圾厌氧消化工艺的添加剂以提高沼气产量。生物炭基复合材料还被用于去除厨余垃圾废水中的污染物。

7.3.2　厨余垃圾的环境与经济影响

7.3.2.1　环境影响

据统计，每年浪费或损失的食物会向地球释放 33×10^8t 温室气体（二氧化碳当量）。将可食用部分重新用于人类消费比在动物工业中重新使用更可取，因为前者可避免更高的温室气体排放，同时更适用于生物处理厂生产增值产品。食物和废物增值过程对环境的影响取决于该过程的碳排放和潜在的能源/材料回收。对于不可再食用的部分，首先考虑进行材料的回收，其次是营养和能量的回收，而最不可取的选择是直接填埋。在食品供应链的每个阶段，都有减少食物浪费的可行办法。预测优化生产、营销和管理是减少食物浪费产生的关键。预防或减少厨余垃圾的产生是主要目标，其次是作为食物废物管理政策战略的增值阶段。合适的价值评估方法对于降低厨余垃圾管理成本和节约资源至关重要，因为厨余垃圾的经济影响取决于价值评估过程。经济效益还取决于利用厨余垃圾产生的最终产品。因此，在根据厨余垃圾的种类和成分选择增值处理技术时，需要仔细考虑。减少食物浪费和再利用倡议不仅具有环境效益，而且还带来多项社会效益，可以减少与食物浪费有关的约 1 万亿美元的损失。

厨余垃圾对环境的影响很大程度上取决于处理技术方案。据报道，对环境影响最大的是垃圾填埋，然后是堆肥、焚烧和厌氧消化，而动物饲养的影响最小。不同研究之间的巨大差异可能是技术选择（表 7-8）、系统边界、地理位置和研究假设的不同而造成的。据报道，美国、加拿大、阿联酋、沙特阿拉伯和日本的人均气候变化影响分别为 0.53kg CO_2-eq/t、0.45kg CO_2-eq/t、0.48kg CO_2-eq/t、0.58kg CO_2-eq/t 和 0.14kg CO_2-eq/t。在美国，工业高价值产品的转化每年可减少温室气体排放约 1.9×10^8 CO_2-eq/t。Kim 等指出，每吨厨余垃圾焚烧过程产生的能量可以提供−315kg CO_2-eq/t 的环境影响。而厨余垃圾厌氧消化处理工艺过程的净能量输出为 186.01 MJ/t，净输入为 167.47 MJ/t，环境负担为 96.97kg CO_2-eq/t，其中产生的甲烷还可以

表 7-8 厨余垃圾管理技术对环境的影响

转换技术	原料底物	应用	产物效率	全球增温潜能值	大气污染	环境污染	来源
				kg CO_2-eq/t	kg SO_2-eq/t	kg PO_4-eq/t	
热电碳化（在 225 ～ 275℃下进行批量实验）	厨余垃圾	能源	干炭 57.87%～74.06 %（28.19 GJ/t）	−32.6～190.0			Medick，et al（2018）
热电炭化（55000～81361t/a）	绿色垃圾（绿叶、青草）	能源		51.2～372.0			Kim，et al（2013）
厌氧消化（水解、酸化和甲烷发酵）	厨余垃圾	蒸汽和电力，化肥		211.0			Kim，et al（2013）
协同消化	厨余垃圾与有机污泥	能源与化肥	沼气 13.32m³/t	259.0			Chen，et al（2017）
厌氧消化（集中式处理：300t/d）	厨余垃圾	沼气和热电联合		29.3～77.9	1.2～2.6	0.2～0.4	Tian，et al（2021）
焚化（850～1100 ℃）	干厨余垃圾	电能和灰分填埋		342.0			Kim，et al（2013）

用于热电联产过程。厨余垃圾还含有 8%的非食品成分（玻璃和塑料袋），焚烧非食品成分产生的温室气体排放会增加总环境负担。

与焚烧和填埋相比，厨余垃圾的厌氧消化处理工艺对环境的影响最小，是一种更加环保、更具经济可行性、更高价值化的可接受的选择。一个处理规模为 200t/d 厨余垃圾的厌氧消化工厂的环境效益为 16.09kg CO_2-eq/（t • d）。当沼气用作燃料时，与集中式沼气相比，分散式沼气的环境效益（−238.4kg CO_2-eq/t）较高。同样，与堆肥相比，厌氧消化对环境的影响较小。相比之下，焚烧等措施创造的经济价值更少，对环境影响更大，因此厌氧消化被认为是更好的选择。然而，近年来随着昆虫饲喂技术的发展，与厨余垃圾的生化或热化学转化相比，各种利用昆虫饲喂消解厨余垃圾的技术提供了更高的环境效益（−347.0kg CO_2-eq/t）。

7.3.2.2　经济影响

据估计，发达国家和发展中国家每年损失和浪费的食物的成本分别为 6800 亿美元和 3100 亿美元，这引起了人们的广泛关注。厨余垃圾的经济影响取决于其增值过程。因此，一个合适的定价方法对于降低厨余垃圾管理成本和节约资源至关重要。例如，对厌氧消化工艺甲烷产量的经济评价指出，如果只考虑甲烷产量及用于供热（57%）和发电（43%），厨余垃圾厌氧消化工艺可能不具有经济效益。只有厌氧消化工艺产生的沼气被利用于高附加值应用（用于汽车、并网电力等），才能增加该工艺的经济效益。而 Guo 和 Yang 证实了厨余垃圾厌氧消化工艺的经济可行性，举例的处理厂每天处理 200t 厨余垃圾，日经济效益和环境效益分别为 10582 美元（66888 元）和 43350kW • h。此外，政府的补贴也是经济利益的组成部分。同样，与厨余垃圾焚烧相比，厌氧消化在经济上更可取据。在美国，通过厌氧消化将厨余垃圾通过发酵转化为乳酸或沼气，每年可产生 9 亿美元的经济效益。此外，利用厨余垃圾生产的乙醇的最低销售价格为 0.64 美元/L，与同类产品来源相比更加具有竞争力，并证实了商业厨余垃圾增值工厂的经济可行性。不过从生命周期成本出发，相比其他废物管理方案（如厌氧消化、堆肥和填埋），焚烧的生命周期成本最低。例如，在香港特别行政区，就地焚烧垃圾是较填埋或堆肥更为可持续的选择，焚烧可以提供最低的生命周期成本（461.73 港元/t）和最高的能源回收（707kW • h/t），从而节省经济成本（697.81 港元/t）和环境影响（470.96 港元/t），因为这个过程中可以从焚烧和与焚烧炉集成的污染控制系统中回收能源。此外，堆肥处理厨余垃圾也是可以创造经济价值的。据报道，厨余垃圾焚烧、堆肥、厌氧消化和填埋的生命周期成本分别为 71 欧元/t、80 欧元/t、110 欧元/t 和 124 欧元/t。在加拿大，厨余垃圾处理费用为 90～242 美元/t，2019 年，圭尔夫有机废物管理工厂的运营成本为 117 美元/t。在综合生物处理厂（发酵）中，由厨余垃圾产生的乳酸和沼气被认为是利益巨大的。厨余垃圾通过多个工艺技术结合处理，来提高有价值产品的产量，以及将废物产生和管理成本降至最低。在采用复合处理技术的情况下，厨余垃圾可以实现最佳的能源利用。

厨余垃圾的工厂化增值过程面临着诸多挑战。厨余垃圾本身的高含水率、低热值和可变的成分是工厂化的主要制约因素。各种厨余垃圾增值过程的温室气体排放、应用及其减少温室气体排放的能力，因厨余垃圾的类型、精炼和转化过程以及厨余垃圾增值过程产品的最终用途而有很大差异。例如，厨余垃圾厌氧消化的全球增温潜能值低于堆肥或填埋，而为了获得更高的转化效率，厌氧消化工艺需要更高的控制和监测水平，即更高的经济成本。目前许多国家已经大力推广垃圾分类政策，试图从源头上分离厨余垃圾，简化废物管理系统，减少垃圾填埋场的处理量。例如，通过绿色垃圾箱计划，加拿大安大略省圭尔夫市将 10.4×10^4t 有机废物定向转移到堆肥设施。

源头预防是减少厨余垃圾的主要策略。其次是尽可能将可再生部分收集并回收利用可食用部分，例如可用于渔业或昆虫行业的饲料。不可食用的部分可以用于物质和营养回收、能量回收。最后的选择才是填埋或焚烧。填埋和焚烧之所以被认为是最不可取的选择，是因为这些选择不仅成本高昂，而且会排放污染物。通过避免产生垃圾的策略，如减少或预防来源、喂养动物以及堆肥，对供应链的碳排放影响可能远高于技术革新处理厨余垃圾的碳减排。例如，可以通过避免浪费来减少碳排放，也可以通过生物基产品替代化石基产品来抵消碳排放。Wu 等指出，餐饮行业可以使用多准则决策（MCDM）方法和决策试验与评估实验室（DEMATEL）来识别厨余垃圾产生的根本原因，并对其进行控制和管理此外，Parizeau 等还观察到家庭厨余垃圾产生的多重因素，如购物、生活方式、与食物有关的态度，以及对食物和厨余垃圾的认知等，这些都需要在减少厨余垃圾策略和废物管理系统设计中考虑。因此，需要进行多部门的改革。为了从线性经济过渡到循环生物经济，需要优化厨余垃圾的增值过程，并且将厨余垃圾管理过渡到循环生物经济。为了顺利过渡到循环经济，还需要在厨余垃圾的组成、最终用途和由此产生的产品市场的基础上制定增值战略政策。循环经济倡议/工业共生与技术进步相结合，可以在提高厨余垃圾增值过程的可持续性方面发挥重要作用。政府、生产者、加工商和供应链管理部门必须在制定减少厨余垃圾的计划和规范食品系统以及教育消费者方面融合想法。此外，所有利益相关者都需要参与制定厨余垃圾预防策略，不仅要考虑厨余垃圾的数量，还要考虑它们对环境的影响。英国发起了一项名为“爱食物，恨浪费”的计划，以使消费者了解食品安全对利益相关者的影响。欧盟委员会还认为，循环经济可防止价格波动和资源稀缺，促进更有效和创新的生产和消费，从而减少全球消耗。美国的餐馆和杂货店被授权向致力于饥饿救济的组织捐赠多余的食物，以减少厨余垃圾。联合国也要求各国到 2030 年应将整个食物链中的厨余垃圾减半，以实现联合国的可持续目标。此外，促进小规模生产和为其产品创造营销环境不仅可以改善粮食安全问题，而且可以在减少供应链上的厨余垃圾和分销成本方面发挥关键作用。因此，为了实现可持续的再生能源增值和向循环生物经济过渡，需要重点采取以下措施：采用适当的分类方法和增加再生能源的来源；根据厨余垃圾的组成选择转换技术；仿真模型可用于优化厨余垃圾管理系统，包括转换工艺参数和投资；利益相关者共同努力，提高投资、增值产品市场、营销策略以及公众对厨余垃圾增值潜在影响的认识。

各国正在努力减少食物浪费，以保障粮食安全，推动食品工业的可持续发展。厨余垃圾的经济和环境影响取决于其处理过程创造的价值和最终产品用途。食品工业的可持续发展水平可以通过将厨余垃圾高效转化为高价值的产品或副产品得以提升。迄今为止，厨余垃圾通常用于能源回收、生物肥料和生物材料等领域。不断更新的厨余垃圾生物处理转化技术可能会为生产高价值产品提供更多利益，这将导致产业之间更多的合作，促进产业共生，并有助于实现循环经济。厨余垃圾生物处理转化技术的资源管理和向循环经济过渡的关键在于对可持续性清洁能源管理与转换技术的更新、多产业的合作以及更广泛的评估系统。例如，清洁能源的转化和增值需要建立标准化体系并加强监管，以避免与清洁能源相关的经济、环境和社会风险；利用工业共生来提高厨余垃圾管理过程的经济和环境可持续性；系统化、跨学科的研究方法可以在技术整合以及推动厨余垃圾处理可持续发展方面发挥关键作用；广泛的可持续性审查必须与厨余垃圾估值挂钩，以避免投资风险和反弹效应。

参 考 文 献

[1] Xu C，Shi W，Hong J，et al. Life cycle assessment of food waste-based biogas generation[J]. Renewable and Sustainable Energy Reviews，2015，49：169-177.

[2] Villanueva A，Wenzel H. Paper waste–recycling，incineration or landfilling? A review of existing life cycle assessments[J]. Waste management，2007，27（8）：S29-S46.

[3] Bernstad A，la Cour Jansen J. Review of comparative LCAs of food waste management systems–current status and potential improvements[J]. Waste management，2012，32（12）：2439-2455.

[4] Boldrin A，Andersen J K，Møller J，et al. Composting and compost utilization：accounting of greenhouse gases and global warming contributions[J]. Waste Management & Research，2009，27（8）：800-812.

[5] Andersen J K，Boldrin A，Christensen T H，et al. Home composting as an alternative treatment option for organic household waste in Denmark：An environmental assessment using life cycle assessment-modelling[J]. Waste management，2012，32（1）：31-40.

[6] Christensen T H，Gentil E，Boldrin A，et al. C balance，carbon dioxide emissions and global warming potentials in LCA-modelling of waste management systems[J]. Waste Management & Research，2009，27（8）：707-715.

[7] Swift R S. Sequestration of carbon by soil[J]. Soil science，2001，166（11）：858-871.

[8] Kirkeby J T，Birgisdottir H，Hansen T L，et al. Evaluation of environmental impacts from municipal solid waste management in the municipality of Aarhus，Denmark （EASEWASTE）[J]. Waste Management & Research，2006，24（1）：16-26.

[9] Sanscartier D，MacLean H L，Saville B. Electricity production from anaerobic digestion of household organic waste in Ontario：techno-economic and GHG emission analyses[J]. Environmental science & technology，2012，46（2）：1233-1242.

[10] Rosenwinkel K H，Wendler D. Influences of food waste disposers on sewerage system，waste water treatment and sludge digestion[C]//Proc. 8th Int'l Waste Management & Landfill Symp. CISA Env. Sanitary Eng. Centre，Sardinia，Italy，2001.

[11] Battistoni P，Fatone F，Passacantando D，et al. Application of food waste disposers and alternate cycles process in small-decentralized towns：A case study[J]. Water research，2007，41（4）：893-903.

[12] Evans T D，Andersson P，Wievegg Å，et al. Surahammar：a case study of the impacts of installing food waste disposers in 50% of households[J]. Water and Environment Journal，2010，24（4）：309-319.

[13] Komakech A J，Sundberg C，Jönsson H，et al. Life cycle assessment of biodegradable waste treatment systems for sub-Saharan African cities[J]. Resources，Conservation and Recycling，2015，99：100-110.

[14] Guo H，Jiang C，Zhang Z，et al. Material flow analysis and life cycle assessment of food waste bioconversion by black soldier fly larvae （Hermetia illucens L.）[J]. Science of The Total Environment，2021，750：141656.

[15] Mondello G，Salomone R，Ioppolo G，et al. Comparative LCA of Alternative Scenarios for Waste Treatment：The Case of Food Waste Production by the Mass-Retail Sector[J]. Sustainability 2017，9：827.

[16] Salomone R，Saija G，Mondello G，et al. Environmental impact of food waste bioconversion by insects：Application of Life Cycle Assessment to process using Hermetia illucens[J]. Journal of Cleaner Production，2017，140：890-905.

[17] Ites S，Smetana S，Toepfl S，et al. Modularity of insect production and processing as a path to efficient and sustainable food waste treatment[J]. Journal of Cleaner Production，2020，248：119248.

[18] Komakech A. Urban waste management and the environmental impact of organic waste treatment systems in Kampala，Uganda[M]. 2014.

[19] Zhang Y，Banks C J，Heaven S. Co-digestion of source segregated domestic food waste to improve process stability[J]. Bioresource technology，2012，114：168-178.

[20] Von Massow M，Parizeau K，Gallant M，et al. Valuing the multiple impacts of household food waste[J]. Frontiers in nutrition，2019，6：143.

第8章

厨余垃圾生物处理的精细化管理与平台建设

- 精细化管理
- 平台的构建
- 平台建设所面临的挑战
- 平台建设的应对措施
- 与其他环境技术的整合
- 案例对比与经验借鉴

8.1 精细化管理

8.1.1 精细化管理的必要性

在当今时代，随着全球环境问题的日益严峻，环境保护已成为各国共同关注的焦点。而厨余垃圾作为城市固体废物的重要组成部分，其传统的粗放式处理方式已无法适应现代社会对环境质量和资源利用效率的要求，所以对厨余垃圾生物处理的精细化管理显得愈发不可或缺。

厨余垃圾的精细化管理是一个综合性的系统工程，涉及分类投放、收集、运输和处理等多个环节。其核心在于通过一系列精细化管理措施，实现厨余垃圾的高效处理与资源化利用，提升厨余垃圾处理效率。而厨余垃圾的及时、高效处理对于减少垃圾堆积、防止异味散发以及降低对周边环境的负面影响至关重要。通过精确规划和管理各个处理环节，可以确保厨余垃圾在最短的时间内得到妥善处理，避免因处理不及时而导致的一系列环境问题。

降低成本也是精细化管理的重要目标之一。在厨余垃圾处理过程中，涉及设备运行、人力投入、能源消耗等多方面的成本。通过优化流程、合理配置资源以及精准控制处理参数，可以有效减少不必要的开支，提高资源利用效率，从而降低整体处理成本。

从环境效益方面来看，精细化管理能够显著减少厨余垃圾对环境的污染。厨余垃圾中含有大量的有机物，如果处理不当容易在自然环境中发酵产生甲烷等温室气体，加剧全球变暖。此外，垃圾渗滤液可能会污染土壤和地下水，对生态系统造成破坏。通过精细化管理，可以确保在厨余垃圾生物处理过程中最大限度地减少污染物的排放，实现对环境友好的处理。

社会效益方面，精细化管理有助于提升公众对环保事业的满意度和参与度。当居民看到厨余垃圾得到有效处理，环境得到改善时，他们会更加积极地支持和参与垃圾分类等环保行动。同时，高效的厨余垃圾处理也可为城市的可持续发展提供有力保障，有助于提升城市的整体形象和竞争力。

8.1.2 精细化管理面临的挑战

8.1.2.1 成分复杂与源头分散

厨余垃圾的成分极为复杂，包括各类食物残渣、果皮果核、骨头、油脂等。家庭产生的厨余垃圾往往与日常生活饮食习惯密切相关，可能包含大量的剩饭剩菜、水果皮、茶叶渣等；餐饮企业产生的厨余垃圾则具有油脂含量高、食物种类繁多且混合程度高的特点；农贸市场的厨余垃圾则可能夹杂着大量腐烂的果蔬、动物内脏以及一些包装废弃物等。厨余垃圾成分的复杂性给处理带来了巨大挑战。不同成分的厨余垃圾在生物处理过程中所需的条件各不相同。例如，油脂含量高的厨余垃圾在厌氧发酵过程中可能会抑制微生物的活性，影响发酵效果；而富含纤维素的果蔬垃圾则需要更长的时间来分解。

厨余垃圾的产生源头分散在城市的各个角落，包括千家万户、大小餐馆、超市、农贸市场等。这使得垃圾的收集和统一管理变得困难重重。每个源头产生的厨余垃圾量和成分都存在较大差异，难以实现标准化的收集和预处理。而且，分散的源头也增加了运输成本和管理难度。如何确保在源头对厨余垃圾进行初步分类和妥善存放是实现精细化管理的首要难题。

8.1.2.2　处理流程环节多且紧密衔接

厨余垃圾生物处理流程包括收集、运输、预处理、垃圾处理、产物循环利用等多个环节，每个环节都相互关联、紧密衔接，任何一个环节出现问题都可能导致整个处理过程的失败或效率低下。图 8-1 为厨余垃圾处理流程（书后另见彩图）。

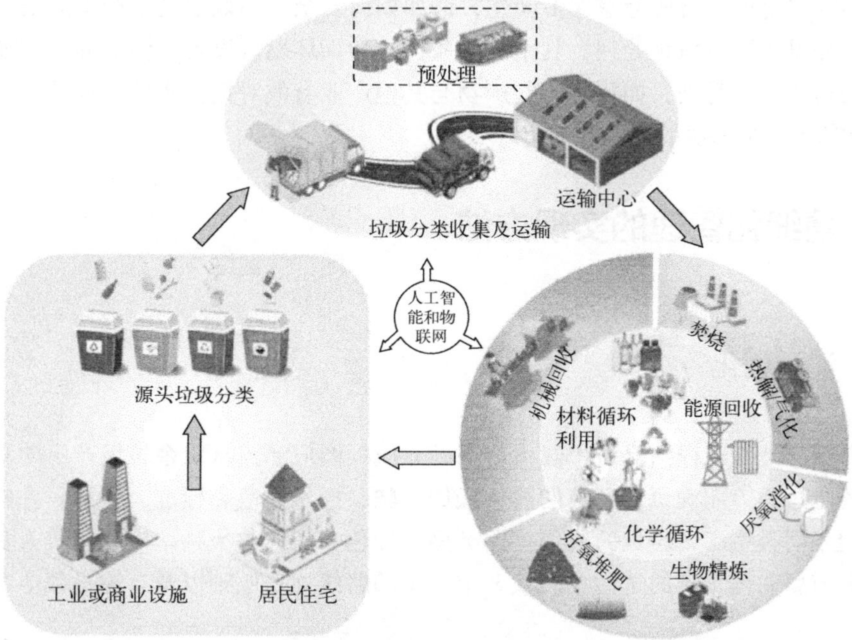

图 8-1　厨余垃圾处理流程

收集环节是处理的第一步，如果收集不及时，厨余垃圾容易在源头发酵变质，产生难闻气味，滋生细菌和害虫，不仅影响周边环境质量，还会降低后续生物处理的效率。此外，收集容器的选择和使用也需要合理规划，确保其密封性和容量能够满足实际需求。

运输环节要求确保厨余垃圾在运输过程中不泄漏、不污染环境。运输车辆需要具备良好的密封性能，防止垃圾渗滤液滴漏。同时，运输路线的规划也至关重要，要避免交通拥堵和长时间运输导致的垃圾变质。运输时间长短也直接影响垃圾的新鲜度和处理效果，如果运输时间过长，垃圾中的微生物活性可能会发生变化，从而影响后续处理。

预处理环节是为生物转化做准备，主要包括分选、破碎、脱水等操作。分选不彻底会导致杂质进入生物转化环节，影响微生物反应；破碎粒度不合适可能会影响后续反应的速率和效率；脱水不充分则会增加生物转化过程中的水分含量，影响反应条件的控制。

在城市固体废物管理体系里，处理与处置环节处于末端，却是实现城市固体废物回收利用、提升其价值的关键一步。通常情况下，填埋是应对过量城市垃圾时最为简便易行的处理手段。不过，垃圾填埋场存在诸多弊端：一方面，占用土地面积巨大；另一方面，填埋所产生的沼气，无论是质量还是产量都难以把控，高浓度的渗滤液更是极易引发环境污染问题，给周边居民的身体健康埋下隐患。综合这些因素来看，填埋仅仅是在短期内处理大量垃圾的无奈之选，绝非长久之计，也不符合可持续发展的要求。实际上，将城市固体废物资源化的途径是多样的，主要可归纳为机械回收、热转化以及生物处理这几大策略。这里要特别说明的是，“回收”涵盖的范畴相当广泛，并非仅仅局限于直接回收原材料。例如，从垃圾中提取能源，或是获取具备增值潜力的化学品，这些都属于回收利用的范畴，都能助力城市垃圾“重获新生”，实现资源的循环利用。

资源循环利用环节需要考虑许多问题，例如如何安全、高效地利用产生的沼气、沼渣和沼液。沼气如果不进行净化处理，其中的杂质可能会损坏燃烧设备；沼渣和沼液如果不合理利用可能会造成二次污染。如何将这些产物与其他产业有效对接，实现资源的最大化利用，也是精细化管理需要解决的问题。

8.1.3 精细化管理的实现方法

8.1.3.1 流程优化

绘制详细的处理流程图是流程优化的基础。流程图应涵盖从厨余垃圾产生的源头到最终产物利用的全过程，明确每个环节的具体操作步骤、操作规范和标准。例如，在收集环节，要详细规定不同类型厨余垃圾的收集容器类型、颜色标识、收集频率以及收集人员的操作规范；运输环节要明确车辆的选型、装载要求、运输路线规划原则以及运输过程中的安全注意事项等。

利用信息化手段实时监控流程进度是确保流程高效运行的关键。通过在各个环节安装传感器和监控设备，可以实时采集数据并传输到中央控制系统。例如，在垃圾运输车辆上安装GPS定位系统、车载质量传感器和温度传感器，能够实时获取车辆的位置、行驶速度、载货质量以及垃圾内部温度等信息。这些数据可以帮助管理人员及时了解运输过程中的情况，发现潜在问题，如车辆偏离预定路线、垃圾超载或温度异常升高等，及时采取措施进行调整。

在处理厂内，对各关键节点进行监控也至关重要。在垃圾暂存池安装液位传感器和气味监测仪，实时监测垃圾储存量和气味变化，当垃圾量达到一定阈值或气味超标时及时通知清运人员进行处理。在生物转化环节，安装温度、湿度、氧气含量等传感器，实时监控反应条件，自动调节设备参数，确保生物反应在最佳条件下进行。通过对整个处理流程的实时监控，可以及时发现并解决堵塞点，确保各个环节顺畅衔接，提高处理效率。

8.1.3.2　数据驱动决策

建立涵盖多维度数据的采集系统是数据驱动决策的前提。数据采集应包括：a.厨余垃圾的成分分析数据，如有机物含量、水分含量、油脂含量、氮磷钾等营养元素含量；b.处理量数据，包括每日、每周、每月的厨余垃圾收集量、处理量以及各环节的物料流量；c.能耗数据，如设备运行所需的电力、热能消耗等；d.产物质量数据，如沼气的甲烷含量、热值，沼渣沼液的养分含量、重金属含量等。通过多种手段采集数据，如在垃圾收集点和处理厂内安装各类传感器，对垃圾进行实时监测和分析；定期对垃圾样本进行实验室检测，获取准确的成分数据；在设备上安装电表、水表、热量表等计量仪器，记录能耗数据。同时，利用信息化管理系统对采集到的数据进行整合和存储，建立数据库，方便后续的查询和分析。

定期对数据进行深入分析是挖掘数据价值的关键。运用数据分析工具和算法，对历史数据和实时数据进行统计分析、趋势预测和相关性分析等。例如，通过分析不同季节、不同区域厨余垃圾成分的变化规律，发现夏季果蔬垃圾较多，水分含量高，而冬季油脂类垃圾相对较多。根据这些规律，可以在夏季适当调整预处理工艺、加强脱水环节，在冬季优化油脂分离工艺，确保生物转化过程的顺利进行。

依据数据分析结果调整处理工艺参数是实现优化处理的核心。根据垃圾成分的变化，灵活调控生物反应器的温度、湿度、搅拌速度、进料速度等参数。例如，当垃圾中有机物含量较高时，可以适当提高反应器温度，加快微生物反应速度；当水分含量过高时，增加搅拌速度，促进水分蒸发和物料混合。同时，根据能耗数据和产物质量数据，优化设备运行参数，降低能耗，提高产物质量，实现资源的高效利用。

8.1.3.3　人员培训与管理

对一线操作人员进行专业技能培训是确保处理过程稳定运行的基础。培训内容应包括设备的操作方法、维护保养知识、安全操作规程以及垃圾分类知识等。例如，对操作人员进行设备操作教学，包括日常的设备清洁和检查、识别和处理设备运行中的常见故障等。通过现场演示、实际操作和案例分析等方式，让操作人员熟练掌握操作技能，提高操作的准确性和效率。

技术人员需要接受更深入的专业培训，涵盖生物处理技术原理、先进工艺应用、数据分析方法以及设备升级改造等方面。技术人员应掌握不同生物处理工艺的特点和适用范围，了解最新的厌氧发酵技术、好氧堆肥技术等；学习如何运用数据分析工具对处理过程中的数据进行分析和优化；掌握设备的自动化控制技术和智能化升级改造方法，以便能够及时解决处理过程中出现的复杂技术问题，不断优化处理工艺，提高处理效果。

管理人员则应注重管理理念、团队建设、成本控制、质量管理和应急处理等方面的学习。管理人员应学习先进的管理理念和方法，如精益管理、六西格玛管理等，提高管理效率和决策水平；掌握团队建设技巧，激励员工积极参与工作，提高团队凝聚力和执行力；学习成本控制方法，合理规划资源配置，降低处理成本；了解质量管理体系和标准，确保处理过程符合环保要求和质量标准；掌握应急处理预案的制定和实施方法，能够在突发情况下迅速做出反应，保障处理厂的安全稳定运行。

制定严格的岗位责任制是明确员工职责的重要手段。明确每个岗位的工作内容、工作标准和责任范围，将处理指标细化分解到个人。例如，规定垃圾收集人员的收集准确率、及时率；预处理人员的杂质去除率、物料破碎粒度达标率；生物转化环节操作人员的反应参数控制准确率、产物产量达标率等。通过明确的岗位责任制，使每个员工清楚自己的工作任务和目标，增强责任感。

实施绩效激励机制是调动员工积极性的有效措施。建立科学合理的绩效考核体系，将员工的工作表现与薪酬、晋升、奖励等挂钩。例如，对于工作表现优秀、达到或超过处理指标的员工给予奖金、荣誉称号等奖励；对于工作不力、未完成任务的员工进行相应的惩罚。通过绩效激励机制，充分调动员工的积极性和主动性，鼓励员工不断提高工作质量和效率。

8.2 平台的构建

8.2.1 智能化管理技术体系构建

8.2.1.1 智能传感设备选型

在厨余垃圾处理过程中，准确获取相关数据是实现智能化管理的基础。传感设备的选型至关重要，直接关系到数据的准确性和可靠性。

（1）成分检测

近红外光谱技术在食品行业中广泛应用，主要用于食品安全评估和控制，如食品成分分析（水果、油脂和牛奶等）、鱼油中的水分和游离脂肪酸分析、牛肉新鲜度评估、番茄成熟度评估等。近红外光谱仪凭借其独特的工作原理，能够快速、无损地对厨余垃圾进行成分分析，精度可达 ±1.5%。该仪器通过测量不同波长近红外光的吸收程度，根据物质分子结构对特定波长光的吸收特性，建立起光谱与成分含量之间的数学模型，从而实现对脂肪、蛋白质、纤维素等成分的定量分析。在实际应用中，将近红外光谱仪安装在厨余垃圾处理生产线的关键位置，如进料口处，可实时监测进入处理系统的厨余垃圾成分变化，为后续的处理工艺调整提供依据。

（2）环境监测

环境监测是保护公众和环境免受可能释放到空气、土壤和水等各种介质中的有毒污染物和病原体侵害的必要措施，而环境参数对厨余垃圾的处理效果有着重要影响。MEMS 温湿度传感器（精度为 ± 0.5℃）能够精确测量处理环境的温度和湿度。在厌氧发酵过程中，温度和湿度的适宜范围直接影响微生物的活性和发酵效率。例如，当温度为 35～8℃、相对湿度为 70%～80%时，厌氧微生物的代谢活动最为活跃，有利于提高沼气产率。电化学 H_2S 传感器（量程为 0～0.05%）则用于监测硫化氢气体的浓度。硫化氢是厨余垃圾处理过程中产生的一种有害气体，过高的浓度不仅会对操作人员的健康造成危害，还会腐蚀设备。激光甲烷检测仪（灵敏度为 0.1% LEL）用于检测甲烷气体浓度，甲烷作为沼气的主要成分，其浓度的监测对于评估沼气产量和安全性至关重要。这些传感器协同工作，能够全面、实时地监测厨余垃圾处理环境的各项参数。

8.2.1.2　数据传输协议

采集到的数据需要及时、稳定地传输到后续处理环节，因此选择合适的数据传输协议至关重要。

（1）低功耗广域网（LPWAN）

NB-IoT 模块在厨余垃圾处理领域具有显著优势。能够实现每 10min 进行 1 次数据回传，基站覆盖半径达 10km，非常适合在郊区处理厂部署。在郊区，网络基础设施相对薄弱，传统的网络传输方式可能无法满足数据传输需求。NB-IoT 模块基于蜂窝网络，具有低功耗、广覆盖、低成本的特点。采用窄带技术，在有限的频谱资源下实现了大量设备的接入，同时降低了设备的功耗。以郊区的厨余垃圾处理厂为例，通过安装 NB-IoT 模块，处理厂内的各类传感设备能够将采集到的数据稳定地传输到数据中心，即使在信号较弱的区域也能保证数据传输的可靠性。

（2）边缘计算节点

在厂区部署 ARM 架构网关作为边缘计算节点，能够预执行异常数据过滤，如当温度突升 10℃以上时立即触发本地报警。这一功能大大提高了数据处理的实时性和安全性。在厨余垃圾处理过程中，一些异常数据可能预示着设备故障或处理过程出现问题，如果不能及时发现和处理，可能会导致严重后果。边缘计算节点在本地对数据进行初步处理，减少了不必要的数据传输，降低了网络负担，同时也能够快速响应异常情况，保障处理过程的稳定运行。

8.2.1.3　数据中台与智能分析模型

数据治理是确保数据质量和价值的关键环节，它为智能分析模型提供准确、可靠的数据支持。

（1）标准化清洗

在厨余垃圾处理过程中会产生大量的数据，包括结构化数据（如设备运行参数、处理工艺数据）和非结构化数据（如巡检图片、语音记录）。为了便于数据的管理和分析，定义了28项数据标签（如“发酵罐1#-温度-20231001T1200”）。利用Apache NiFi实现非结构化数据的自动化抽取。Apache NiFi具有强大的数据处理和流管理功能，它通过配置一系列的处理器，能够对各种格式的非结构化数据进行解析、提取和转换。例如，对于巡检图片，Apache NiFi可以利用图像识别技术提取其中的设备状态信息；对于语音记录，通过语音识别技术将其转换为文本信息，并进一步提取关键数据。经过标准化清洗后的数据，具有统一的格式和规范，为后续的数据存储、分析和应用奠定了基础。

（2）知识图谱构建

基于Neo4j图数据库建立“原料-工艺-产物”关联模型，包含156个实体节点与489条关系边。知识图谱能够直观地展示厨余垃圾处理过程中各个实体之间的关系，帮助管理人员更好地理解和掌握处理工艺。例如，通过知识图谱可以清晰地看到不同原料的成分对处理工艺参数的影响，以及最终产物的质量与原料、工艺之间的关联。在实际应用中，当处理过程出现问题时，管理人员可以借助知识图谱快速追溯问题根源，找到可能影响处理效果的因素，从而采取针对性的措施进行优化。

8.2.1.4 核心算法应用

核心算法是实现智能化管理的核心技术，能够对数据进行深度分析和挖掘，为决策提供科学依据。

（1）产气量预测

改进型LSTM模型引入注意力机制，在产气量预测方面取得了显著成效。在厨余垃圾厌氧发酵过程中，产气量受到多种因素的影响，如pH值、有机负荷（OLR）、水力停留时间（HRT）等。传统的预测方法往往难以准确捕捉这些因素之间的复杂关系。改进型LSTM模型能够自适应地关注不同输入参数对产气量的影响程度。在训练过程中，模型会根据数据的特征自动调整注意力权重，使得对产气量影响较大的参数得到更多的关注。通过大量的实验验证，该模型的预测误差降至5.3%。这一预测结果为处理厂合理安排沼气储存和利用提供了重要参考，避免了因产气量波动导致的能源浪费或供应不足问题。

（2）故障诊断

ResNet-50深度学习模型在分析热成像图、识别堆体死区方面表现出色。在厨余垃圾堆肥过程中，堆体死区（温度低于45℃的区域）的存在会影响堆肥效果，导致处理效率降低。ResNet-50模型通过对大量热成像图的学习，能够准确识别堆体中的死区位置和范围。该模型具有深层次的卷积神经网络结构，能够自动提取热成像图中的特征信息。在实际应用中，将热成像仪安装在堆肥车间，定期采集堆体的热成像图，然后将图像输入到ResNet-50模型中进行分析。模型输出的结果可以帮助管理人员及时发现堆体死区，并采取相应的措施，如调整通风、搅拌等操作，改善堆肥环境，提高堆肥质量。

8.2.2　智慧管理平台架构与功能实现

采用“云-边-端”协同架构，能够充分发挥不同层次的优势，实现对厨余垃圾处理的全面、高效管理。

（1）端侧

5000 多个物联网设备覆盖 200 个处理设施，日均数据采集量达 2TB 。端侧设备主要负责数据的采集，包括各类传感设备、智能仪表等。这些设备分布在厨余垃圾处理的各个环节，如发酵罐、进料口、出料口等，实时采集温度、湿度、成分、设备运行状态等数据。如此庞大的数据采集量为后续的分析和决策提供了丰富的信息资源，但同时也对数据传输和处理能力提出了很高的要求。

（2）边侧

15 个省级边缘计算中心，执行实时数据分析与指令下发（延迟 <200ms）。边缘计算中心在 “云 - 边 - 端” 架构中起着承上启下的作用。它靠近端侧设备，能够快速获取数据并进行实时分析。例如，对采集到的设备运行数据进行实时监测，一旦发现异常数据，立即进行分析并判断故障类型，然后及时下发指令进行处理。这种实时性的处理方式大大提高了系统的响应速度和可靠性，减少了因设备故障导致的处理中断时间。

（3）云端

阿里云政务专有云部署，提供 SaaS 服务，如产线数字孪生可视化、跨区域调度优化。云端具有强大的计算和存储能力，能够对大量的数据进行深度分析和挖掘。产线数字孪生可视化通过建立虚拟的生产线模型，将实际生产过程中的数据实时映射到虚拟模型上，管理人员可以直观地查看生产线的运行状态、设备性能等信息，及时发现问题并进行优化。跨区域调度优化则根据不同地区的厨余垃圾产生量、处理厂处理能力等因素，通过算法实现资源的合理调配，提高整体处理效率。

8.2.3　核心功能模块

8.2.3.1　智能调度系统

智能调度系统是智慧管理平台的核心功能之一，能够优化厨余垃圾的收运和处理过程，降低成本，提高效率。

（1）路径规划

结合高德地图 API 与蚁群算法，动态调整收运车辆路线。在厨余垃圾收运过程中，车辆的行驶路线直接影响燃油消耗和收运效率。高德地图 API 提供了丰富的地图数据和导航功能，蚁群算法则是一种模拟蚂蚁觅食行为的智能优化算法。通过将两者结合，系统能够根据实时路况、交通限制、收运点分布等因素，动态规划最优收运路线。以北京市朝阳区试点数据为例，采用该方法后燃油消耗降低 18% 。这不仅减少了运输成本，还降低了碳排放，具有显著的经济效益和环境效益。

（2）产能匹配

根据餐饮企业垃圾历史数据（波动系数 0.3～0.7），提前 24h 调配处理厂接收容量。不同餐饮企业的厨余垃圾产生量存在一定的波动，通过对历史数据的分析和波动系数的设定，系统能够预测各餐饮企业未来的垃圾产生量。然后根据处理厂的处理能力和当前接收情况，提前 24h 进行接收容量的调配。这样可以避免处理厂出现接收不足或接收过多的情况，保证处理过程的稳定运行，提高处理效率。

8.2.3.2 碳资产管理

随着全球对气候变化的关注度不断提高，碳资产管理成为厨余垃圾处理行业的重要发展方向。

（1）基于标准 PAS 2050 开发碳核算引擎，自动生成减排报告

标准 PAS 2050 是国际上广泛认可的产品碳足迹核算标准。基于该标准开发的碳核算引擎，能够准确计算厨余垃圾处理过程中的碳排放和减排量。例如，1t 厨余垃圾厌氧发酵减排 0.63t CO_2-eq。通过自动生成减排报告，处理企业可以清晰地了解自身的碳减排情况，为企业的环保决策提供数据支持。

（2）对接全国碳交易市场，实现中国核证自愿减排量（CCER）自动挂牌交易

全国碳交易市场的建立为企业提供了碳减排的经济激励机制。处理企业通过将自身的 CCER 在碳交易市场上进行挂牌交易，可以获得额外的经济收益。智慧管理平台实现了与全国碳交易市场的对接，自动完成 CCER 的挂牌交易流程，简化了操作步骤，提高了交易效率，为企业参与碳交易提供了便利。

8.3 平台建设所面临的挑战

8.3.1 技术兼容性

在厨余垃圾生物处理平台建设中，涉及众多不同厂家生产的设备和传感器，这些设备和传感器的数据格式与通信协议往往存在差异。例如，一些传感器可能采用 RS-232、RS-485 等串口通信协议，而另一些则可能使用以太网、Wi-Fi 等网络通信协议；数据格式方面，有的设备输出的数据为二进制格式，有的则为文本格式，甚至同一类型的数据在不同厂家的设备中表示方式也不尽相同。

这种技术兼容性问题给平台的数据集成带来了巨大挑战。为了实现数据的流畅接入平台，需要投入大量精力进行数据接口开发与协议转换。开发数据接口需要深入了解各种设备和传感器的通信协议和数据格式，编写相应的接口程序，将不同格式和协议的数据转换为平台能够统一处理的格式。这不仅需要具备丰富经验和技术能力的专业软件开发人员，还需要与设备厂家进行密切沟通和协作，获取详细的技术资料和支持。

而在协议转换过程中也可能会出现数据丢失、精度降低等问题。例如，在将二进制格式的数据转换为文本格式时，如果转换算法不当，可能会导致部分数据位丢失，影响数据的准确性。不同通信协议的数据传输速率和稳定性也存在差异，在进行协议转换时，需要确保转换后的通信能够满足实时性和可靠性要求，避免因数据传输延迟或中断影响平台对处理过程的监控和决策。

技术兼容性问题还会增加平台建设和维护的成本。针对不同设备和传感器需要开发定制化的数据接口和转换程序，这无疑增加了软件开发的工作量和成本。而且，当设备升级或更换时，可能需要重新开发或调整数据接口，进一步增加了后期维护的难度和成本。

8.3.2　数据安全

厨余垃圾生物处理平台涉及大量环保敏感信息与企业运营数据，如垃圾成分分析数据可能涉及有害物质的含量等环境敏感信息，处理厂的生产计划、设备运行数据、财务数据等则属于企业运营的核心机密。这些数据一旦泄露可能会对环境安全和企业利益造成严重损害。

网络攻击是数据安全面临的主要威胁之一。黑客可能会通过网络漏洞入侵平台系统，窃取数据、篡改数据或破坏系统的正常运行。例如，黑客可能利用操作系统、应用软件或网络设备的安全漏洞，获取平台的管理员权限，进而访问和窃取敏感数据。恶意软件是网络攻击的常见手段之一，如木马程序、蠕虫病毒等，它们可以隐藏在正常的软件或文件中，一旦进入平台系统，就会在后台悄悄运行，窃取数据或破坏系统功能。数据泄露风险不仅来自外部攻击，内部管理不善也可能导致数据泄露。例如，员工操作不当，如随意共享敏感数据、使用不安全的网络连接或存储设备等，都可能为数据泄露提供机会。此外，缺乏严格的用户权限管理也会增加数据泄露的风险，权限设置不合理可能导致未经授权的人员访问敏感数据。

为防范网络攻击和数据泄露风险，建立严格的用户权限管理机制至关重要。根据员工的工作职责和需求，合理划分用户权限，确保每个用户只能访问其工作所需的最小数据集。例如，一线操作人员只能查看和操作与自己工作相关的设备数据，管理人员则根据管理级别可以访问更多的综合数据和报表。同时，采用多因素身份认证技术，如密码、指纹识别、动态验证码等相结合，增加用户登录的安全性，防止账号被盗用。数据加密传输与存储也是保障数据安全的重要措施。在数据传输过程中，采用 SSL/TLS 等加密协议，对数据进行加密处理，确保数据在网络传输过程中不被窃取或篡改。对于存储在平台数据库中的数据，采用加密算法进行加密存储，即使数据库被非法访问，黑客也无法直接获取明文数据。此外，定期对数据进行备份，并将备份数据存储在安全的位置，以防止数据因硬件故障、自然灾害或人为破坏而丢失。

8.3.3 人员适应成本

在平台建设和推广过程中，部分年龄偏大或信息化素养不足的员工对新平台的操作存在畏难情绪，这对于平台的建设来说是一个挑战。这些员工可能长期习惯于传统的工作方式，对信息化设备和软件系统的操作不熟悉，需要花费更多的时间和精力来学习和适应新平台。对于信息化素养较低的员工来说，新平台的操作界面和功能可能相对复杂，理解和掌握这些操作需要克服一定的困难。例如，一些员工可能对移动端应用程序的操作不熟练，不知道如何查看数据、接收任务指令或反馈异常情况；对于大数据管理平台的数据分析功能和可视化展示界面，他们可能难以理解其中的数据含义和图表信息，无法充分利用平台提供的功能进行工作决策。为了帮助这些员工适应新平台，需要强化培训工作。培训内容应根据员工的实际情况进行针对性设计，从基础的计算机操作知识、信息化设备使用方法到平台的具体操作流程和功能应用，逐步进行培训。培训可以采用集中授课、现场演示、一对一辅导等多种形式，确保员工能够理解和掌握培训内容。同时，还需要为员工提供简洁易用的操作界面和详细的现场指导手册。操作界面的设计应遵循简洁明了、易于操作的原则，减少不必要的复杂功能和操作步骤，将常用功能放在显眼位置，方便员工快速找到和使用。现场指导手册应包含详细的操作步骤、常见问题解答和故障排除方法，员工在操作过程中遇到问题可以随时查阅手册，自行解决问题。此外，在平台上线初期，安排专人在现场进行指导和帮助，及时解答员工的疑问，确保员工能够顺利使用新平台。通过这些措施，可以降低员工的适应成本，提高员工对新平台的接受度和使用效率，从而推动平台的有效运行。

8.4 平台建设的应对措施

8.4.1 建立统一的数据标准与接口规范

为解决技术兼容性问题，行业协会、政府部门或相关标准化组织应牵头制定统一的数据标准和接口规范。明确规定各类设备和传感器的数据格式、通信协议、数据传输频率等技术要求，确保不同厂家生产的设备能够按照统一标准与平台进行对接。例如，制定统一的传感器数据输出格式，要求所有温度传感器输出的数据采用特定的文本格式，包括温度值、时间戳、传感器编号等信息；规定通信协议采用通用的工业以太网协议，确保数据传输的稳定性和兼容性。

平台建设方在采购设备和传感器时，应优先选择符合统一标准的产品，对于已有的不符合标准的设备，通过开发适配器或转换程序来实现与平台的对接。适配器可以将不同格式和协议的数据转换为符合平台标准的数据，实现数据的无缝集成。同时，加强与设备厂家的合作，推动厂家按照统一标准进行产品研发和升级，逐步淘汰不符合标准的产品，从源头上解决技术兼容性问题。

8.4.2 强化数据安全保障体系建设

在数据安全方面，应采用多层防护措施构建全方位的数据安全保障体系。除了加强网络防火墙设置、定期进行安全漏洞扫描和修复外，还应部署入侵检测系统（IDS）和入侵防范系统（IPS），实时监测网络流量，及时发现和阻止非法入侵行为。IDS 可以对网络数据包进行分析，检测是否存在异常流量或攻击特征，一旦发现可疑行为，立即发出警报；IPS 则能够在检测到攻击时自动采取措施，如阻止攻击源 IP 地址访问、切断恶意连接等，有效防范网络攻击。

建立数据加密体系，对数据进行全生命周期的加密处理。在数据传输过程中，使用高强度的加密算法，如 AES、RSA 等，确保数据在网络中的保密性。对于存储在数据库中的数据，采用数据库加密技术，对敏感字段进行加密存储，防止数据泄露。同时，加强数据备份与恢复管理，制定定期备份策略，将数据备份到异地存储设施，确保数据的可用性。在发生数据丢失或损坏时，能够及时从备份中恢复数据，减少损失。

加强员工数据安全意识培训，提高员工对数据安全重要性的认识。培训内容包括数据安全法规、公司数据安全政策、网络安全知识、数据操作规范等，使员工了解数据安全风险和防范措施，自觉遵守数据安全规定。例如，教育员工不随意透露个人账号密码、不使用未经授权的外部存储设备、不打开可疑的电子邮件附件等，从人员管理层面保障数据安全。

8.4.3 个性化培训与持续支持

针对人员适应成本问题，根据员工的信息化素养水平和岗位需求，制定个性化的培训计划。对于信息化基础薄弱的员工，从计算机基础知识、操作系统使用、办公软件操作等方面入手进行培训，逐步提升其信息化技能；对于有一定基础的员工，重点培训平台的操作流程、功能应用和数据分析方法等。培训过程中应注重实际操作演练，让员工在实践中掌握平台的使用技巧。

除了集中培训外，还应提供持续的在线学习资源和支持。在企业内部网络平台上搭建学习专区，提供平台操作视频教程、电子文档、在线测试等学习资料，方便员工随时学习和巩固知识。设立专门的技术支持热线或在线客服，及时解答员工在使用平台过程中遇到的问题。定期组织经验交流活动，让熟练使用平台的员工分享经验和技巧，促进员工之间的相互学习和共同提高。

鼓励员工积极参与平台的优化改进。建立反馈机制，收集员工在使用平台过程中提出的意见和建议，对于合理的建议及时采纳并给予奖励。让员工感受到自己是平台建设的参与者，提高其对平台的认同感和使用积极性。同时，根据员工的反馈，不断优化平台的操作界面和功能，使其更加符合员工的工作习惯和需求，降低员工的适应难度。

8.5 与其他环境技术的整合

8.5.1 与垃圾分类技术协同

8.5.1.1 前端保障：精准分类的重要性

精准的垃圾分类是厨余垃圾生物处理的前端保障，对于整个处理过程的高效运行具有至关重要的意义。杂质的混入会对生物处理过程产生诸多负面影响。例如，塑料、金属、玻璃等不可降解杂质如果进入生物反应器，可能会损坏设备，影响微生物的生长和代谢活动，降低生物转化效率。杂质的存在还会增加处理成本，因为在后续处理过程中需要额外的工序将其分离出来。

通过智能垃圾分类设备辅助居民和垃圾收集人员进行准确分拣，可以有效避免杂质混入厨余垃圾。这些智能设备利用先进的图像识别技术，能够快速识别出垃圾中的各种物品，并根据预设的分类标准进行自动分类。例如，摄像头拍摄垃圾图像后，图像识别算法可以准确判断出是食物残渣、果皮果核还是塑料制品、金属制品等。近红外光谱分析技术则可以进一步分析垃圾的成分，区分不同类型的有机物和无机物，提高分类的准确性。

8.5.1.2 数据反馈与工艺调整

将垃圾分类数据实时反馈至生物处理厂是实现精细化管理的关键环节。利用物联网技术，智能垃圾分类设备可以将采集到的垃圾分类数据及时传输到处理厂的大数据管理平台。处理厂根据这些数据，可以清晰地了解不同区域、不同时间段内各类厨余垃圾的产生量和成分变化情况。

依据垃圾分类数据的波动，处理厂能够提前调整处理工艺参数和资源配置。例如，如果某区域在特定时间段内果蔬类厨余垃圾产生量大幅增加，处理厂可以相应地调整预处理环节的设备参数，如增加破碎设备的功率，提高破碎效率，以适应更多的果蔬垃圾处理需求。同时，根据不同类别垃圾的特点，合理调配生物转化环节的微生物菌群，优化发酵条件，确保生物处理过程高效、稳定进行。

在资源配置方面，根据垃圾分类数据，处理厂可以合理安排人力、物力资源。如果某区域的厨余垃圾产生量持续增长，处理厂可以增加该区域的垃圾收集频次，调配更多的运输车辆和收集人员；在处理厂内部，根据不同类型垃圾的处理难度和时间要求，合理分配设备运行时间和处理能力，提高资源利用效率。

8.5.2　与污水处理技术联动

8.5.2.1　废水处理与资源回收

厨余垃圾处理过程中产生的渗滤液、冲洗废水等富含大量的有机物、氮磷等污染物，如果直接排放，将对水体环境造成严重污染，加重水体富营养化程度，破坏水生生态系统。因此，将这些废水引入污水处理系统进行处理是至关重要的。

采用厌氧氨氧化、膜生物反应器（MBR）等先进工艺，可以有效地去除废水中的污染物。厌氧氨氧化工艺在厌氧条件下，利用微生物将氨氮和亚硝酸盐氮转化为氮气，实现高效脱氮，同时减少有机物的消耗，降低处理成本。MBR 则结合了生物处理和膜分离技术，通过超滤或微滤膜对生物反应器中的泥水混合物进行分离，截留微生物和大分子有机物，实现泥水分离和水质净化。MBR 工艺具有出水水质好、占地面积小、污泥产量低等优点。

在去除污染物的同时，这些废水处理工艺还能够实现资源回收。例如，厌氧处理过程中会产生沼气，沼气的主要成分是甲烷，可以作为清洁能源进行回收利用。经过处理后的中水，其水质达到一定标准后，可以回用于厨余垃圾处理厂内的设备冲洗、厂区绿化灌溉、道路冲洗等环节，形成水的内循环，减少新鲜水的取用量，降低处理厂的运营成本，实现水资源的闭环利用。

8.5.2.2　水的内循环利用

中水回用于厨余垃圾处理厂内具有诸多优势。在设备冲洗方面，使用中水可以避免因使用新鲜水而产生的水垢和腐蚀问题，延长设备使用寿命。厂区绿化灌溉中，中水能够满足植物生长对水分的需求，同时减少对地下水或城市供水的依赖。道路冲洗中，中水的使用可以减少灰尘飞扬，保持厂区环境清洁。

为了实现水的内循环利用，需要建立完善的中水回用系统。该系统包括中水收集、储存、处理和配送等环节。收集的中水流经沉淀池、过滤池等预处理设施，去除其中的悬浮物和部分有机物后，进入深度处理单元，如 MBR 反应器，进行进一步净化处理，确保中水水质符合回用标准。处理后的中水储存在中水储存池中，根据不同的回用需求，通过水泵和管道系统将中水配送至各个用水点。同时，需要对中水回用系统进行定期监测和维护，确保系统的稳定运行和水质安全。

8.5.3 与能源转化技术结合

8.5.3.1 沼气净化与能源利用

厨余垃圾厌氧发酵产生的沼气是一种具有较高热值的可燃气体，但其中含有二氧化碳、硫化氢等杂质，如果直接使用，会对燃烧设备造成腐蚀，降低燃烧效率，同时排放的污染物也会污染环境。因此，配套沼气净化提纯设备是实现沼气高效利用的关键。

沼气净化提纯设备通过物理、化学或生物方法去除沼气中的杂质。例如，采用水洗法去除二氧化碳，利用氢氧化钠溶液等化学试剂吸收硫化氢，以及通过生物脱硫技术利用微生物将硫化氢转化为单质硫等。经过净化提纯后的沼气，甲烷含量可提高到 95% 以上，达到天然气品质标准。

提纯后的沼气可以并入城市燃气管网，为城市居民提供清洁能源，也可以用于发电，为厂区及周边提供电力供应。用于发电时，沼气在燃气发动机或燃气轮机中燃烧，带动发电机产生电能。产生的电能可以满足处理厂自身设备运行的部分或全部需求，多余的电能还可以输送至电网，实现能源的对外输出，为企业创造经济效益。

8.5.3.2 沼渣沼液制肥与生态循环

沼渣和沼液是厨余垃圾生物处理后的重要产物，富含氮、磷、钾等多种营养元素，以及有机质和微生物菌群，是优质的有机肥料原料。将沼渣、沼液进一步加工制成有机肥料，可以实现资源的循环利用，减少化肥的使用，降低农业面源污染。

沼渣沼液制肥工艺包括固液分离、发酵、干燥、造粒等环节。首先通过固液分离设备将沼渣和沼液分离，沼渣可以直接进行堆肥发酵，也可以经过干燥、粉碎等处理后与其他配料混合制成有机肥颗粒；沼液则经过进一步发酵和浓缩后，与沼渣或其他辅料混合制成液体肥料或有机无机复混肥。

制成的有机肥料应用于农业种植、园林养护等领域，能够改善土壤结构，增加土壤肥力，促进植物生长，提高农产品品质。在农业种植中，有机肥料的使用可以减少化肥的施用量，降低土壤板结和酸化的风险，同时提高农作物的抗病虫害能力；在园林养护中，有机肥料有助于草坪、花卉和树木的生长，可增强景观效果。通过这种方式，构建起了从厨余垃圾到能源、肥料的完整生态产业链，实现了厨余垃圾的减量化、无害化和资源化处理，全方位提升了环境效益与经济效益。

8.5.4 整合效果评估与优化

8.5.4.1 环境效益评估指标

评估厨余垃圾生物处理与其他环境技术整合后的环境效益，可以从多个方面设定评估指标。

在减少污染方面，监测污水排放中的化学需氧量（COD）、生化需氧量（BOD）、氨氮、总磷等污染物含量的降低幅度，以及沼气净化后硫化物、氮氧化物等污染物排放的减少量。例如，经过污水处理技术联动后，污水排放中的 COD 含量降低了 80% 以上，表明对水体的污染负荷显著减轻。

在资源节约方面，统计新鲜水取用量的降低比例、能源自给率的提高程度以及化肥替代量等指标。如中水回用于处理厂后，新鲜水取用量降低了 50%，沼气用于发电实现了厂区 30% 的能源自给，沼渣、沼液制肥替代了一定数量的化肥，这些都体现了资源的有效节约和循环利用。

生态系统改善方面，观察厂区周边土壤质量的变化（如土壤有机质含量的增加、土壤微生物多样性的提升）和水体生态系统的恢复情况（如水体溶解氧含量的提高、水生生物种类和数量的增加等）。

8.5.4.2 经济效益评估指标

经济效益评估主要考虑成本降低和收益增加两个方面。成本降低指标包括处理成本的减少，如通过优化处理工艺、减少能源消耗、降低设备维护成本等带来的每吨厨余垃圾处理成本的下降幅度；资源回收收益包括沼气发电收入、中水回用节约的水费、沼渣沼液制肥销售利润等。例如，沼气发电每年为企业带来 50 万元的收入，中水回用节约水费 30 万元，沼渣沼液制肥销售利润 20 万元，这些都直接增加了企业的经济收益。

投资回报率（ROI）也是重要的评估指标，通过计算项目投资与收益的比例，评估项目的盈利能力。如果一个整合项目的总投资为 500 万元，年净利润为 150 万元，则投资回报率为 30%，表明项目具有较好的经济效益。此外，还可以考虑长期的经济效益，如设备使用寿命的延长、土地资源的增值等间接经济效益。

8.5.4.3 优化策略与持续改进

根据评估结果，制定相应的优化策略。如果发现某个环节的资源回收效率较低，可以对相关工艺进行改进，如优化沼气净化设备的运行参数，提高沼气的产量和质量，增加能源回收收益；如果中水回用系统存在水质不稳定或回用率不高的问题，可以对中水处理工艺进行优化，加强水质监测和管理，提高中水回用的安全性和效率。

持续改进需要建立反馈机制，收集处理过程中的数据和问题，定期进行总结和分析。加强与科研机构、高校的合作，引入先进的技术和理念，不断探索新的整合模式和工艺。同时，关注政策法规的变化和市场需求的动态，及时调整处理策略，以适应不断变化的环境和经济形势，实现厨余垃圾生物处理与其他环境技术整合的可持续发展。

8.6 案例对比与经验借鉴

8.6.1 日本大阪厨余垃圾处理智能平台

8.6.1.1 硬件设施

日本大阪在厨余垃圾处理智能平台的硬件建设方面投入巨大，展现出高度的先进性和精细化水平。在全市各垃圾收集点配备的高精度近红外光谱分析仪堪称亮点。这种分析仪能够在垃圾投放瞬间精准识别厨余垃圾成分，其原理是利用近红外光与有机分子化学键的相互作用，通过分析反射光的光谱特征，准确区分可降解有机物与不可处理杂质。这不仅确保了进入处理流程的厨余垃圾纯度，还为后续处理工艺的优化提供了关键数据支持。

通过运输车辆安装的卫星定位与质量传感器相互配合，实现了对运输轨迹与载货量的实时精准监控。卫星定位系统采用先进的全球导航卫星系统（GNSS）技术，能够精确到米级甚至亚米级的定位精度，确保车辆行驶路线的准确性和可追溯性。质量传感器则采用高精度的应变片式传感器，能够实时测量车辆载货质量，将误差控制在极小范围内。通过这两种传感器的数据传输，管理中心可以随时掌握车辆的位置、行驶速度、载货情况以及是否按照预定路线行驶等信息，一旦出现异常情况，如车辆偏离路线或超载，能够及时发出警报并采取相应措施。

8.6.1.2 软件系统

软件层面，以城市大数据中心为依托的厨余垃圾处理智能平台充分发挥了大数据和机器学习算法的优势。利用机器学习算法，平台可以根据海量的历史数据、季节因素、人口流动等多维度信息，精准预测各区域厨余垃圾产生量。例如，在旅游旺季，根据游客数量和分布区域的变化，提前调整垃圾收集和处理计划，确保各区域的处理能力与垃圾产生量相匹配。为居民开发功能丰富且实用的专属 APP。居民可以通过 APP 预约垃圾回收时间，方便了居民的日常生活安排，同时也有助于垃圾收集部门合理规划收集路线，提高收集效率。查询处理进度功能让居民能够实时了解自己投放的厨余垃圾的处理状态，增强了居民对垃圾处理过程的参与感和监督意识。接收垃圾分类小贴士有助于提高居民的垃圾分类知识水平，进一步促进垃圾分类的准确性和精细化。通过这种全民参与互动的方式，大阪的厨余垃圾处理效率得到了显著提升。

8.6.1.3　实施效果

通过该智能平台的运行，大阪厨余垃圾处理效率提升了约 40%，回收利用率提高至 80%。高效的厨余垃圾生物处理有效减轻了填埋与焚烧压力，节省了大量土地资源和处理成本。同时，回收利用率的提高意味着更多的资源得到了循环利用，减少了对原始资源的依赖，为城市的可持续发展提供了有力支持。

8.6.2　瑞典恩华特厨余垃圾处理系统

8.6.2.1　硬件核心

瑞典恩华特公司打造的厨余垃圾处理系统的硬件核心——地下自动收集管网，犹如“城市静脉”般高效运行。该管网连接各餐厅、家庭厨房的下水口，采用精密的设计，能够确保厨余垃圾在产生源头就被有效收集。厨余垃圾经粉碎后随水流被强力抽吸至区域处理中心，这种收集方式避免了地面运输可能带来的二次污染，如垃圾泄漏、异味散发等。

区域处理中心内配备的多级厌氧发酵罐、生物质锅炉等先进设备，实现了能源的最大化回收。多级厌氧发酵罐采用先进的厌氧发酵技术，能够在不同的温度和压力条件下，促进微生物对厨余垃圾的分解，提高沼气产量。生物质锅炉则利用发酵过程中的剩余生物质作为燃料，产生热能，为处理中心提供能源支持，实现了能源的自给自足，甚至在部分地区还有剩余能源输出。

8.6.2.2　软件监控与协同

运用智能监控系统对管网压力、流量、发酵罐温度、气体产生速率等参数进行实时监控。传感器网络遍布整个处理系统，能够精确采集各项数据，并通过无线传输技术将数据实时传输至监控中心。一旦参数出现异常，系统自动报警并远程调控，确保处理过程的稳定和安全。例如，当发酵罐温度偏离最佳发酵温度范围时，监控系统会自动调整加热或冷却设备，使温度恢复正常。区域处理中心与当地能源公司、农业合作社联网，形成了产业协同模式。沼气、沼渣等产物能够及时配送至相关企业进行利用。沼气被输送至能源公司，经过进一步处理后并入城市燃气管网或用于发电；沼渣则被农业合作社用于农田施肥，改善土壤肥力，促进农作物生长。这种产业协同模式实现了资源的高效循环利用，提高了整个产业链的经济效益和环境效益。

8.6.2.3 处理成效

该系统使瑞典厨余垃圾回收率超 90%，部分地区甚至实现能源自给，为北欧绿色循环经济树立了典范。高回收率意味着更少的厨余垃圾被填埋或焚烧，降低了对环境的影响。能源自给不仅减少了对外部能源的依赖，还为当地创造了额外的经济收入，同时也减少了因能源生产而产生的温室气体排放，对缓解气候变化具有积极意义。

8.6.3 中国上海闵行区厨余垃圾管控平台

8.6.3.1 硬件保障

上海闵行区建立的厨余垃圾管控平台在硬件方面采取了一系列有效措施。为区内垃圾运输车辆安装智能车载终端与电子锁，确保运输全程封闭、路线合规。智能车载终端集成了 GPS 定位、通信模块和车辆状态监测传感器等功能。GPS 定位系统实时记录车辆的行驶轨迹，精度可达数米之内，方便管理部门随时监控车辆位置和行驶路线，确保车辆按照规定路线行驶，防止偷倒垃圾等违规行为。车辆状态监测传感器可以监测车辆的速度、载重、油耗等参数，为车辆的运行管理提供数据支持。电子锁则保证了运输过程中垃圾车厢的密封性，防止垃圾泄漏，减少对环境的污染。

各处理厂引入自动化分拣流水线，结合机器视觉与人工智能技术，实现了快速剔除杂质，提高了原料纯度。自动化分拣流水线采用高速输送带和多道分拣装置，能够高效地将厨余垃圾中的杂质分离出来。机器视觉系统利用高清摄像头和图像处理算法，对传送带上的垃圾进行实时扫描和分析，识别出杂质并控制分拣装置将其剔除。人工智能技术则通过对大量垃圾图像数据的学习，不断提高杂质识别的准确性和分拣效率。

8.6.3.2 软件功能集成

软件系统集成了地理信息、数据统计、智能调度等功能。基于物联网采集的垃圾数据，绘制实时分布图，直观呈现热点产生区域。通过地理信息系统（GIS）技术，将闵行区的地图与垃圾产生量数据相结合，以可视化的方式展示各区域的垃圾产生情况，使管理部门能够清晰地了解垃圾分布的时空变化规律，为合理规划垃圾收集路线和处理资源配置提供科学依据。利用大数据分析优化处理工艺参数，如依据不同社区厨余垃圾油脂含量差异，精准调控预处理环节的参数。大数据分析平台收集和分析各社区厨余垃圾的成分数据，建立数学模型，预测不同社区垃圾的特性变化。根据预测结果，在预处理环节自动调整设备参数，如油脂分离设备的转速、温度等，提高油脂分离效率，确保后续生物处理过程的稳定运行。还搭建了政府、企业、社区多方沟通桥梁，信息实时共享，居民投诉、建议及时处理。通过建立统一的信息平台，政府部门可以及时发布政策法规、处理计划等信息，企业可以反馈处理过程中的问题和需求，社区居民可以提出投诉和建议。这种多方沟通机制促进了各方之间的协作与互动，提高了居民对厨余垃圾处理工作的满意度，有助于形成全社会共同参与的良好氛围。

8.6.3.2　取得成果

该平台助力闵行区厨余垃圾无害化处理率达 98%，为超大城市精细化管理提供了有力支撑。无害化处理率的提高意味着更多的厨余垃圾得到了安全、环保的处理，减少了对环境和人体健康的潜在危害。同时，平台的高效运行也提高了城市管理的效率和水平，为城市的可持续发展奠定了坚实基础。

8.6.4　共性策略

尽管日本大阪、瑞典恩华特和中国上海市闵行区的厨余垃圾处理模式在具体实施细节上存在差异，但它们都聚焦于一些共性策略，为各地厨余垃圾生物处理平台建设提供了宝贵的经验。

智能化硬件部署是这些先进平台的共同特点。无论是日本大阪的近红外光谱分析仪、卫星定位与质量传感器，还是瑞典恩华特的地下自动收集管网、多级厌氧发酵罐，以及我国上海市闵行区的智能车载终端、自动化分拣流水线，都充分利用了现代信息技术和先进设备，实现了对厨余垃圾处理过程的实时监控和精准操作。这些硬件设备的应用提高了数据采集的准确性和及时性，为后续的数据分析和决策提供了坚实的基础。

大数据驱动决策也是关键共性。上述三地均依托大数据管理平台，对海量的厨余垃圾处理数据进行分析和挖掘。通过建立各种数学模型和算法，利用历史数据、实时数据以及多维度的相关信息，如季节因素、人口流动、社区特点等，预测垃圾产生量、优化处理工艺参数、合理调配资源。这种数据驱动的决策方式使处理过程更加科学、高效，能够及时应对各种变化和挑战，提高处理厂的运行效率和资源利用效率。

多元协同参与在这些案例中也得到了充分体现。日本大阪通过为居民开发专属 APP 实现了居民与垃圾处理系统的互动，提高了居民的参与度；瑞典恩华特与当地能源公司、农业合作社紧密联系，形成了产业协同效应；上海闵行区则搭建了政府、企业、社区多方沟通的桥梁，促进了各方信息共享和协作。多元协同参与不仅有助于提高厨余垃圾处理的效率和质量，还能增强全社会对环保事业的关注度和责任感，形成共建共享的良好氛围。

8.6.5 差异分析

然而，由于国情、市情不同，这些案例在实施过程中也存在一些差异。

在硬件设施方面，日本大阪侧重于在垃圾收集点进行精准成分分析，以确保进入处理流程的垃圾质量；瑞典恩华特则注重地下管网建设，从源头上实现高效收集和运输，避免地面污染；上海闵行区主要针对运输车辆和处理厂内部进行硬件升级，保障运输安全，提高处理效率。

软件系统功能上，大阪的居民 APP 更强调预约回收、查询进度等便民服务，以提高居民参与度；恩华特的软件系统主要围绕管网和设备的实时监控与自动调控，确保处理过程的稳定性；上海市闵行区的软件集成了地理信息、多方沟通等功能，更注重城市整体的精细化管理和信息共享。

在处理成效方面，恩华特在能源回收方面表现突出，部分地区实现了能源自给；大阪在提高处理效率和回收利用率方面成效显著；上海闵行区则在无害化处理率上达到了较高水平，为超大城市的环境管理提供了有力支持。

8.6.6 对我国厨余垃圾精细化管理的启示

对于我国来说，可以从这些国外先进案例中汲取有益经验，结合自身实际情况，进一步优化厨余垃圾生物处理平台建设。

在硬件建设方面，应加大对先进传感器和智能设备的研发与应用投入，提高垃圾成分分析、运输监控和处理过程自动化水平。例如，在垃圾收集点逐步推广高精度的成分分析设备，确保垃圾分类的准确性；为垃圾运输车辆配备更先进的智能终端，实现更精准的路线规划和状态监控。

软件系统开发上，应注重构建功能完善、用户友好的平台。加强大数据分析能力建设，深入挖掘数据价值，实现更精准的预测和决策支持。同时，通过开发居民参与类 APP 等方式，提高公众对厨余垃圾处理的关注度和参与度，形成全社会共同参与的良好氛围。

在协同合作方面，应加强政府、企业、社区之间的沟通与协作。政府应发挥主导作用，制定相关政策法规，引导企业积极参与厨余垃圾处理产业，鼓励社区居民积极配合垃圾分类和处理工作。同时，推动厨余垃圾处理与其他相关产业的协同发展，如能源产业、农业等，实现资源的循环利用和产业的可持续发展。

此外，还应根据不同地区的经济发展水平、人口密度、饮食习惯等因素，因地制宜地选择适合的处理模式和技术路线。例如，在经济发达、人口密集的城市地区，可以借鉴上海闵行区的精细化管理模式，提高处理效率和无害化处理水平；在能源需求较大的地区，可以参考瑞典恩华特的能源回收模式，加强能源转化和利用；在垃圾分类基础较好的地区，可以学习日本大阪的居民参与模式，进一步提升垃圾分类和处理的整体效果。通过综合借鉴国内外先进经验，我国的厨余垃圾生物处理事业将不断迈向高效、绿色、智能的发展道路。

8.6.7　未来发展趋势展望

8.6.7.1　技术创新推动平台升级

随着科技的不断进步，未来厨余垃圾生物处理平台将迎来更多的技术创新。人工智能技术将进一步深化应用，如利用深度学习算法优化垃圾成分分析模型，提高识别准确率和速度；通过智能算法实现处理工艺参数的自适应调整，使处理过程更加智能化和自动化。物联网技术将实现更广泛的设备互联，不仅在处理厂内部，还将延伸到整个城市的垃圾收集和运输网络，实现全流程的实时监控和管理。例如，智能垃圾桶可以实时监测垃圾满溢情况，并自动通知清运车辆，提高垃圾收集效率。

新型生物处理技术也将不断涌现，如合成生物学技术在微生物菌株改良方面的应用，有望培育出更高效的降解菌群，提高生物转化效率，缩短处理周期；酶工程技术的发展将为厨余垃圾处理提供更具针对性的酶制剂，加速有机物分解。利用黑水虻等昆虫对厨余垃圾进行资源化再利用，产出高经济价值的产品如化妆品、宠物饲料、生物质柴油等。这些技术创新将推动厨余垃圾生物处理平台不断升级，提高处理效率、降低成本、减少环境污染。

8.6.7.2　绿色低碳成为核心追求

在全球应对气候变化的大背景下，厨余垃圾生物处理平台的建设将更加注重绿色低碳发展。一方面，能源回收利用将得到进一步强化。除了现有的沼气发电、供热等方式，未来可能会探索更多的能源转化途径，如将沼气转化为生物柴油、氢气等更高附加值的能源产品，提高能源回收效率，减少对传统化石能源的依赖。另一方面，处理过程中的碳排放控制将成为关键环节。通过优化处理工艺，减少处理过程中的温室气体排放，如采用碳捕获和储存（CCS）技术，将生物处理过程中产生的二氧化碳进行捕获和储存，实现负碳排放。同时，在处理厂的建设和运营中，注重节能减排，采用环保建筑材料、节能设备，降低能源消耗和运营成本，实现绿色低碳发展目标。

8.6.7.3　智能化管理走向深度融合

未来，厨余垃圾生物处理平台的智能化管理将不仅仅局限于数据采集和分析，而是向深度融合方向发展。大数据、人工智能、物联网等技术将深度融合，实现处理厂的智能感知、智能决策和智能控制一体化。例如，通过大数据分析预测垃圾产生量和成分变化，利用人工智能算法优化处理工艺参数，再通过物联网技术实现设备的自动控制和远程监控，形成一个闭环的智能管理系统。同时，智能化管理将与城市其他管理系统进行深度融合，如与城市交通管理系统相结合，优化垃圾运输路线，减少交通拥堵和能源消耗；与城市环境监测系统相连接，实时掌握处理厂对周边环境的影响，实现城市整体资源的优化配置和协同管理。

8.6.7.4 公众参与促进可持续发展

公众参与将在厨余垃圾生物处理中发挥越来越重要的作用。随着环保意识的不断提高，公众将更加关注厨余垃圾的处理和资源循环利用。未来将通过开展环保教育活动、建立公众参与平台等方式，鼓励公众积极参与垃圾分类、监督处理过程、提供意见建议等。例如，利用社交媒体平台开展垃圾分类知识竞赛、奖励环保行动等活动，提高公众的参与积极性。公众的广泛参与将促使厨余垃圾生物处理更加透明、高效，推动整个行业的可持续发展，共同营造绿色、环保、宜居的城市环境。

综上所述，厨余垃圾生物处理平台在未来将借助技术创新、绿色低碳理念、智能化深度融合以及公众参与等多方面的发展趋势，不断提升处理水平，实现环境效益、经济效益和社会效益的最大化，为构建可持续发展的城市生态系统做出更大贡献。

参 考 文 献

[1] Peng W，Beggio G，Pivato A，et al. Applications of near infrared spectroscopy and hyperspectral imaging techniques in anaerobic digestion of bio-wastes：A review[J]. Renewable and Sustainable Energy Reviews，2022，165：112608.

[2] Ho C K，Robinson A，Miller D R，et al. Overview of sensors and needs for environmental monitoring[J]. Sensors，2005，5（1）：4-37.

[3] Tyagi S，Kathuria M. Role of zero-knowledge proof in blockchain security[C]//2022 International Conference on Machine Learning，Big Data，Cloud and Parallel Computing （COM-IT-CON）. IEEE，2022，1：738-743.

第9章 典型工程应用案例分析

- 常州市餐厨垃圾资源化利用昆虫蛋白转化模式
- 贵阳市循环经济餐厨垃圾资源化利用和无害化处理工程
- 杭州市萧山区餐厨垃圾资源化利用生成生物燃料模式
- 餐厨垃圾等废弃碳源合成生物可降解塑料（PHA）的中试工程

9.1 常州市餐厨垃圾资源化利用昆虫蛋白转化模式

在城市化与经济快速发展的背景下，餐厨垃圾的数量急剧增加，成为环境管理和食品安全的重大挑战。传统处理方式如填埋和焚烧虽然能够暂时缓解垃圾问题，但未能充分利用餐厨垃圾中蕴含的丰富有机物资源。随着循环经济理念的普及和技术的进步，探索更加高效、环保、可持续的餐厨垃圾处理方法变得尤为重要。昆虫蛋白转化作为一种创新性的生物处理技术，在资源回收利用方面展现出巨大潜力。本章将以常州市餐厨垃圾综合处置项目（一期）为例，深入探讨如何通过昆虫蛋白转化模式实现餐厨垃圾的有效管理，并分析其对当地生态环境和社会经济发展的影响。

9.1.1 简介

昆虫蛋白转化是指利用特定种类的昆虫（如黑水虻、黄粉虫等）消化餐厨垃圾，并将其转化为富含蛋白质的昆虫生物质的过程。这种模式不仅可以减少餐厨垃圾的数量，降低环境污染风险，还可以生产出高质量的昆虫蛋白作为动物饲料或人类食品添加剂的重要原料。此外，昆虫养殖过程中产生的粪便——虫砂，也可以作为优质的有机肥料返回农业生产中，形成一个完整的生态循环系统。对于常州市而言，由于其餐饮业发达且餐厨垃圾产生量大，推行昆虫蛋白转化模式具有重要的现实意义。相关调查显示，2011 年常州市餐饮行业完成营业额达到 104.3 亿元人民币，同比增长 25.4%，这表明大量的餐厨垃圾亟须更为有效的处理途径。因此，研究和发展昆虫蛋白转化技术，既符合国家政策导向，也有助于提升城市生态文明建设水平。

9.1.2 国内外研究现状

9.1.2.1 国内研究现状

国内外对于利用昆虫处理有机废物的研究日益增多。研究发现，某些昆虫能够在餐厨垃圾中生长繁殖，并将其转化为自身的蛋白质。例如，家蝇等昆虫对餐厨垃圾具有较强的适应性，其生长速度快，生物转化率较高。常州市积极响应国家政策，结合自身实际情况，在餐厨垃圾资源化利用昆虫蛋白转化方面进行了一系列探索。与相关科研机构和企业合作，开展了有机残渣饲养昆虫的实验研究，尝试将餐厨垃圾转化为昆虫蛋白饲料。通过不断优化昆虫养殖条件和工艺，提高昆虫对餐厨垃圾的利用率和转化率，逐步建立起适合常州市的昆虫蛋白转化模式。

9.1.2.2　国外研究现状

20 世纪 60 年代以来，国外许多城市投入了大量的人力、物力、财力进行餐厨垃圾管理技术的研究，并取得了一定的成功经验。总的说来，主要处理和处置方法有堆肥、填埋和厌氧发酵处理等。各国由于饮食文化不同，餐厨垃圾的成分和产生量也有区别，因而处理方式也有侧重。

堆肥法主要是利用好氧微生物对餐厨垃圾中的有机质实现生物降解的过程。餐厨垃圾含有丰富的有机质、适量的水分、均匀的营养元素配比，十分适合微生物的生长。因此在一定的堆积状态下，餐厨垃圾中的微生物自然生长繁殖，使有机质降解，最终生成稳定的富含腐殖质的有机肥料。如果使用高温快速发酵在定时投加菌种的前提下经过 24～48h 发酵便可产出成品。但堆肥产品受油脂、盐分等影响而难以保证其品质。

填埋是目前应用相对广泛的处理方法。餐厨垃圾本身就是由有机物组成，在自然环境下容易分解，稳定时间短，有利于垃圾填埋场地的恢复使用，并且填埋操作简便。但该方法仍然没有从根本上解决餐厨垃圾产生的诸多问题。在填埋过程中餐厨垃圾和其他垃圾统一进行填埋处理，导致垃圾整体的渗滤液增多。在厌氧分解过程中产生大量细菌和沼气，对环境造成二次污染。随着对餐厨垃圾可利用性的认识越来越深入，餐厨垃圾的填埋率都出现下降趋势，甚至有很多国家已禁止对餐厨垃圾进行填埋处理。

厌氧发酵处理技术主要包括生物制氢与厌氧甲烷化两大类。生物制氢技术是厌氧能源化处理的一种，同时也是目前国内外研究的重要方向，生物制氢主要利用光合细菌产氢和发酵产氢法，反应条件温和、能耗低，因而受到关注。但是由于餐厨垃圾中成分复杂并且厌氧发酵制氢影响因素较多，导致生物制氢技术并未成熟，目前仍需进行大量研究工作才能够应用到生活生产中去。厌氧甲烷化是利用微生物对餐厨垃圾进行厌氧发酵产生大量甲烷。甲烷发酵中 CO_2 的排放量小，有利于缓解温室效应。同时甲烷发酵技术成本低，产品资源化效率高。因此厌氧甲烷发酵日益得到人们重视，是公认的一种能够实现可持续发展的技术。

9.1.3　技术原理

常州市餐厨垃圾资源化利用昆虫蛋白转化模式通过高效的昆虫养殖技术、科学合理的预处理以及精确的环境控制，实现了餐厨垃圾的有效处理与资源化利用，在经济效益和社会效益方面均表现出色。此外，该技术在实际中也有广泛的应用范围。

9.1.3.1　昆虫的选择与养殖

不同的昆虫种类对餐厨垃圾的适应性和转化效率存在差异。例如，黑水虻因其繁殖速度快、耐受性强等特点成为目前最常用的昆虫之一；而黄粉虫以其较高的营养价值和较好的市场接受度受到青睐。选择适合当地气候条件和餐厨垃圾特性的昆虫种类是确保项目成功的关键因素之一。近年来，国内外已有多个成功案例证明了昆虫蛋白转化技术的有效性，为常州市提供了宝贵的经验借鉴。有机残渣昆虫养殖工艺流程如图 9-1 所示。

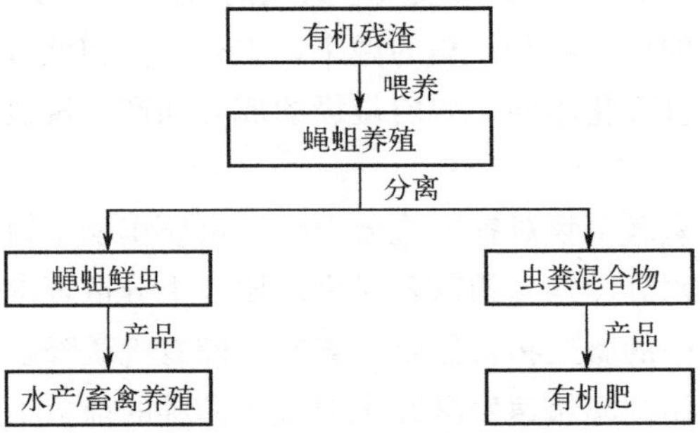

图 9-1　有机残渣昆虫养殖工艺

本次实验喂养的昆虫品种为红头苍蝇，具有个体大、产卵量大、寿命长、对环境适应能力强的优点。餐厨有机残渣接收后存放在料池中，加入一定量的麸皮调节含水率至 70%，然后将有机残渣放入养殖槽，再将蝇蛆幼虫放入养殖槽。经过 5d 的养殖后，将养殖槽中的物料送入筛分单元，通过筛分分离出成虫、虫粪和废渣。蝇蛆鲜虫经过清洗后售卖，虫粪和废渣混合物进行堆肥处理。平均 1t 餐厨有机残渣能养殖出蝇蛆鲜虫 0.2t、产出虫粪 0.27t（不含废渣）。

9.1.3.2　餐厨垃圾预处理

常州市餐饮行业发达，拥有众多不同规模的餐饮企业，从大型酒店到小型餐馆应有尽有。据统计，常州市主城区每天产生的餐厨垃圾量可达 200t 以上，其中食物残余约 190t，废弃食用油脂约 20t。其成分复杂多样，包含大量的粮食、蔬菜、肉类等食物残余，以及动植物油脂、少量的塑料、纸张等杂质。含水率通常在 80%～90%之间，有机物含量高，营养丰富，但同时也容易腐烂变质，滋生细菌和病毒。这些物质如果不加以去除会影响昆虫的生长发育甚至造成死亡，因此，在进行昆虫蛋白转化前需要对餐厨垃圾进行必要的筛选、粉碎等预处理工作，以保证昆虫的食物质量。同时，合理的预处理还能提高后续昆虫消化过程中的转化率，进一步增强资源回收效果。工艺流程见图 9-2。

9.1.3.3　养殖环境控制

温度、湿度、光照等因素都会直接影响昆虫的生长周期和繁殖能力。合理的环境参数可以提高昆虫的存活率和产卵量，从而增加最终产品的产出量。同时，良好的养殖环境还有利于防止病害的发生，保障整个生产过程的安全性。针对这一点，常州市可以根据当地的自然条件，结合现代工程技术手段，构建适宜的昆虫养殖设施，确保项目的稳定运行。

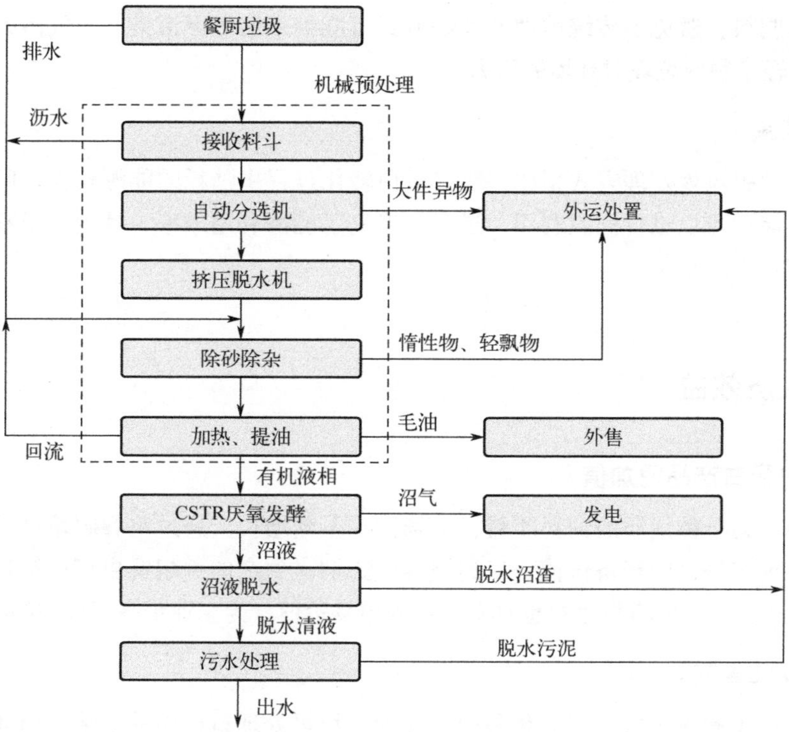

图 9-2 工艺流程

9.1.3.4 应用现状

常州市生活废弃物处理中心建设了一座处理能力 60～80t/d 的餐厨垃圾应急处理工程，目的是解决常州市在餐厨废弃物综合处置一期工程建成前餐厨垃圾的出路问题。同时也创造了一种新的“常州模式”，即在暂时无法进行“资源化”利用前，先实现“无害化”，解决百姓关心的“泔水猪”和“地沟油”问题，保障食品安全。此外，昆虫蛋白转化并非孤立存在的单一技术，而是涉及多个学科领域的综合应用。从餐厨垃圾收集运输到昆虫饲养管理，再到最后的产品加工销售，每一个环节都需要科学合理的设计和操作。只有通过技术创新和技术集成，才能建立起高效稳定的产业链条，实现餐厨垃圾的最大化价值创造。

9.1.4 效益分析

9.1.4.1 环境效益

（1）减少废物排放与污染

昆虫蛋白转化模式能够有效处理餐厨垃圾，减少其直接排放。通过将餐厨垃圾转化为昆虫蛋白和有机肥料，避免了传统填埋或焚烧方式可能带来的土壤污染、空气污染和水污染等问题，显著减轻了餐厨垃圾对环境的压力。

（2）节能减排

与传统的餐厨垃圾处理方式相比，昆虫蛋白转化过程中消耗的能源较少。同时，该模式产生的沼气等能源可以进行回收利用，进一步提高了能源利用效率，减少了温室气体排放，符合节能减排的环保要求。

9.1.4.2 经济效益

（1）昆虫蛋白产品附加值

昆虫蛋白作为一种优质的饲料原料，市场需求不断增长。通过将餐厨垃圾转化为昆虫蛋白饲料，能够创造较高的经济价值。以蝇蛆养殖为例，生产的蝇蛆鲜虫可以销售给畜禽、水产养殖企业，虫粪制成的有机肥料也具有一定的市场价值，为企业带来了可观的经济效益。

（2）降低处理成本

该模式实现了餐厨垃圾的资源化利用，减少了垃圾处理过程中的运输、填埋等成本。同时，昆虫养殖过程中产生的部分收益可以用于补贴餐厨垃圾处理环节，降低了整体处理成本，提高了项目的经济可行性。

9.1.4.3 生态效益

（1）资源循环利用

实现了餐厨垃圾的资源化循环利用，将原本废弃的有机物质转化为昆虫蛋白和有机肥料，重新投入农业生产和养殖行业中，形成了一个生态循环系统，提高了资源的利用效率，减少了对自然资源的依赖。

（2）促进生态平衡

昆虫在生态系统中具有重要的作用。通过养殖昆虫处理餐厨垃圾，增加了昆虫的生物量，有助于维持生态系统的生物多样性，促进生态平衡的稳定发展。

9.1.4.4 社会效益

（1）食品安全保障

有效处理餐厨垃圾有助于防止“地沟油”“垃圾猪”等食品安全问题的发生。通过将餐厨垃圾转化为无害的昆虫蛋白和有机肥料，从源头上切断了这些有害物质进入食物链的途径，保障了人民群众的食品安全。

（2）就业与产业发展

昆虫蛋白转化模式的推广需要涉及多个环节，包括垃圾收集、昆虫养殖、产品加工等，这将创造大量的就业岗位，带动相关产业的发展，如饲料加工、有机肥料生产等，促进地方经济的繁荣。

9.1.5 挑战与展望

尽管昆虫蛋白转化模式具有诸多优点，但在实际推广应用过程中仍然面临一些挑战。首先是技术和成本问题，包括如何提高转化效率、降低成本以及保证产品质量等；其次是法律法规不完善的问题，现行法规对于昆虫蛋白转化这一新兴领域缺乏明确的规定和支持措施；最后是公众认知度较低的问题，需要加强宣传教育力度，让更多的人了解并支持这项工作。面对上述挑战，未来的研究应聚焦于以下几个方面：

① 深化基础理论研究，揭示昆虫消化代谢机制，探索更高效的转化路径；

② 加快技术研发步伐，突破关键技术瓶颈，推动产业化进程；

③ 建立健全相关法律法规体系，制定统一标准，规范行业发展；

④ 加大宣传推广力度，营造良好的社会氛围，共同推进昆虫蛋白转化事业的发展壮大。

综上所述，昆虫蛋白转化作为一种绿色、环保且高效的餐厨垃圾资源化利用方式，在常州市具有广阔的应用前景。通过对上述影响因素的研究分析，我们可以更好地理解如何优化这一模式的操作流程，提高其实用性和经济可行性。未来，随着相关政策法规的支持和社会各界的关注度不断提高，相信昆虫蛋白转化必将在城市可持续发展中发挥更加重要的作用。

9.2 贵阳市循环经济餐厨垃圾资源化利用和无害化处理工程

随着我国经济的快速发展，国民生活质量提高，餐饮行业的需求逐年增大。随之而来的是大量的餐厨垃圾，其组分复杂、含水率高、有机物质含量丰富，并且富含氮、磷、钙及各种微量元素。根据相关统计，2020 年全国餐厨垃圾产量达到约 1.28×10^8t。餐厨垃圾不仅具有资源属性，同时也带来了环境风险。因此，如何实现餐厨垃圾的有效管理和资源化利用成了城市发展的重要议题。

9.2.1 简介

贵阳市作为中国西南地区的一个重要工业城市，在推进循环经济方面有着积极的表现。

本节将探讨贵阳市餐厨垃圾资源化利用和无害化处理工程项目，通过有效的技术手段和管理模式，减少环境污染的同时最大化地回收利用餐厨垃圾中的有用成分。该项目借鉴了国内外先进的技术和经验，特别是贵阳市的成功案例，致力于探索一条符合本地实际情况的发展道路。

9.2.2 国内外研究现状

9.2.2.1 国内研究现状

目前，国内外对于餐厨垃圾的处理方式主要包括机械破碎、卫生填埋、焚烧发电、厌氧发酵、好氧发酵等。其中，“机械预处理+厌氧消化”由于无害化程度高、工艺稳定而受到许多大型餐厨垃圾处理厂的青睐。相较于好氧堆肥及饲料化处理技术，厌氧消化处理的减量化、资源化和无害化程度较高，在实际应用中也得到普遍推行使用。然而，堆肥过程中产生的异味以及过高的盐分也给实际操作带来了一定挑战。近年来，厌氧发酵成为主流选择之一，因为它不仅能有效减少垃圾数量，还能生产出沼气用于能源供应或转化为其他有价值的产物。我国部分城市积极实施餐厨垃圾资源化利用和无害化处理项目，如柳州市、西安市、苏州市、合肥市、贵阳市和沈阳市，成果显著。

9.2.2.2 国外研究现状

欧洲餐厨垃圾产量约为 5.0×10^7t/a，欧洲各国特别是德国、法国、英国还有北欧地区的较发达国家等对餐厨垃圾的管理和处理都有相对较为完善的系统和体制。例如，德国关闭了绝大多数垃圾填埋厂，餐厨垃圾采用机械-生物（MBT）或生物技术进行处理；为鼓励垃圾回收和餐厨垃圾利用，丹麦政府于 1987 年开始征收填埋税，并逐年提高费率；英国约 75%的餐厨垃圾主要采用土地利用方式进行处理，并颁布了餐厨垃圾资源化利用的相关法律条文。

美国餐厨垃圾产生量约为 2.598×10^7t/a。美国要求餐厨垃圾产生量较大的单位设置餐厨垃圾粉碎机和油脂分离装置，分离出来的垃圾排入下水道，油脂则送往相关加工厂加以利用。对于产生量较小的家庭厨余垃圾，则混入有机垃圾中统一进行处理或通过餐厨垃圾粉碎机粉碎后排入下水道。美国未来垃圾处理趋势是采用堆肥工艺制成肥料或加工成动物饲料进行资源化回收利用。美国各州关于餐厨垃圾处理的政策和方式略有不同，很多州针对当地具体情况，建立了自己的餐厨垃圾处理回收体系，不同州针对餐厨垃圾肥料化产品的品质规定了各自的标准体系。美国餐厨垃圾资源化利用时的优先次序为：抑制产生→救济饥饿穷人→饲养动物→工业利用→堆肥→焚烧或填埋。

9.2.3　流程步骤

本项目采用湿式、单相、连续、高温厌氧消化技术，厌氧发酵产生的沼气首先满足厂内自用，富余沼气经脱碳后制压缩天然气（CNG）；产生的沼渣经脱水后进行堆肥；生产过程中产生的废水处理达标后部分用于回流，其余排入附近水体；餐厨垃圾中的油脂进行分离后，作为化工原料外售，产生部分经济效益。

整个餐厨垃圾处理工艺包括以下几个工艺系统。

9.2.3.1　预处理系统

专用的餐厨垃圾收运车辆进厂后，首先通过电子汽车称称重并记录，然后直接驶入预处理卸料车间，在指定位置将餐厨垃圾卸入接料系统。本项目预处理系统设置两条餐厨垃圾预处理线。

（1）预处理线一

接料斗底部采用平板给料机，后接皮带输送机，实现系统的均匀给料。平板给料机上设有格栅及破袋机，可过滤除去大块物料，并实现破袋及初步破碎功能。

（2）预处理线二

垃圾通过螺旋输送装置输送到后续的处理系统，螺旋输送装置设置一定的倾角，垃圾中的水分在输送过程中能靠重力自流，进一步实现固液分离，分离出来的油水进入油水分离系统。固液分离系统分离出的油水混合物与经过预处理的地沟油一起进入油水分离系统，提取出的油脂作为化工原料外售，其余的物料进入磁选系统。

磁选系统的作用是分离去除餐厨垃圾中的金属。经磁选后的餐厨垃圾进入生物质分离系统，实现有机质和无机质的有效分离。分离出的塑料、纸张等无机质回收利用，有机浆液进入后续厌氧单元。

9.2.3.2　厌氧发酵系统

本项目的厌氧发酵工艺借鉴了 OWS 公司的 Dranco 处理工艺，并进行了优化。优化后的工艺如图 9-3 所示。分选后的垃圾在返混箱内与发酵沼液及蒸汽混合均匀并加热到厌氧消化需要的温度后，再通过进料泵提升至厌氧反应器进行厌氧消化。厌氧消化产生的沼气进入后续的处理及利用单元，厌氧产生的沼液一部分进入返混料箱，另一部分进入后续处理单元。

发酵罐内部设置检测装置通过自动控制系统对发酵罐内部温度、压力、液位、搅拌频率、甲烷以及二氧化碳含量等指标进行测定和监控。此外，在发酵侧壁设取样口，定期取样发酵液，对更多的指标（pH 值、挥发性脂肪酸、氨氮、含固率等）进行实验室测试，测试结

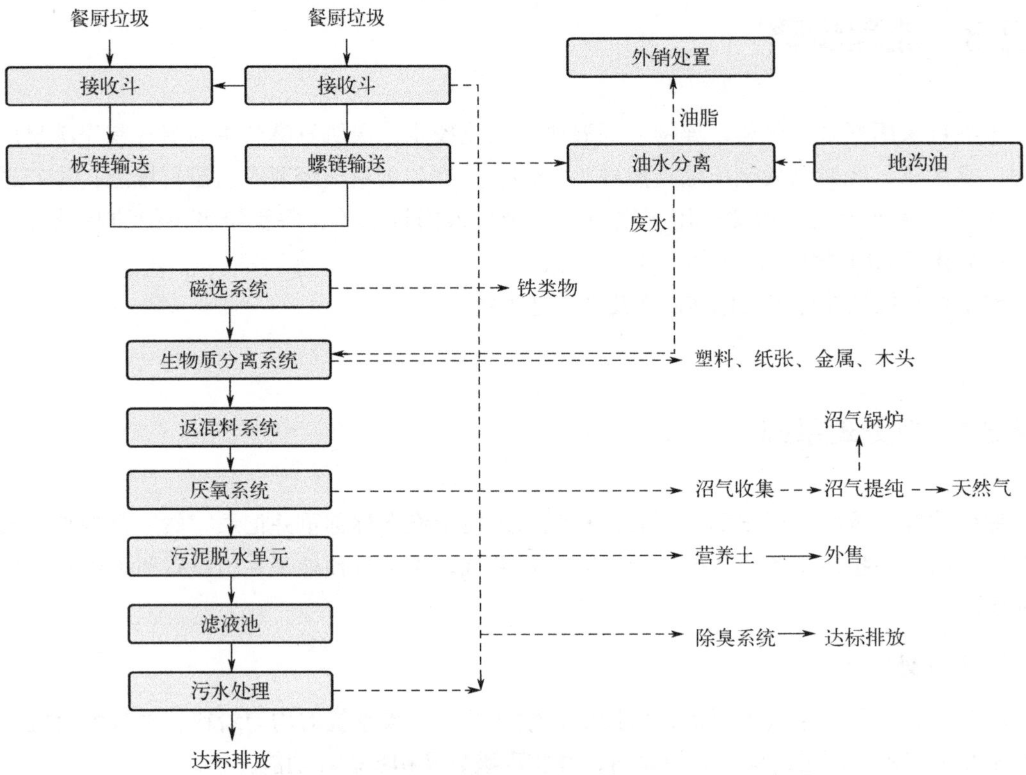

图 9-3 技术路线示意图

果及时反馈，以便操作人员利用这些测量、分析结果及时调整发酵罐运行参数，保证厌氧消化过程的持续和稳定。消化罐内部是一个综合反应体系，各参数间相互制约，实现联动反馈控制。进料泵分别装设变频器，将返混料箱中的垃圾提升到厌氧罐中。每个厌氧罐入口管道上装有流量计，此处流量信号在控制室有实时显示，同时可通过控制室的计算机对此流量计的数值进行设定，并根据此设定值来控制变频器的运行，从而使进料泵的转速得到相应的调整，使进入两个厌氧罐的垃圾流量始终稳定在设定的流量值。最终使罐内消化反应稳定运行。

工艺设计参数如表 9-1～表 9-3 所列。

表 9-1 分选后餐厨垃圾理化性质

项目	指标
物料量/（t/d）	201.00
总固体物质/%	10.70
有机干物质/%	10.61
含水率/%	89.30
物料粒径/mm	≤8
有机物损失率/%	≤5
pH 值	3.5～6.0

表 9-2　厌氧反应器控制参数

项目	指标
物料量/（t/d）	210.44
总固体物质/%	10.13
有机干物质/%	10.22
含水率/%	89.78
进料有机负荷/[kgVS/（m^3·d）]	4.39
停留时间/d	23
温度/℃	53
pH 值	6.5～7.5

表 9-3　厌氧反应器出料设计参数

项目	指标
物料量/（t/d）	191.51
总固体物质/%	1.3
挥发固体降解率/%	78
单位分解的挥发固体产甲烷量	500
厌氧罐出气甲烷含量/%	50
沼气平均产量/（m^3/d）	16463
温度/℃	53
沼气密度/（kg/m^3）	1.15
每吨垃圾产沼气量/（m^3/t）	82.32

9.2.3.3　沼渣脱水及处置系统

（1）沼渣脱水系统

厌氧罐产出的沼渣是未完全降解的有机质，还有较高的利用价值，可以进一步堆沤制成肥料，但由于含固率比较低，首先需要脱水。发酵沼渣粒径较大，难以满足离心脱水机通常要求的 6mm 以下的粒径范围，故将发酵沼渣先经螺压脱水机脱水，并将 6mm 以上粒径固体去除，剩余沼渣再经离心脱水机脱水。污水处理系统的剩余污泥也进入脱水系统，因其粒径较小，可直接与螺压脱水后的发酵沼渣混合进入离心脱水机进行脱水。混合污泥经过脱水之后进入堆肥工艺阶段，发酵数周后成为优质肥料。其工艺流程如图 9-4 所示。

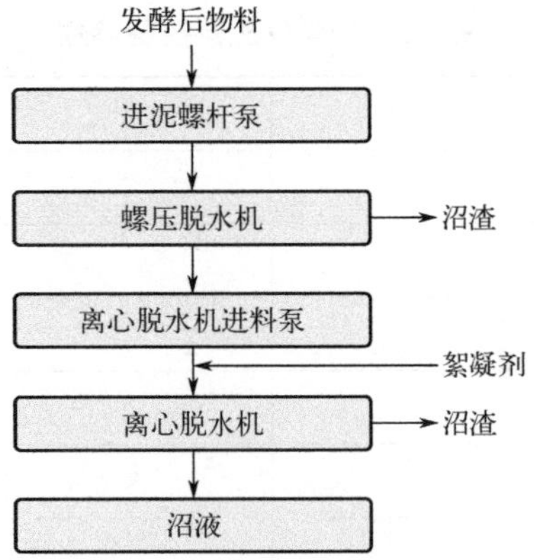

图 9-4　沼渣脱水系统工艺流程

（2）沼渣处置系统

为保证对沼渣无害化处理的可靠性，在厂内建设沼渣堆肥车间堆肥，腐殖土用于花卉、农作物或园林绿化，可以改良土壤物理、化学和生物特性，熟化土壤，培肥地力。若堆肥产品无销路，还可进入厂区生活垃圾填埋场作为覆盖用土。本系统采用条堆间歇态好氧堆肥的处理工艺处理沼渣。采用园林垃圾、秸秆或者锯末作调和剂，可以调碳氮比、孔隙率和水分。

9.2.3.4　沼气净化系统

本工程产生的沼气经脱硫后一部分供锅炉使用，产生蒸汽作为热源，另一部分经净化提纯，生产车用天然气并出售。沼气处理工艺为：原料沼气经脱硫→压缩→干燥脱水→加热→膜系统→CNG 压缩机→CNG 储罐。

（1）脱硫

采用干法脱硫技术，沼气自下而上通过脱硫剂，H_2S 被脱硫剂化学吸附，完成脱硫过程。其中脱硫剂以氧化铁为主要活性催化组分，并添加多种助催化剂与载体，在常温常压下运行。其硫容量大、脱硫精度高，采用三塔串并联工艺。干法脱硫装置投资少、设备少、能耗小，流程简单，生产过程中不产生废液、废气。

（2）压缩

压缩工艺采用气缸活塞为无油润滑的往复式压缩机，减少机油进入沼气中造成气体污染。压缩机将沼气压缩到 1～2MPa，满足进膜的压力要求。沼气压缩机采用“1 用 1 备”的配置，定期切换。

（3）干燥脱水

可采用冷冻干燥机或吸附式干燥机来脱除沼气中的水分，以满足产品气的露点要求。本工程采用操作更简便的冷冻干燥机来脱水。

（4）加热

由于膜系统运行时需要有最佳的操作温度，因此通过加热器对进膜前的沼气进行加热。根据工艺要求加热器的目标温度为 30～60℃。本工艺采用的是电加热器来给沼气加热。

（5）膜系统

膜系统可设两级分离膜模块。

① 第一级：中空纤维膜模块将经过预净化的、压力为 1～2MPa 的原料沼气分离为富含甲烷的渗余物和含二氧化碳的透过物。

② 第二级：进行气体组分的更精密分离，将第一级的渗余物进行第二次分离，这样可以得到要求的甲烷纯度，在此渗余物是产品气（膜分离产品气压力与进气压力接近，压力降 <50kPa），产品气被输送到 CNG 压缩机。透过物返回到工艺的压缩工段。

（6）CNG 压缩和储存

产品气被 CNG 压缩机压缩到 20～25MPa 后，经加气柱加气或储存在 CNG 储罐中。

9.2.3.5　污水处理系统

餐厨垃圾处理产生的污水属于氨氮含量较高的有机废水，脱氮和对 COD 的去除是污水处理的两大主要内容。本项目选择“厌氧+MBR 系统+膜深度处理”处理工艺。

该工艺优点是资源化综合利用程度高，整个工艺达到了标准排放，技术成熟、效率高，有较长时间的运营经验，工程投资适中，经济效益及环境效益较好，很好地实现了餐厨垃圾处理的“无害化、资源化和减量化”的处理要求，适合餐厨垃圾的集中化、规模化处理。

9.2.4　技术机理

9.2.4.1　厌氧消化技术机理

厌氧消化是一个复杂的生物化学过程，通常分为水解、酸化、乙酸化和甲烷化四个连续但相互重叠的阶段。在这些阶段中，不同类型的微生物群落共同作用于有机物质，并最终生成沼气（主要是甲烷和二氧化碳）。

（1）水解阶段

在这个初始阶段，固体有机物被分解成较小的分子，如糖类、氨基酸和脂肪酸。这个步骤是限速步骤，因为固体颗粒必须首先溶解才能被其他微生物利用。

（2）酸化阶段

发酵细菌将小分子进一步转化为 VFA、醇类和其他化合物，同时产生氢气和二氧化碳。

（3）乙酸化阶段

在此期间，产酸菌将 VFA 转化成乙酸，同时也可能形成更多的氢气和二氧化碳。

（4）甲烷化阶段

最后，甲烷菌利用乙酸或氢气以及二氧化碳来合成甲烷。这一阶段对环境条件非常敏感，需要维持适宜的温度、pH 值等参数以确保高效运行。

9.2.4.2 昆虫养殖技术机理

（1）选择合适的昆虫种类

对于餐厨垃圾中的有机残渣，蝇蛆是一种常见的用于生物转化的选择。蝇蛆具有快速生长繁殖的特点，能够在短时间内消耗大量的有机废物，并将其转化为富含蛋白质的生物质。

（2）饲养流程

① 准备基质：有机残渣经过预处理后作为饲料提供给蝇蛆幼虫，辅料如稻壳可以用来改善通气性和控制水分。

② 孵化与育种：蝇卵放置在适宜的环境中孵化成幼虫，之后开始进食提供的有机残渣。

③ 收获与加工：当蝇蛆发育成熟时，它们会自然地从饲养盘中爬出，这时就可以进行收集，蝇蛆可以干燥后用作动物饲料添加剂，而剩余的虫粪则可以用作肥料。

9.2.5 影响因素

影响餐厨垃圾资源化利用效率的因素众多，包括但不限于以下几个方面。

① 温度：一般分为中温（35℃左右）和高温（55℃左右）两种模式，不同的温度会影响微生物活性及反应速率。

② pH 值：理想的 pH 值范围为 6.8～7.4，过高或过低都会抑制某些微生物的功能。

③ 碳氮比（C/N 值）：合适的 C/N 值有助于保持系统内的营养平衡，促进微生物生长繁殖。

④ 操作参数设置：搅拌速度、进料速率等都需精确控制以保证最佳效果。

⑤ 环境条件变化：季节性气温波动可能会影响到微生物活性，从而改变整个系统的运行状态。

⑥ 政策法规支持：政府出台的相关政策措施对于项目的顺利实施至关重要。

9.2.6 综合效益评价

从经济效益上看，通过厌氧消化增加沼气产量带来的额外收入以及利用昆虫养殖生产蛋白饲料所带来的附加值，均能为企业创造可观利润。同时，这种模式还有助于改善当地生态环境，减少了因不当处置餐厨垃圾而导致的土地污染和水资源破坏等问题。长远来看，这不仅是实现资源节约型社会建设的关键环节，也是促进生态文明建设的有效途径之一。

综上所述，柳州市循环经济餐厨垃圾资源化利用和无害化处理工程不仅仅是一项技术创新项目，更是关乎民生福祉和社会可持续发展的系统工程。未来的研究应继续关注如何进一步提升技术水平、降低成本投入、扩大应用范围，为更多城市提供可复制的经验模式。

9.3 杭州市萧山区餐厨垃圾资源化利用生成生物燃料模式

9.3.1 简介

随着全球对可再生能源的需求不断增长以及对环境保护的日益重视，餐厨垃圾资源化利用成为解决能源与环境问题的关键领域之一。萧山区作为杭州市的重要区域，餐饮行业发达，餐厨垃圾产量可观。传统的餐厨垃圾处理方式存在诸多弊端，如填埋占用大量土地资源、焚烧可能产生有害气体等，不仅造成资源浪费，还会对环境产生负面影响。在此背景下，萧山区积极探索创新的资源化利用模式，将餐厨垃圾转化为生物燃料，这一举措为实现餐厨垃圾的减量化、无害化和资源化提供了新的途径，同时也为应对能源危机和环境污染挑战提供了可持续的解决方案。本节介绍杭州市萧山区餐厨垃圾资源化利用生产生物燃料项目（以下简称项目），该项目由首创环境控股有限公司（以下简称首创环境）建设，总建设规模为收运处理餐厨垃圾 400t/d（其中一期为 200t/d），生物柴油 20000t/a，生物燃气 $1.022\times10^7m^3/a$，2×1.5MW 沼气发电系统，计划总投资 3 亿元人民币。

9.3.2 萧山区餐厨垃圾产生及处理现状

9.3.2.1 产生量与成分特点

萧山区餐饮行业繁荣，各类餐馆、酒店众多，每天产生大量的餐厨垃圾。据统计，萧山主城区每天产生的餐厨垃圾量可达数百吨。其成分复杂多样，主要包含食物残渣、动植物油脂以及少量的塑料、纸张等杂质。其中，食物残渣占比较大，包括米饭、面食、蔬菜、肉类等剩余物，油脂含量也相对较高，这为生物燃料的生产提供了丰富的原料基础。然而，杂质的存在对后续的资源化利用过程提出了挑战，需要在处理过程中进行有效分离。

9.3.2.2 现有处理方式及局限性

目前，萧山区主要采用填埋和焚烧的方式处理餐厨垃圾。填埋方式虽然操作简单，但占用大量土地资源，并且可能导致土壤和地下水污染。焚烧处理在一定程度上能够实现减量化，但需要高额的投资和运行成本，同时可能产生二噁英等有害气体，对大气环境造成污染。这些传统处理方式未能充分挖掘餐厨垃圾的潜在价值，无法实现资源的有效回收利用，与可持续发展的理念相悖。

9.3.3 生物燃料转化模式的研究现状

9.3.3.1 国内相关研究进展

国内外在餐厨垃圾转化为生物燃料方面的研究日益活跃。研究主要集中在利用微生物发酵、化学转化等技术将餐厨垃圾中的有机成分转化为生物柴油、生物乙醇等生物燃料。赵元浩等以我国废弃餐饮油脂炼制生物柴油的典型企业为例，利用 Ga Bi 软件对餐厨垃圾中废油脂的收集、预处理、酯化和运输等过程全生命周期阶段的资源环境影响进行系统核算，评估其环境效益。研究结果显示，餐厨垃圾废油脂炼制生物柴油的生命周期与化石柴油相比，具有更好的节能和温室气体减排效益。张强研究了酿酒酵母对餐厨垃圾同步糖化发酵生产燃料乙醇的工艺，结果表明，糖化酶和蛋白酶对酒精发酵影响显著，纤维素酶影响较小，糖化酶最适添加量为 100U/g，蛋白酶最适添加量为 150U/g，纤维素酶为 100U/g，自然 pH（5.3）发酵，最佳的发酵周期是 120h，最终乙醇质量浓度达到 54.6g/L。刘爱民等以餐厨垃圾为原料，利用根霉和枯草芽孢杆菌进行糖化处理，再接种酒酵母发酵产乙醇，证实了在无外加酶催化的情况下用餐厨垃圾制备乙醇燃料的可行性，通过优化发酵条件，乙醇产率可达 6.67%。

9.3.3.2 国外相关研究进展

Barik 等使用厨余垃圾生产生物柴油。为了提取脂质，将食物垃圾脱水，并使用甲醇作为溶剂。利用混合食物垃圾制备生物柴油需要更多的酯交换和萃取，且产量相当低。美国利用废油脂作为原料生产的生物柴油占生物柴油总产量的 13%，欧盟利用废油脂作为原料生产的生物柴油占生物柴油总产量的 21%。一些研究还关注如何提高生物燃料的稳定性和燃烧性能，以满足实际应用的需求。

9.3.3.3 萧山区在该领域的探索与实践

萧山区积极响应国家可持续发展战略，在餐厨垃圾资源化利用生成生物燃料方面进行了一系列探索。政府与科研机构和企业合作，开展了相关实验研究，尝试利用本地的餐厨垃圾生产生物燃料。通过引进先进的技术和设备，逐步建立起适合萧山区实际情况的生物燃料转化模式。例如，在发酵菌种的筛选和培养上，结合本地餐厨垃圾的特点，选择适应性强、发酵效率高的菌种，不断优化发酵工艺，提高生物燃料的转化率。

9.3.4　生物燃料转化的流程

9.3.4.1　餐厨垃圾预处理

（1）收集与运输

建立专门的餐厨垃圾收集体系，要求餐饮企业将产生的餐厨垃圾分类存放于专用容器中。由专业的运输车辆定期收集，运输车辆采用密封式设计，防止泄漏和异味散发。

① 涉及设备：密封式运输车辆、专用收集容器。

② 操作要点：确保运输车辆的密封性良好，定期检查和维护；收集容器应符合卫生标准，便于装卸和清洗。

（2）分拣与除杂

在处理厂内，对收集来的餐厨垃圾进行人工分拣，去除其中的塑料、金属、玻璃等非有机杂质。然后通过机械筛选和风力分选等设备进一步去除细小杂质。

① 涉及设备：分拣输送带、机械振动筛、风力分选机。

② 操作要点：人工分拣人员应经过培训，准确识别杂质；机械设备应根据餐厨垃圾的特性进行调试，确保除杂效果。

（3）破碎与制浆

将分拣除杂后的餐厨垃圾进行破碎处理，使其成为均匀的浆状物料，便于后续的化学反应和微生物发酵。破碎设备可采用破碎机或研磨机，控制破碎粒度在合适范围。

① 涉及设备：破碎机、研磨机。

② 操作要点：根据不同的原料特性调整破碎设备的参数，保证破碎后的物料粒度均匀，有利于提高后续反应效率。

9.3.4.2　生物燃料生产过程

（1）水解反应

向破碎制浆后的餐厨垃圾中加入适量的水，调节物料浓度，然后加入酸或酶催化剂，在一定温度和压力条件下进行水解反应。水解反应将大分子有机物分解为小分子糖类等物质。

① 涉及设备：水解反应釜、加热系统、搅拌装置。

② 操作要点：严格控制反应温度、压力和催化剂用量，根据物料特性和目标产物调整反应条件，确保水解反应的高效进行。

（2）发酵过程

水解反应的产物经过冷却和中和后，接入特定的微生物菌种进行发酵。发酵过程中，微生物利用小分子糖类等物质产生乙醇等生物燃料。发酵罐应具备良好的搅拌和通气功能，以维持适宜的温度和 pH 值。

① 涉及设备：发酵罐、冷却系统、通气设备、pH 监测与调节装置。

② 操作要点：选择合适的发酵菌种，优化发酵条件，如温度控制在 30～35℃、pH 值维持在 5～7，定期监测发酵过程中的各项参数，并及时调整。

（3）分离与提纯

发酵完成后，通过蒸馏、过滤等方法将生物燃料从发酵液中分离出来。蒸馏设备利用乙醇和水的沸点差异进行分离，利用过滤设备去除残留的固体杂质。然后对分离出的生物燃料进行进一步提纯，提高其纯度和质量。

① 涉及设备：蒸馏塔、过滤器、精馏设备。

② 操作要点：蒸馏过程中应控制好温度和压力，确保分离效果；过滤设备应定期清洗和更换滤芯；根据产品质量要求进行精细提纯。

9.3.4.3 产品后处理与储存

（1）质量检测

采用先进的分析仪器对生产出的生物燃料进行质量检测，确保产品符合相关标准。检测项目包括乙醇含量、水分含量、杂质含量、热值等。

① 涉及设备：气相色谱仪、热值测定仪、水分测定仪等。

② 操作要点：检测人员应具备专业技能，严格按照标准操作流程进行检测，确保检测结果准确可靠。

（2）储存与调配

将合格的生物燃料储存于专用的储罐中，储罐应具备良好的密封性和防腐性能。根据市场需求和用户要求，对生物燃料进行调配，使其满足不同的使用标准，如添加助燃剂以提高燃烧性能等。

① 涉及设备：储罐、调配罐、输送泵。

② 操作要点：定期检查和维护储罐，防止泄漏；调配过程中严格控制添加剂的用量，保证产品质量稳定。

生物转化流程如图 9-5 所示。

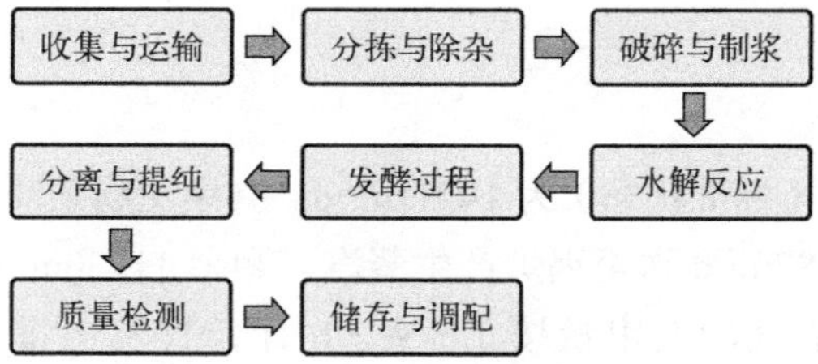

图 9-5　生物燃料转化的流程

9.3.4.4　工艺资源化指标分析

餐厨垃圾处理指标分析如表 9-4 所列，餐厨废油处理指标分析如表 9-5 所列。

表 9-4　餐厨垃圾处理指标分析

项目指标	数据	备注
餐厨垃圾处理量	200t/d	按收运 200t/d 计
回收毛油	5.1t/d，纯度≥98%	生物柴油制备
厌氧沼气	13824m³/d，甲烷含量≥60%	用于沼气锅炉、发电等
塑料	4.02t/d，含水率≤40%	视品质进行回收或处置
无机固体废渣	6.3t/d，含水率≤60%	外运填埋
厌氧沼渣	10.5t/d，含水率≤80%	填埋
厌氧沼液	181.33t/d	排至渗滤液厂

表 9-5　餐厨废油处理指标分析

项目指标	数据	备注
餐厨废油处理量	20t/d	按收运 20t/d 计
回收毛油	6.53t/d，纯度 98%	生物柴油制备
固体废渣	6.4t/d	进入固相水力除渣系统
废水	7.07t/d	进入水力除渣系统

9.3.4.5　处理效果

（1）污染物去除效果

食物残余处理设施年处理能力不低于 7.3×10^4t，日处理能力不低于 200t。废弃动植物食用油脂处理设施年处理能力不低于 7300t，日处理能力不低于 20t。进入萧山区生活垃圾处理中心填埋处理的残渣、固渣、废渣和沼渣，其干重应小于餐厨垃圾质量的 3%，含水率<60%。

（2）产品概述

1）沼气利用方案

本项目理论沼气产量（标准状态）为 14231m^3/d，其中生物柴油生产系统导热油锅炉消耗沼气量约 614m^3/d，约 1887m^3/d 送至锅炉产生蒸汽，剩余 11730m^3/d 用于沼气发电，实际发电功率约 880kW。1m^3 沼气的发电量按 1.8kW·h 计，日发电量约为 21114kW·h，日产 0.2MPa 蒸汽量约 22.08t。

2）生物柴油产品方案

本项目食物残余处理规模为 200t/d，食物残余产毛油比例按 2%计，废弃动植物食用油脂建设规模为 20t/d，废弃动植物油脂产毛油比例按 32%计，理论上可得毛油总量为 10.4t/d，年毛油量为 3796t。生物柴油的转化率为 85%，共产生物柴油 8.84t/d，年产生物柴油 3226.6t。

9.3.5 生物燃料转化的技术机理

9.3.5.1 微生物发酵原理

微生物发酵是将餐厨垃圾转化为生物燃料的关键环节。在发酵过程中，特定的微生物菌种（如酵母菌等）利用餐厨垃圾中的糖类等可发酵性物质，在无氧条件下进行代谢活动，产生乙醇等生物燃料。微生物通过酶的作用将糖类分解为丙酮酸，然后进一步转化为乙醇和二氧化碳。不同的微生物菌种具有不同的发酵特性，选择合适的菌种和优化发酵条件对于提高生物燃料产量至关重要。

9.3.5.2 化学反应机理

（1）水解反应机理

水解反应中，酸或酶催化剂作用于餐厨垃圾中的大分子有机物，如淀粉、蛋白质、脂肪等。酸水解通过质子化作用使糖苷键断裂，将淀粉等多糖分解为单糖；酶水解则利用特定的酶（如淀粉酶、蛋白酶、脂肪酶等）对相应的底物进行特异性催化分解。水解反应为后续的发酵过程提供了小分子底物，提高了生物燃料的生产效率。

（2）酯化反应机理

在一定条件下，餐厨垃圾中的油脂与醇（如甲醇）发生酯化反应。醇分子中的羟基与油脂分子中的羧基发生脱水反应，形成酯键，生成生物柴油（脂肪酸甲酯）。该反应需要催化剂的参与，常用的催化剂有硫酸、氢氧化钠等，反应过程中需要控制温度、醇油比等因素，以提高生物柴油的产率和质量。

9.3.5.3　与其他技术的协同作用

（1）与预处理技术的协同

有效的预处理技术能够提高生物燃料转化效率。例如，破碎和制浆使餐厨垃圾的物料表面积增大，有利于后续水解和发酵反应的进行；分拣除杂去除了杂质对微生物和化学反应的干扰，保证了反应的顺利进行。

（2）与后处理技术的协同

后处理技术如蒸馏、提纯等与前面的生产过程紧密配合。蒸馏利用乙醇和水的沸点差异实现初步分离，而后续的精馏等提纯技术进一步提高了生物燃料的纯度，使其能够满足更高的质量要求，如作为发动机燃料使用时的标准。

9.3.6　影响生物燃料转化效率的因素

9.3.6.1　餐厨垃圾成分与质量

（1）营养成分比例

餐厨垃圾中糖类、蛋白质、脂肪等营养成分的比例对生物燃料转化效率有显著影响。适宜的糖类含量有利于微生物发酵产生乙醇，过高或过低的脂肪含量可能影响发酵和水解反应的进行。例如，当糖类含量适中、脂肪含量在一定范围内时微生物发酵活性较高，生物燃料产量增加。

（2）有害物质含量

餐厨垃圾中可能存在的有害物质，如重金属（汞、镉、铅等）、农药残留等，会抑制微生物的生长和发酵活性，降低生物燃料转化效率。即使在低浓度下，重金属也可能与微生物细胞内的蛋白质和酶结合，破坏其结构和功能。因此，对餐厨垃圾进行源头控制，减少有害物质的混入，对于提高生物燃料转化效率至关重要。

9.3.6.2　生产工艺参数

（1）温度与压力

在水解反应中，温度和压力是关键参数。较高的温度和压力可以加快水解反应速率，但温度过高可能导致副产物增加，降低目标产物的选择性。例如，在酸水解过程中，温度一般控制在 120～180℃，压力在 0.5～1.5MPa，在此范围内能够获得较好的水解效果，同时减少副产物的生成。

（2）反应时间

水解、发酵等反应的时间长短直接影响生物燃料的产量和质量。反应时间过短，反应不完全，产物产量低；反应时间过长，可能增加生产成本，同时也可能导致微生物老化、死亡或副反应加剧。例如，发酵过程一般需要24～72h，具体时间应根据菌种特性、底物浓度等因素进行优化。

（3）催化剂种类与用量

不同的催化剂对水解和酯化反应的催化效果不同。在水解反应中，酸催化剂（如硫酸）和酶催化剂各有优缺点：酶催化剂具有较高的选择性，但成本较高；酸催化剂反应速度快，但可能腐蚀设备。催化剂用量也需要精确控制，用量不足会导致反应速率慢，用量过多可能引起副反应或对后续分离提纯造成困难。

9.3.6.3 微生物菌种特性

（1）菌种活性与适应性

微生物菌种的活性和对餐厨垃圾环境的适应性直接影响发酵效率。活性高的菌种能够更快地利用底物进行生长和代谢，产生更多的生物燃料。同时，菌种需要适应餐厨垃圾的成分复杂、营养不均衡等特点，以及预处理后的物料条件（如pH值、温度等）。例如，经过驯化的酵母菌菌株对餐厨垃圾的高糖、高盐环境有更好的耐受性，能够提高发酵效率。

（2）菌种间的协同作用

若采用混合菌种发酵，不同菌种之间的协同作用对生物燃料转化效率也有影响。例如，某些细菌和酵母菌的混合发酵可以提高底物的利用率，细菌先将复杂的有机物分解为小分子物质，为酵母菌的发酵提供更易利用的底物，从而提高乙醇的产量。

9.3.7 生物燃料转化模式的综合效益评价

9.3.7.1 环境效益

（1）减少废弃物排放与污染

该模式实现了餐厨垃圾的资源化利用，将原本可能被填埋或焚烧的废物转化为生物燃料，大大减少了废物的排放量。填埋处理可能污染土壤和地下水，焚烧可能产生二噁英等有害气体，而生物燃料转化模式有效避免了这些环境问题，降低了对环境的压力。

（2）节能减排

生物燃料（如生物乙醇、生物柴油）作为可再生能源，其燃烧过程中产生的二氧化碳排放量相对传统化石燃料显著减少。从生命周期角度看，尽管在生产过程中也会消耗一定的能源，但总体上能够实现能源的净节约。例如，与汽油相比，生物乙醇燃烧可减少 30%～40% 的温室气体排放，有助于缓解全球气候变化问题。

9.3.7.2　经济效益

（1）生物燃料产品附加值

生物燃料作为一种清洁能源，市场需求不断增长。通过将餐厨垃圾转化为生物燃料，创造了高附加值的产品。例如，生物柴油可作为柴油发动机的替代燃料，在交通运输等领域有广泛应用；生物乙醇可用于燃料乙醇汽油的调配，提高汽油的氧含量，改善燃烧性能。这些生物燃料产品的销售为企业带来了可观的经济收益。

（2）降低处理成本

与传统的餐厨垃圾处理方式相比，生物燃料转化模式在实现资源化利用的同时，降低了处理成本。传统填埋和焚烧方式需要投入大量的土地、设备和运行费用，而生物燃料生产过程中的部分副产物（如沼渣、沼液等）可作为肥料或饲料进行再利用，进一步降低了成本，提高了项目的整体经济效益。

9.3.7.3　社会效益

（1）食品安全保障

有效处理餐厨垃圾有助于防止“地沟油”“垃圾猪”等食品安全问题的发生。通过将餐厨垃圾转化为生物燃料，从源头上切断了这些有害物质进入食物链的途径，保障了人民群众的食品安全。

（2）就业与产业发展

生物燃料转化模式涉及多个环节，包括垃圾收集、预处理、生产、产品销售等，这将创造大量的就业岗位，从一线操作人员到技术研发人员、管理人员等。同时，推动了相关产业的发展，如生物燃料生产设备制造、生物质能源技术研发等，促进地方经济的繁荣。

9.3.7.4　生态效益

（1）资源循环利用

实现了餐厨垃圾的资源循环利用，将其中的有机成分转化为生物燃料，实现了从废物到能源的转变，符合生态循环经济的理念。同时，生产过程中的副产物也得到合理利用，如沼渣、沼液可作为有机肥料用于农业生产，促进土壤肥力提升，形成了一个完整的生态循环系统。

（2）促进生态平衡

减少了对传统化石能源的依赖，有利于保护自然资源和生态环境。生物燃料的生产和使用有助于维持生态系统的碳平衡，减少因化石燃料燃烧导致的大气中二氧化碳浓度升高，对缓解全球生态环境问题具有积极意义。

9.3.8 生物燃料转化模式面临的挑战与对策

9.3.8.1 面临的挑战

（1）技术瓶颈

尽管生物燃料转化技术取得了一定进展，但仍面临一些技术难题。例如，微生物发酵过程中的发酵效率有待进一步提高，目前的转化率仍相对较低，导致生产成本较高。生物柴油生产过程中的酯化反应需要高效的催化剂，目前的催化剂存在活性不高、寿命短或对环境有污染等问题。此外，预处理过程中的杂质分离技术也需要不断优化，以提高后续反应的效率和产品质量。

（2）社会认知与接受度

公众对生物燃料的认知和接受程度相对较低。由于生物燃料的生产和使用涉及一些新的技术和概念，消费者对其安全性、性能等方面存在疑虑。例如，担心生物燃料在发动机中的使用会影响车辆性能，或者对生物燃料生产过程中的环境影响存在误解。这可能影响生物燃料产品的市场推广和应用，制约该模式的大规模发展。

（3）法规与监管政策不完善

在生物燃料生产领域，相关的法规和监管政策还不够完善。对于生物燃料的质量标准、生产过程中的环保要求、市场准入等方面缺乏明确的规范。这给企业的生产经营带来了一定的不确定性，也可能导致市场上生物燃料产品质量参差不齐，影响行业的健康发展。

9.3.8.2 对策与建议

（1）加强技术研发与创新

加大对生物燃料转化技术的研发投入，鼓励科研机构和企业开展合作，攻克技术难题。重点研发高效的微生物菌种、新型催化剂，并优化生产工艺等，提高生物燃料的产量和质量，降低生产成本。例如，利用基因工程技术改造微生物菌种，提高其发酵性能；研发绿色环保的催化剂，提高反应效率和选择性。

（2）提高公众认知与教育

通过开展科普宣传活动、举办行业研讨会等方式，向公众普及生物燃料的生产原理、优势和应用前景等知识。加强与消费者的沟通与互动，及时解答消费者的疑虑，通过实际案例展示生物燃料的安全性和可靠性。例如，组织消费者参观生物燃料生产企业，让他们直观了解生产过程和产品质量控制。

（3）完善法规与监管体系

政府应加快制定和完善相关的法规和监管政策，明确生物燃料生产的质量标准、环保要求、市场准入条件等。加强对生物燃料生产企业的监管力度，建立健全质量检测体系，确保产品质量符合标准。同时，通过政策引导，鼓励企业采用先进的技术和环保措施，促进生物燃料行业的健康发展。

9.4 餐厨垃圾等废弃碳源合成生物可降解塑料（PHA）的中试工程

9.4.1 简介

PHA 是脂肪族聚酯，以其可生物降解的特性和基于细菌的生产方法而闻名。已记录到超过 91 种不同的聚羟基脂肪酸成分构成 PHA，并且数量还在不断增长。PHA 可以分为短链 PHA 和中长链 PHA 两大类。PHA 分子通式如图 9-6 所示，其中 n 为聚合物单体数目。基于单体单元的潜在组合，可以形成大量的 PHA 共聚物。PHA 可在各种环境中生物降解，是替代当前一次性塑料或由于质量差而不适合重新进入制造业的塑料的有吸引力的选择。

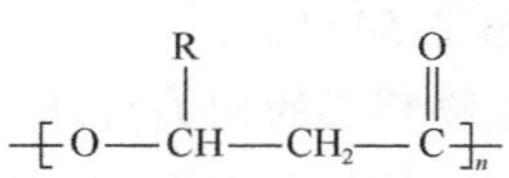

图 9-6　PHA 分子通式

PHA 具有可生物降解的特性，可形成从“摇篮”到“摇篮”的闭环循环，如图 9-7 所示，从而最大限度地减少对环境的影响。但是，功能和生产方法取决于 PHA 的类型。本节以江苏省盐城市海滨县蓝晶 PHA 工厂为例进行介绍，该工厂旨在通过有效的技术手段和管理模式，减少环境污染的同时最大化地回收利用餐厨垃圾，致力于探索一条符合本地实际情况的发展道路。

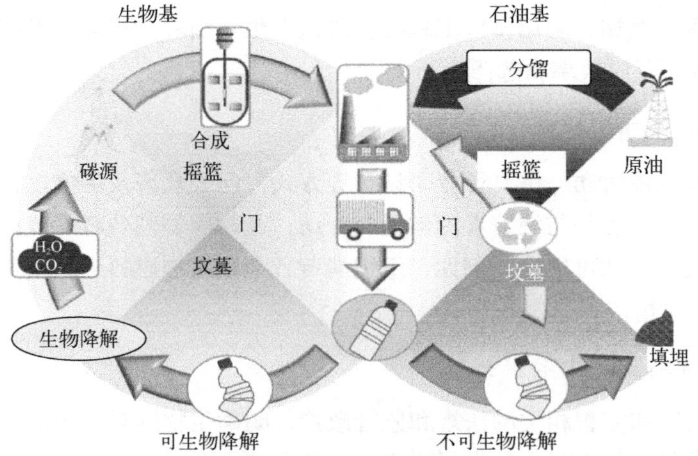

图 9-7 可生物降解和不可生物降解塑料的合成和利用过程
（从“摇篮”到“摇篮”和从“摇篮”到“坟墓”）

9.4.2 国内外研究现状

国内外对于微生物合成 PHA 的研究主要有两个方面：一方面，利用一些生产生活中的废料或者廉价的原料作为碳源来生产 PHA 以达到降低成本的目的；另一方面，选育 PHA 高产菌种，分别利用不同的碳源作为单一碳源在微生物体内积累 PHA，对于一些特定的菌种，研究不同的培养条件对 PHA 产量的影响。目前，研究已发现利用废油脂生产 PHA 的微生物种类主要有贪铜菌属（*Cupriavidus*）、红杆菌属（*Rhodobacter*）、罗尔斯通菌属（*Ralstonia*）、产碱杆菌属（*Alcaligenes*）、假单胞菌属（*Pseudomonas*）和肠杆菌属（*Enterobacter*）。有多项研究发现，虽然利用废油脂作为碳源合成 PHA 既能解决资源浪费与环境污染问题，又能降低 PHA 的生产成本，但是废油脂中复杂的成分将会影响 PHA 的产量、纯度及物理化学性质。因此，为了将其与非 PHA 的细胞物质分离，实验室对于 PHA 的提取方法进行了大量研究，目前以有机溶剂提取法最为常见。该方法操作简单，且 PHA 的回收率较高，但是大量使用有机溶剂后，还要考虑其回收的问题。Fernández 等以废弃烹饪油为碳源，利用 *Pseudomonas aeruginosa* 42A2 生产 PHA，产品积累达 54.6%。

目前，已有的针对废油脂生产生物塑料的相关研究大多还处在实验室阶段，距离真正实现商业化程度还有很大距离，且餐厨垃圾废油脂成分复杂的特性对 PHA 合成效率的影响还需要做大量的研发。

9.4.3 工艺流程

蓝晶 PHA 工厂构建了一套严谨精细且环环相扣的生产流程，如图 9-8 所示。

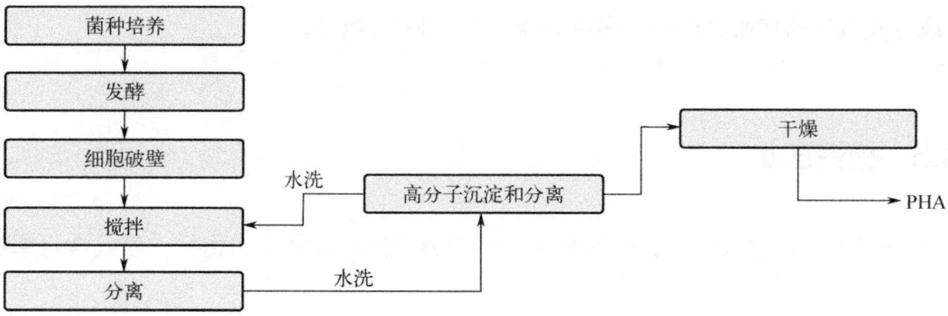

图 9-8　PHA 工艺流程

9.4.3.1　菌种培养

菌种作为 PHA 生产的根基，意义非凡。蓝晶微生物科研团队长期深耕菌种研发，远赴新疆艾丁湖边的盐碱地。此地严苛的环境可孕育出潜能独特的微生物，筛选分离出特殊细菌后，运用前沿合成生物学技术精准编辑、优化菌种基因，强化 PHA 合成关键基因片段，全方位提升菌种的 PHA 合成效能，为工业化量产奠定坚实基础。

9.4.3.2　发酵

优化后的菌种被精准投入特定培养基，开启微观层面的高效转化。发酵全程对温度、酸碱度、溶氧量等关键参数实施精准监控，确保满足环境契合菌种的最佳生长代谢需求。微生物以油脂或淀粉为底物，凭借体内酶系的高效催化，源源不断地合成 PHA 聚合物，使发酵液中 PHA 浓度稳步攀升。

9.4.3.3　细胞破壁

为获取细胞内的 PHA，需突破细胞壁屏障。工厂综合运用物理、化学、酶解多元手段。

① 物理层面：高频超声冲击、高压匀质施压。

② 化学范畴，选用温和高效试剂精准作用。

③ 酶解路径：特定酶靶向瓦解细胞壁关键位点。

多法协同，成功释放 PHA 聚合物，推进至后续环节。

9.4.3.4　分离纯化

刚释放的 PHA 被裹挟于复杂发酵液中，通过离心、过滤、萃取等，层层筛除杂质、残余培养基成分及微生物代谢副产物，高效提纯，得到 PHA 粗品。

9.4.3.5 板框压滤

PHA 物料中含残余水分，利用板框压滤机强力挤出水分并压实物料，使其含水率达标，为干燥环节铺垫。

9.4.3.6 干燥

干燥环节采用真空干燥、喷雾干燥等适配工艺。真空干燥营造低压低温环境，助力水分汽化逸出；喷雾干燥将物料雾化，热空气迅速烘干固化。双管齐下确保 PHA 呈干燥粉末或颗粒状，便于后续加工、储运。

9.4.3.7 制粒、包装

依据不同终端应用，将干燥 PHA 加工为特定形态颗粒，注塑用圆润小颗粒、挤出用长条颗粒等，并经标准化包装流程，推向市场。

9.4.4 技术机理

9.4.4.1 微生物菌种优化

立足源头创新，科研人员从极端环境中挖掘特色微生物，借助基因编辑、合成等技术深度改造菌种基因，精细调控代谢通路，实现 PHA 合成效率、产物性能双提升，增强菌种发酵环境适应性，保障生产稳定性与持续性。

9.4.4.2 生产工艺重构

突破传统桎梏，引入自动化实验室模式，实时采集发酵进程关键参数，依数据分析灵活调适工艺。同时，模块化设计生产流程，各环节紧密协同又相对独立，便于系统升级优化，显著降低成本、提升效率，加速 PHA 工业化进程。

9.4.5 影响因素

9.4.5.1 原料质量与供应

PHA 生产倚重油脂、淀粉等原料品质，纯度与杂质含量直接关联微生物生长及 PHA 合成成效。稳定原料供应渠道是稳定生产的关键，一旦受阻或质量波动，生产将停滞，产品质量不均。

9.4.5.2 发酵条件控制

温度、pH 值、溶氧量等的微小波动，皆可能显著干扰微生物生长代谢节奏，抑制活性、扰乱酶促反应、限制呼吸作用，进而冲击 PHA 产量与质量。

9.4.5.3 菌种稳定性

即便优化菌种，长期连续发酵下，受基因突变、污染等侵袭，易出现 PHA 合成能力衰退、生长速率放缓等退化表征，为生产引入不确定性。

9.4.6 处理效果

9.4.6.1 降解性能卓越

PHA 迥异于传统石化塑料，废弃后无需复杂回收堆肥流程，能在自然环境（土壤、海水等）自发降解为水与二氧化碳，无缝融入自然循环，根除塑料“白色污染”隐患，生态友好性卓越。其物理性质见表 9-6。

表 9-6　PHA 物理性质

物理性质	检测标准/方法	单位	产品编号	
			BP350-05	BP330-05
熔体流动指数（165℃/2.16kg）	ISO 1133	g/10min	2	3
熔融温度	ISO 11357	℃	132	148
玻璃化转变温度	ISO 11357	℃	−1	1

续表

物理性质	检测标准/方法	单位	产品编号	
			BP350-05	BP330-05
热变形温度（0.45MPa）	ISO 75	℃	85	105
拉伸强度	ISO 527	MPa	27	36
断裂伸长率	ISO 527	%	≥10	≤5
拉伸模量	ISO 527	MPa	1080	1940
弯曲强度	ISO 178	MPa	28	42
弯曲模量	ISO 178	MPa	910	1760
简支梁无缺口冲击强度	ISO 179	kJ/m²	≥130	≤30

9.4.6.2　应用场景广泛

独特分子结构赋予的耐水性、延展性与生物亲和性，使 PHA 在食品包装、医疗、农业等领域深度渗透。

① 食品包装领域：保鲜膜、包装袋等，有效保护食品且符合安全标准。

② 医疗行业：用于手术缝合线、骨钉、药物缓释载体，其降解特性可减免二次手术。

③ 农业领域：用于农用地膜，使用后可自然降解，减轻土壤负担，推进农业的可持续发展。

9.4.7　效益评价

9.4.7.1　环境效益

PHA 产品渐次替代传统塑料，可大幅削减不可降解塑料垃圾产出，减轻土壤压力，降低海洋塑料污染风险，为全球碳中和目标添砖加瓦，助力生态系统修复保育。

9.4.7.2　经济效益

（1）成本优势

经多年攻坚，蓝晶 PHA 工厂成功大幅降低 PHA 生产成本，伴随规模扩张，有望追平传统常用塑料成本，破除商业化量产成本壁垒，为市场拓展开辟通途。

（2）市场潜力

据市场调研，合成生物学市场至 2025 年预计以近 30%的年复合增长率飙升，PHA 作为生物材料热点，在环保包装、医疗、农业等领域需求井喷。蓝晶 PHA 工厂凭借技术、产能的先发优势，携手头部企业开发应用，抢占市场高地，经济回报可期。

9.4.7.3　社会效益

（1）推动产业升级

作为合成生物学先锋，蓝晶 PHA 工厂融合多领域技术，打造全产业链闭环，为传统生物制造产业向高端、智能、绿色转型立标打样，带动上下游协同繁荣，催生大量就业岗位。

（2）提升环保意识

推广 PHA 生物可降解材料能让消费者、企业深切认知塑料污染的危害与可持续材料的优势，加速全社会环保理念革新，培育绿色消费风尚，助推社会向可持续发展转型。

综上所述，蓝晶 PHA 工厂依托先进技术、精细工艺，实现了卓越处理效果与多元效益，于生物可降解材料领域崭露头角。展望未来，持续创新、精益生产、深度拓市，将助力其稳固领军地位，引领行业奋进，为全球环保与经济发展铸就新篇。

参考文献

[1] 史东晓，汤晓艳，陆祥昕，等. 餐厨垃圾有机残渣资源化利用方式比较研究——以常州市餐厨废弃物综合处置项目（一期）为例[J]. 环境卫生工程，2022，30（05）：55-59，66.

[2] Seo J Y，Heo J S，Kim T H，et al. Effect of vermiculite addition on compost produced from Korean food wastes[J]. Waste Management，2004，24（10）：981-987.

[3] 曾彩明，李娴，陈沛全，等. 餐厨垃圾管理和处理方法探析[J]. 环境科学与管理，2010，35（11）：31-35.

[4] 王兴宇，曹华，孙大禹. 国内外厨余垃圾处理现状及技术综述[J]. 科技创新导报，2012（08）：227-229.

[5] Foresti E. Perspectives on anaerobic treatment in developing countries[J]. Water science and technology，2001，44（8）：141-148.

[6] 周维娜. 常州市餐厨废弃物资源化利用和无害化处理试点研究[D].苏州：苏州大学，2013.

[7] 邓俊. 餐厨垃圾无害化处理与资源化利用现状及发展趋势[J]. 环境工程技术学报，2019，9（06）：637-642.

[8] 孙燕华，于超，范晓平，等. 柳州市餐厨垃圾资源化利用和无害化处理工程[J]. 环境卫生工程，2024，32（03）：120-122.

[9] 赵爽，褚禛，李文昱，等. 一种厨余垃圾的机械生化处理技术的工程应用[J]. 环境工程，2018，36（08）：143-147.

[10] 吴修文，魏奎，沙莎，等. 国内外餐厨垃圾处理现状及发展趋势[J]. 农业装备与车辆工程，2011（12）：49-52，62.

[11] 黄嘉晋，张启扬，沈耿哲，等. 国内外厨余垃圾处理现状及 MBT 处理技术[J]. 山东化工，2017，46（07）：217-219.

[12] 孙艳艳，吕志坚. 美国构建餐厨垃圾等级化处理体系[J]. 全球科技经济瞭望，2014，29（01）：50-55.

[13] 城市餐厨废弃物资源化利用和无害化处理试点工作开展[J]. 中国资源综合利用，2010，28（06）：5.

[14] 赵元浩，张力小，梁赛，等. 生命周期视角下废弃餐饮油脂炼制生物柴油的环境效益分析[J]. 环境科学学报，2019，39（03）：1006-1012.

[15] 张强. 餐厨垃圾同步糖化发酵生产燃料酒精的工艺[J]. 化工进展，2015，34（01）：91-94，126.

[16] 刘爱民，徐双锁，蔡欣，等. 餐厨垃圾混菌发酵制备燃料乙醇[J]. 环境工程学报，2013，7（02）：727-731.

[17] Barik S，Paul K K，Priyadarshi D. Utilization of kitchen food waste for biodiesel production[J]. IOP Conference Series：Earth and Environmental Science，2018，167（1）：012036.

[18] 乔凯. 生物柴油的综合利用与前景分析[D]. 北京：中国石油大学，2016.

[19] Meereboer K W，Misra M，Mohanty A K. Review of recent advances in the biodegradability of polyhydroxyalkanoate （PHA）

bioplastics and their composites[J]. Green Chemistry，2020，22（17）：5519-5558.

[20] Al-Salem S M，Lettieri P，Baeyens J. Recycling and recovery routes of plastic solid waste （PSW）：A review[J]. Waste Management，2009，29（10）：2625-2643.

[21] 潘兰佳，李杰，林清怀，等. 废油脂生物合成聚羟基脂肪酸酯的研究进展[J]. 生物技术通报，2020，36（07）：190-199.

[22] Fernández D，Rodríguez E，Bassas M，et al. Agro-industrial oily wastes as substrates for PHA production by the new strain Pseudomonas aeruginosa NCIB 40045：Effect of culture conditions[J]. Biochemical Engineering Journal，2005，26（2）：159-167.

图 1-5　厨余垃圾温室气体的排放

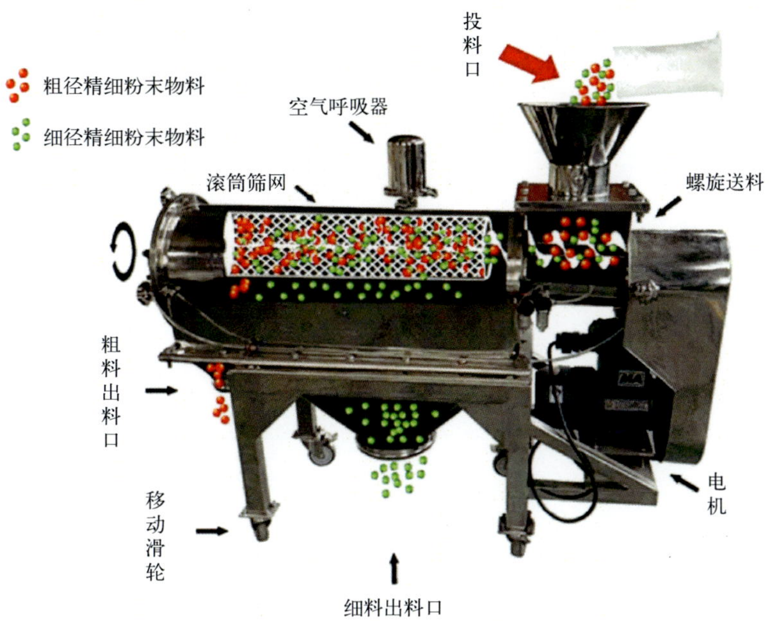

图 2-13　水平风力分选机

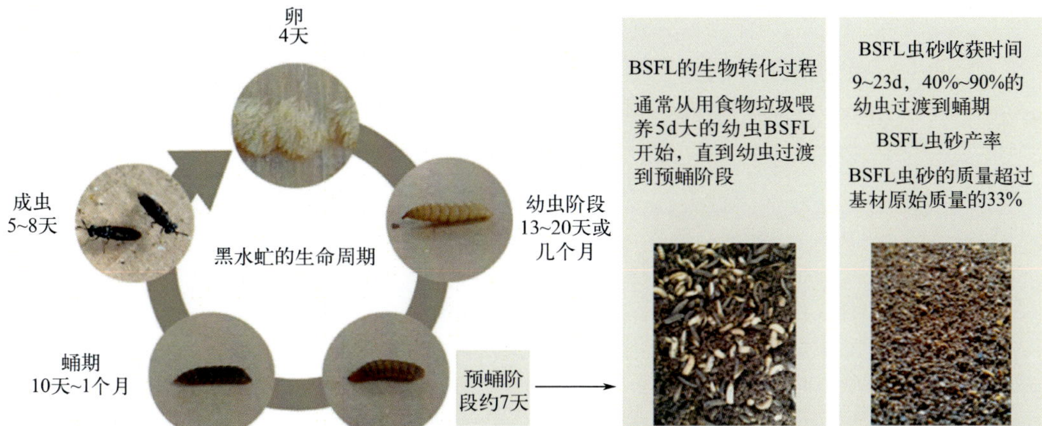

图 3-4　黑水虻的生命周期和虫砂的生产

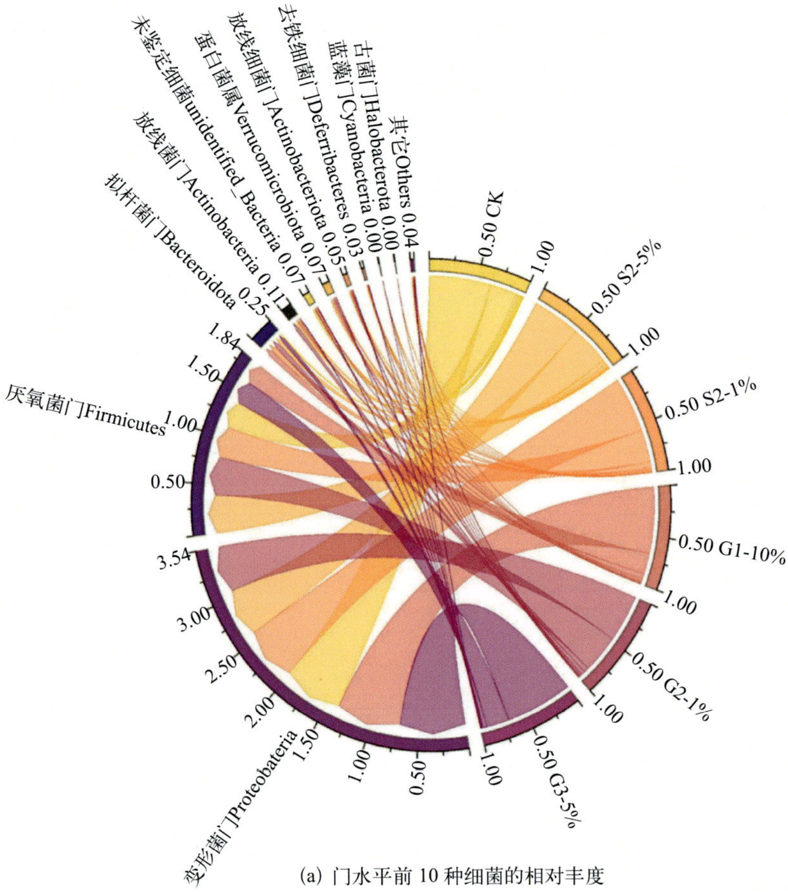

(a) 门水平前 10 种细菌的相对丰度

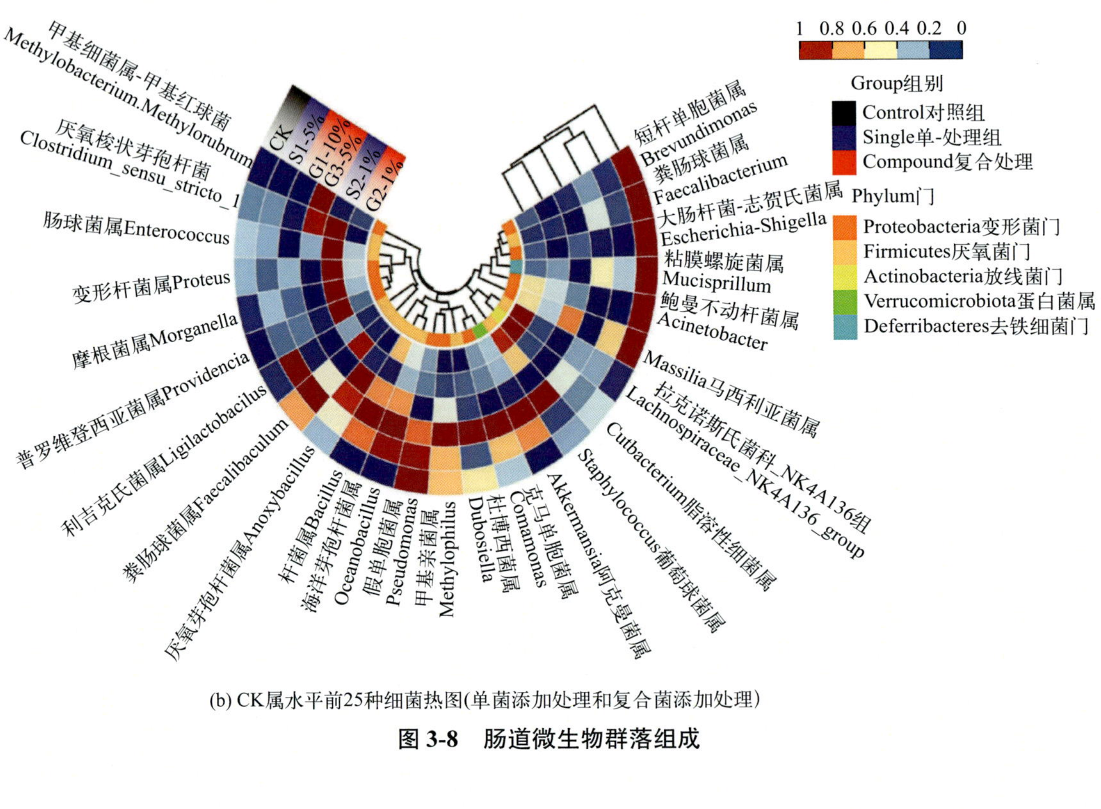

(b) CK属水平前25种细菌热图(单菌添加处理和复合菌添加处理)

图 3-8　肠道微生物群落组成

图 3-9　家蝇的生命周期

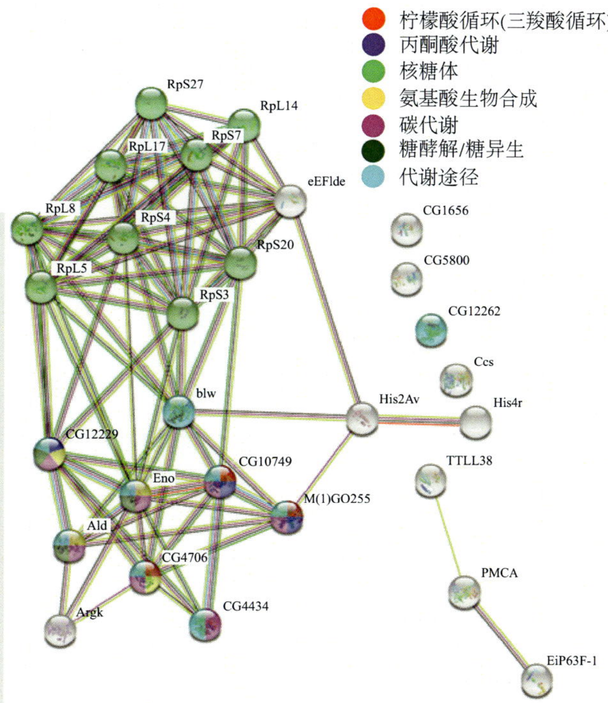

图 3-11　黑水虻蛋白质组的蛋白质相互作用体网络

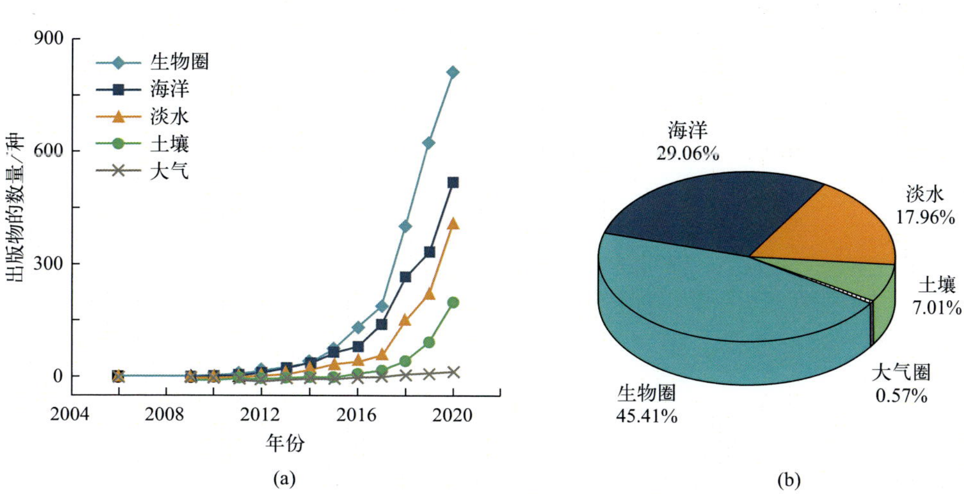

图 4-1　目前塑料污染现状

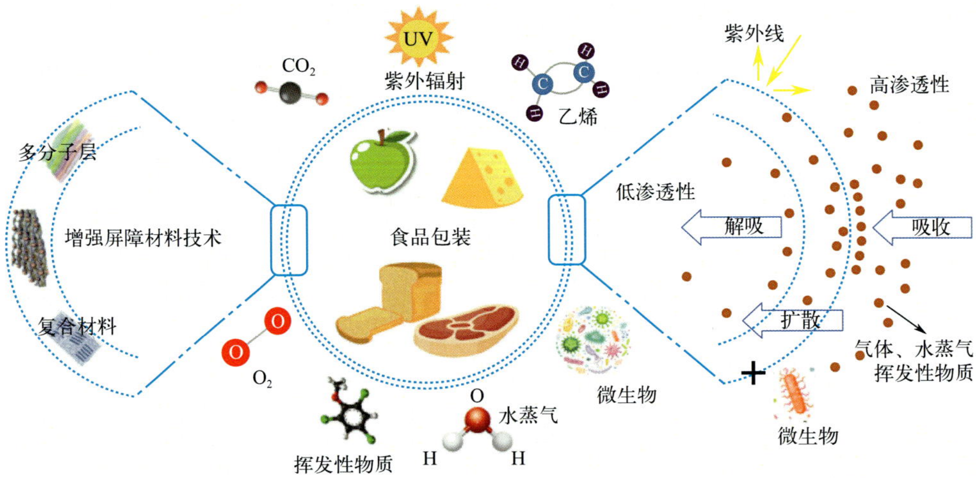

图 4-7　食品包装的屏障功能和环境中存在的食品安全危险剂，以及增强屏障材料技术的原理

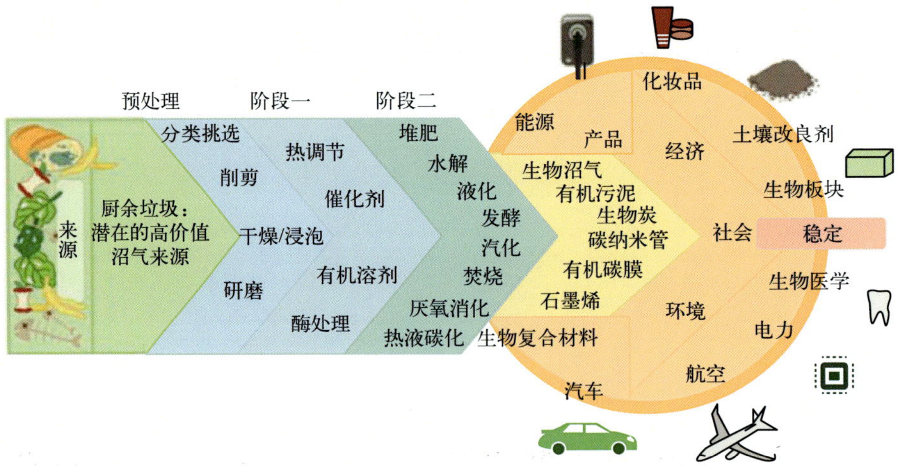

图 7-11　厨余垃圾价值化过程、产品和应用

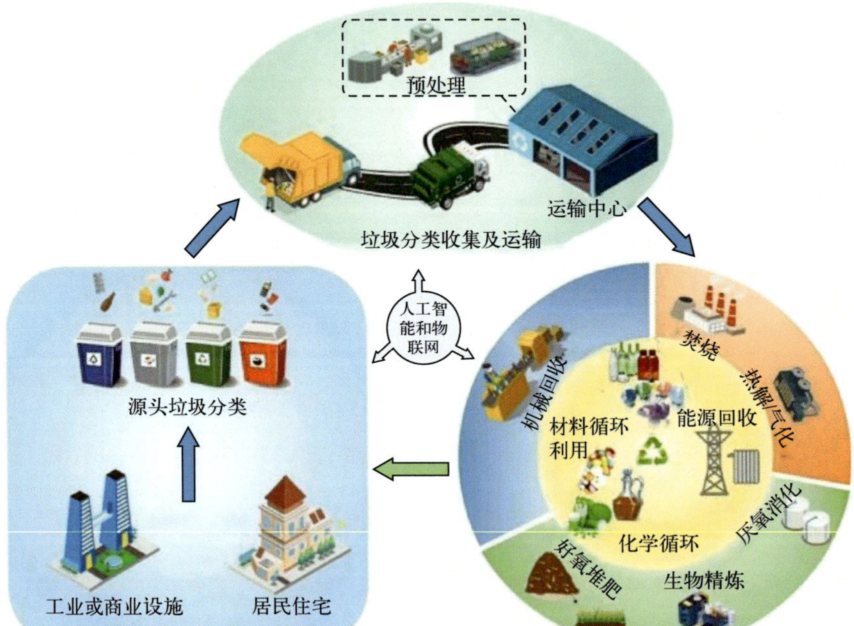

图 8-1　厨余垃圾处理流程